上海市中等职业教育改革发展特色示范学校建设教材
上海市城市建设工程学校(上海市园林学校) 组编

给排水处理与运行

主编 顾仁政
参编 周 琪 庞一敏

上海大学出版社
·上海·

内 容 提 要

全书分上、下两篇,共20个项目57个任务。上篇为城镇给水厂运行管理,主要内容有:给水厂运行管理准备知识、取水构筑物维护、混凝工艺运行管理、沉淀工艺运行管理、澄清工艺运行管理、过滤工艺运行管理、消毒工艺运行管理、深度处理工艺运行管理、水厂电气设备管理与维护、给水厂管理与安全检查。下篇为城镇污水厂运行管理,主要内容有:污水厂运行管理基本知识、格栅与污水提升泵房运行管理、沉砂池运行管理、初沉池与气浮池运行管理、好氧活性污泥法工艺运行管理、生物膜法工艺运行管理、认识污水生物脱氮除磷工艺、污泥处理工艺运行管理、常见机械设备与电气设备的运行操作与维护、污水厂安全生产。本书采用项目导向、任务引领的形式编排,通俗易懂,注重技能,力求实用。

本书可作为给排水工程施工与运行专业的教材使用,也可作为水处理工程运行管理和技术人员的参考用书,或技工培训用书。

图书在版编目(CIP)数据

给排水处理与运行/顾仁政主编;周琪,庞一敏编.
—上海:上海大学出版社,2016.6(2022.2重印)
ISBN 978-7-5671-2294-9

I. ①给… II. ①顾… ②周… ③庞… III. ①给排水系统—中等专业学校—教材 IV. ①TU991

中国版本图书馆 CIP 数据核字(2016)第 107244 号

责任编辑 王悦生
封面设计 柯国富
技术编辑 金 鑫 钱宇坤

给排水处理与运行

顾仁政 主编

上海大学出版社出版发行
(上海市上大路99号 邮政编码200444)
(http://www.press.shu.edu.cn 发行热线 021—66135112)
出版人:戴骏豪

*

南京展望文化发展有限公司排版
江苏凤凰数码印务有限公司印刷 各地新华书店经销
开本 787×1092 1/16 印张 19.75 字数 493 千字
2016年6月第1版 2022年2月第2次印刷
ISBN 978-7-5671-2294-9/TU·008 定价:63.00元

上海市城市建设工程学校(上海市园林学校)
创建上海市中等职业教育改革发展特色示范校

教材编委会名单

主　任：朱迎迎
副主任：戴国平　曹　枫
委　员：程和美　邓旭萍　程　群
　　　　汤建新　姜文琪　王伟英
　　　　蔡丽琴　马　波　刘铁柱

前　言

随着经济的发展、城市规模的扩大,如何保障人们饮用水安全、保护有限的水资源、保护生态环境成为当今的重大课题。这要求必须进行水和污水的有效处理。

对于从事城镇水厂和污水厂生产一线的专业技能型人才,急需掌握水处理的基本理论、操作和运行管理技能。本书是根据给排水工程施工与运行专业人才培养的要求和给排水行业对生产一线专业技能型人才岗位职业能力的要求编写的,分上、下两篇。上篇主要为给水厂运行管理的内容,下篇主要为城镇污水处理厂(站)运行管理的内容。全书按项目形式编排,共20个项目,每个项目由若干任务组成。内容紧密围绕给排水处理与运行岗位的典型工作,进行项目和任务设计,同时充分考虑一线专业技能型人才对相关理论知识的需要,融入废水处理工、净水工职业资格鉴定的相关要求。本书注重内容的系统性,内容包括基本理论知识、设备操作、运行管理技能。给水厂运行管理部分包括水源、水质、给水处理的工艺流程、给水处理厂运行管理的工作内容等基本知识、取水构筑物运行管理、混凝工艺运行管理、沉淀工艺运行管理、澄清工艺运行管理、过滤工艺运行维护、消毒工艺运行管理、深度处理工艺运行操作、给水厂电气设备的运行维护、给水厂管理与安全检查。污水厂(站)运行管理部分包括污水的来源、水量、水质、处理要求、污水常规处理工艺流程等基本知识、格栅、沉砂、初沉、好氧活性污泥法处理、生物膜法处理、污水深度处理工艺运行管理、污泥处理工艺的运行操作与日常管理、污水厂(站)常见机械设备与电气设备的运行操作与日常维护、污水厂(站)安全生产。

本书以项目为导向,任务为引领,注重实用性、可操作性。在内容上,强调实践性,包括处理构筑物的运行管理,主要设备的操作、维护和保养、安全管理、生产管理等实践性内容。在理论知识方面,以一线岗位职业要求为度。本书可作为给排水工程施工与运行专业的教材,或自来水厂、污水处理厂(站)一线岗位的专业人员技术培训用书,也可作为大中专院校师生、工程技术人员的参考用书。在作为教材使用时,技能操作的实践内容可根据实际需要选择。

本书由顾仁政主编。其中,任务 2.1、7.4 由上海市城市建设工程学校(上海市园林学校)周琪老师编写,任务 2.1、3.1～4、4.1、4.2、6.1～3、7.1～3 由周琪和顾仁政合编,其余由顾仁政编写。上海城投污水处理有限公司庞一敏对下篇内容进行了认真仔细的校对。在本书编写过程中,上海城投污水处理有限公司的专家给予了很大帮助,在此表示衷心感谢!

本书参考了一些书目、文献和一些企业、单位提供的实践资料,主要参考书目附后,在此谨对这些书籍、文献、资料的作者表示诚挚的感谢!

由于编者水平有限,本书疏漏和不足之处在所难免,欢迎本书的使用者和读者批评指正。

编 者

2016 年 4 月

目 录

上篇 给水厂运行管理

项目 1　给水厂运行管理准备知识 ……………………………………………… 003
　任务 1.1　水源的一般管理 ………………………………………………………… 003
　任务 1.2　水质与水质标准识读 …………………………………………………… 009
　任务 1.3　给水处理工艺流程识读 ………………………………………………… 016

项目 2　取水构筑物维护 …………………………………………………………… 020
　任务 2.1　地表水取水构筑物维护 ………………………………………………… 020
　任务 2.2　地下水取水构筑物维护 ………………………………………………… 026

项目 3　混凝工艺运行管理 ………………………………………………………… 033
　任务 3.1　混凝的基本知识 ………………………………………………………… 033
　任务 3.2　混凝剂的配制与投加 …………………………………………………… 036
　任务 3.3　加药间管理 ……………………………………………………………… 049
　任务 3.4　混合、絮凝设施管理 …………………………………………………… 052

项目 4　沉淀工艺运行管理 ………………………………………………………… 061
　任务 4.1　平流式沉淀池运行管理 ………………………………………………… 061
　任务 4.2　斜管（板）沉淀池运行管理 …………………………………………… 066

项目 5　澄清工艺运行管理 ………………………………………………………… 070
　任务 5.1　澄清池特点与类型 ……………………………………………………… 070
　任务 5.2　澄清池运行维护 ………………………………………………………… 075
　任务 5.3　澄清池管理 ……………………………………………………………… 078

项目 6　过滤工艺运行管理 083
任务 6.1　滤池的构造与操作 083
任务 6.2　滤料及其铺装 093
任务 6.3　滤池的管理与维护 097

项目 7　消毒工艺运行管理 103
任务 7.1　加氯消毒的基本知识 103
任务 7.2　加氯机与氯瓶的使用 106
任务 7.3　加氯间管理 112
任务 7.4　其他消毒工艺运行操作 115

项目 8　深度处理工艺运行管理 119
任务 8.1　常规深度处理工艺的特点 119
任务 8.2　深度处理工艺的运行管理 124

项目 9　电气设备管理与维护 130
任务 9.1　水厂电气设备一般知识 130
任务 9.2　变配电设备的运行维护 136
任务 9.3　电动机与低压电气设备的运行维护 144
任务 9.4　电气设备的安全技术 156
任务 9.5　电气设备的管理 159

项目 10　给水厂管理与安全检查 165
任务 10.1　给水厂生产与水质管理 165
任务 10.2　物资、设备与成本管理 169
任务 10.3　安全教育与安全检查 172

下篇　污水厂运行管理

项目 11　污水厂运行管理准备知识 177
任务 11.1　污水来源与水量 177

任务 11.2　污水水质与处理要求 ·· 179
任务 11.3　污水厂常规处理工艺流程识读 ·· 182

项目 12　格栅与污水提升泵房运行管理 ·· 185
任务 12.1　格栅的构造与操作 ··· 185
任务 12.2　污水提升泵房与调节池管理维护 ·· 190

项目 13　沉砂池运行管理 ··· 197
任务 13.1　沉砂池的运行管理 ··· 197

项目 14　初沉池与气浮池运行管理 ·· 204
任务 14.1　初沉池的运行管理 ··· 204
任务 14.2　气浮池构造与运行管理 ·· 211

项目 15　好氧活性污泥法工艺运行管理 ·· 219
任务 15.1　好氧活性污泥法的原理与类型 ··· 219
任务 15.2　曝气池的运行管理 ··· 225
任务 15.3　二沉池的运行管理 ··· 234
任务 15.4　传统活性污泥系统的运行管理 ··· 238

项目 16　生物膜法工艺运行管理 ·· 244
任务 16.1　生物膜法的类型与特点 ·· 244
任务 16.2　生物膜法的运行管理 ·· 246

项目 17　认识污水生物脱氮除磷工艺 ·· 257
任务 17.1　认识生物脱氮工艺(A/O法) ··· 257
任务 17.2　认识生物脱氮除磷工艺(A^2/O法) ···································· 259

项目 18　污泥处理工艺运行管理 ·· 262
任务 18.1　污泥浓缩池的运行管理 ·· 262
任务 18.2　污泥脱水机的运行管理 ·· 266

项目 19　常见机械设备与电气设备的运行操作与维护 …… 275
　　任务 19.1　污水厂常用机械设备运行管理 …… 275
　　任务 19.2　污水处理厂电气设备运行管理 …… 280
　　任务 19.3　污水厂在线监测仪表与自动化系统日常运行管理 …… 285

项目 20　污水处理厂安全生产 …… 295
　　任务 20.1　污水处理厂安全生产 …… 295

主要参考文献 …… 303

上 篇
给水厂运行管理

项目1　给水厂运行管理准备知识

任务1.1　水源的一般管理

水源分为地面水和地下水两大类。地面水源有江水、河水、湖水、水库水等;地下水源有浅井水、深井水、泉水等。

自来水厂常用的地面水取水构筑物有岸边式、河床式、活动式等;常用的地下水取水构筑物有大口井、管井、渗渠等。无论地面水还是地下水取水构筑物,都是由各种形式不同的取水井、取水头部、取水塔、自流管、虹吸管、引水明渠、蓄水池、闸门或涵洞等工程设施组成的。

搞好水源及其设施的管理与维护,对于维持自来水厂正常生产、保证供水质量、降低制水成本都有着重要的意义。确保水量充沛,防止水质恶化,做到任何情况下能使水源正常生产是水源管理与维护的主要目的。

 **任务准备**

一、水源的一般特征

地面水和地下水都是来源于雨、雪、冰雹等大气降水。只是由于地形地势的不同,有的汇集到江、河、湖、塘、水库成了地面水;有的直接渗入地下或通过河流渗入地下形成了地下水。

水源特征一般包含水文与水质两个方面。水文方面指河流的径流变化(河流中水位、流速、流量及水温等)、泥砂运动、河床演变、漂浮物及冰冻情况,地下水的储量,含水层的渗透能力、补给条件等;水质方面指水中含沙量及理化成分。

地面水源分江河、水库、湖泊水,地下水源分浅井水、深井水和泉水。河流又分为上、中、下游,上游属于山区型河流,中下游属平原河网地带,它们的特征是不相同的,详见表1-1、表1-2和表1-3。

表1-1　江河水源特征

种　类	特　征
平原河网地带	1. 平时水流缓慢、水位变化小,水质并不浑浊,取水比较容易; 2. 春风、雷雨、洪水和台风季节,降水量大,水中挟带泥砂,浑浊度明显增加; 3. 春播、双抢、高温季节,工农业大量用水,取水紧张; 4. 冬天低温低浊,净化处理困难; 5. 受地面污染影响较大,特别是离城市较近的水源。

续 表

种 类	特 征
山区丘陵地带	1. 平时流量较小,水质清澈,枯水期水深很浅,甚至断流; 2. 流量、水位一年中变化幅度很大; 3. 洪水时来势猛烈,水质骤然浑浊,含沙量大,漂浮物多,河床容易变迁。
滨海地区	基本相同于平原河网地带,但由于受潮汐的影响,氯化物含量变化较大,有时达到不能饮用的地步。

表1-2 湖泊、水库水源特征

种 类	特 征
水库、湖泊水源	1. 取水比较容易保证。 2. 水的浊度平时较低,甚至浑浊度在10度以下;只是在洪汛期间才会增加,增加的幅度和上游洪峰流量及库容大小有关,但一般历时较短。 3. 水中的浊度随水深不同而变化,一般上清下浊,但随季节和气温水温的不同,也有上下浊、中清。 4. 水中藻类及浮游生物在春秋季繁殖比较快,沿水深的不同分布比较有规律。

表1-3 地下水源特征

种 类	取 水 条 件	特 征
浅井水	浅井水是指取地面下第一隔水层以上的水,也叫潜水,一般采用土井、大口井、渗渠方式取水。	一般无压,由于离地面较近,雨季水位上升、旱季下降,水质容易受到污染,受外界影响较大。
深井水	深井水是指穿过地层内隔水层后所得到的水,一般采用管井方式取水。	一般承压,这种水具有水量稳定、水质较好,不易污染的优点。但过量开采,水位会大幅度下降。
泉水	含水层露出地面、自流而出的地下水叫泉水。一般可采取自流井取水。	如果水量充足,补给稳定,水质较好,是比较理想的水源。

二、水源的水质要求

根据《生活饮用水卫生标准》(GB 5749—2006)的规定,采用地表水为生活饮用水水源时应符合《地表水环境质量标准》(GB 3838)的要求,采用地下水为生活饮用水水源时应符合《地下水环境质量标准》(GB/T 14848)的要求。

《地表水环境质量标准》对全国江河、湖泊、水库等具有使用功能的地表水水域,按不同的功能,提出了环境质量要求,是管理、评价和保护水源的依据。依据地表水水域环境功能和保护目标,按功能高低依次划分为五类:

Ⅰ类:主要适用于源头水、国家自然保护区;

Ⅱ类:主要适用于集中式生活饮用水地表水源地一级保护区、珍稀水生生物栖息地、鱼虾类产场、仔稚幼鱼的索饵场等;

Ⅲ类:主要适用于集中式生活饮用水地表水源地二级保护区、鱼虾类越冬场、洄游通道、水产养殖区等渔业水域及游泳区；

Ⅳ类：主要适用于一般工业用水区及人体非直接接触的娱乐用水区；

Ⅴ类：主要适用于农业用水区及一般景观要求水域。

对应地表水上述五类水域功能，将地表水环境质量标准基本项目标准值分为五类，不同功能类别分别执行相应类别的标准值。水域功能类别高的标准值严于水域功能类别低的标准值。同一水域兼有多类使用功能的，执行最高功能类别对应的标准值。实现水域功能与功能类别标准为同一含义。

《地下水环境质量标准》规定了地下水的质量分类、地下水质量监测、评价方法和地下水质量保护，是地下水勘查评价、开发利用和监督管理的依据。依据我国地下水水质现状、人体健康基准值及地下水质量保护目标，并参照了生活饮用水及工业、农业用水水质最高要求，将地下水质量划分为五类：

Ⅰ类：主要反映地下水化学组分的天然低背景含量，适用于各种用途；

Ⅱ类：主要反映地下水化学组分的天然背景含量，适用于各种用途；

Ⅲ类：以人体健康基准值为依据，主要适用于集中式生活饮用水水源及工、农业用水；

Ⅳ类：以农业和工业用水要求为依据，除适用于农业和部分工业用水外，适当处理后可作生活饮用水；

Ⅴ类：不宜饮用，其他用水可根据使用目的选用。

为防止地下水污染和过量开采、人工回灌等引起的地下水质量恶化，保护地下水水源，必须按《中华人民共和国水污染防治法》和《中华人民共和国水法》有关规定执行。利用污水灌溉、污水排放、有害废弃物（城市垃圾、工业废渣、核废料等）的堆放和地下处置，必须经过环境地质可行性论证及环境影响评价，征得环境保护部门批准后方能施行。

三、水体污染

地面水环境质量标准规定了不同功能水域执行不同的标准值。作为生活饮用水水源地一级保护区，要求水源水质达到Ⅰ类水体标准；二级保护区要求达到Ⅱ类水体标准。如果水源受到人为或自然因素的影响使水的感官性状、理化指标、有毒成分等超过了相应标准的限额，则称为"水污染"。

严重的水污染将导致水源的废弃，了解水污染源、防止水污染的产生和进一步恶化是水源管理中的一项重要任务。典型的水污染有以下几种：

1. 细菌与微生物污染

细菌与微生物污染的特点是数量大、分布广，主要来自城镇生活污水、医院污水、垃圾及地面径流等。每升生活污水中细菌总数可达几百万个以上，每克粪便中大约就有100多万个。细菌的种类也达数百种之多。作为生活饮用水水源，若只经加氯消毒就供饮用的水源，大肠菌群平均每升不得超过1 000个，经过净化处理及加氯消毒后才供生活饮用的水源，大肠菌种平均每升不得超过10 000个。

2. 有机物污染

有机物的种类很多、分布范围很广。一般水中的碳水化合物、蛋白质、油脂、氨基酸、脂肪酸、脂类等都是有机物，有机物含量愈多、水质就愈差，水体污染也就愈严重。水中有机物含量可以用五日生化需氧量（BOD_5）或化学需氧量（COD）来表示。

有机污染物进入河流后，就开始了氧化分解。氧化分解分三个阶段：第一阶段是易氧化的有机化合物的化学氧化分解,一般几小时就可完成;第二阶段是有机物在微生物作用下的生物化学氧化分解,这个阶段随温度、有机物浓度、微生物种类和数量的不同,要延续几天时间;第三阶段是含氮有机物的硝化过程,即将氨氮硝化成亚硝酸氮、硝酸氮的过程,这个阶段最慢,一般要延续一个月的时间。有机污染物的氧化分解过程有快有慢,主要视水体中溶解氧的多少而定,溶解氧(DO)的含量是衡量水体污染程度和划分等级的主要指标,污染越严重DO越少。

3. 异臭

饮用水质要求无异臭。但水源污染后往往发生异臭。人能嗅到的异臭物多达4 000多种,危害大的也有几十种,主要来自冶金、化工、造纸、农药、化肥等生产废水。恶臭会使人恶心、厌食、呕吐,直到使水无法饮用。

4. 有毒物质

有毒物质对水体的污染包括非金属无机毒物、重金属无机毒物、易分解有机毒物、难分解有机毒物四类(见表1-4)。

表1-4 有毒物质污染分类

分 类	主 要 有 毒 物 质
1. 非金属无机毒物	氰化物CN^-,氟化物F^-,硫化物S^{2-}等
2. 重金属无机毒物	汞Hg、镉Cd、铅Pb、铬Cr、砷As等
3. 易分解有机毒物	挥发酚、醛、苯等
4. 难分解有机毒物	DDT、六六六、多环芳烃、芳香胺、多氯联苯等

毒物对人体产生的毒性一般可分为急性、亚急性、慢性、潜在性等,其中大多数情况属慢性和潜在性危害。

5. 油污染

油品进入水体后会逐渐变成浮油、乳化油。1 mL 的油可覆盖水面12 m^2,油中含有烷烃、烯烃、芳香烃的混合物,含有3,4-苯并芘、苯并蒽等致癌物质。消除水中的油污染是很困难的,最根本的办法是防止和减少工厂和船舶的油排放。

6. 富营养化污染

在水库与湖泊等水源由于水流缓慢、更新期长,在接纳了大量氮、磷等有机物后引起了藻类、浮游生物的急剧增长,这称为水体的富营养化。水体是否富营养化可参照表1-5判断。富营养化的水体藻类较多,水色有的呈蓝、有的呈绿或棕色,且有臭味,往往造成水质净化的很大困难。

表1-5 水体富营养化参考指标

项 目	单 位	贫营养	中 营 养		富营养
			前期	后期	
BOD_5	mg/L	<1	1~3	3~10	>10
细菌	100个/mL	<100	100~1万	1万~10万	>10万

续表

项 目	单 位	贫营养	中 营 养		富营养
			前期	后期	
浮游生物	cm³/m³	<1	1~3	3~5	>5
磷	mg/L	<0.005	0.01~0.03	0.03~0.1	>0.1
氮	mg/L	<0.2	0.3~0.65	0.5~1.5	>1.5

防止水体富营养化，主要是控制进入水体的污水和氮、磷等营养物质含量。

水中除了以上污染外，还有其他一些污染，如酸、碱、盐类污染、热污染、放射性污染等。

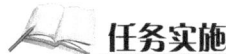 任务实施

一、地面水源的管理

1. 水量管理

（1）主要工作内容。

1）认真观察和记录取水口附近河流的流量和水位。每日一次，洪水期间适当增加观察次数；

2）记录当天取水流量和总取水量；

3）记录当地气象预报，记录当天气温、气候和降雨情况；

4）防汛期间及时了解上游水文变化和洪水情况；

5）水库水源还要观察和记录水库进水量、出水量、库容量。

（2）观察方法。

1）江河水源。可以请当地水文站测量取水口附近河床断面，标定好流量和水位的大致关系，然后在便于观察的地点设置固定的水位标尺（或自计水位计），用观察水位值来推算河水流量。

2）水库和湖泊水源。要求先请当地水利部门，测量好不同水位的表面积，绘制水位与库容量的关系曲线图，并在取水塔附近设立水位标尺（或自计水位计），根据水位的上升和下降推算进水量、出水量与库容量。

（3）职责分工。

地面水源的水量管理一般由进水泵房或取水设施值班人员负责观察和记录，每月由管生产、技术的人员进行汇总，每年进行一次分析整理，绘制河水流量与水位的变化曲线以逐步掌握水源的变化规律。发现异常情况时要及时查清原因、寻求对策。

2. 水质管理

（1）主要工作内容。

1）认真分析和记录取水口附近河水的浊度、pH 及水的温度，每日一次，在水质变化频繁的季节要适当增加分析次数和内容。

2）每月或每季对取水口附近河水的水质进行一次常规分析。分析项目有浊度、色度、臭和味、肉眼可见物、pH 值、总碱度、氨氮、亚硝酸氮、硬度、溶解氧、细菌总数、大肠菌群数及选择对本水源有代表性的几个重要理化指标。水库与湖泊水源还要增加氮、磷指标。

3）每季或每半年对取水口附近河水按地表水环境质量标准规定的所有项目进行一次全分析。

4）每年对取水口上游进行水源污染调查。

5）水库与湖泊水源每三个月还要对不同深度的水温、浊度进行一次检测,并要掌握藻类与浮游生物的含量。在水质变化频繁季节,还要增加检测次数。

（2）职责分工。

水源水质管理的分工要明确,责任要清晰。

1）每日的浑浊度、pH值及水的温度可由进水泵房或浊度操作人员进行测定。

2）常规分析、全分析与其他检测都应由厂化验室或自来水公司水质化验中心负责,化验条件不完善的,应由自来水公司水质负责部门委托当地卫生部门或其他有条件的部门进行。

3）水源污染调查由厂部或自来水公司负责。

4）所有分析资料都要指定专人进行分析、整理。发现异常情况,要立即分析研究,查找原因、寻求对策。每年还要写出原水水质分析方面的书面总结材料,所有资料都要归档保存。

地面水源的管理还应包括水源设施管理、水源污染及防治、水源卫生防护等。

二、地下水源的管理

地下水源的管理除参考地面水源管理的内容外,在水量与水质管理上还有其特殊性。

1. 水量管理方面

（1）每天认真记录出水量、井内水位、水温;

（2）经常了解和观察周围其他取水井水位的变化,研究由于抽水造成地下水下降的漏斗范围;

（3）在靠近河水附近取水的地下水要观察河水流量与水位变化对地下水取水量的影响。

通过观察、了解、分析,及时预测取水量可能发生变化的趋势。

2. 水质管理方面

除了同地面水源管理一样,做每日一次的简单项目分析、每月一次常规分析和每年一次全分析外,还要做好水源设施管理和水源的卫生防护工作。

三、水源水质调查

水源要防止被污染,原则是预防为主、重在管理。

应定期对上游排放的工业废水、影响水源水质的工厂进行调查,可以采取实地调查、收集排污方面的资料,或委托相关部门进行污染取样分析。

应加强水源上游水质监测。定期对水源上游一定范围内的河水进行水质分析。这样做一是可以收集河水水质资料,为水处理和水源保护提供科学依据,二是可以早期发现或预报水质的恶化情况,以便及早采取对策、加以制止。对水源上游监测项目的确定主要选择对本水源有影响的项目进行监测。一般可以选择反映水的一般性状的如浊度、色度、臭味、肉眼可见物;反映有机污染的如溶解氧(DO)、生化需氧量(BOD_5)、化学需氧量(COD)、三氮(氨氮、亚硝酸氮、硝酸氮);反映细菌污染的细菌总数、大肠菌群数以及本水源有可能出现的一些毒物或化学污染等。对湖泊、水库水源还要加上藻类与浮游生物的监测。对上游水源水质的调查一般每年要进行一次,发现异常情况时还要增加监测次数。监测点可以根据河流大小和城镇的分布,在水源上游 5~20 km 的范围内选择远、近两点。水质监测有条件的自己进行,没有条件的可以委托当地卫生部门或其他部门进行。所有监测资料要进行整理,并根据监测数据及时预报水源水质的变化趋势,掌握水质的变化规律。

任务 1.2　水质与水质标准识读

任务准备

一、原水中的杂质

天然水源,无论是地面水还是地下水都不可避免地含有各种杂质。

水中杂质主要来源于两个因素。

(1) 自然因素。由于水的溶解能力很强,水在产生与流动过程中自然挟带着各种杂质,例如尘埃、微生物、泥沙、垃圾。

(2) 人为污染。主要指生活污水、工业废水、农药及各种废弃物排入水体,使水的成分更为复杂。

水中杂质的种类和数量反映了水质的好坏,研究水中杂质的来源、种类、特性,目的是为了有效地除去水中的各种杂质。

天然水中杂质按颗粒大小分为三类,即悬浮物、胶体和溶解物(见表 1-6)。

水中杂质的分类界限绝非截然划分而是逐渐过渡的。特别是悬浮物与胶体的界限,根据颗粒形状和密度不同可以在 100 nm 与 1 μm 之间变化。自来水常规处理的主要对象是悬浮物与胶体杂质。

1. 悬浮物和胶体杂质

悬浮物尺寸较大,易于在水中下沉或上浮。如果密度小于水,则可上浮到水面。易于下沉的一般是大颗粒泥沙及矿物质废渣等;能够上浮的一般是体积较大而密度小的某些有机物。胶体颗粒尺寸很小,在水中长期静置也难下沉。水中所存在的胶体通常有黏土、某些细菌及病毒、腐殖质及蛋白质等。有机高分子物质通常也属于胶体一类。工业废水排入水体,会引入各种各样的胶质或有机高分子物质,例如人工合成的高分子聚合物通常来自生产这类产品的工厂所排放的废水。天然水中的胶体一般带负电荷,有时也含有少量带正电荷的金属氢氧化物胶体。

悬浮物和胶体是使水产生浑浊现象的根源。其中有机物,如腐殖质及藻类等,往往会造成水的色、臭、味。随生活污水排入水体的病菌、病毒及原生动物等病原体会通过水传播疾病。

悬浮物和胶体是饮用水处理的主要去除对象。粒径大于 0.1 mm 的泥沙去除较容易,常在水中可很快自行下沉。而粒径较小的悬浮物和胶体杂质,须投加混凝剂方可去除。

2. 溶解杂质

溶解杂质包括有机物和无机物两类。无机溶解物是指水中所含的无机低分子和离子。它们与水所构成的均相体系,外观透明,属于真溶液。但有的无机溶解物可使水产生色、臭、味。无机溶解性杂质主要是某些工业用水的去除对象,但有毒、有害无机溶解物也是生活饮

用水的去除对象。有机溶解物主要来源于水源污染,也有天然存在的,如腐殖质等。当前,在饮用水处理中,溶解的有机物已成为重点去除对象之一,也是目前水处理专家们重点的研究对象之一。

表1-6 水中杂质分类及特性

	悬浮物	胶体	溶解物
颗粒尺寸	1 mm～100 nm	100 nm～1 nm	1 nm～0.1 nm
分辨工具	1 mm～70 μm(人的肉眼可见) 70 μm～100 nm(一般显微镜观看)	超显微镜	质子显微镜
主要成分	黏土(0.1～5 μm) 藻类(>12 μm) 泥土(5～50 μm) 细菌(0.3～3 μm) 沙(50～2 000 μm) 淀粉纤维素(长达数百微米)	腐殖质、金属氢氧化物、硅酸(10 nm～0.1 μm) 蛋白质(长 10～30 nm) 病毒(8～100 nm) 黏土微粒<0.1 μm	钙离子 Ca^{2+} 碳酸根离子 HCO_3^- 镁离子(Mg^{2+}) 硫酸根离子 SO_4^{2-} 钠离子 Na^+ 氯离子 Cl^- 钾离子 K^+ 铁离子 Fe^{2+} 硅酸根离子 SiO_3^{2-}
特性	浑浊,在水中呈悬浮状态。重的易于下沉,轻的比重小的上浮。	水中相当稳定,不会自然下沉,光线照射时即被反射或散射使水呈浑浊现象。	外观透明、均匀。以分子、离子状态溶于水形成的真溶液。常规净化法不能去除。

二、水质指标

水中杂质的种类及含量的多少叫做水质指标。由此判断水质的好坏及是否满足要求。

常用的水质指标主要有以下几项:

(1) 水温、悬浮物(SS)、浊度、透明度及电导率等物理指标,pH值、总碱(酸)度、总硬度等化学指标,用来描述水中杂质的感官质量和水的一般化学性质,有时还包括对色、嗅、味的描述。

(2) 氧的指标体系,包括溶解氧、生化需氧量(BOD)、化学需氧量(COD)、总需氧量(TOD)等,用来衡量水中有机污染物质的多少,也可以用碳的指标来表示,如总有机碳、总碳等。

(3) 氨氮、亚硝酸盐氮、硝酸盐氮、总氮、磷酸盐和总磷等,用来表征水中植物营养元素的多少,也反映水的有机污染程度。有时还加上表征生物量的指标——叶绿素 a。

(4) 金属元素及其化合物,如汞、镉、铅、砷、铬、铜、锌、锰等,包括对其总量及不同状态和价态含量的描述。

(5) 其他有害物质,如挥发酚、氰化物、油类、氟化物、硫化物以及有机农药、多环芳烃等致癌物质。

(6) 细菌总数、大肠菌群等微生物学指标,用来判断水受致病微生物污染的情况。

(7) 还可根据水体中污染物的性质采用特殊的水质指标,如放射性物质浓度等。

判断水质的好坏是以水质标准来判断的。

任务实施

一、识读《生活饮用水卫生标准》(GB 5749—2006)

水质标准是根据各种用户对水的要求和废水排放允许程度,对一些水质指标作出的定量规范,对水中污染物质的最高容许浓度或限量阈值提出了具体限制和要求。它不仅是水体水质评价的重要依据,也是环境保护部门监督管理立法的依据。

自来水水厂出水应符合《生活饮用水卫生标准》(GB 5749—2006)的要求。该标准是2006年底卫生部会同各有关部门在原1985年版《生活饮用水卫生标准》修订后正式颁布的新版,自2007年7月1日起全面实施。标准规定了生活饮用水水质卫生要求、生活饮用水水源水质卫生要求、集中式供水单位卫生要求、二次供水卫生要求、涉及生活饮用水卫生安全产品卫生要求、水质监测和水质检验方法。适用于城乡各类集中式供水的生活饮用水,也适用于分散式供水的生活饮用水。该标准中规定的水质指标共106项,其中,20项感官性状和一般理化指标、6项微生物指标、4项消毒剂指标、21项无机化合物毒理指标、53项有机化合物毒理指标、2项放射性指标。

该标准规定了水质常规指标、饮用水消毒剂常规指标、水质非常规指标以及农村小型集中式供水和分散式供水部分水质指标以及限值要求(表1-7~10),并对供水水质监测、水质检验方法提出了要求。

表1-7 水质常规指标及限值

指　　　标	限　　　值
1. 微生物指标①	
总大肠菌群(MPN/100 mL 或 CFU/100 mL)	不得检出
耐热大肠菌群(MPN/100 mL 或 CFU/100 mL)	不得检出
大肠埃希氏菌(MPN/100 mL 或 CFU/100 mL)	不得检出
菌落总数(CFU/mL)	100
2. 毒理指标	
砷(mg/L)	0.01
镉(mg/L)	0.005
铬(六价,mg/L)	0.05
铅(mg/L)	0.01
汞(mg/L)	0.001
硒(mg/L)	0.01
氰化物(mg/L)	0.05
氟化物(mg/L)	1.0
硝酸盐(以 N 计,mg/L)	10 地下水源限制时为 20

续 表

指 标	限 值
三氯甲烷(mg/L)	0.06
四氯化碳(mg/L)	0.002
溴酸盐(使用臭氧时,mg/L)	0.01
甲醛(使用臭氧时,mg/L)	0.9
亚氯酸盐(使用二氧化氯消毒时,mg/L)	0.7
氯酸盐(使用复合二氧化氯消毒时,mg/L)	0.7
3. 感官性状和一般化学指标	
色度(铂钴色度单位)	15
浑浊度(NTU——散射浊度单位)	1 水源与净水技术条件限制时为3
臭和味	无异臭、异味
肉眼可见物	无
pH(pH单位)	不小于6.5且不大于8.5
铝(mg/L)	0.2
铁(mg/L)	0.3
锰(mg/L)	0.1
铜(mg/L)	1.0
锌(mg/L)	1.0
氯化物(mg/L)	250
硫酸盐(mg/L)	250
溶解性总固体(mg/L)	1 000
总硬度(以 $CaCO_3$ 计,mg/L)	450
耗氧量(COD_{Mn}法,以 O_2 计,mg/L)	3 水源限制,原水耗氧量>6 mg/L 时为5
挥发酚类(以苯酚计,mg/L)	0.002
阴离子合成洗涤剂(mg/L)	0.3
4. 放射性指标[②]	指导值
总 α 放射性(Bq/L)	0.5
总 β 放射性(Bq/L)	1

注：① MPN 表示最可能数；CFU 表示菌落形成单位。当水样检出总大肠菌群时,应进一步检验大肠埃希氏菌或耐热大肠菌群；水样未检出总大肠菌群,不必检验大肠埃希氏菌或耐热大肠菌群。
② 放射性指标超过指导值,应进行核素分析和评价,判定能否饮用。

表1-8 饮用水中消毒剂常规指标及要求

消毒剂名称	与水接触时间	出厂水中限值	出厂水中余量	管网末梢水中余量
氯气及游离氯制剂(游离氯,mg/L)	至少30 min	4	≥0.3	≥0.05
一氯胺(总氯,mg/L)	至少120 min	3	≥0.5	≥0.05
臭氧(O_3,mg/L)	至少12 min	0.3		0.02 如加氯,总氯≥0.05
二氧化氯(ClO_2,mg/L)	至少30 min	0.8	≥0.1	≥0.02

表1-9 水质非常规指标及限值

指标	限值
1. 微生物指标	
贾第鞭毛虫(个/10 L)	<1
隐孢子虫(个/10 L)	<1
2. 毒理指标	
锑(mg/L)	0.005
钡(mg/L)	0.7
铍(mg/L)	0.002
硼(mg/L)	0.5
钼(mg/L)	0.07
镍(mg/L)	0.02
银(mg/L)	0.05
铊(mg/L)	0.0001
氯化氰(以CN^-计,mg/L)	0.07
一氯二溴甲烷(mg/L)	0.1
二氯一溴甲烷(mg/L)	0.06
二氯乙酸(mg/L)	0.05
1,2-二氯乙烷(mg/L)	0.03
二氯甲烷(mg/L)	0.02
三卤甲烷(三氯甲烷、一氯二溴甲烷、二氯一溴甲烷、三溴甲烷的总和)	该类化合物中各种化合物的实测浓度与其各自限值的比值之和不超过1
1,1,1-三氯乙烷(mg/L)	2
三氯乙酸(mg/L)	0.1
三氯乙醛(mg/L)	0.01

续 表

指　　标	限　　值
2,4,6-三氯酚(mg/L)	0.2
三溴甲烷(mg/L)	0.1
七氯(mg/L)	0.000 4
马拉硫磷(mg/L)	0.25
五氯酚(mg/L)	0.009
六六六(总量,mg/L)	0.005
六氯苯(mg/L)	0.001
乐果(mg/L)	0.08
对硫磷(mg/L)	0.003
灭草松(mg/L)	0.3
甲基对硫磷(mg/L)	0.02
百菌清(mg/L)	0.01
呋喃丹(mg/L)	0.007
林丹(mg/L)	0.002
毒死蜱(mg/L)	0.03
草甘膦(mg/L)	0.7
敌敌畏(mg/L)	0.001
莠去津(mg/L)	0.002
溴氰菊酯(mg/L)	0.02
2,4-滴(mg/L)	0.03
滴滴涕(mg/L)	0.001
乙苯(mg/L)	0.3
二甲苯(mg/L)	0.5
1,1-二氯乙烯(mg/L)	0.03
1,2-二氯乙烯(mg/L)	0.05
1,2-二氯苯(mg/L)	1
1,4-二氯苯(mg/L)	0.3
三氯乙烯(mg/L)	0.07
三氯苯(总量,mg/L)	0.02
六氯丁二烯(mg/L)	0.000 6
丙烯酰胺(mg/L)	0.000 5

续表

指　　标	限　　值
四氯乙烯(mg/L)	0.04
甲苯(mg/L)	0.7
邻苯二甲酸二(2-乙基己基)酯(mg/L)	0.008
环氧氯丙烷(mg/L)	0.000 4
苯(mg/L)	0.01
苯乙烯(mg/L)	0.02
苯并(a)芘(mg/L)	0.000 01
氯乙烯(mg/L)	0.005
氯苯(mg/L)	0.3
微囊藻毒素-LR(mg/L)	0.001
3. 感官性状和一般化学指标	
氨氮(以N计,mg/L)	0.5
硫化物(mg/L)	0.02
钠(mg/L)	200

表1-10　农村小型集中式供水和分散式供水部分水质指标及限值

指　　标	限　　值
1. 微生物指标	
菌落总数(CFU/mL)	500
2. 毒理指标	
砷(mg/L)	0.05
氟化物(mg/L)	1.2
硝酸盐(以N计,mg/L)	20
3. 感官性状和一般化学指标	
色度(铂钴色度单位)	20
浑浊度(NTU——散射浊度单位)	3 水源与净水技术条件限制时为5
pH(pH单位)	不小于6.5且不大于9.5
溶解性总固体(mg/L)	1 500
总硬度（以$CaCO_3$计,mg/L)	550
耗氧量(COD_{Mn}法,以O_2计,mg/L)	5

续 表

指　　标	限　　值
铁(mg/L)	0.5
锰(mg/L)	0.3
氯化物(mg/L)	300
硫酸盐(mg/L)	300

二、工业用水水质标准

工业用水种类繁多，水质要求各不相同。水质要求高的工艺用水，不仅要求去除水中悬浮杂质和胶体杂质，而且还需要不同程度地去除水中的溶解杂质。

食品、酿造及饮料工业的原料用水，水质要求应当高于生活饮用水的要求。

纺织、造纸工业用水，要求水质清澈，且对易于在产品上产生斑点从而影响印染质量或漂白度的杂质含量，应加以严格限制。如铁和锰会使织物或纸张产生锈斑。水的硬度过高也会使织物或纸张产生钙斑。

对锅炉补给水水质的基本要求是：凡能导致锅炉、给水系统及其他热力设备腐蚀、结垢及引起汽水共腾现象的各种杂质，都应大部或全部去除。锅炉压力和构造不同，水质要求也不同。汽包锅炉和直流锅炉的补给水水质要求相差悬殊。锅炉压力愈高，水质要求也愈高。如低压锅炉(压力小于2 450 kPa)，主要应限制给水中的钙、镁离子含量，含氧量及pH值，当水的硬度符合要求时，即可避免水垢的产生。

在电子工业中，零件的清洗及药液的配制等，都需要纯水。特别是半导体器件及大规模集成电路的生产，几乎每道工序均需"高纯水"进行清洗。高灵敏度的晶体管和微型电路所需的高纯水，总固体残渣应小于1 mg/L。电阻率(在25℃左右)应大于$1\times10^7\ \Omega\cdot cm$。水中微粒尺寸即使在1 μm左右，也会直接影响产品质量甚至成次品。

此外，许多工业部门在生产过程中都需要大量冷却水，用以冷凝蒸气以及工艺流体或设备降温。冷却水首先要求水温低，同时对水质也有要求，如水中存在悬浮物、藻类及微生物等，会使管道和设备堵塞；在循环冷却系统中，还应控制在管道和设备中由于水质所引起的结垢、腐蚀和微生物繁殖。

各种工业用水水质要求由相关工业部门制定。

任务1.3　给水处理工艺流程识读

任务准备

给水处理的任务是通过必要的处理方法去除水中杂质，使其符合生活饮用或工业使用所要求的水质。水处理方法应根据水源水质和用水对象对水质的要求确定。在给水处理中，有的处理方法除了具有某一特定的处理效果外，往往也直接或间接地兼收其他处理效果。为了达到某一处理目的，往往几种方法结合使用。

按照不同的处理目的，有各种不同的处理方法：

1. 常规处理方法

(1) 混凝沉淀。

混凝沉淀处理对象主要是水的浊度。处理方法是在原水中投入化学药剂经过混凝（混合与絮凝）使水中悬浮物与胶体杂质形成易于沉淀的大颗粒的絮凝体，最后经过沉淀池沉淀，使水澄清。澄清池是将混凝、沉淀两道工序综合于一体的构筑物。

(2) 过滤。

过滤是利用具有孔隙的粒状滤料，截留和黏附水中细小的杂质，使经过混凝沉淀的水进一步澄清并使水的浊度达到生活饮用水卫生标准。

(3) 消毒。

消毒处理目的是杀灭水中致病性微生物。通常在过滤后进行。消毒方法有投加液氯、漂白粉、二氧化氯及次氯酸钠、臭氧等消毒剂，经过适当的接触时间，达到消毒的目的。紫外线照射也是一种消毒方法。

2. 特殊处理方法

(1) 除铁。

除铁是使水中溶解性二价铁转化成三价铁并从水中除去。常用的除铁方法为天然锰砂或石英砂接触氧化过滤法。

(2) 软化。

降低水中的钙和镁离子含量的处理叫软化，有药剂软化法、离子交换法。

(3) 淡化和除盐。

处理对象是水中各种溶解盐类，包括阴、阳离子。将高含盐量的水如海水及"苦咸水"处理到符合生活饮用水或某些工业用水要求时的处理过程，一般称为咸水"淡化"。制取纯水及高纯水的处理过程称为水的"除盐"。淡化和除盐主要方法有：蒸馏法、离子交换法、电渗析法及反渗透法等。

(4) 稳定处理。

为防止水在循环使用过程中产生大量的水垢、结垢和腐蚀，影响水的进一步循环使用的处理，叫做水质稳定处理。往往是通过在水中投加化学药剂来完成。控制腐蚀的药剂称缓蚀剂，控制结垢的药剂称阻垢剂。有时也通过去除水中产生腐蚀和沉积物的成分来达到水质调理的目的。

(5) 生活饮用水的预处理和深度处理。

对于不受污染的天然地表水源而言，饮用水的处理对象主要是去除水中悬浮物、胶体和致病微生物。对此，常规处理工艺（即混凝、沉淀、过滤、消毒）是十分有效的。但对于污染水源而言，水中溶解性的有毒有害物质，特别是具有致癌、致畸、致突变的有机污染物（简称"三致物质"）或"三致"前体物（如腐殖酸等）是常规处理方法难以解决的。于是，便在常规处理基础上增加预处理和深度处理。前者置于常规处理前，后者置于常规处理后。

预处理和深度处理的主要对象是水中有机污染物，主要用于饮用水处理厂。预处理方法主要有：粉末活性炭吸附法、臭氧或高锰酸钾氧化法、生物氧化法等。这些预处理法除了去除水中有机污染物外，同时也具有除味、除臭及除色作用。当然，不同方法在除污染能力上有所差别。同时，各种方法均各有优缺点。除了上述预处理方法外，还有其他一些方法，如曝气法、水库蓄存法等不一一介绍。此外，新的预处理法正在继续探索中。

深度处理主要有以下几种方法：粒状活性炭吸附法、臭氧-粒状活性炭联用法或生物活性炭法、化学氧化法、膜滤法等。

任务实施

1. 识读水处理工艺流程

由于水源不同，水质各异，饮用水处理系统的组成和工艺流程有多种多样。

以地表水作为水源时，处理工艺流程中通常包括混合、絮凝、沉淀或澄清、过滤及消毒。工艺流程如图 1-1 所示。

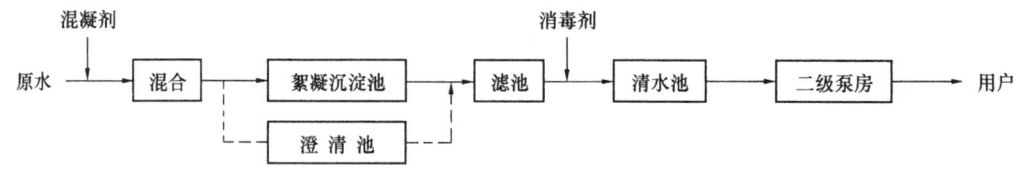

图 1-1 地表水常规处理工艺流程

当原水浊度较低（一般在 50 度以下）、不受工业废水污染且水质变化不大者，可省略混凝沉淀（或澄清）构筑物，原水采用双层滤料或多层滤料滤池直接过滤，也可在过滤前设一微絮凝池，称微絮凝过滤。工艺流程如图 1-2 所示。

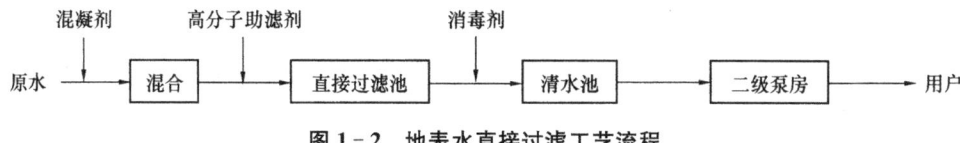

图 1-2 地表水直接过滤工艺流程

若水源受到较严重的污染，按目前行之有效的方法，可在砂滤池后再加设臭氧-粒状活性炭联用处理。工艺流程如图 1-3 所示。

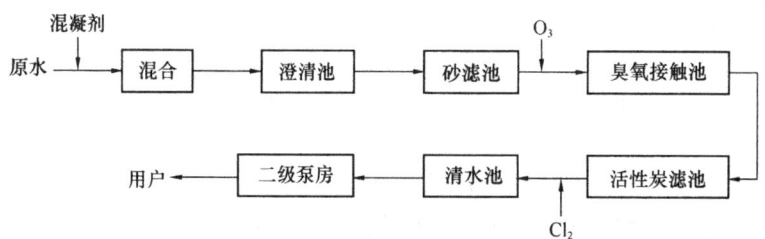

图 1-3 常规＋深度处理工艺

受污染水源还有其他处理工艺。例如有的在常规处理工艺前增加生物预处理（包括预氧化、粉末活性炭吸附、生物处理等）；有的在常规处理工艺中投加粉末活性炭等。图 1-4 为增加生物预处理工艺流程图。

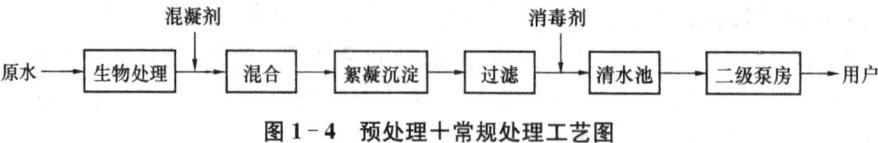

图 1-4 预处理＋常规处理工艺图

以地下水作为水源时,由于水质较好,通常不需任何处理,仅经消毒即可,工艺简单。

2. 识读水处理高程布置图

在处理工艺流程中,各构筑物之间水流应为重力流。两构筑物之间水面高差即为流程中的水头损失,包括构筑物本身,连接管道、计量设备等水头损失在内。水头损失应通过计算确定,并留有余地。该水头损失应包括构筑物内集水槽(渠)等水头跃落损失在内。

在水处理工艺图纸中,常用高程布置图反映各水处理构筑物的水面衔接关系。某水厂的高程布置如图 1-5 所示,标注出了从河流水位、吸水井水位到清水池、二级泵站吸水井等各个构筑物的水面标高及池底标高。

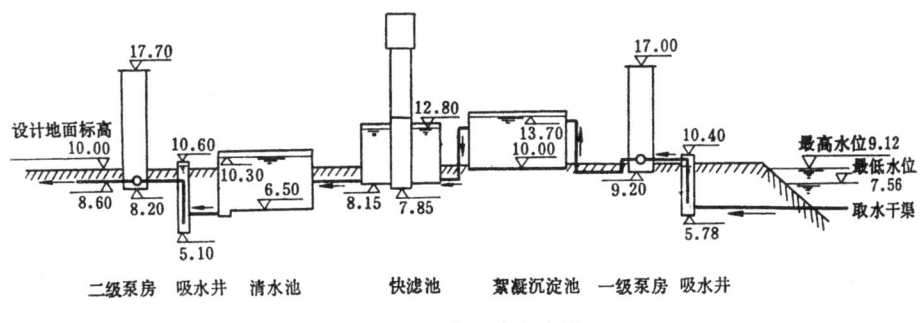

图 1-5 水厂高程布置

项目 2　取水构筑物维护

任务 2.1　地表水取水构筑物维护

2014 年 5 月,江苏靖江段长江取水口发现异味,导致全城停水约 7 个小时。上海密切监测取水口的水质,若受污染将改从黄浦江取水。所以取水口安全影响到城市的千家万户。

我们经常在湖边或河边看到如图 2-1 所示的牌子,这是什么意思?

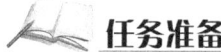

一、地表水取水构筑物的分类

1. 按水源种类分

可分为河流、湖泊、水库及海水取水构筑物。

2. 按取水构筑物的构造形式分

可分为固定式和活动式。

图 2-1　饮用水水源地标示牌

(1) 固定式(岸边式、河床式、斗槽式)。优点:取水可靠,维护管理简单,适应范围广。缺点:投资较大,水下工程量较大,施工期长,在水源水位变幅较大时尤其突出。设计时应考虑远期发展的需要,土建工程一般按远期设计,一次建成,水泵机组设备可分期安装。适用于各种取水量和各种地表水源如图 2-2 所示。

(2) 活动式(浮船式、缆车式)。优点:投资小,施工期短,见效快,水下工程量小,对水源水位变化适应性强,便于分期建设。缺点:维护管理复杂,易受水流、风浪、航运的影响,取水可靠性差。适用于水源水位变幅大且中小取水量的情况,多用于江河、水库和湖泊取水如图 2-3 所示。

图 2-2　固定式取水构筑物(岸边式)

图 2-3　移动式取水构筑物(缆车式)

3. 取水构筑物类型的选择

取水构筑物的类型选择,应根据取水量和水质要求,结合河床地形、河床冲淤、水位变幅、冰冻和航运等情况以及施工条件,在保证取水安全可靠的前提下,通过技术经济比较确定。

二、取水构筑物位置的选择

1. 设在水质较好地点

(1) 为避免污染,取水构筑物宜位于城镇和工业企业上游的清洁河段,在污水排放口的上游 100~150 m 以上。

(2) 取水构筑物应避开河流中的回流区和死水区,以减少进水中的泥沙和漂浮物。

(3) 在沿海地区应考虑到咸潮的影响,尽量避免吸入咸水。

(4) 污水灌溉农田、农作物施加杀虫剂等都可能污染水源,也应予以注意。

2. 有稳定河床和河岸,靠近主流,有足够的水深

(1) 在弯曲河段、顺直河段、蜿蜒弯曲、分叉段的选址;在有河漫滩的河段上,应尽可能避开河漫滩,并要充分估计河漫滩的变化趋势;在有沙洲的河段上,应离开沙洲 500 m 以外,当沙洲有向取水方向移动趋势时,这一距离还需适当加大。

(2) 在有支流汇入的河段上,应注意汇入口附近"泥沙堆积堆"的扩大和影响,取水口应与汇入口保持足够的距离,一般取水口多设在汇入口干流的上游河段。

三、固定式取水构筑物——岸边式取水构筑物

直接从江河岸边取水的构筑物,称为岸边式取水构筑物。由进水间和泵房两部分组成。适用于岸边较陡,主流近岸,岸边有足够水深,水质和地质条件较好,水位变幅不大的情况。按照进水间与泵房的合建与分建,岸边式取水构筑物的基本型式可分为合建式和分建式。

1. 合建式岸边取水构筑物

(1) 合建式岸边取水构筑物为进水间与泵房合建如图 2-4 所示,水经进水孔进入进水室,再经格网进入吸水室,然后由水泵抽送至水厂或用户。进水孔上的格栅用以拦截水中粗大的漂浮物。进水间中的格网用以拦截水中细小的漂浮物。

(2) 优点:布置紧凑,占地面积小,水泵吸水管路短,运行管理方便。缺点:土建结构复杂,施工较困难。

(3) 两种形式:

1) 阶梯式:当地基条件较好时,进水间与泵房的基础可以建在不同的标高上,呈阶梯式布置,以利用水泵吸水高度减小泵房深度,有利于施工和降低造价;但水泵启动时需要抽真空(泵轴高于设计最低水位)。适用于岸边地质条件好、中小水量取水。

2) 水平式:当地基条件较差时,为避免产生不均匀沉降,或者水泵需要自灌启动时,宜将进水间与泵房的基础建在相同标高上,泵房较深,土建费用增加,通风及防潮条件差,操作管理不甚方便。适用于

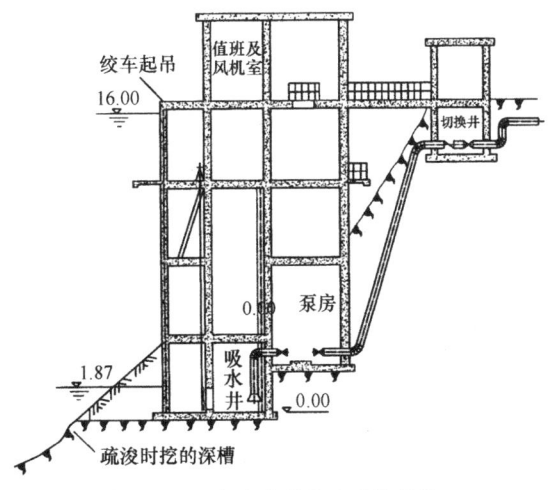

图 2-4 合建式岸边取水构筑物

地基条件较差,供水安全性高、取水量大。

2. 分建式岸边取水构筑物

(1) 当岸边地质条件较差,进水间不宜与泵房合建时,或者分建对结构和施工有利时,宜采用分建式。

(2) 分建式进水间设于岸边,泵房建于岸内地质条件较好的地点(图2-5),但不宜距进水间太远,以免吸水管过长。分建式土建结构简单,施工较容易,但操作管理不便,吸水管路较长,增加了水头损失,运行安全性不如合建式。

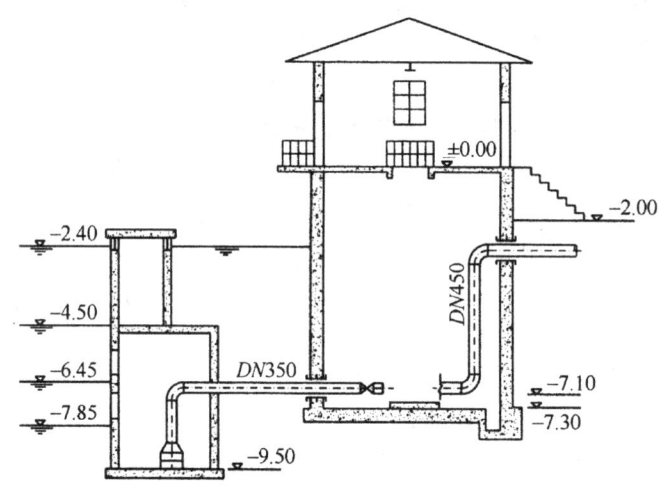

图2-5 分建式岸边取水构筑物

四、河床式取水构筑物

利用伸入江河中心的进水管和固定在河床上的取水头部取水的构筑物,称为河床式取水构筑物。河床式取水构筑物由取水头部、进水管、集水间和泵房等部分组成。

适用于当河床稳定,河岸较平坦,枯水期主流远离岸边,岸边水深不够或水质不好,而河中心具有足够的水深或水质较好时,宜采用河床式取水构筑物。

类型有:

1. 自流管取水

构造:自流管淹没在水中,河水靠重力进入集水间,集水间可与泵房合建或分建。

优点:自流管取水靠重力自流工作可靠;在河流水位变幅较大,洪水期历时较长,水中含沙量较高时,可在集水间壁上开设进水孔(图2-6),或设置高位自流管取上层含沙量较少的水;集水井设在岸边,不影响河中水流;冬季保暖好。缺点:取水头部伸入河床,检修和清洗不便;铺设自流管时,开挖土石方量较大;洪水期河底易发生淤积、河水主流游荡不定,从而影响取水。

适用:河床较稳定,主流距离河岸较远;岸边水深较浅且岸边水质较差;自流管埋深不大或者在河岸可以开挖隧道以铺设自流管等情况。

2. 虹吸管取水

构造:河水通过虹吸管进入集水井中,然后由水泵抽走(图2-7)。河水高于虹吸管顶时可自流进水;河水低于虹吸管顶时需抽真空。

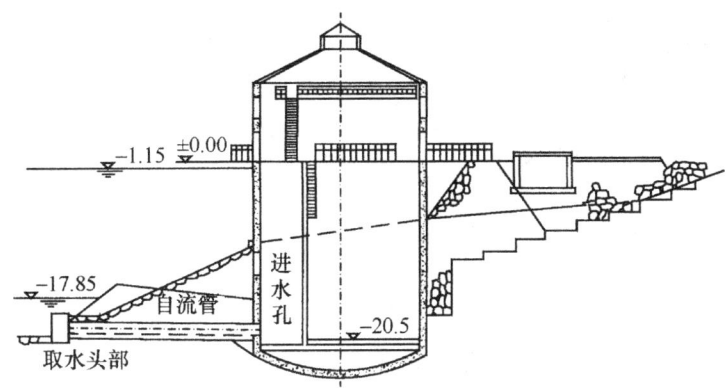

图 2-6 岸边集水井开设进水孔

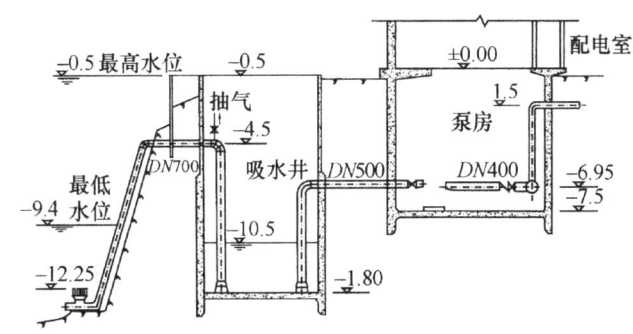

图 2-7 分建式虹吸管

特点：虹吸管取水可减少水下土石方量，缩短工期，节约投资。但对管材及施工质量要求较高，运行管理要求严格，需装置真空设备，工作可靠性不如自流管。

适用：河滩宽阔，河岸较高，且为坚硬岩石，埋设自流管需开挖大量土石方，或管道需要穿越防洪堤时。

五、固定式取水构筑物的构造

固定式取水构筑物由集水井、泵站、取水头部、进水管等部分组成。

1. 集水井

集水井一般由进水间、格网和吸水间三部分组成。

(1) 进水间。

组成：由进水室和吸水室两部分，可与泵房分建或合建。

形式：形状有圆形、矩形、椭圆形等。

设计：进水间的平面尺寸应根据进水孔、格网和闸板的尺寸、安装、检修和清洗等要求确定。

(2) 吸水室。吸水室用于安装水泵吸水管。

设计：要求与泵房吸水井基本相同。吸水室的平面尺寸按水泵吸水管的直径、数量和布置要求确定。

(3) 附属设备。

1) 格栅：设于进水孔上(或取水头部)的入口处，用以拦截水中粗大漂浮物及鱼类。

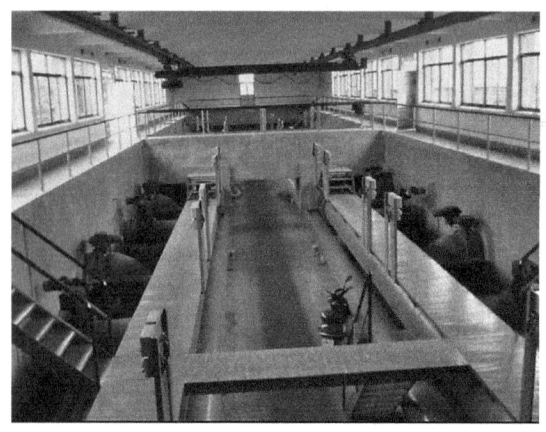

2) 格网：有平板格网和旋转格网两种型式，应根据水中漂浮物数量、每台水泵的出水量等因素加以选择。通常，当每台泵出水量小于 1.5 m³/s 时，采用平板格网；出水量大于 3.0 m³/s 时，采用旋转格网；出水量在 1.5～3.0 m³/s 之间时，两种格网均可采用。

3) 排泥、启闭及起吊设备（见图 2-8）

2. 取水泵站

（1）水泵选择：水泵选择包括水泵型号选择和水泵台数确定。

（2）泵房布置：泵房的平面形状有圆形、矩形、椭圆形、半圆形等。

图 2-8 排泥、启闭及起吊设备

（3）泵房的通风、采暖及附属设备：在深井泵房中，因电动机散热致使泵房温度升高，为了改善操作条件，须考虑通风设施。

3. 取水头部

（1）取水头部应设在稳定河床的主流深槽处，有足够的取水深度。

（2）取水头部的形状对取水水质及河道水流有较大的影响，因此应选择合理的外形和较小的体积，以避免对周围水流产生大的破坏和扰动，同时防止取水头部受冲刷，甚至被冲走。

（3）任何型式的取水头部均不同程度地使河道水流发生变化，引起局部冲刷，因此应在可能的冲刷范围内抛石加固，并将取水头部的基础埋在冲刷深度以下。

（4）取水头部至少应分成两格，或分设两个取水头部，以便清洗和检修。在漂浮物或泥沙多的河流中，相邻的取水头部应有较大的间距，一般沿水流方向的间距应不小于取水头部最大尺寸的 3 倍。

（5）取水头部应防止冰块堵塞和冲击，并防止船只、木筏碰撞。

（6）取水头部的型式很多，常用的有喇叭管、蘑菇形、鱼形罩、箱式、桥墩式等。

 **任务实施**

一、取水口的日常巡视

1. 取水口防护规定

（1）防护地带应为上游 1 000 m 至下游 100 m 段（有潮汐的河道可适当扩大），并应符合现行国家标准《生活饮用水卫生标准》的规定。

（2）汛期应组织专业人员了解上游汛情，检查取水口构筑物的完好情况，防止洪水危害和污染。

（3）冬季结冰的取水口，应有防结冰措施及解冻时防冰凌冲撞措施。

2. 固定式取水口的运行

（1）藻类、杂草较多的地区应保证格栅前后的水位差不超过 0.3 m。

（2）应 2～4 h 巡视一次，对预沉池和水库等的巡视宜每 8 h 至少一次。

(3) 消除格栅污物时,应有充分的安全防护措施,操作人员不得少于2人。

(4) 藻类、杂草生殖旺盛的地区或季节,设有回转式格栅的进水口应昼夜连续运行,并应设专人专职定时停机清扫检查,有杂物时,应立即进行清除处理(图2-9、10)。

图2-9 取水口打捞杂物

图2-10 取水口附近垃圾水草清理

(5) 上游至下游适当地段应装设明显的标志牌,在有船只来往的河道,距离航道小于50 m时,还应在标志牌上装设信号灯。

二、取水泵房的操作

1. 岗位职责

(1) 确保水泵正常运行。

(2) 熟悉泵房以及附属构筑物的工艺特点和功能,熟悉泵房各台电动机、水泵的性能、工艺参数;熟悉各类仪表、电器设备的性能。

(3) 熟练操作进出水阀门,熟练启动开闭电动机,控制好水的流量。

(4) 认真做好水泵运行中的检查工作,要做到勤看、勤听、勤嗅、勤摸、勤动手、勤捞垃圾。

(5) 做好水泵、电机的日常保养和维修工作,定期检查水箱、叶轮,注意轴承的油位、油质和温度,检查各部件螺丝有否松动。

(6) 经常巡视河水液位,超过规定值时,必须及时做好格栅的清渣工作。

(7) 准时、如实、完整、清晰地做好值班记录,正确地反映运行情况。

(8) 严格执行交接班制度。

(9) 严格遵守劳动纪律和考勤制度,坚守岗位,不得擅离职守,不准闲谈,夜班不可睡岗。

(10) 认真执行安全操作规程,坚持安全操作,文明生产。

(11) 上班必须穿戴好劳动保护用品;泵房内的设备、电动机、水泵及地面、门窗要经常清扫,保持整洁。

(12) 生产运行期间要向上级负责,有特殊情况必须及时汇报,并采取相应措施,保证生产。

2. 巡视内容

(1) 原水颜色与气味。

(2) 温度、流量等:巡查时要认真负责地观察和记录,并与正常值进行对比。如果发现异常,就应当立即采取多种形式的应对措施。

(3) 声音与振动:对泵、风机等设备正常运转的声音与振动等感官指标应当了如指掌,巡查时利用听、看、摸等简单手段判断出设备的运转状况。

（4）设备的运行情况，如水泵运行台数、台号、电流、电压、温度及调整水量后有关阀门的开度等。

3. 设备操作

（1）开泵前检查：

1）水源水位应保持正常。

2）检查出水阀门是否处于正常工作状态（混流泵或轴流泵应使出水阀门应处于打开状态）。

3）检查抽真空用水桶是否备足所需水量，应装满水桶三分之二以上为宜。

4）检查电器设备是否处于正常工作状态。

（2）开泵步骤：

1）打开排气阀（在水泵最上方），水桶出水阀门（在水桶下面），再打开真空泵。

2）待真空泵运行后，听到真空泵内发出空爆声，真空压力表在设定范围内晃动，立即启动水泵。

3）水泵运行30 s左右，电流上升到额定值，立即关闭真空泵，然后再关闭排气阀、水桶出水阀。

4）停泵时直接关闭水泵即可。

（3）运行时管理操作：

1）根据进水量的变化及工艺运行情况，应调节水量，保证处理效果。

2）水泵在运行中，必须严格执行巡回检查制度，并符合下列规定。

① 应注意观察各种仪表显示是否正常、稳定。

② 轴承温升不得超过环境温度35℃，总和温度最高不得超过75℃。

③ 应检查水泵填料压盖处是否发热，滴水是否正常。

④ 水泵机组不得有异常的噪声或震动。

⑤ 水源水位应保持正常。

3）应使泵房的机电设备保持良好状态。

4）操作人员应保持泵站的清洁卫生，各种器具应摆放整齐。

5）应及时清除叶轮、闸阀、管道的堵塞物。

6）泵房的吸水井应每年至少清洗一次。

7）泵启动后不上水的原因及处理方法：

① 吸入管漏气：检查吸入管线消除漏气；

② 叶轮堵塞：消除堵塞；

③ 泵反转：改变方向；

④ 轴封漏气：密封盘根。

任务2.2　地下水取水构筑物维护

 **任务准备**

地下水取水构筑物由于地下水的类型及埋藏条件等因素不同，因此有多种型式。常用的地下水取水构筑物有管井、大口井、渗渠等。

一、管井

管井又名机井,是垂直安装在地下的取水构筑物,是地下水取水构筑物中采用最广泛的一种形式,适于含水层厚度大于 5 m、底板埋藏深度大于 15 m 的情况;最深的管井可达 200～1 000 m。

管井是由井室、井壁管、过滤器、人工填砾及沉淀管等部分组成,其一般构造如图 2-11 所示。

1. 井室

井室是用以保护井口免受污染、安放水泵机组以及进行维护管理的场所。采用深井水泵的井室即为深井泵站,采用深井潜水泵的井室即为地下式深井;采用卧式水泵的管井,井室有的和泵站合建,有的分建。

2. 井管

井管包括井壁管及过滤器。

(1) 井壁管为井管的不透水部分,目的在于加固井壁,隔离水质不良或水头较低的含水层。一般可用钢管、铸铁管、钢筋混凝土管或木管制成。

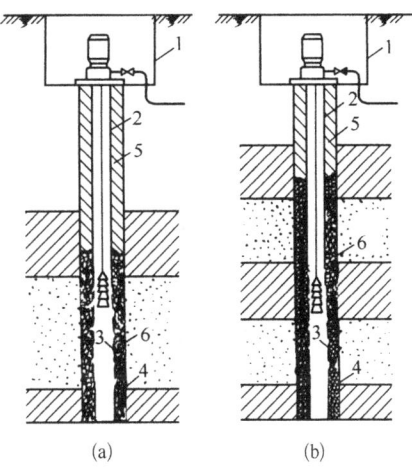

图 2-11 管井的一般构造
(a) 单层过滤器管井;(b) 双层过滤器管井
1—井室;2—井壁管;3—过滤器;
4—沉淀管;5—黏土封闭;6—规格填砾

(2) 过滤器又称滤水管,安装于含水层中用以集水和保持填砾与含水层的稳定性。过滤器是管井的重要组成部分。对过滤器的基本要求是:① 应有足够的强度和抗蚀性;② 具有良好的透水性,且能保持人工填砾和含水层的渗透稳定性。

过滤器的型式有很多,常用的有缠丝过滤器、包网过滤器、填砾过滤器等。过滤器的类型选用是否得当,是取得设计出水量、减少含沙量的关键,直接影响到井的效率和寿命。过滤器使用时进水流速不能过大,以免将含水层中的细颗粒带入井内。

3. 沉淀管

井的下部与过滤器相接的是沉淀管,用以沉淀偶尔进入井内的细小砂粒和自水中析出的沉淀物,其长度一般为 2～10 m。

二、大口井

大口井是广泛采用的一种开采浅层地下水的取水构筑物。一般直径为 3～10 m,井深在 15 m 以内,由井筒、井口、进水部分和井底反滤层等部分组成,其一般构造如图 2-12 所示。

1. 井筒

井筒通常由砖、块石或钢筋混凝土浇筑而成。外形有圆筒形、阶梯圆筒形等。

2. 井口

大口井露出地表的部分为井口,主要目的为

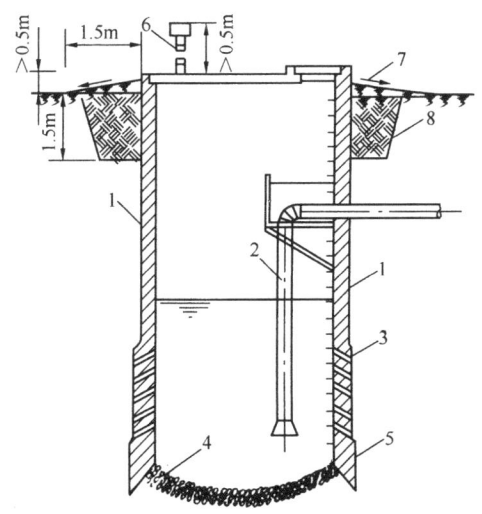

图 2-12 大口井的构造
1—井筒;2—吸水管;3—井壁进水孔;4—井底反滤层;
5—刃脚;6—通风管;7—排水城;8—黏土层

避免地面上污水从井口或沿井壁侵入含水层而污染地下水。井口应超出地面 0.5 m 以上，并在井口周围修建宽度为 1.5 m 的排水坡。如地面土壤有渗透性，则在排水坡下面还应填以厚度不小于 1.5 m 的黏土层。

在井口上面也可设泵站。如不设泵站就只设盖板、通气孔和人孔。

3. 进水部分

进水部分位于地下含水层中，包括井壁进水的进水孔、井底进水的反滤层等，有的井壁本身就做成透水壁。

井底反滤层是为了防止含水层中的细小砂粒随水流进井内，保持含水层渗透稳定性。反滤层一般 3～4 层并做成锅底形，粒径自下而上逐渐变大，每层厚度一般为 200～300 mm，如图 2-13 所示。当含水层为细、粉砂时应增至 4～5 层，总厚度为 0.7～1.2 m。当含水层为粗颗粒时，可只设两层，总厚度为 0.4～0.6 m。反滤层铺设的质量是防止井底涌砂的关键，如果铺设不好，有可能导致井底涌砂，使水井造成最终停产的严重事故。

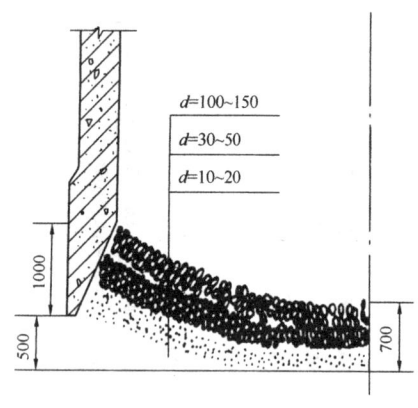

图 2-13 井底反滤层

三、渗渠

渗渠是截取地下水常用的一种取水方式。它是利用埋设在地下含水层中带孔眼的水平渗水管道或渠道，依靠水的渗透和重力流来集取地下水。渗渠一般由集水管、反滤层、检查井、导水管组成，如图 2-14、15 所示。

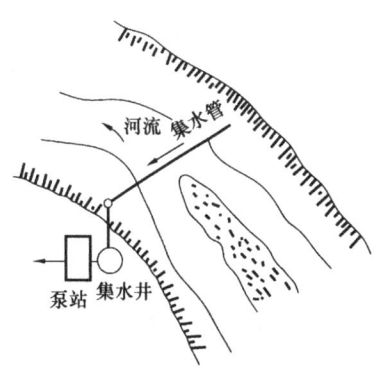 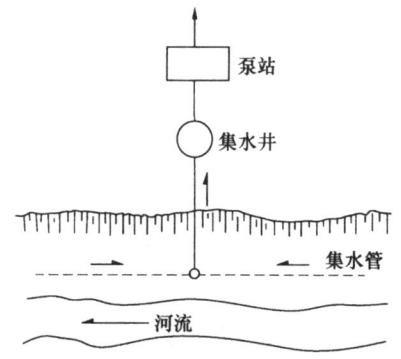

图 2-14 垂直于河流布置的渗渠　　图 2-15 平行于河流布置的渗渠

1. 集水管

集水管一般采用带孔眼的钢筋混凝土管。孔眼有圆形和长条形两种。圆形的孔径为 20～30 mm，布置成梅花状。孔眼内大外小，以防堵塞。孔眼净距为 2～2.5 倍的孔径；长条形的孔眼尺寸宽为 20 mm，长为 50～100 mm，条缝净间距，纵向为 50～100 mm，环向 20～50 mm，进水孔眼布置离管底高度在 1/3～1/2 管径以上，下部一般不设孔眼。

完整式集水管一般不设基础。非完整式采用混凝土枕基。管子接口都采用平接抹带接口。

2. 反滤层

反滤层铺设在集水管周围(如图 2-16 所示),主要目的是防止含水层中细小颗粒的泥沙进入集水管,造成管内淤积,反滤层铺设的质量是影响渗渠效果的重要因素之一。铺设反滤层一是要求级配正确,二是达到规定厚度。

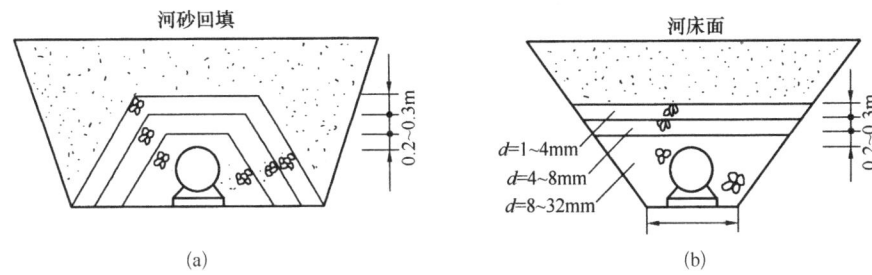

图 2-16 渗渠人工反滤层构造
(a) 铺设在河滩下的渗渠;(b) 铺设在河床下的渗渠

3. 检查井

检查井做成圆形钢筋混凝土较好。直径 1~2 m,井底做成深 0.5~1.0 m 的沉砂槽。检查井在河面以上都采用封闭式井盖,外面用螺栓将井盖固定,并用橡皮、铁皮包住以防漏进泥沙与洪水冲击。检查井 50 m 左右一个(直线距离),在转角处都应设置。

4. 导水管

渗渠集水管与泵房的连接管叫导水管。导水管一般采用钢筋混凝土管或渠道,按一定坡度自流到集水井或泵房吸水井。导水管要求不漏水和防止砂土流入。导水管上一般安设闸门以控制流量和水位。

5. 集水井

渗渠的终点为集水井,集水井往往与泵房吸水井合设在一起。合设的吸水井既要满足水泵吸水的水位、水量、水深的要求,也要满足沉砂的要求。

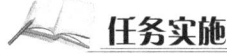 **任务实施**

一、管井的验收、使用与维护

1. 管井的验收

管井投产前应进行正式的验收。管井投产验收的步骤是:

(1) 提交设计、钻探、竣工资料。

主要有:

1) 地质勘察资料(包括地质柱状图、理化分析和细菌分析资料);

2) 管井设计资料(包括井的结构、过滤器的填砾规格、井的标高等);

3) 竣工资料(包括过滤器安装、填砾、封闭时的详细记录)。

(2) 竣工验收。

在资料齐全的基础上,会同有关单位一起对井的构造、深度、安装等施工质量进行竣工验收。

(3) 试运转。

管井在验收合格后进行生产性试运转。试运转时在水质和水量方面必须符合下列标准方能交付。

1) 水质方面,在开动水泵抽完井筒内存水 30 s 以内用小肚量杯测量水中含砂量。要求在粗砂、砾石层中取水的管井含砂量在五万分之一以下;在中砂、细砂层中取水的管井含砂量在二万分之一以下。水质其他指标应符合《地下水水环境质量标准》中关于水源水质的规定。

2) 水量方面,井的出水应不得低于设计出水量。

管井只有认真经过上面检验全部合格后方能正式交付生产使用。

2. 管井的使用

管井的使用与保养关系到井的寿命。使用保养不当将使出水量减少、水质变坏,甚至导致管井很快报废。管井使用保养要点如下:

(1) 建立管井使用卡片。

卡片由操作人员每天认真填写(其中动、静水位按规定的周期,一般每 10 天一次)。如发现出水量减少、水质恶化、水位变化等异常情况时,应停止运转,进行详细检查,找出原因并修理后再继续使用。卡片见表 2-1。

表 2-1 ＿＿＿＿＿＿管井观测卡片

年　　月

日期		观测时间(h)	气候状况	静水位(m)	动水位(m)	降深(m)	出水量(t/h)	单位出水量(t/h·m)	延续稳定时间(h)	值班人员签字	备注
月	日										
	1										
	2										
	⋮										
	⋮										
	⋮										
	30										
	31										

注:使用时要观察静水位、动水位、抽水降深及出水量,不使用时,只测静水位。

(2) 正确选用管井抽水设备。

管井在检修或换泵时,对抽水设备机型不能轻易变化。水泵的最大出水量不能超过井的允许出水量。管井不可盲目挖潜。

(3) 密切注意出水的含砂量。

井的出水含砂量直接影响井的使用寿命。水中经常含砂意味着过滤器周围含水层结构逐渐破坏,最终将导致井外坍塌与井管的弯曲与折断。

(4) 及时清淤。

管井使用过程中,总会出现井底淤积。原因是多方面的,有的是因为滤料不合格,挡不住泥砂造成淤积;有的是由于井管接口包扎不严密,抽水时泥砂从接缝流入井内;有的由于洗井不及时、不彻底、井底原来就有泥砂或者由于井口封盖不严,掉入砖头、瓦砾。井底沉淀管内泥砂过多就要及时清淤。

(5) 维护性抽水。

管井在停用期间,很容易加快过滤器的堵塞而使出水量减少,尤其在滨海地区砂层颗粒细、硬度高、含铁多,更容易堵塞。因此对季节性供水管井,不用时要每隔2周抽1~2 d水。

(6) 严格执行机泵操作规程和检修制度。

管井的机泵如采用深井泵的,在运行中要切记先让轴承套充水润滑后再启动,以防损坏轴承。要严格执行机泵的操作规程、检修制度及工作标准。

(7) 管井消毒。

管井竣工或每次检修后,在投入使用前都应用漂白粉消毒。漂白粉的有效氯含量约30%,1 kg漂白粉用20 kg水稀释成药液,然后先将药液的一半直接倒入或用虹吸方法吸入井内,使其与井水混合,开动水泵,使出水带氯臭味,然后停泵,再将另一半药剂倒入井内,停24 h后再用水泵抽水直到氯气味完全消失为止。

二、大口井的使用

大口井的使用保养基本和管井一样,可参考管井的使用保养部分。但大口井应特别重视以下几点:

(1) 严格控制开采水量。

大口井在运转中应均匀取水,最高时开采水量也不要大于设计允许的开采水量。同管井一样,过量的开采会破坏过滤层,导致井内大量涌砂,直至水井报废。

大口井在丰水期和枯水期的出水量变化幅度较大,要特别防止在枯水期加大水泵的出水量,即使遇到洪水高峰,也要杜绝过量开采的产水方式,否则很容易破坏水井过滤层结构。

(2) 防止水质污染。

大口井一般都是截取浅层地下水。为此:

1) 要特别注意防止周围地表水的侵入。

2) 在地下水影响半径范围内,注意污染观测,按照水源卫生防护的要求制定卫生管理制度。

3) 注意井内卫生,井内要保持良好的卫生环境,经常换气并防止井壁微生物的生长。

(3) 完善规章制度。

大口井的水泵应按照水泵的要求制定各项工作标准、操作规程、检修制度。大口井的运行卡片可同管井卡片一样每天需要详细记录水位、出水量、水温,定期分析水质。

三、渗渠的管理

渗渠的管理除了和管井、大口井有共同之处外,主要还应注意以下几点:

(1) 掌握渗渠在不同时期出水量的变化规律。

渗渠的出水量一般和河流的流量有关。丰水期出水量大,枯水期出水量小,这就需要通过观察掌握其变化规律以正确指导生产。

观察渗渠出水量,可以利用检查井或专门打几个观察孔,指定专人每隔5~7 d认真观察和记录一次井与孔中的水位,及当时河水水位与水泵的出水量,连续观察2~3年,就可以清楚地了解在不同时期、在不同出水量时渗渠内水位的变化规律,地下水影响的范围、地面水和地下水的关系等。

（2）加强水质管理。

利用渗渠的山区自来水厂往往只经消毒就送往用户，因此搞好渗渠的水质检查和水源卫生防护对确保水质有直接意义。

（3）做好渗渠的防洪。

设置于河床中的渗渠、检查井、集水井等要严防洪水冲刷，更不能使洪水灌入集水管造成整个渗渠的淤积。每次洪水来临前应详细检查，如井盖密封是否牢靠，护坡、丁坝等有无问题，做好防洪的一切准备，洪水过后再次检查以及时清淤和修补被损坏部分。

项目 3　混凝工艺运行管理

任务 3.1　混凝的基本知识

任务准备

一、混凝的概念

取一杯浑浊的河水或放一把泥土到一杯清水中去,就可以观察到水的沉淀现象。首先会发现一些粗大的颗粒迅速下沉到杯底,上层水开始变清,然后过一定时间后,水不再进一步变清,或者变清得十分缓慢,即使再静置更长的时间,也不会清澈透亮。但是如果在水中加一些我们通常称作混凝剂的药剂,并且加以搅拌,就会发现水中出现许多由细小颗粒互相吸附结成较大的颗粒,并在水中迅速分离沉降下来,水也就很快变清了。

这种在水中加药,使细小颗粒结成大颗粒的过程就叫混凝。混凝过程中产生的大颗粒叫矾花或絮体。能够使水混凝产生矾花的药剂叫做混凝剂。用混凝剂使水中杂质结成矾花,从而使杂质从水中沉淀分离出来的方法叫做混凝沉淀法。混凝沉淀法与自然沉淀法的区别就在于在原水中加药还是不加药。

二、混凝的机理

1. 胶体结构

要了解混凝能使浑水变清,首先要弄清胶体的结构。现以黏土胶体为例说明胶体结构。

黏土胶体结构由胶核、吸附层、扩散层这三部分组成(见图 3-1)。胶核与吸附层统称为胶粒。

黏土胶体的核心是由许多二氧化硅分子组成的固体颗粒,称为胶核。胶核的表面吸附了一层离子,称为电位离子,出于静电引力的作用,把水中带相反电荷的离子吸引到胶核的周围,并与胶核在水中一起移动,带相反电荷的称反离子,与胶粒一起移动的反离子层称为吸附层。

由于吸附层内正电荷和负电荷不相等,胶体本身仍带负电荷,它必然还吸引一部分反离子,但这部分反离子离胶核比较远,比较松散,也不随胶核一起运动,这部分反离子层称为扩散层。

吸附层和扩散层总称为双电层,胶粒和扩散层在一起称为胶团。因此胶粒是带负电荷的,而整个胶团

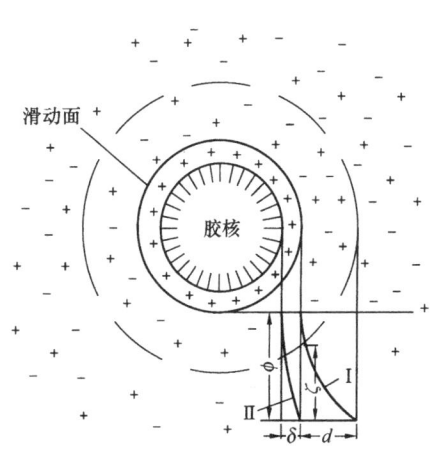

图 3-1　胶体双电层结构示意

是呈中性的。

2. 胶体稳定性

由于原水中所有黏土胶体的胶粒都带负电荷,在静电斥力作用下,相互排斥,而本身又极为微小,只能在水中作不规则的高速运动,不能依靠重力下沉,因此极为稳定,这是浑水不能自己变清的主要原因。

3. 胶体脱稳

在水中投加混凝剂后,浑水很快得以澄清,产生脱稳。脱稳有两种解释。

(1) 双电层作用原理。

水中投加铝盐、铁盐类混凝剂后能产生大量的三价正离子,这些正离子进入黏土胶体的双电层以后,势必使一部分扩散层中反离子进入吸附层,从而降低了吸附层表面的电位和减少了扩散层的厚度,使胶粒的电性斥力大为降低,此时,颗粒每次碰撞都能在静电引力作用下结合,使细小的颗粒逐渐变成大的矾花,并依靠重力下沉,从而使浑水得以变清。这种通过投加混凝剂产生大量正离子、压缩扩散层导致微小颗粒间相互凝聚的作用机理称为双电层作用原理。

从双电层作用原理知道,凝聚效果好坏的关键之一是投药量,如果投药量恰好使胶体颗粒的扩散层厚度降到零,即静电斥力不再存在,这时凝聚条件就好。如果投药量过量,会引起过多的正离子进入吸附层,使原来带负电荷的胶粒变为带正电荷,颗粒间仍产生静电斥力,凝聚效果就会下降。这就是混凝剂并不是加得越多水质就越好的道理。

(2) 吸附架桥作用原理。

加注混凝剂后还有一个吸附架桥作用。混凝剂水解后会产生很多不溶于水的带正电荷的氢氧化物胶体,这些胶体呈长条形,比黏土胶体长得多,能像链条似的蜷起来,好像架桥一样,在水中形成了较大的网状结构,如图3-2所示。

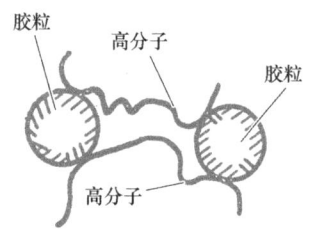

图3-2 架桥模型示意

这种网状结构的表面积很大,吸附能力很强,能够吸附黏土、有机物、细菌甚至溶解物质。这种依靠氢氧化物胶体吸附架桥形成矾花,从而使浑水变清的作用原理称吸附架桥作用原理。

综上所述,浑水依靠投入混凝剂,生成了众多正离子与氢氧化物胶体,依靠前者压缩胶体扩散层、后者吸附水中杂质,从而使原水中胶体脱稳,并逐渐形成较大颗粒即矾花(或絮体),最终在重力作用下从水中分离出来,使浑水得到澄清。

三、混凝的影响因素

混凝的过程可以分为凝聚和絮凝两个阶段,凝聚又包括投药和混合两个过程。影响混凝效果的因素很多,但水力条件、pH值、碱度、水温和混凝剂投加量是主要因素。

1. 水力条件

混凝必须创造一个良好的水力条件,才能提高混凝的效果。

(1) 对混合的要求。

混合要求快速、充分。因为混凝剂水解作用的时间极为短暂,混凝剂加入水中后是否能以最快的速度同整个原水充分混合,直接关系到混凝效果的好坏。缓慢、不恰当的混合将导致投药量增加、反应效果不好。一般混合时间要求为 $10 \sim 30$ s。

(2) 对絮凝的要求。

1) 控制好流速,絮凝池的流速一般要求由大变小。在较大的流速下,水中的胶体颗粒发生较充分的碰撞吸附;在较小的流速下,使胶体颗粒能结成较大的絮粒。

2) 充分的絮凝时间和必要的速度梯度。

速度梯度是水在絮凝池中流动时靠近池壁、池底的流速与靠近中心或水面的流速是不同的,在非常靠近的两层水流之间的流速差就叫速度梯度,用"G"表示。G 值大,颗粒相互碰撞的机会就增多,混凝效果可以好些,但 G 值过大也不好,因为两层水流间的流速相差过大,势必产生较大的剪力,已经凝絮的大矾花因剪力而破碎,矾花一经破碎要重新结合起来就比较困难了。同时,絮凝时间(用 T 表示)对混凝效果也有很大影响,絮凝时间长则颗粒的碰撞机会就多。所以絮凝效果应决定于 GT 值,它包含流速和时间两个因素,比较全面。

2. pH 值

pH 值对混凝的影响很大。混凝剂加入水体后要形成氢氧化物才能起混凝作用。但氢氧化物不一定以胶体状态存在于水中,这要看水的 pH 值。例如氢氧化铝,当水的 pH<4 时,就溶解成 Al^{3+}(铝离子),铝离子是不能起吸附架桥作用的,混凝效果就不会好。只有当 pH 值在 6.5~7.5 时,氢氧化铝的溶解度最小,水中就有条件形成大量的氢氧化铝胶体,混凝效果就好。但当水的 pH 值再大些,例如 pH>8.5 时,氢氧化铝又明显溶解成 AlO_2^-(铝酸离子),这时混凝效果又变得很差。其他混凝剂如铁盐也是如此,因此在水处理中要经常测定 pH 值并设法控制在最佳范围内,这对保证混凝效果至关重要。

3. 碱度

碱度是指水中能与强酸相作用的物质含量,在水中主要指重碳酸根(HCO_3^-)、碳酸根(CO_3^{2-})、氢氧根(OH^-)等。

混凝剂投入水中后由于水解作用,氢离子的数量就会增加。如果这时水中有一定的碱度去中和,pH 值就不会降低。所以在水中缺碱度时必须向水中投加石灰等碱性物质以提高水中 pH 值,以免影响混凝的效果。

4. 水温

水温低,化学反应速度慢,影响混凝剂的水解。水中杂质和氢氧化物胶体之间彼此碰撞机会减少;水温低,水的黏度大,颗粒下降阻力增加,矾花不易下沉。所以水温对混凝效果有明显影响。

提高低温水的混凝效果常用办法是适当增加混凝剂投加量或投加助凝剂以改善颗粒的碰撞条件,提高矾花的重量和强度。

5. 水中悬浮物浓度

水中悬浮物浓度很低时,颗粒碰撞速率大大减小,混凝效果差。为提高低浊度原水的混凝效果,通常采用以下措施:① 在投加铝盐或铁盐的同时,投加高分子助凝剂,如活化硅酸或聚丙烯酰胺等。② 投加矿物颗粒(如黏土等)以增加混凝剂水解产物的凝结中心,提高颗粒碰撞速率并增加絮凝体密度。如果矿物颗粒能吸附水中有机物,效果更好。例如,若投入颗粒尺寸为 500 μm 的无烟煤粉,比表面积约 92 cm^2/g,利用其较大的比表面积,可吸附水中某些溶解有机物。③ 采用直接过滤法。即原水投加混凝剂后经过混合直接进入滤池过滤。滤料(砂和无烟煤)即成为絮凝中心,也称为"接触过滤"。

6. 其他方面

混凝剂的品种、投药量、配制浓度、投药方式、原水中有无大量有机物和溶解盐类都会对混凝效果产生影响,因此确保混凝效果的有效办法是加强管理,掌握原水变化情况,正确投加混凝剂,经常观察矾花生成状况以求得最佳的混凝效果。

任务实施

观察混凝过程

从浑水中加入药剂,到水中产生大颗粒矾花时止总称为混凝过程。这个过程从作用机理可以分成"凝聚"和"絮凝"两个阶段。

1. 凝聚

凝聚阶段包括投药、混合两个过程,主要任务是将药剂迅速而均匀地分散到水中去,使水中胶体脱稳并开始形成极微小的絮粒。

2. 絮凝

絮凝俗称反应,水在絮凝池中通过水力的作用使微小的絮粒充分碰撞接触,絮凝成较大的颗粒即矾花。

混凝是净化处理的第一道工序,它的好坏直接影响沉淀、过滤效果直至出厂水质好坏。

任务 3.2　混凝剂的配制与投加

任务准备

一、常用混凝剂

1. 硫酸铝(分子式:$Al_2(SO_4) \cdot 18H_2O$;分子量:342.15)

(1)品种。

硫酸铝是最常用的混凝剂,有精制和粗制两种。精制硫酸铝为白色或微带灰色粒状;粗制硫酸铝为灰色粒状,粒径不大于 15 mm。

(2)技术标准。

硫酸铝应符合表 3-1 的技术要求。

表 3-1　硫酸铝应符合的技术要求

指标名称	指标					
	精制硫酸铝				粗制硫酸铝	
	优级	一级	二级	三级	一级	二级
氧化铝(Al_2O_3)%≥	15.7	15.7	15.7	15.7	16.5	14.5
氧化铁(以 Fe_2O_3 计)%≤	0.02	0.35	0.50	0.70	2.0	2.0
游离酸(以 H_2SO_4 计)%≤	无	无	无	无	2.0	2.0
水不溶物%≤	0.05	0.10	0.20	0.30	—	—
砷(以 As_2O_3 计)%≤					0.01	0.01

注:硫酸铝用于净水时,除砷以外的有毒物质的含量亦应符合净水要求。

硫酸铝的氧化铝含量是产品有效成分的衡量指标,氧化铝含量高表明硫酸铝的有效成分大。

2. 碱式氯化铝

(1) 品种。

碱式氯化铝也称聚合氯化铝,有液体与固体之分。

(2) 技术标准。

碱式氯化铝同硫酸铝一样,氯化铝含量是产品的有效成分的衡量标准。而盐基度是碱式氯化铝的重要质量指标。盐基度的定义为氢氧根与铝的当量百分比。盐基度直接决定着产品的混凝能力、聚合度、贮存稳定性及 pH 值等许多特性,碱式氯化铝的色泽也是由盐基度决定的,见表 3-2。对同一浊度的原水在相同投药量下,不同盐基度的产品混凝效果各不相同。并且不同原水浊度规律也不相同,一般来说在原水浊度 86～10 000 mg/L 的范围内,碱式氯化铝相应的最佳盐基度在 40%～85%之间。我国目前的产品其盐基度控制在 60%以上。

表 3-2 碱式氯化铝的色泽

	盐基度(%)	色 泽
液 体	40～60	淡黄色透明液
	>60	无色透明液
固 体	<30	晶状体
	30～60	胶状物
	>60	玻璃体或树脂状
	>70	不易潮解
	<70	易潮解并液化

3. 三氯化铁(分子式:$FeCl_3 \cdot 6H_2O$)

三氯化铁外观是金属光泽的黑褐色结晶体。

4. 硫酸亚铁(分子式:$FeSO_4 \cdot 7H_2O$)

硫酸亚铁是废硫酸和废铁屑加工制成,俗称绿矾。外观呈半透明的绿色结晶体。以硫酸亚铁作混凝剂时,为了减低出水中含铁量,往往在投加硫酸亚铁时同时加氯,氯是很强的氧化剂,能直接将亚铁氧化为三价铁。氯的加注量理论上 1 mg/L 的硫酸亚铁需加氯 0.234 mg/L,但因氯气与亚铁同时加注于原水中,还要增加原水中有机物所需的耗氯量,有些地区的经验加氯量是硫酸亚铁加注量的 8 倍,并再加 1.5～2.0 mg/L 氯。加氯一方面促使了亚铁氧化为高铁,另一方面也起到了"预加氯"的作用,使沉淀池不生藻,并有利于过滤。

二、助凝剂

当单独使用混凝剂不能取得预期效果时,需投加某种辅助药剂以提高混凝效果,这种药剂称为助凝剂。助凝剂通常是高分子物质。其作用往往是为了改善絮凝体结构,促使细小而松散的絮粒变得粗大而密实,作用机理是高分子物质的吸附架桥。例如,对于低温、低浊水,采用铝盐或铁盐混凝剂时,形成的聚粒往往细小松散,不易沉淀。当投入少量活化硅酸时,絮凝体的尺寸密度会增大,沉速加快。

水厂内常用的助凝剂有聚丙烯酰胺及其水解产物、骨胶、活化硅酸、海藻酸钠等。

1. 聚丙烯酰胺及其水解产物

聚丙烯酰胺(PAM)及其水解产物是高浊度水处理中使用最多的助凝剂。投加这类助凝剂可大大减少铝盐或铁盐混凝剂用量,我国在这方面已有成熟经验。聚丙烯酰胺的聚合度可高达 20 000～90 000,相应的分子量高达 150 万～600 万;它的混凝效果在于对胶体具有强烈的吸附架桥作用。有机高分子混凝剂的毒性是人们关注的问题。PAM 的毒性主要在于单体丙烯酰胺。产品中的单体残留应有严格控制。有的国家规定丙烯酰胺含量不得超过 0.2%,有的国家规定不得超过 0.05%。

2. 骨胶

骨胶是一种粒状或片状动物胶,属高分子物质,分子量在 3 000～80 000 之间。骨胶易溶于水,无毒、无腐蚀性,与铝盐或铁盐配合使用,效果显著,但价格比铝盐和铁盐高,使用时应通过试验和经济比较确定合理的胶、铁或胶、铝的投加量之比。此外,骨胶使用较麻烦,不能久存,需现场配制,即日使用,否则会变成冻胶。

3. 活化硅酸

活化硅酸为粒状高分子物质,在通常的 pH 值下带负电荷。活化硅酸是硅酸钠(俗称水玻璃)在加酸条件下水解、聚合反应得到的一定程度的中间产物,故它的形态和特征与反应时间、pH 值及硅浓度有关。活化硅酸作为处理低温、低浊水的助凝剂效果较显著,但使用较麻烦,也需现场调制,即日使用,否则会形成冻胶而失去助凝作用。

4. 海藻酸钠

海藻酸钠是多糖类高分子物质,是由海生植物用碱处理制得,分子量达数万以上。用以处理较高浊度的水效果较好,但价格昂贵,生产上使用不多。

上述各种高分子助凝剂往往也可单独作混凝剂用,但一般效果欠佳,作助凝剂配合铝盐或铁盐使用效果显著。

三、混凝剂的选用

混凝剂的选用一定要因地制宜,因水质条件而异,考虑的因素是:

(1) 是否能取得理想的净水效果;

(2) 操作使用是否方便;

(3) 货源是否可靠;

(4) 价格是否便宜。

各种常用混凝剂的一般适用条件见表 3-3。

表 3-3 常用凝聚剂适用条件

名　称	适　用　范　围	优　缺　点
硫酸铝	一般情况下都能适用	1. 货源充足、价格便宜、使用方便; 2. 投加量大时,原水中 pH 值如下降过多就要加石灰或碱来调整; 3. 低温低浊时效果较差。

续表

名　称	适　用　范　围	优　缺　点
碱式氯化铝	一般情况下都能适用,对低温低浊或高浊,对受污染的原水处理效果较好	1. 效率高、耗药量少; 2. 对温度、pH值适用范围较大,一般情况下不需加碱; 3. 液体产品要有专门的运输和盛装工具。
硫酸亚铁	除对色度较高,含铁量较大的原水外,一般情况下都能适用	1. 不受温度影响,低温低浊时效果较稳定; 2. 原水碱度高、浊度高时效果较好; 3. 腐蚀性大; 4. 一般都要用氯来氧化。
三氯化铁	同上	1. 不受温度影响,矾花结得大,但对低浊度水效果不显著; 2. 易溶解、易混合、渣滓少; 3. 腐蚀性大。

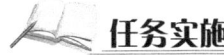

任务实施

一、混凝剂的配制

1. 配制方法

混凝剂的配制一般在溶解池与溶液池中进行。配制时先将混凝剂倒入溶解池中用机械、水力或压缩空气使混凝剂溶解,然后将溶解好的药液放入溶液池中,用水稀释成规定的浓度。在较小的水厂也有将溶解池与溶液池合建在一起的。

在实际使用中,一般都要按规定的浓度事先计算好一次需要溶解的混凝剂量与所加水量,正确地加以调配。表3-4为不同大小的溶液池在配制不同浓度的药液一次需要投加的混凝剂量。

表3-4　不同配制浓度的凝聚剂每次投加量(kg)

配制浓度(%) \ 容积	溶液池净容积(m³)							
	0.1	0.2	0.5	1	2	3	4	5
1	1	2	5	10	20	30	40	50
2	2	4	10	20	40	60	80	100
5	5	10	25	50	100	150	200	250
10	10	20	50	100	200	300	400	500

溶液池一般都要两套,一套使用,一套备用。溶液配制次数最好一天一次或两天一次,不要间隔过长也不需太频繁。

2. 配制浓度

混凝剂配制浓度是指单位体积药液中所含的混凝剂的重量，用百分比表示。如混凝剂的配制浓度为10%，即指1 000 L溶液中有100 kg的硫酸铝或其他混凝剂(1 L溶液基本上等于1 kg重)。

溶液配制浓度大小关系到药效的发挥和每日的调配次数。一般自来水厂药液配制浓度控制在5%～10%，较小的水厂投加量绝对数太小，可以降低到1%～2%，较大的水厂也可提高到10%～15%。药液放置时间不宜太长，否则会影响混凝效果。

二、混凝剂的投加量确定

正确控制混凝剂的投加量是取得良好混凝效果的重要因素。混凝剂的投加量与原水水质、混凝剂的品种、水温、混合及絮凝条件等许多因素有关，一般要通过试验和实际观察来确定。

1. 确定投加量的步骤

(1) 用优选法初步确定投加量；

(2) 观察矾花，用沉淀池或澄清池实际出水浊度来调整投加量；

(3) 积累经验制定不同原水浊度的加药量图表，用以指导日常生产。

2. 用优选法初步确定投加量的方法步骤

(1) 取1 000 mL烧杯4～6只，杯中各倒入水质完全相同的原水，测定它们的温度、pH值和浑浊度。

(2) 确定每个烧杯中的加药量。

确定方法如以4个烧杯为例，以 a、x_1、x_2、b 表示每个烧杯宜加的药量，其中 a 和 b 分别为最小和最大的加药量，其值按相同类型水质的经验来确定，x_1、x_2 为中间两个烧杯的加药量，按公式计算：$x_2 = a + 0.618(b-a)$，$x_1 = a + b - x_2$。现举例说明如下，某水样按经验其最大与最小加药量分别取 a 为10 mg/L，b 为60 mg/L，则得

$$x_2 = 10 + 0.618(60 - 10) = 40.9 \text{ mg/L}(取 40 \text{ mg/L})$$
$$x_1 = 10 + 60 - 40.9 = 29.1 \text{ mg/L}(取 30 \text{ mg/L})$$

(3) 配制混凝剂。

把混凝剂配成1%浓度，即将1 g混凝剂放到100 mL水中即得1%的混凝剂浓度。

(4) 投加混凝剂并观察矾花。

按次序向4个烧杯中加入所需不同量混凝剂并立刻用玻璃棒(端头包短橡胶软管)先快后慢，同方向连续搅拌3 min，观察矾花生成情况，记录在表3-5中，1 h后检测上层水浊度。用这种方法搅拌条件应力求一致。如采用多联电动搅拌器，则按100～160 r/min开动搅拌器，当搅拌稳定后，同时向烧杯中按事先确定的不同投加量投加混凝剂，搅拌3 min，然后改用20～40 r/min进行慢搅拌10～30 min停止搅拌后，把搅拌器的叶片提升上来，一般5～15 min后检测上层水浊度。

(5) 分析后确定最佳投药量。

根据出现矾花时间、矾花形态和矾花沉淀情况综合得出最优加药量(表3-5中为40 mg/L)。

当然求得最佳投药量也不一定都要用优选法。采用多组烧杯，以不同的投加量试验，也可以根据试验效果分析出最佳投药量。

表 3-5 用优选法初步确定加药量记录示例

烧 杯 号	原水	1号	2号	3号	4号
加药量硫酸铝(mg/L)		10	20	40	60
水温(℃)	20.2	20.2	20.2	20.2	20.2
pH 值	7.2	7.4	6.8	6.6	6.2
出现矾花时间(min)		不明显	2	2$\frac{1}{2}$	2
矾花形态		烟雾状	中等粒度密实	中等粒度密实	大粒、松散
矾花沉淀情况			10 min 内基本澄清	5 min 内基本澄清	10 min 后水中仍有矾花
沉淀后上清液浊度(°)		30	15	10	20
分析评价		最差	优	最优	差

注：1. 用 1%浓度的 1 mL 凝聚剂加到 1 L 水样中,相当于 10 mg/L。
 2. 上述试验在 1~4 号烧杯中应分别投加 1,2,4,6 的 1%浓度的矾液。

3. 观察矾花的一般方法

用优选法或直接试验,初步确定投药量后,可以作为指导生产的初步依据,但最终还要观察矾花生成情况和以沉淀水实际出水浊度来加以调整。

根据多方面研究,沉淀出水浊度控制在 10°以下对稳定过滤后水质,提高过滤效能,确保水质和减少水厂综合处理成本是合适的。矾花观察的一般方法见表 3-6。

表 3-6 观察矾花的一般方法

矾花生成评价	特 点
投药量适当时	絮凝池中所结的矾花,颗粒清晰,水与颗粒界限清楚,并有分离倾向,絮凝池后部泥水分离清晰而透明,进入沉淀池后,即开始分离,这表明凝聚良好。 对于浊度较高的原水,矾花一般密集、细小而结实; 对于浊度较低的原水,矾花一般类如小雪花片,颗粒轻而不结实,在絮凝池中,后部才能看到; 对于低浊度原水,例如 10°以下,一般仅能看到矾花。
投药量过大时	絮凝池后部就出现泥水分离,矾花密度降低,甚至在沉淀池中很快就沉淀或在沉淀池进口处虽产生泥水分离,但在出口处有大量矾花带出,并呈乳白色,出水浊度增高,这说明投药量已过大。
投药量过小时	絮凝池中虽然也看到细小矾花,但在后部和沉淀池进口处没有泥水分离现象,水呈浑浊模糊状,表明投药量不够。

4. 原水浊度突然增加时的加药量

在原水浊度突然增高(一般在暴雨后)容易出现投药量不足,这时由于新进来的浑水比重一般比池中原来的清水大,如果投药量不足,悬浮杂质未充分得到混凝,比重大的浑水自然会潜入池底流动,在水力学上称浑水异重流,沉淀池表层水仍然很清也看不到矾花,出现了上清下浑,当上层清水流走而浑浊的原水开始向上流动,水质立即变坏。这就是许多中小水厂在暴雨后经常出现水质事故的原因之一。对付这种情况,只有迅速过量地投加混凝剂(如原水中碱度不够,pH 值下降,还要投加石灰)直到水质变好为止。

每个水厂的原水情况不尽相同,控制投药量要靠长时间的细心观察、积累经验、掌握规律,才能摸索出一套行之有效的办法来。即使有了经验,仍然要提倡看矾花、看出水、勤跑、勤看、勤调整。

为了防止原水浊度变化时易于出现的失控,最好在试验与实践的基础上,事先绘制出不同原水浊度的投药量图表,并将这些图表悬挂在操作室作为指导生产的依据。随着混凝效果在线检测设备技术水平的提高,也有采用在线监测设备自动进行加药量调整的。

三、混凝剂的投加

1. 投加点

混凝剂的投加点极为重要,必须引起足够的重视。投加点要满足药剂与原水迅速、充分混合的要求。一般分为水泵混合与管道混合两种。

(1) 水泵混合。

水泵混合,即将药剂投加点选择在水泵前面,利用水泵的抽吸和水泵叶轮的高速转动使药剂迅速均匀地分散到原水中去。采用泵前加药,既可以满足混合的工艺要求,还可节省混凝剂,但对水泵叶轮有一定的腐蚀作用,尤其在采用铁盐作混凝剂时。

采用水泵混合一定要在泵房与絮凝池的距离较近时,一般不超过 100 m,如果太远,容易在管道内结成矾花,到了絮凝池后又被打碎,被打碎的矾花不容易下沉。

(2) 管式混合。

管式混合有管道混合和管道静态混合器等形式。

1) 管道混合。

管道混合是将药剂投加在水厂进水管中,使混凝剂与原水依靠管中水流的紊动进行混合,管中流速不宜小于 1.2~1.5 m,投药点后的管内水头损失不小于 0.3~0.4 m。投药点至末端出口距离以不小于 50 倍管道直径为宜。为提高混合效果,可在管道内增设孔板或文丘里管。这种管道混合简单易行,无需另建混合设备,但混合效果不稳定,管中流速低时,混合不充分。

2) 管式静态混合器。

目前广泛使用的管式混合器是管式静态混合器。混合器内按要求安装若干固定混合单元。每一混合单元由若干固定叶片按一定角度交叉组成。水流和药剂通过混合器时,将被单元体多次分割、改向并形成涡旋,达到混合目的。这种混合器构造简单,无活动部件,安装方便,混合快速而均匀。目前,我国已生产多种形式静态混合器。管式静态混合器的口径与输水管道相配合,目前最大口径已达 2 000 mm。这种混合器水头损失稍大,但因混合效果好,总体经济效益还是具有优势的。唯一缺点是当流量过小时效果下降。

(3) 机械混合池。

机械混合池是在池内安装搅拌装置,以电动机驱动搅拌器使水和药剂混合。搅拌器可以是桨板式、螺旋桨式或透平式。桨板式适用于容积较小的混合池(一般在 2 m³ 以下),其余可用于容积较大的混合池。搅拌功率按产生的速度梯度为 700~1 000 s^{-1} 计算确定。混合时间控制在 10~30 s 以内,最大不超过 2 min。机械混合池在设计中应避免水流同步旋转而降低混合效果。机械混合池的优点是混合效果好,且不受水量变化影响,适用于各种规模的水厂,缺点是增加机械设备并相应增加维修工作。

2. 投加点的布置

投加点的布置有以下几种形式:

(1) 泵前投药时。

当投药点在水泵吸水喇叭口或吸水管中,加药点头部布置如图 3-3 所示。

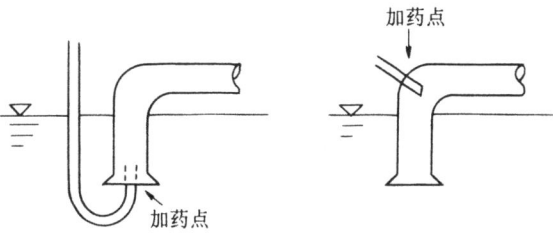

图 3-3 泵前加药点位置

(2) 泵后投药时。

当投药点在泵后管道中,加药点头部布置如图 3-4 所示,投药管出口应与水流方向一致,插入深度为 1/4~1/3 管道直径。

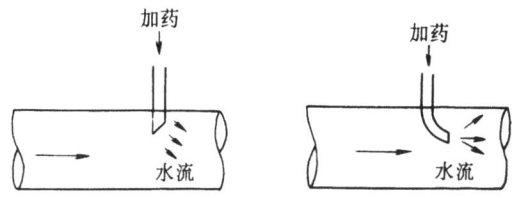

图 3-4 管道加药口示意图

3. 投配方法

混凝剂的投配有干投和湿投两种方法。干投法流程是:药剂输送→粉碎→提升→计量→加药混合。湿投法流程是:溶解池→溶液池→定量控制设备→投加设备→混合池。一般采用湿投法较多。干投和湿投法的比较见表 3-7。

表 3-7 干式与湿式投药方法的比较

方 法	优 点	缺 点
干投法	1. 设备占地面积小 2. 投配设备无腐蚀问题 3. 药剂较为新鲜	1. 当用药量大时,需要一套破碎混凝剂设备 2. 当用药量小时,不易调节 3. 药剂与水不易混合均匀 4. 劳动条件差 5. 不适用吸湿性混凝剂

续表

方 法	优 点	缺 点
湿投法	1. 容易与水充分混合 2. 适用于各种混凝剂 3. 投量易于调节 4. 运行方便	1. 设备较复杂，占地面积大 2. 设备易受腐蚀 3. 当要求投药量突变时，投量调整较慢

4. 投加方式

有重力投加和压力投加两种方式。

(1) 重力投加法。

依靠重力作用把混凝剂加入的投药方法称为重力投加法，重力投加法用在泵前混合时如图3-5所示。为了防止空气进入水泵吸水管内，要设一个装有浮球阀的水封箱。当采用泵后混合时，若允许提高溶液池位置，也可采用重力投加法，如图3-6所示。

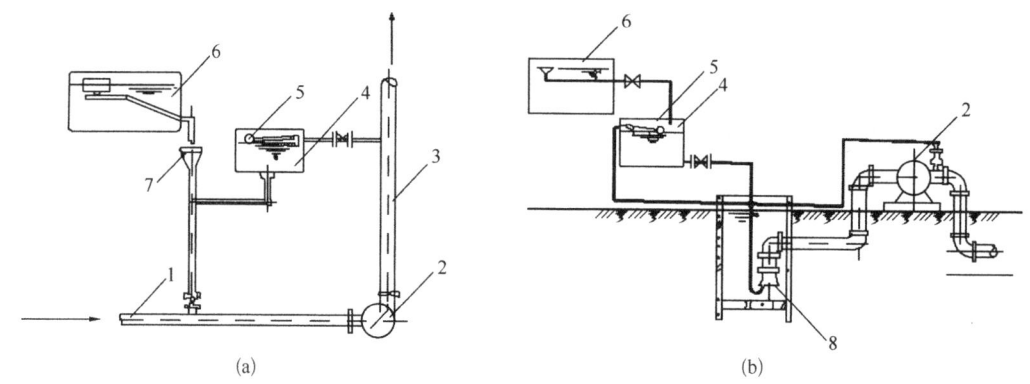

图3-5 泵前重力投加法
(a)吸水管处投加；(b)吸水喇叭口处投加
1—水泵吸水管；2—水泵；3—出水管；4—水封箱；5—浮球阀；6—溶液池；7—漏斗；8—吸水喇叭口

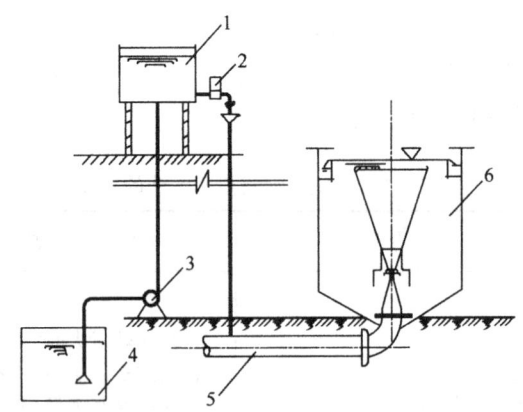

图3-6 高架溶液池重力投加法
1—溶液箱；2—投药箱；3—提升泵；
4—溶液池；5—原水进水管；6—澄清池

(2) 压力投加方式。

通常采用水射器在水泵出水压力管处用压力投加的投药方法称为压力投加方式。压力投加方式布置见图 3-7。

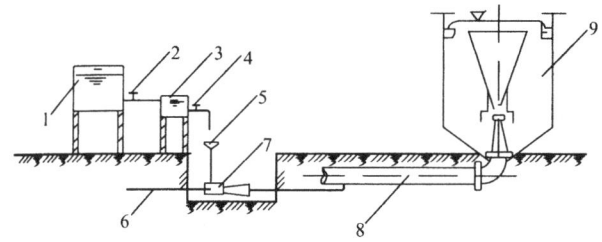

图 3-7 水射器压力投加法
1—溶液罐；2—控制闸阀；3—投药箱；4—控制计量；5—投药口；
6—高压水管；7—水射器；8—原水进水管；9—澄清池

重力投加和压力投加的比较见表 3-8。

表 3-8 各种投药方式的比较

方 式		作用原理	优 缺 点	适 用 情 况
重力投加		建造高位药液池，利用重力作用把药剂投入加药点	优点：管理操作较简单，投加安全可靠 缺点：必须建高位池	适用于中小型污水或自来水处理厂输液管线不宜过长，以免沿程水头损失过大，防止在管线中絮凝
压力投加	水射器	利用高压水在水射器喷嘴处形成的负压将药液射入压力管	优点：设备简单，使用方便，不受溶液池高程所限 缺点：效率较低，如药液浓度不当，可能引起堵塞	适用于不同规模的污水处理厂和自来水厂 水射器来水压力≥$2.5×10^5$ Pa
	加药泵	泵在溶液池内直接吸取药液，加入压力水管内	优点：可以定量投加，不受压力管压力所限 缺点：价格较贵，泵易引起堵塞，养护较麻烦	适用于大中型污水处理厂或自来水厂

5. 投药专用设备

投药专用设备包括投配设备和计量设备两类。

(1) 投配设备。

1) 干式投配设备。一般应具有每小时 5 kg 以上的投药量，需配备混凝剂的粉碎设备。包括容量式和重力式两种。容量式投配设备如图 3-8 所示，只限于粉状混凝剂。以容量计算，边投配边计量。重力式投配设备如图 3-9 所示，靠重力投加。

2) 湿式投配设备。须配置一套溶解、搅拌、定量控制和投配设备。

① 重力投配设备。可直接将混凝剂溶液投入管道内或水泵吸水管喇叭口处(图 3-10)。

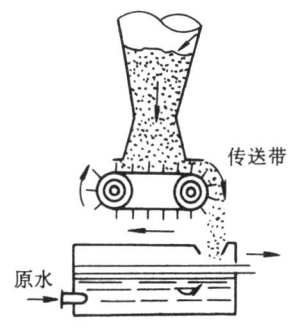

图 3-8 干式容量式投配设备

② 虹吸式定量投配设备。改变虹吸管进口和出口高度之差,控制投量(图3-11)。
③ 水射器投配设备。用水射器向压力管道内投药(图3-12)。水射器结构见图3-13。

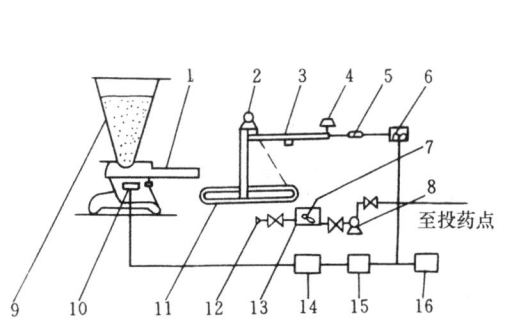

图3-9 重力式干式连续投配设备
1—混凝剂输送器;2—传动电动机;3—磅秤;4—重锤;
5—可动铁片;6—检验线圈;7—搅拌机;8—投配泵;
9—漏斗;10—振动调节器;11—传送带;
12—溶药用水;13—溶解槽;14—闸流管;
15—相位变换部分;16—手动调节器

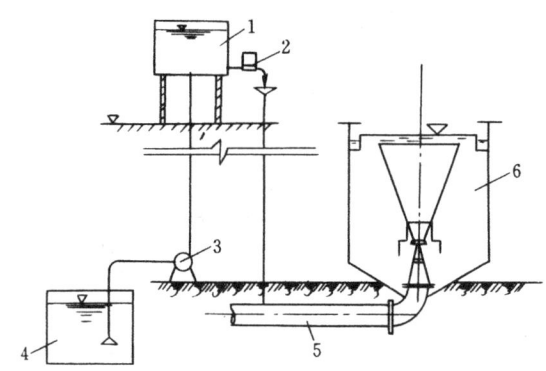

图3-10 重力式湿式投加设备
1—溶液箱;2—投药箱;3—提升泵;
4—溶液池;5—原水进水管;6—澄清池

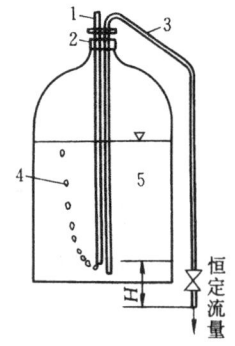

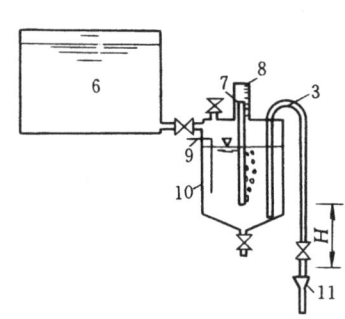

图3-11 虹吸定量投配设备
1—通气管;2—密封瓶口;3—虹吸管;4—空气泡;5—药剂溶液;6—溶液箱;
7—空气管;8—流量标尺;9—液位报警器;10—密闭投药箱;11—漏斗

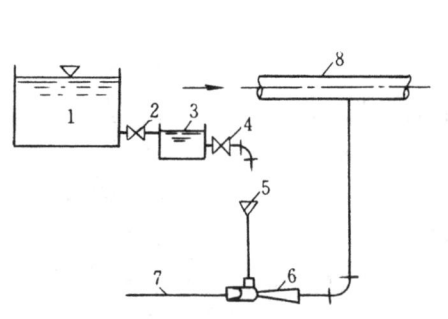

图3-12 水射器投配系统
1—混凝剂溶液槽;2、4—阀门;3—投配混凝槽;
5—漏斗;6—水射器;7—高压水管;8—原水水管

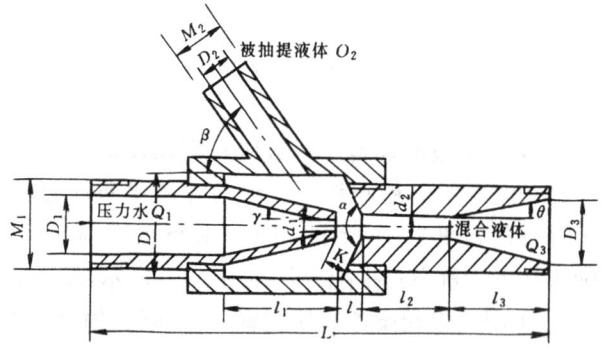

图3-13 水射器结构图

④ 计量泵投配设备。用柱塞泵或螺杆泵定量投加,改变柱塞行程控制投药量。适于向压力管道或容器内投药(图 3-14)。

⑤ 石灰消化投加系统如图 3-15 所示。

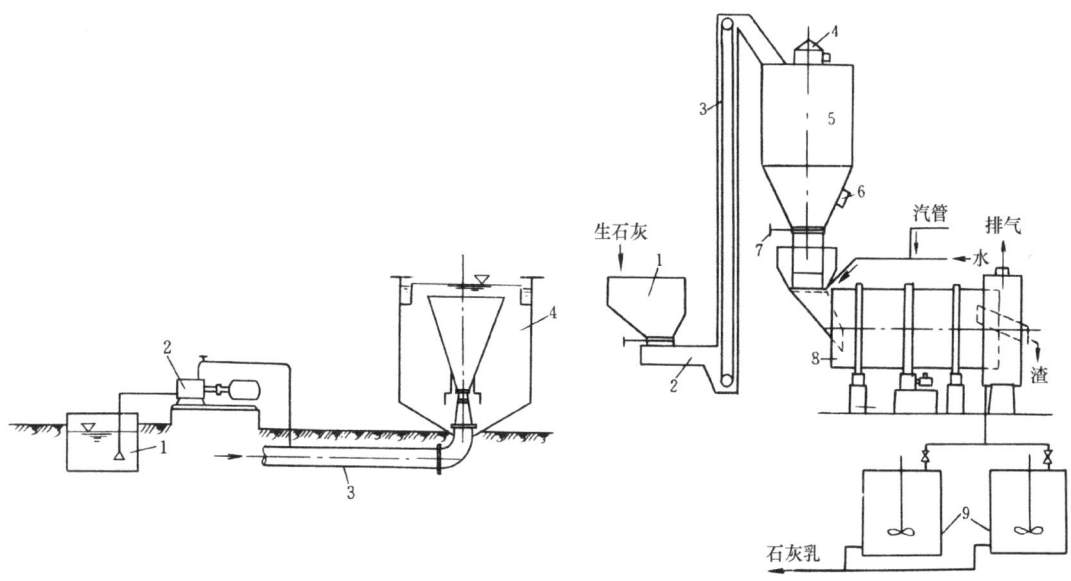

图 3-14 计量泵压力投加
1—溶液池;2—计量泵;3—原水进水管;4—澄清池

图 3-15 石灰投加系统
1—受料槽;2—电磁振动输送机;3—斗式提升机;4—料仓过滤器;5—料仓;6—振动器;7—插板闸;8—消石灰机;9—搅拌罐

(2) 计量设备。

1) 浮子-苗嘴(孔板)计量系统(图 3-16)。利用药液出口(苗嘴或孔板)处的水头恒定,槽底管口流量不变原理,通过改变苗嘴孔径来控制投药量。

2) 浮球阀计量系统(图 3-17)。利用槽内浮球阀与槽底管口高差恒定,槽底管口流量不变原理,通过改变池底管口苗嘴或孔板的孔径来控制投药量。

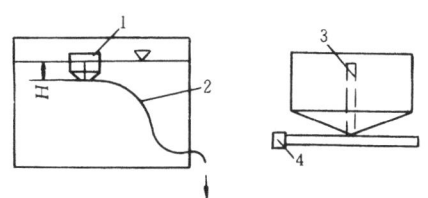 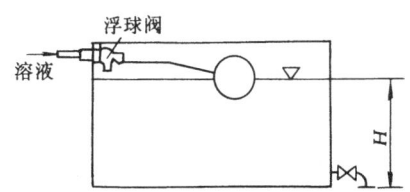

图 3-16 浮子-苗嘴(孔板)计量系统
1—浮子;2—软管(重力流);3—透气管;4—出流孔口

图 3-17 浮球阀计量系统

3) 转子流量计计量系统。根据投药量大小,选择合适转子流量计。

4) 三角堰计量系统(图 3-18)。适用于大、中流量计量。

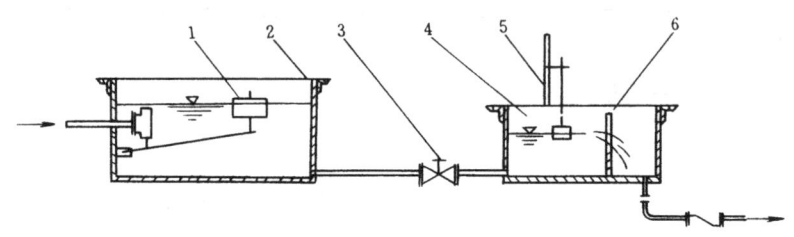

图 3-18 三角堰计量系统

1—浮球阀;2—恒位箱;3—调节阀;4—计量槽;5—浮球标尺;6—三角堰板

四、混凝剂投加的运行和维护

1. 混凝剂配制应符合的规定

(1) 固体混凝剂的配制:固体混凝剂溶解时应在溶液池内经机械或空气搅拌,使其充分混合、稀释,严格控制溶液的配比。药液配好后,继续搅拌 15 min,并静置 30 min 以上方能使用。溶液池需有备用,药剂的质量浓度宜控制在 5%~20% 范围内。

(2) 液体混凝剂的配制:原液可直接投加或按一定的比例稀释后投加。

2. 混凝剂投加应符合的规定

(1) 混凝剂宜按流量比例自动投加,控制模式可根据各水厂条件自行决定。

(2) 重力式投加,应在加药管的始端装设压力水投加装置。

(3) 吸入与重力相结合式投加(泵前式投加),应符合下列规定:

1) 泵前加药,药管宜装在泵体吸口前 0.5 m 处左右。

2) 高位罐的药液进入转子流量计前,应安装恒压设施。

(4) 压力式投加(加药泵、计量泵),应符合下列规定:

1) 采用手动方式,应根据絮凝、沉淀效果及时调节。

2) 定期清洗泵前过滤器和加药泵或计量泵。

3) 更换药液前,必须清洗泵体和管道。

(5) 各种形式的投加工艺,均应配置计量器具。计量器具应定期进行检定。

(6) 当需要投加助凝剂时,应根据试验确定投加量和投加点。

3. 日常保养项目、内容应符合的规定

(1) 应每日检查投药设施运行是否正常,储存、配制、传输设备有否堵塞、泄漏。

(2) 应每日检查设备的润滑、加注和计量是否正常,并应进行清洁保养及场地清扫。

4. 定期维护项目、内容应符合的规定

每年检查储存、配制、传输和加注计量设备一次,做好清洗、修漏、防腐和附属机械设备解体检修工作,钢制栏杆、平台、管道应按色标进行油漆。

5. 大修理项目、内容、质量应符合的规定

(1) 仓库构筑物(屋面、内外墙壁、地坪、门窗、内外池壁等),应每 5 年大修一次,质量应符合建筑工程有关标准的规定。

(2) 储存设备应重做防腐处理。

任务3.3 加药间管理

任务准备

一、加药间

加药间是水厂常见建筑物,主要为混凝单元服务。具有混凝剂的贮存、配药设备、加药设备、计量设备等常集中在加药间内,同时加药间还要能贮存一定量的混凝剂,或和药剂仓库合建。某水厂加药间布置图如图3-19所示。

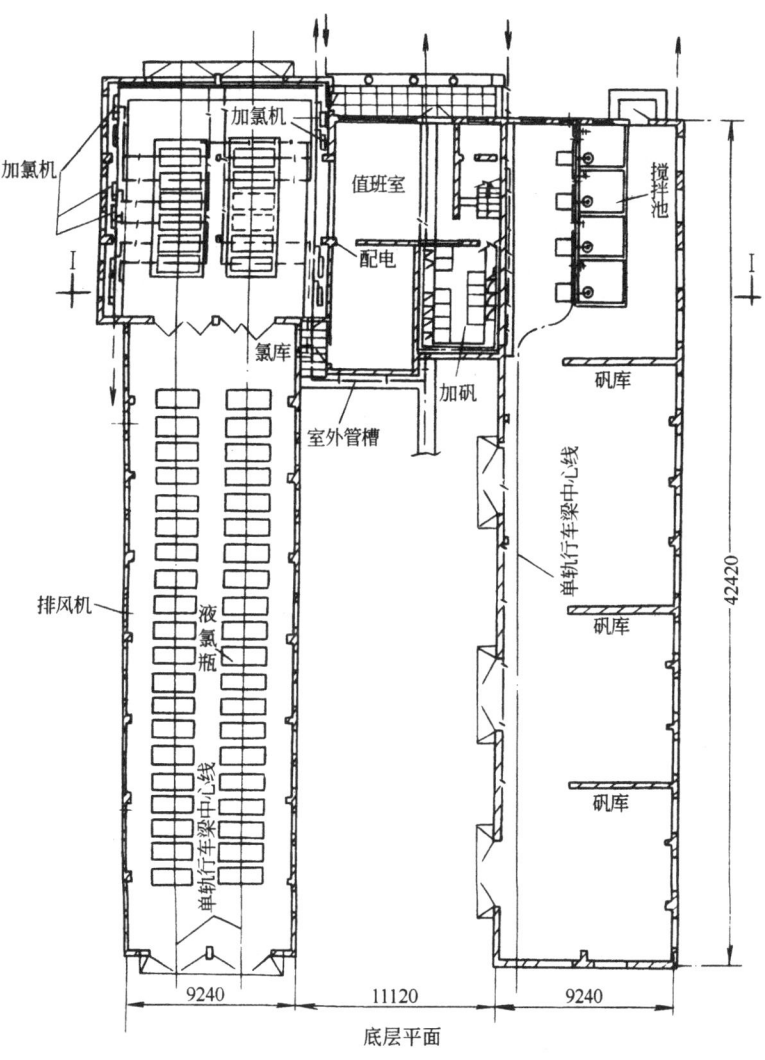

图3-19 某60万 m^3/d 水厂加药间布置

二、药剂的贮藏

1. 贮藏量

药剂的贮藏要根据药剂周转与水厂交通条件,一般要贮备15~30 d的混凝剂用量。药剂周转使用时要贯彻先存先用的原则。但硫酸亚铁切不可积压过久,否则会变质成碱式硫酸铁呈酱油色的冻胶状,使混凝效果大为降低。

2. 药剂的堆放

混凝与助凝药剂一般有固体、液体之分。固体药剂分包装药剂和散装药剂,其堆放要满足下列规定:

(1) 包装药剂

包装药剂一般成袋堆放,堆放高度根据工人操作条件一般在 0.5~2.0 m,药剂之间要有适当的通道,通道宽度要保持 1.0 m 左右,以便使用方便。

(2) 散装药剂

散装药剂(如硫酸亚铁)的堆放,则在药库内设几道隔墙分开,隔墙高度在 2.0 m 左右,分格设在药库的一侧或两侧,设在两侧时中间要有通道。散装的药库一般地坪都做有 1%~3% 的坡度,中间设地沟,沟上铺穿孔盖板,用水冲洗后可沿地沟流至溶药池。

(3) 液体药剂

对液体混凝剂一般都用坛装或桶装,可按坛排列,中间应留有小手推车搬运的通道。

任务实施

一、加药间工作的主要内容

(1) 按规定的浓度和时间配制混凝剂与助凝剂溶液;
(2) 根据原水水质变化、进水量大小和沉淀池出水水质的要求,正确调整和控制好投加量;
(3) 提出净水药剂的使用计划,保管好库中的混凝剂;
(4) 维护管理各种投加设备,及时保养检修,保持设备完好;
(5) 做好各项原始记录,准确填写各项日报;
(6) 保持加药间的环境整洁。

二、巡回检查

加药间的巡回检查应按规定的路线每 1~2 h 进行一次,其主要内容有:
(1) 溶药池与溶液池水位是否正常;
(2) 加药设备、液箱、管线是否有溢流和漏液现象;
(3) 混合、絮凝以及沉淀池水位与水质是否正常;
(4) 计量泵、压缩机等无异响,电流表、压力表显示正常;
(5) 其他与生产有关的情况。

三、操作要求

(1) 配制混凝剂要穿戴工作服、胶皮手套和其他必要的劳保用品;
(2) 配制混凝剂与助凝剂必须按规定的浓度,称取规定的数量;
(3) 放入溶解池时要按固定的水位,并均匀搅拌、消化溶解后才放入溶液池,放入溶液池的数量及稀释的水量都要按事先的规定进行;
(4) 投药前对所有投药设备及水射器进行检查,确保正常后方可按规定的顺序打开各控制阀门;
(5) 药剂库存或储药池液位达到规定低值时应及时通知有关部门办理原料采购申请;
(6) 要按药液的浓度规定,溶解池或储药池每次进入溶液池的药量,在加水稀释后应使

用浓度计对溶液池的药液浓度进行检测;

(7) 确定投药量必须按进水泵房开机数量和原水水质按试验数据或事先规定的投加标准进行。投加后及时观察絮体生成情况和沉淀池出口浊度加以调整,在未正常前不得离开工作岗位;

(8) 必须按时正确地测定原水浊度、pH、沉淀池出口浊度,按控制出口浊度大小来调整投加量;

(9) 水泵停车前应提前3~5 min关掉计量泵等投药设备,以减少残留药液、减轻水泵叶轮或吸水管道的腐蚀;

(10) 各种机械设备应按相应的安全操作规程进行。

四、加药间日报表

应按设备实际情况记录有关生产的开、停数据,计量泵等设备的运行参数。某水厂加药间日常记录表见表3-9。

表3-9 水厂加药间日报表

年　　月　　日

值班者	时间	1#矾缸				2#矾缸				3#矾缸				4#矾缸				原水		沉淀池出水		进水泵房开停机				备注
		开停时间	浓度	格数	用量	开停时间	浓度	格数	用量	开停时间	浓度	格数	用量	开停时间	浓度	格数	用量	pH	浊度	pH	浊度	1#开停	2#开停	3#开停	进水量(m³/h)	
	1⋮8																									
小计																										
	9⋮16																									
小计																										
	17⋮27																									
小计																										
合计																										
生产记事													当日进水量				t/d									
													当日耗矾量				kg									
													当日千吨水耗矾量				kg/1 000 t									

注:矾缸编号,数量可根据本厂实际调整。

任务 3.4 混合、絮凝设施管理

**任务准备**

一、混合

原水中投加混凝剂后,应立即瞬时强烈搅动,使在很短时间(约 10～20 s)内,将混凝剂均匀分散到水中,这一过程称为混合,在水处理中十分重要。但在投加高分子絮凝剂时,只要求混合均匀,不要求快速、强烈的搅拌混合。

主要混合设备有水泵叶轮、压力水管、静态混合器或混合池等(图 3-20～23)。利用水力的混合设备,如压力水管、静态混合器等,虽然比较简单,但混合强度随着流量的增减而变化,因而不能经常达到预期的效果。利用机械进行混合效果较好,如机械混合池效果较好,但须有相应设备,并增加维修工作量。

二、混合方式

常见混合方式和适用条件见表 3-10。

表 3-10 混合方式和适用条件

混合方式	特　点	适　用　条　件
利用水泵叶轮混合	1. 设备简单,无需专门的混合构筑物 2. 无需额外能量,运行费用省 3. 使用三氯化铁等腐蚀性强的药剂会腐蚀水泵叶轮 4. 水泵和吸水管较多时需增加投药设备 5. 吸水管中加药时,凝聚剂浓度宜稍高,否则在水封箱中稀释、水解而降低混凝作用	1. 凝聚剂可加在一级泵房水泵吸入口前 2. 投药点距絮凝池较近(一般 100 m 之内),否则结成的絮体可能在管道中沉淀,或在进入絮凝池以前破碎 3. 应设水封箱,以防止空气进入水泵吸水管
利用压力水管混合	1. 无需增添设备 2. 混合效果常不能保证,特别是管内流量变化较大时 3. 加药管需插入压力水管内约 1/3～1/4 管径处 4. 压力管中加药时,凝聚剂溶液须用滤网筛滤,以防堵塞水射器和转子流量计	1. 适用于流量变化较小时 2. 投药点到絮凝池至少有 50 倍管径的距离,或两者之间的水头损失不小于 0.3～0.4 m。管径大时也可按所需混合时间计算投药点的距离 3. 压力水管中的流速不小于 1 m/s,最好是 1.5～2.0 m/s,以保证充分混合
静态混合器	1. 投资省,在管道上安装容易,维修工作量少 2. 能快速混合,效果良好 3. 产生一定的水头损失。为减小能耗,管内流速一般采用 1 m/s 左右	1. 适用于流量变化较小的水厂 2. 混合器内采用 1～4 个分流单元

续 表

混合方式	特 点	适 用 条 件
扩散混合器	1. 混合器构造是锥形帽后加孔板,管道流速为 1.0 m/s 左右。锥形帽的投影面积为进水管面积的 1/4。孔板开孔面积为进水管面积的 3/4。混合时间 2~3 s 2. 混合器的长度在 0.5 m 以上,用法兰安装在原水管上 3. 扩散混合器的水头损失为 0.3~0.4 m	1. 多用于直径 400~800 mm 的进水管 2. 安装位置应低于絮凝池水面 3. 适用于中、小型水厂
跌水混合器	1. 药剂加注到跌落水流中,混合快速,设备简单 2. 产生一定的水头损失 3. 在混合池出水管上安装活动套管,由套管的高低调节混合效果	1. 适用于小水量时 2. 活动套管内外的水位差应保持 0.3~0.4 m,最大不超过 1.0 m
桨板式机械混合池	1. 混合效果好,水头损失较小 2. 需消耗电能,机械设备管理和维护较复杂	1. 大小水厂都适用 2. 一般为方形池,池高与池宽之比为 1∶1~3∶1,池内搅拌桨板为立式 3. 停留时间为 1~2 min 4. 平均速度梯度采用 500 s^{-1} 左右

静态混合器混合效果好,构造简单,制作安装方便,主要由混合元件组成,将它安装于絮凝池进水管上即可(图 3-20)。混合元件可用钢板剪切成椭圆形,在轴线处上下弯折成 26.5°的角度,各元件相互垂直交叉,在端点焊接即为一节元件。

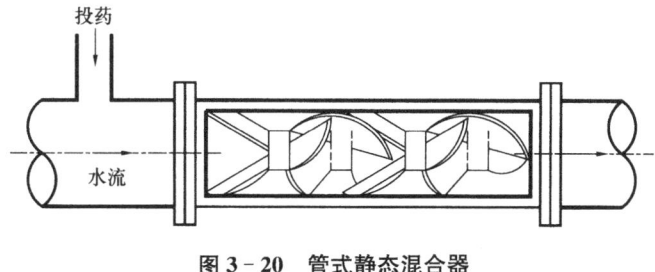

图 3-20 管式静态混合器

机械搅拌混合可以适应水厂流量的变化,混合效果较好,水头损失较小,但增加了搅拌设备和一定的维修工作量。按搅拌器分为桨式和船舶推进式。搅拌器线速:桨式 1.5~3 m/s,推进式 5~15 m/s。混合搅拌时间一般为 10~30 s,工业应用常取 2 min。

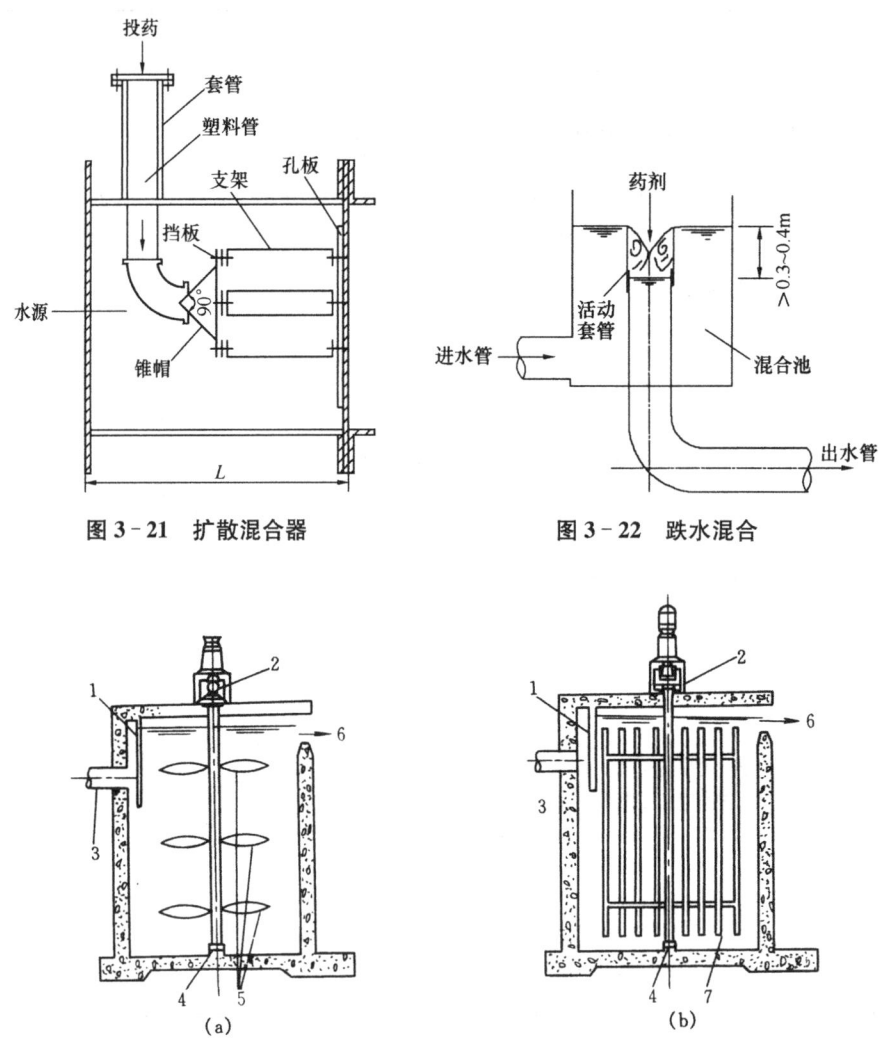

图 3-21 扩散混合器　　图 3-22 跌水混合

图 3-23 机械搅拌混合
(a) 螺旋桨式；(b) 直桨叶框式
1—挡板；2—电机；3—进水管；4—轴座；5—旋转叶片；6—旋转桨

三、絮凝

经过混合后,水中胶体颗粒和混凝剂接触反应,细小的胶体颗粒逐渐絮凝成容易沉降的大颗粒,这种大颗粒俗称为矾花。和混凝剂反应后的胶体颗粒絮凝成矾花的过程在絮凝池中进行。絮凝池内不像混合设备那样要求强烈搅拌,而是要有适度的搅拌作用。搅拌过强,会打碎矾花颗粒。搅拌过缓,细小的胶体颗粒得不到有效接触,难以聚集,形不成较大的矾花颗粒。为了控制好搅拌的强度,除了采用合适的絮凝设施外,常控制流速、速度梯度、停留时间等参数。

四、絮凝设施

絮凝池形式很多,常见絮凝池如表 3-11 所示。

表 3-11 常见絮凝池

形　式		简　图	构　造　要　求
隔板絮凝池	往复式	（平面图，$L=20500$，$B=20400$，接沉淀池）	池数不少于 2 个，隔板间净距应大于 0.5 m，进水管口应设挡水措施，避免水流直冲隔板。絮凝池超高一般采用 0.3 m，转弯处的过水断面面积，应为廊道断面面积的 1.2~1.5 倍
隔板絮凝池	回转式	（平面图，接沉淀池，进水管，出水管）	池数不少于 2 个，隔板间净距应大于 0.5 m，进水管口应设挡水措施，避免水流直冲隔板。絮凝池超高一般采用 0.3 m，转弯处的过水断面面积，应为廊道断面面积的 1.2~1.5 倍
折板絮凝池	相对折板	（相对折板反应图，b_1，b_2，$90°$）	竖流式平折板絮凝可采用不锈钢或塑料等其他材料制作。一般分三段。三段中的折板布置可分别采用相对折板、平行折板及平行直板

续表

形式		简 图	构 造 要 求
折板絮凝池	平行直板	平行折板反应	
波形板絮凝池		波形板絮凝池（第一室絮凝、第二室絮凝、第三室絮凝）	波形板絮凝池类似于多通道折板絮凝池，是以波形板为填料的絮凝形式。一般：可采用波长500 mm、波高100 mm，3个连续絮凝室，形成三级絮凝，三级絮凝时间比约为1：2：4。每个絮凝室波形板流程为8～10 m，波形板部分总流程为24～30 m。3个絮凝室的总水头损失为30～35 cm
网格（栅条）絮凝池		网格絮凝池（扩散混合器、进水管、过渡区、整流墙、斜管沉淀池；注：垂直流向 向上⊙ 向下⊕ 竖井序号：1，2，3，…）	1. 网格絮凝池由多格竖井串联而成。进水水流顺序从格流向下一格，上下交错流动，直至出口。在全池三分之二的分格内，水平放置网格或栅条，通过网格或栅条的孔隙时，水流收缩，过网孔后水流扩大，形成良好絮凝条件。 2. 絮凝池多数分成8～18格，分成3段，其中前段为3～5 min，中段3～5 min，末段4～5 min。 3. 网格或栅条数前段较多，中段较少，末段可不放。但前段总数宜在16层以上，中段在8层以上，上下两层间距60～70 cm。 4. 一般排泥可用长度小于5 m、直径150～200 mm的穿孔排泥管或单斗底掺泥，采用快开排泥阀。 5. 网格或栅条材料可用木料、扁钢、塑料、钢丝网水泥或钢筋混凝土预制件等。木板条厚度20～25 mm，钢筋混凝土预制件厚度30～70 mm

续表

形 式	简 图	构 造 要 求
微涡流絮凝器	微涡流絮凝器外径为 $\phi200$ mm，表面开有 $\phi34$ mm 左右的小孔，水流方式可分为上进下出或下进上出，反应时间 6～9 min，反应器通道流速 0.036 m/s，反应区间孔间流速 0.11～0.27 m/s	其核心产品为微涡流絮凝器。该产品为空心球体结构，表面开有小孔，当水流以适当的流速穿过小孔，会在壳体内外表面产生大量的小涡流，同时因壳体流速较小，形成絮凝泥渣层，泥渣层对水体的扰动产生微涡流可大大提高絮凝效率
水平轴式机械絮凝池	（图略）	
垂直轴式机械絮凝池	（图略） 1—桨板；2—桨板支架；3—旋转轴；4—隔墙；5—固定挡板	1. 主要优点是可以适应水量变化以及水头损失小，如配上无级变速传动装置，则易使絮凝达到最佳效果，国外应用较多。 2. 根据搅拌轴的安放位置，可分为水平轴式和垂直轴式，水平轴的方向有与水流方向垂直，也有平行的。 3. 一般池数不少于 2 个，深度约为 3～4 m

5. 常见絮凝池的控制指标

絮凝池运行控制的主要水力数据为：流速的变化、速度梯度、絮凝池的停留时间，一般根据经验按表 3-12 所示控制。

表 3-12 絮凝池运行控制指标

絮凝池形式	流速(m/s)		平均速度梯度 G 值(L/s)	停留时间 (min)	GT 值	备 注
	最大流速	最小流速				
隔板絮凝池	0.6～0.5	0.3～0.2	30～100	20～30	$(3～10)10^4$	
折板絮凝池	第一段：0.25～0.35 m/s； 第二段：0.15～0.25 m/s； 第三段：0.10～0.15 m/s。		60～100 30～50 15～25	6～15 2～2.5 2～2.5	$<3×10^4$	合计停留时间 12～20 min
涡流絮凝池	0.5	0.2		6～10		

续 表

絮凝池形式	流速(m/s)		平均速度梯度 G 值(L/s)	停留时间(min)	GT 值	备 注
	最大流速	最小流速				
机械絮凝池（3~4档）	0.5~0.4	0.2	第一级 50~60 第二级 25~30 第三级 12~15	15~20	$(2.5~4.0)10^4$	
网格絮凝池	竖井： 　前段和中段 0.14~0.12；末段 0.14~0.1 过网： 　前段 0.3~0.25 　中段 0.25~0.22 孔洞： 　前段 0.3~0.2 　中段 0.20~0.15 　末段 0.14~0.10			12~20		低温低浊时，停留时间适当延长

任务实施

一、定期技术测定

在运行的不同季节应对絮凝池进行技术测定。主要内容是混合时间、絮凝池流速及停留时间。有条件的水厂也可进行速度梯度的验算及记录测定时的水厂的进水流量、气温、水温、pH 等。

1. 混合时间

混合时间可采用推算法与示踪法。

（1）推算法：

$$t = V/Q$$

式中，t——混合时间，s；
　　　V——混合池的有效容积，m³；
　　　Q——实际流量，m³/s。

（2）示踪法：在加药口投加含氯根物质（以不影响水质为前提）并计时，通过连续在混合池出口处采样监测氯根浓度的变化（产生突跃），其时间差即为混合时间。

2. 絮凝池流速

采用推算法

$$v = L/t$$

式中，v——流速，m/s；
　　　L——絮凝池的有效长度，m；

t——絮凝池停留时间,s。

3. 速度梯度的验算方法

絮凝池 G 值的测定应事先确定絮凝池进水流量(可从进水泵房开机数量或其他方法测算)、水温、水头损失和絮凝池的有效容积,然后按下式计算:

$$G = \sqrt{\frac{\gamma h}{60 \mu t}} \text{(L/s)}$$

式中,γ——水的容量,1 000 kg/m³;

h——絮凝池内水头损失,m;

μ——水的动力黏度系数,kg·s/m²;

t——絮凝时间,$t = \frac{V}{Q} \times 60$(min);

V——絮凝池有效容积,m³;

Q——絮凝池进水流量,m³/h。

例 某水厂测得进水流量为 833 m³/h,絮凝池的有效容积 278 m³,絮凝池内水头损失经实测为 0.27 m,当时水温为 20℃,求 G 及 GT 值。

解:絮凝时间 $t = \frac{278}{833} \times 60 = 20$(min),20℃时 μ 为 1.029×10^{-4},代入公式得:

$$G = \sqrt{\frac{1\ 000 \times 0.27}{60 \times 1.029 \times 10^{-4} \times 20}} = 47 \text{ s}^{-1}$$

$$GT = 47 \times 20 \times 60 = 56\ 400$$

注:水的动力黏度系数,水温 0℃时为 1.814×10^{-4};5℃时为 1.549×10^{-4};10℃时为 1.335×10^{-4};15℃时为 1.162×10^{-4};20℃时为 1.029×10^{-4};30℃时为 0.825×10^{-4}。

二、日常管理

(1)每班应观察并记录矾花生成情况,并将之与历史资料比较,发现异常应及时判明原因。采取相应对策;

(2)定期清洗加药设备;

(3)定期核算混合反应池的 GT 值,检查系统的腐蚀情况;

(4)防止药剂变质失效(如 $FeSO_4$);

(5)定期进行沉降试验和烧杯搅拌试验,检查是否为最佳投药量;

(6)连续或定期检测水温、pH、浊度、SS、COD 等水质指标;

(7)机械混合装置应每日检查电机、变速箱、搅拌装置运行状况,加注润滑油,做好环境和设备的清洁工作;

(8)定期清扫池壁,防止藻类滋生。

三、异常情况、原因分析及对策

混凝工艺异常现象分析与对策如表 3-13 所示。

表 3‑13 混凝工艺异常现象分析与对策

异 常 现 象	原 因 与 对 策
1. 反应池末端絮体正常,沉淀池出水携带絮体	1. 沉淀池超负荷,增加运行池数,降低表面水力负荷 2. 水流短路。查明短路原因(死角、密度流),采取整流措施
2. 反应池末端絮体细小,沉淀池出水浑浊	1. 进水碱度偏低,补充碱度 2. 混凝剂投量不足,增加用量 3. 水温降低,改用无机高分子混凝剂等受水温影响小的混凝剂 4. 混凝条件改变。采用水力混合时,流量减少,混凝剂混合强度减小,提高混合强度;反应池内大量集泥,絮凝时间缩短,排除集泥
3. 反应池末端絮体松散,沉淀池出水清澈(浑浊),出水携带絮体(浑浊)	混凝剂投加过量。降低混凝剂投加量

项目 4　沉淀工艺运行管理

水中杂质依靠重力作用从水中分离出来使浑水变清的过程称为沉淀。原水经投药、混合、絮凝,使水中微小的颗粒絮凝成矾花后进入沉淀池。沉淀池的主要作用是让矾花即水中的悬浮杂质从水中分离沉淀下来并排除这些沉淀物。沉淀池在整个地表水处理系统中能够去除 80%~90%的悬浮固体,然而它与滤池相比造价仅为滤池的 50%~60%,耗水率仅为 5%~10%,电耗仅为 20%~25%,虽然它不能代替滤池,但在整个地表水处理工艺中的技术经济作用十分明显。目前,自来水厂常用的沉淀池主要为平流式沉淀池和斜管(板)沉淀池两种。

任务 4.1　平流式沉淀池运行管理

任务准备

平流式沉淀池是应用较早、比较简单的一种沉淀形式,它是在由砖石或钢筋混凝土建造的水池中,依靠水在水平流动过程中使悬浮杂质逐渐下沉从而达到沉淀目的的构筑物(图 4-1)。

平流式沉淀池既可用于自然沉淀也可用于混凝沉淀。所谓自然沉淀就是原水中不投加混凝剂的沉淀,一般用作预沉处理;而混凝沉淀是原水中加药混凝形成矾花后的沉淀。平流式沉淀池虽然占地面积较大,但是它的优点是构造简单、造价较低,处理效果稳定、操作管理方便、耗药量少且具有较大的缓冲能力。

图 4-1　平流式沉淀池

沉淀池的管理基本上属于混凝管理的继续,往往是和加药、混凝统一管理的。

一、平流式沉淀池的构造

平流式沉淀池根据作用分成四个组成部分,即进水区、沉淀区、积泥区和出水区,如图 4-2 和图 4-3 所示。

1. 进水区

进水区要求使水能够均匀地分布在沉淀池整个断面并务必使水流平稳地流入沉淀区。通常采用进水堰、淹没孔眼进水渠以及穿孔墙等方式,使进水均匀地分布在沉淀池的整个断

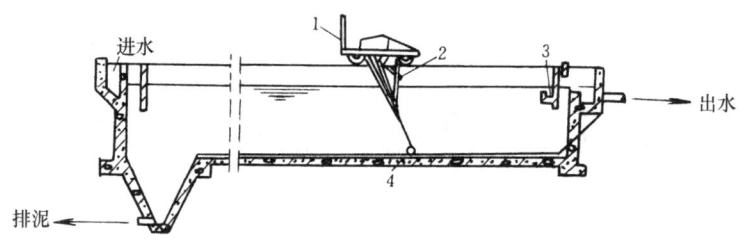

图 4-2　设行车刮泥机的平流式沉淀池
1—行车；2—浮渣刮板；3—浮渣槽；4—刮泥板

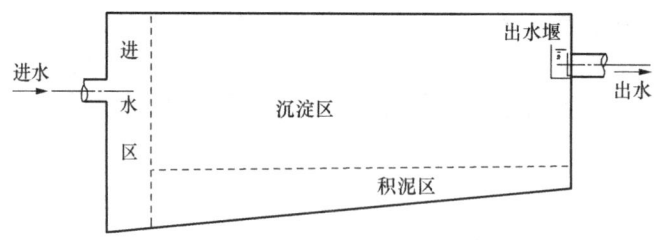

图 4-3　平流式沉淀池的分区

面(图 4-4)。进水区应避免流速过大而打碎已絮凝的矾花颗粒，孔口流速不宜大于 0.15～0.2 m/s。为保证穿孔墙的强度，洞口总面积也不宜过大。洞口的断面形状宜沿水流方向逐渐扩大，以减少进口的射流。

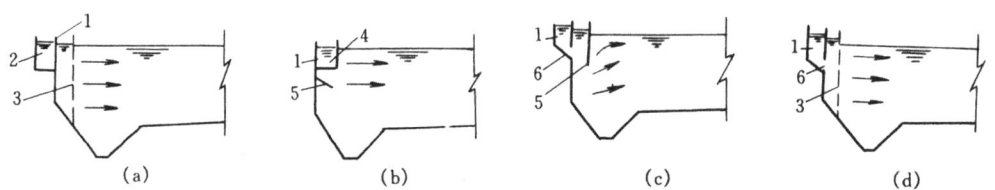

图 4-4　平流式沉淀池入口的整流措施
1—进水槽；2—溢流堰；3—多孔整流板；4—底孔；5—挡流板；6—潜孔

2. 沉淀区

沉淀区是沉淀池的主体，水在池内缓慢流动中使矾花逐渐下沉。

3. 积泥区

积泥区的底部为积泥区，主要用以积存下沉的污泥，以便用人工或机械设备加以排除。

4. 出水区

出水区作用是汇集沉淀后清水然后将水送至滤池(图 4-5、6)。出水区的管渠布置要求水流沿整个池宽均匀流出沉淀区，避免出流不均匀或把矾花带出池子。

二、平流沉淀池的排泥方式

沉淀池的排泥方式有以下几种：

1. 人工排泥

排泥时停止生产，利用高压水将积存池底的污泥冲走排出。这种排泥方式构造简单，但

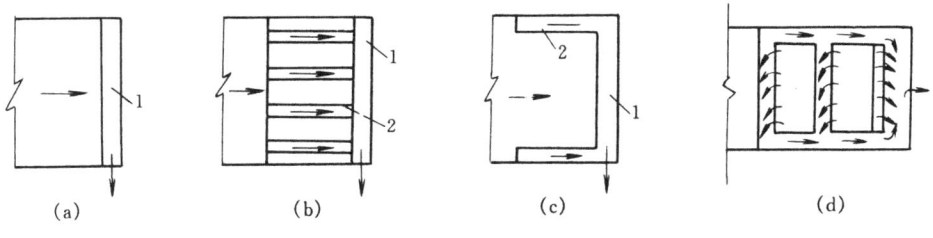

图 4-5 平流式沉淀池出口的集水槽形式
1—集水槽；2—集水支渠

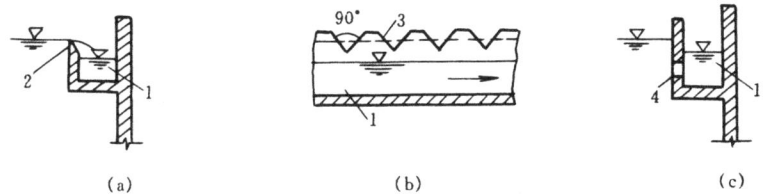

图 4-6 平流式沉淀池出口的出水堰形式
1—集水槽；2—自由堰；3—锯齿三角堰；4—淹没孔口

不能及时排泥且劳动强度大。

2. 斗式排泥

在池底设置一定坡度的排泥斗，每个排泥斗设排泥阀，通过池底排泥管排除污泥，如图 4-7 所示。采用斗式排泥，往往不能彻底排除污泥，运行一段时间后需要放空清洗。

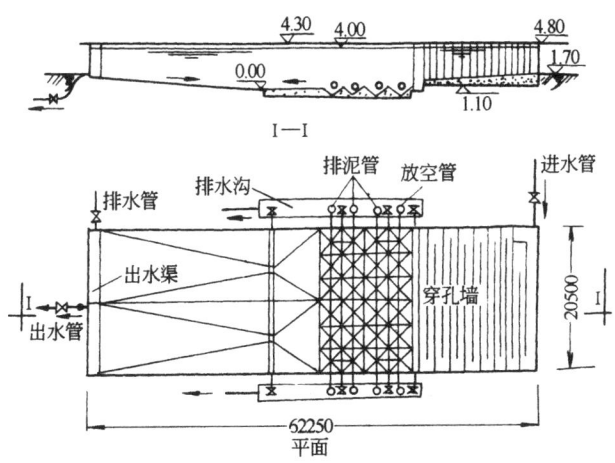

图 4-7 多斗重力排泥沉淀池

3. 穿孔管排泥

在池底设置多排穿孔管，利用池内水位和穿孔管外水位差将污泥定期排出池外，如图 4-8 所示。穿孔管排泥比斗式排泥结构简单，但缺点是孔眼易堵、影响排泥效果。穿孔管排泥周期视原水浊度不同，通常为每 3～5 h 排泥一次，每次排泥 1～2 min，每年需定期放空 1～2 次。穿孔管排泥的阀门要求采用快开阀，这样有利于将污泥抽吸干净。

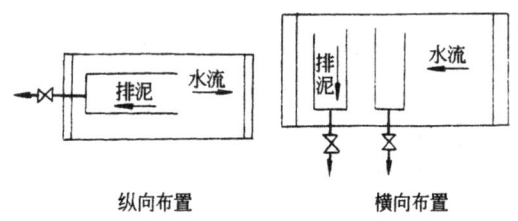

图 4-8 穿孔管布置形式

4. 机械排泥

机械排泥利用机械装置通过排泥泵或虹吸将池底积泥排至池外(见图 4-9 至图 4-12)。这种排泥方式由于连续进行,一般不需要定期放空清池,在大中型平流式沉淀池中已广泛采用。

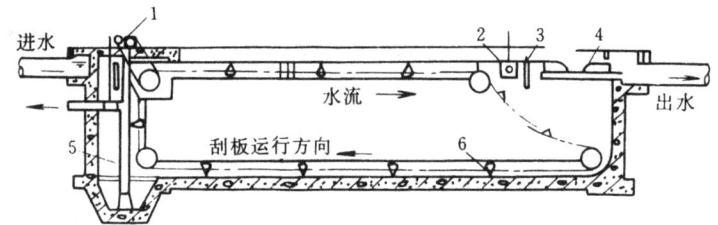

图 4-9 链条式刮泥机平流初次沉淀池

1—驱动电机;2—浮渣槽;3—挡板;4—出水堰;5—排泥管;6—刮板

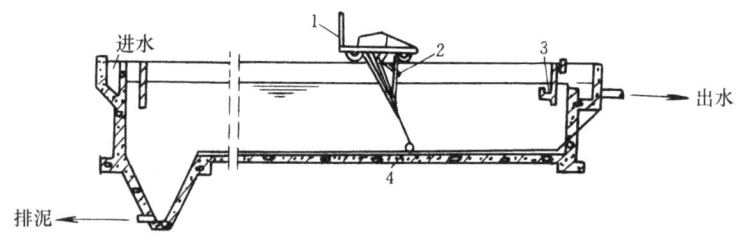

图 4-10 设行车刮泥机的平流式沉淀池

1—行车;2—浮渣刮板;3—浮渣槽;4—刮泥板

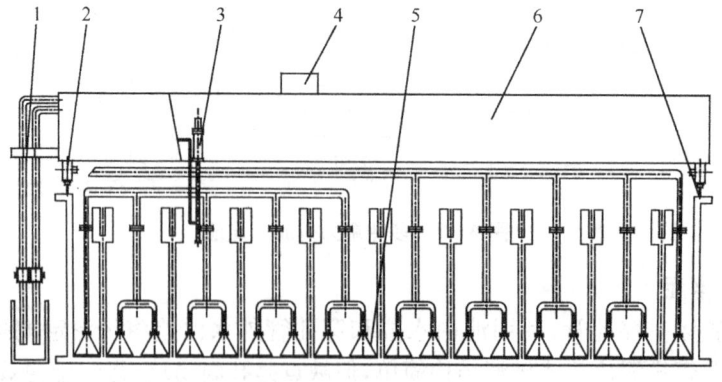

图 4-11 虹吸式吸泥机

1—排渣系统;2—驱动系统;3—抽真空系统;4—电控系统;
5—虹吸系统;6—箱式梁;7—轨道组成及行程控制系统

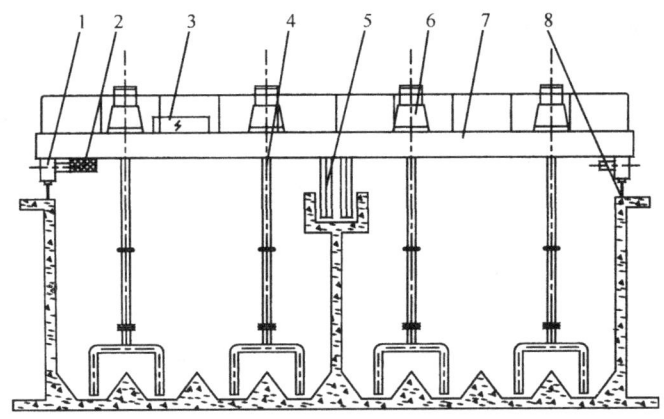

图 4-12 泵式吸泥机
1—驱动装置；2—电缆滚筒；3—电控箱；4—吸泥管；5—排泥管；
6—液下污水泵；7—行走大梁；8—轨道组成及行程控制系统

三、平流式沉淀池的运行控制指标

1. 沉淀时间

沉淀时间是指原水在沉淀池中实际停留时间，是沉淀池设计和运行的一个重要控制指标。设计规范规定为 1.0～3.0 h，实际一般 1.0～1.5 h，就可满足运行要求。过短的停留时间，保证不了出水水质。

2. 表面负荷率

表面负荷率是指沉淀池单位面积所处理的水量(单位：$m^3/m^2 \cdot d$)，是控制沉淀效果的一个重要指标。比较理想的表面负荷率如表 4-1 所示。

表 4-1　表面负荷率参考值

原 水 性 质	表面负荷率($m^3/m^2 \cdot d$)
浊度在 100～250 度的混凝沉淀	45～70
浊度大于 500 度的混凝沉淀	25～40
低浊高色度的混凝沉淀	30～40
低温低浊水的混凝沉淀	25～35
不用混凝剂的自然沉淀	10～15

3. 水平流速

水平流速是指水流在池内流动的速度。水平流速的提高有利于沉淀池体积的利用，一般在 10～25 mm/s 内认为是比较正常的。

 **任务实施**

一、平流式沉淀池的管理和维护

1. 沉淀池维护的基本要求

(1) 保证出水浊度达到规定的指标(一般为 5 NTU 以下)；

(2) 保证各项设备完好，池内池外清洁卫生；

(3) 具有完整的原始数据记录和技术资料。

2. 掌握原水水质和处理水量的变化

掌握原水水质和处理水量的变化的主要目的是正确地确定混凝剂的投加量。掌握的内容在原水水质方面有：一般要求 2~4 h 测量一次原水浑浊度、pH 值、水温、碱度,在水质变化频繁季节里要 1~2 h 就进行一次测量。在水量方面要了解进水泵房开停状况。对水质测定结果和处理水量的变化要及时填入生产日报。

3. 观察絮凝效果,及时调整加药量

在运转中要特别注意出水量变化前调整投药量和水质变坏时增加投药量这两个环节。还要防止断药事故,因为即使短时期停止加药也会导致水质的恶化。对在水质频繁变化的季节如洪水、台风、暴雨、融雪时更需加强管理,落实各项防范措施。

4. 及时排泥

及时排泥是沉淀池运转中极为重要的工作。排泥不及时,池内积泥厚度升高,会缩小沉淀池过水断面,相应缩短沉淀时间,降低沉淀效果,最终导致出水水质变坏。排泥过于频繁又会增加耗水量。采取人工清理的沉淀池排泥应该在每年高峰洪水前进行。

5. 防止藻类滋生,保持沉淀池清洁卫生

原水藻类含量较高时,会在沉淀池中滋生藻类。这是可以采取预加氯的方法杀灭滋生的藻类。沉淀池内外都应经常清理保持环境清洁卫生。

二、日常运行管理

(1) 平流式沉淀池必须严格控制运行水位,防止沉淀池出水淹没出水槽现象产生。

(2) 平流式沉淀池必须做好排泥工作,采用排泥车排泥时,排泥周期根据原水浊度和排泥水浊度确定。采用其他形式排泥的,可依具体情况确定。

(3) 平流式沉淀池的出口应设质量控制点,浊度指标一般宜控制在 5 NTU 以下。

(4) 平流式沉淀池的停止和启用操作应尽可能减少滤前水的浊度的波动。

(5) 每日检查进、出水阀门,排泥阀,排泥机械运行状况,并加注润滑油,进行相应保养。

(6) 检查排泥机械电源、传动部件、抽吸机械等的运行状况,并进行相应保养。

三、定期维护项目、内容应符合的规定

(1) 无机械排泥设施的平流沉淀池,应人工清洗,每年不少于两次；有机械排泥设施的,应每年安排人工清洗一次。

(2) 排泥机械、电气,每月检修一次。

(3) 排泥机械、阀门,每年解体检修或更换部件,每年排空一次,对混凝土池底、池壁,每年检查修补一次,金属部件每年油漆一次。

(4) 沉淀池、排泥机械应 3~5 年进行检修或更换。

任务 4.2　斜管(板)沉淀池运行管理

任务准备

斜管(板)沉淀池是在平流式沉淀池基础上发展起来的一种新型沉淀池(图 4-13)。它的特点是在沉淀池中装置许多间隔较小的平行倾斜管或倾斜板,具有沉淀效率高、在同样出水条件下池子容积小、占地面积少的优点。

斜管(板)沉淀池所以能够提高生产能力,主要是增加了沉淀面积和改善了水力条件。根据"浅层沉淀"的原理,沉淀池的沉淀效率在通过同样流量与絮凝条件下,和沉淀面积成正比,而不是取决于池子的高度与容积的大小。在沉淀池中加设了斜管,明显地增加了沉淀面积而且还使颗粒沉降距离大大缩短,水在斜管中流动比较平稳,矾花容易沉降。

图 4-13 斜管沉淀池

斜管(板)沉淀池按水流方向分上向流、侧向流与同向流三种,目前水厂应用较多的还是上向流即逆向流斜管沉淀池。

一、斜板沉淀池的构造

斜管沉淀池一般由配水区、斜管区、清水区、积泥区等四部分组成,通常布置见图 4-14。

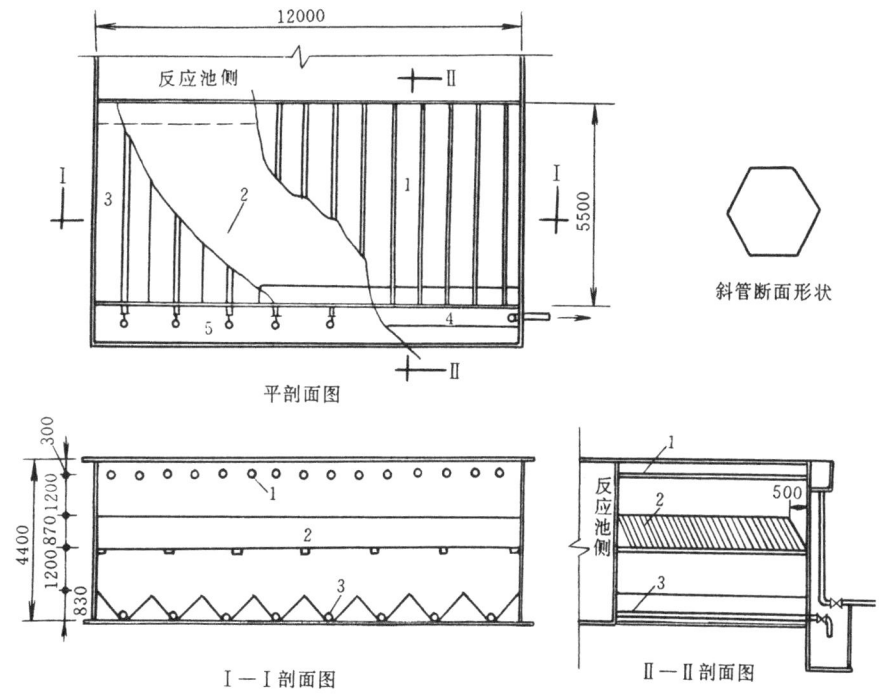

图 4-14 斜管沉淀池
1—穿孔集水管;2—蜂窝斜管;3—穿孔排泥管;4—集水渠;5—排污沟

其工艺流程为:加过絮凝剂的原水经过反应后生成良好的矾花由整流配水板均匀流入配水区,然后自下而上通过斜管,原水中杂质与水在斜管内迅速分离,清水从上部经集水区、通过集水槽送出池外,沉淀在斜管壁上的杂质沿壁向下滑入积泥区,由穿孔排泥管或其他排泥设施定期排出池外。

斜管沉淀池的集水装置不像平流沉淀池按允许溢流率控制,而是按集水均匀的要求布置,所以比较密集,单位长度的溢流率为150~200 m³/(m·d)。溢流率低时堰上水头就小,为保证集水均匀,应对集水装置的高程误差有严格的限制,一般控制在±2 mm以内。

二、斜管沉淀池运行主要控制指标

1. 上升流速与表面负荷率

与平流式沉淀池一样,表面负荷率是指斜管沉淀池单位平面面积上的出水流量,而上升流速是指斜管区平面面积的水流上升流速。因此,两者代表的意义都是指斜管沉淀池的处理负荷大小。例如上升流速为3 mm/s的斜管沉淀池其表面负荷率为10.8 m³/h·m²。根据实际经验,一般认为上升流速控制在2.5 mm/s左右较为合适。

2. 斜管管径、长度与倾角

斜管一般采用正六角形(蜂窝形),这主要是由于蜂窝形断面结构合理、刚度较好。定型斜管管径大都为25~35 mm,材质有聚丙烯塑料、聚氯乙烯塑料与玻璃钢,长度为1 m,倾角通常为60°。塑料斜管产品分为半成品和成品,塑料斜管半成品是指经机械热压而成型的连续半六边形片材,其成品是将半成品焊接或黏结而成的具有一定倾斜角度的组件。规定成品单组斜管的尺寸为长1 000 mm、宽500 mm、斜长1 000 mm、倾角60°,如图4-15所示。

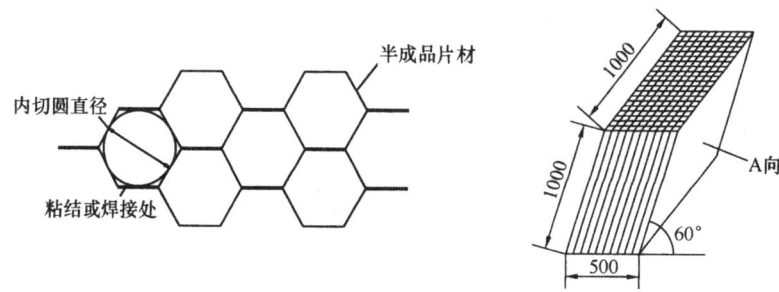

图4-15 单组斜管尺寸图(mm)

任务实施

一、斜管、斜板沉淀池的管理与维护

斜管、斜板沉淀池的管理与维护基本和平流式沉淀池相同,注意以下几点:

(1) 必须做好排泥工作,保持排泥阀的完好、灵活,排泥管道的畅通。排泥周期根据原水浊度和排泥水浊度确定。

(2) 启用斜管(板)时,初始的上升流速应缓慢,防止斜管(板)漂起。

(3) 斜管(板)表面及斜管管内沉积产生的絮体泥渣应定期进行清洗。

(4) 斜管、斜板沉淀池的出口应设质量控制点,浊度指标一般宜控制在5 NTU以下。

(5) 防止发生藻类滋生,可采用在原水中预加氯方法予以抑制。

(6) 斜管顶部如出现泥巴则应降低水位、露出管孔、用压力水进行冲洗。

二、斜管、斜板沉淀池的维护

(1) 日常保养项目、内容,应符合下列规定:

1) 每日检查进、出水阀门,排泥阀,排泥机械运行状况并进行保养,加注润滑油。

2) 检查机械、电气装置,并进行相应保养。

（2）定期维护项目、内容，应符合下列规定：

1）每月对机械、电气检修一次，对斜管（板每三个月或半年）冲洗清通一次。

2）排泥机械、阀门，每年解体检修或更换部件，每年排空一次，检查斜管（板）、支托架、池底、池壁等，并进行检修、油漆等。

（3）大修理项目、内容、质量，应符合下列规定：

斜管（板）沉淀池3～5年应进行检修，支承框架、斜管（板）局部更换。

三、斜管的安装

斜管焊接质量常常是影响斜管寿命的关键因素之一。焊接质量不好，表现在使用不久就出现焊点脱开，焊接寿命远远低于塑料片老化寿命。由于这一问题常常出现，所以必须防止，并严格按照规定要求验收。

由于斜管的首、末端与池壁相邻处出现三角形空间，水容易经此短路，影响水质，可用混凝土板制成三角形构造固定在池壁上，既有益于水质，又可保护斜管。

斜管安装时，其前后左右都应紧靠。应尽量避免安装完毕的斜管有几厘米甚至10多厘米的缝隙，这些缝隙导致出水夹带絮体，影响水质。此外，斜管使用一个时期以后，容易使已变疲软的斜管组件向两侧伸展，最终导致斜管倒伏。为避免斜管倒伏，在安装时，可在相邻的两组斜管的侧面之间施以10～15 kg的紧力。

项目 5　澄清工艺运行管理

任务 5.1　澄清池特点与类型

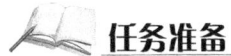 **任务准备**

一、澄清池的特点

澄清池是在沉淀池基础上发展起来的一种将絮凝和沉淀综合在一起的特殊形式。它的主要特点如下：

(1) 在一个构筑物内同时完成混合、反应、沉淀过程；

(2) 使已经形成的矾花重复利用或处在悬浮状态继续发挥作用。

由于澄清池有这样两个特点，一方面简化了净化处理工艺流程，另一方面由于被循环利用或处在悬浮状态的矾花，很容易吸附刚进入池体内、已经加过混凝剂的原水中的微小杂质，从而大大提高了沉淀效率。悬浮的矾花层也称为活性泥渣层。为使水澄清，这种把泥渣层作为接触介质的过程，实际上也是絮凝过程，一般称为接触絮凝。在絮凝的同时，杂质从水中分离出来，清水在澄清池上部被收集。泥渣层的形成方法，通常是在澄清池开始运转时，在原水中加入较多的混凝剂，并适当降低负荷，经过一定时间运转后，逐步形成。当原水浊度低时，为加速泥渣层的形成，也可人工投加黏土。澄清池充分利用了活性泥渣的絮凝作用。澄清池的排泥措施，能不断排除多余的陈旧泥渣，其排泥量相当于新形成的活性泥渣量。故泥渣层始终处于新陈代谢状态中，泥渣层始终保持接触絮凝的活性。

在新陈代谢状态中，泥渣层始终保持接触絮凝的活性。

二、澄清池的类型

澄清池形式很多，基本上可分为两大类：泥渣悬净型澄清池和泥渣循环型澄清池。

1. 泥渣悬浮型澄清池

泥渣悬浮型澄清池也称为泥渣过滤型澄清池。它的工作情况是加药后的原水由下而上通过悬浮状态的泥渣层时，使水中脱稳杂质与高浓度的泥渣颗粒碰撞凝聚并被泥渣层拦截下来。这种作用类似过滤作用。浑水通过悬浮层即获得澄清。由于悬浮层拦截了进水中的杂质，悬浮泥渣颗粒变大，沉速提高。处于上升水流中的悬浮层颗粒所受到的阻力恰好与其在水中的重力相等，处于动态平衡状态。

泥渣悬浮型澄清池常用的有悬浮澄清池和脉冲澄清池两种。

2. 泥渣循环型澄清池

泥渣循环型澄清池的工作特点是利用水力或机械的作用使部分带活性的泥渣即矾花不断循环回流，泥渣在循环过程中不断接触凝聚和吸附水中杂质，使原水更快地沉淀。

泥渣回流量约为设计流量的 3～5 倍。泥渣循环可借机械抽升或水力抽升造成。前者称机械搅拌澄清池;后者称水力循环澄清池。

泥渣过滤型澄清池与泥渣循环型澄清池在使用中应及时排除过量的、已经老化了的泥渣以保持适当的浓度和吸附能力。

三、气浮澄清池

气浮澄清池也称为气浮池,其工作原理不同于前两种澄清池。气浮澄清池的运行原理是以微小气泡作为载体,黏附水中的杂质颗粒,使其视密度小于水,然后颗粒被气泡携带浮升至水面并与水分离去除的方法。常用的气浮澄清池采用的是部分回流加压溶气气浮法,设备结构紧凑,将接触室和分离室设计为一个整体水流衔接更为合理,设计回流比控制在20%～30%之间。其附属设施包括气浮反应罐、压力溶气罐和溶气水泵。

任务实施

一、认识水力澄清池的工作过程和基本构造

1. 工作原理

水力循环澄清池的工作原理是利用进水管水流中的动能,促使泥渣回流,达到加速混凝、澄清的目的。

2. 净化过程

(1)混合过程。

加过混凝剂的原水从进水管通过水力提升器的喷嘴造成高速射流在喷嘴周围形成负压而将数倍于进水量的活性泥渣吸入喉管,使刚进入池中的原水、混凝剂和活性泥渣在水力提升器的喉管中进行剧烈而充分的快速混合。

(2)絮凝过程。

经过混合了混凝剂和活性泥渣的原水进入第一和第二絮凝室后由于过水断面都是顺水流逐步扩大,因此流速逐渐降低,造成了一个良好的絮凝条件。

(3)澄清过程。

当水流离开第二絮凝室进入分离室时,流速又显著下降,泥渣在重力作用下从水中分离,使水澄清。分离后清水向上溢流出水,沉下的泥渣除经污泥斗浓缩后排出池外以保持池中泥渣浓度平衡外,大部分向底部沉降,并继续被水力提升器吸入喉管进行泥渣循环回流。

3. 基本构造

水力循环澄清池基本构造可分为进水管、水力提升器(即喷嘴、喉管)、第一絮凝室、第二絮凝室、伞形罩、分离室、出水管及排泥系统等组成部分,如图5-1所示。其主要部分介绍如下:

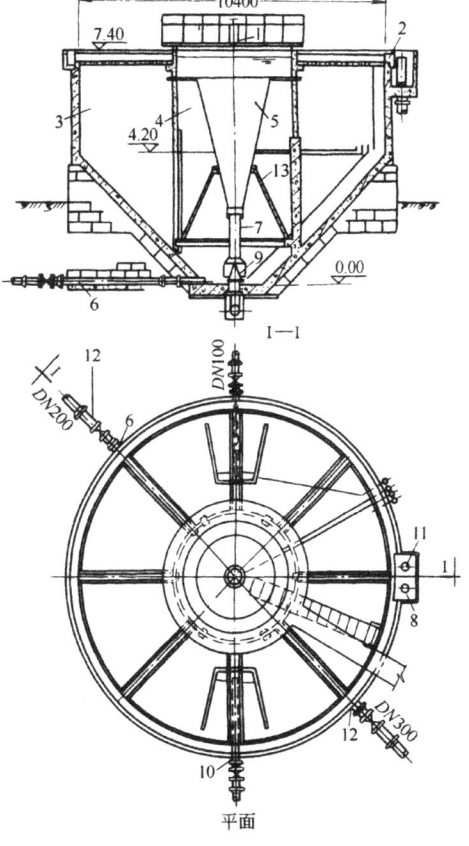

图5-1 水力循环澄清池

1—喉管升降装置;2—环形集水槽;3—分离室;
4—二反应室;5—一反应室;6—放空管;7—喉管;
8—出水管;9—喷嘴;10—排泥管;
11—溢流管;12—进水管;13—伞形罩

(1) 进水管。

进水管布置有三种形式：一种由池底部进入；另一种沿池体锥底部内壁进入；再一种就是沿池体锥底外壁进入。

(2) 喷嘴与喉管。

喷嘴是使进水的能量转化为高速动能的装置。喷嘴收缩的角度在 13°左右为宜。在喷嘴的出口处，一般加设一段垂直管段，其高度通常与喷嘴直径相等，以改善喷嘴水力条件。喷嘴内壁加工要求尽可能光滑。喷嘴流速一般在 7~8 m/s，净作用水头要达到 3~4 m，流速过高会打碎已结成的絮体颗粒，影响凝聚效果。流速过低对泥渣回流量有一定影响。喷嘴距离池底高度不宜超过 600 mm，否则会在池底产生积泥。

喉管是进水和活性泥渣进行瞬间混合的场所。喉管的进口做成喇叭口形式，进口直径一般为喉管本身直径的 2 倍，喇叭口下缘也加设一段垂直管段，垂直管段的高度和喉管直径一般相等。喉管中的流速一般达 2~3 m/s，混合时间均在 0.5~1 s 范围内。

喷嘴与喉管的距离称为喉嘴距。喉嘴距对泥渣回流量有一定影响。在开始使用时对喉嘴距进行调整，一经确定后很少改变。

(3) 第一絮凝室。

第一絮凝室的功能是促进来自喉管的原水与活性泥渣回流的混合水流在一定的水流条件和一定的接触时间内形成矾花。水在第一絮凝室内一般停留时间为 15~30 s，出口流速在 50~60 mm/s。

(4) 第二絮凝室。

水流通过第一絮凝室后，絮凝一般还不够完善，第二絮凝室的功能是促进完善絮凝，使水流进入分离室时能够迅速清污分流。为了保证絮凝效果，第二絮凝室应有足够的高度，出水水质好的水池一般第二絮凝室的停留时间在 110~140 s 之间，高度在 3 m 以上。高度不够会使絮凝不够完善、运行也不稳定。

(5) 分离室。

分离室是实现清污分流的场所，清水向上、泥渣向下，分离室上升流速不一定过高，一般为 0.7~1.0 mm/s，水在澄清池中总停留时间一般为 1.2~1.5 h。有时也可在分离区增设管径 32~50 mm 的斜管，提高沉淀效率，上升流速可达 2~3 mm/s。

(6) 伞形罩。

伞形罩主要目的是迫使分离室活性泥渣沿伞形罩下缘回流到池底，防止第二絮凝室出流后直接被喷嘴射流而吸入喉管造成短流现象。伞形罩的斜面倾角应不小于 45°以防罩面积泥。

(7) 出水管。

水力循环澄清池的出水管有三种形式，小型的常采用沿外圆周内（或外）侧做环形集水槽形式；中型的常采用在分离室中部设环形集水槽形式；大型的采用辐射槽加内侧环形集水槽。出水槽一般采用钢筋混凝土或钢板结构，也有采用钢丝网水泥结构的。

(8) 排泥系统。

排泥除较小的澄清池采用底部放空管排泥外，一般采用污泥斗。污泥在污泥斗内浓缩并及时排出池外，保持池内泥渣层浓度是保证水力循环澄清池能够正常运行的关键之一。

二、认识机械搅拌澄清池的工作过程和基本构造

1. 工作原理

机械搅拌澄清池的工作原理和水力循环澄清池是相同的，只是利用机械搅拌来实现泥

渣回流。

2. 净水过程

（1）加过混凝剂的原水，在三角配水槽中经过混合进入第一絮凝室；

（2）在第一絮凝室内装有搅拌叶片和提升叶轮，搅拌叶片缓慢转动使原水和活性泥渣充分接触凝聚，提升叶轮的构造和作用与水泵叶轮相似，用于将泥渣和水提升到第二絮凝室，提升的水量约等于澄清池进水量的 3~5 倍；

（3）在第二絮凝室继续絮凝，以结成更大的矾花；

（4）水通过第二絮凝室顶部进入导流室，从导流室出来的水进入分离室。由于分离室面积的突然增大，流速降低，泥渣与水在此分离，清水上升，经集水槽流出池外，泥渣下沉，一部分进入泥渣浓缩室，大部分则沿斜壁、从回流缝又回流到第一反应室，不断地进行循环回流。

3. 基本构造

机械搅拌澄清池的基本构造如图 5-2 所示，主要有第一絮凝室、第二絮凝室、导流室和分离室组成。现分别介绍如下：

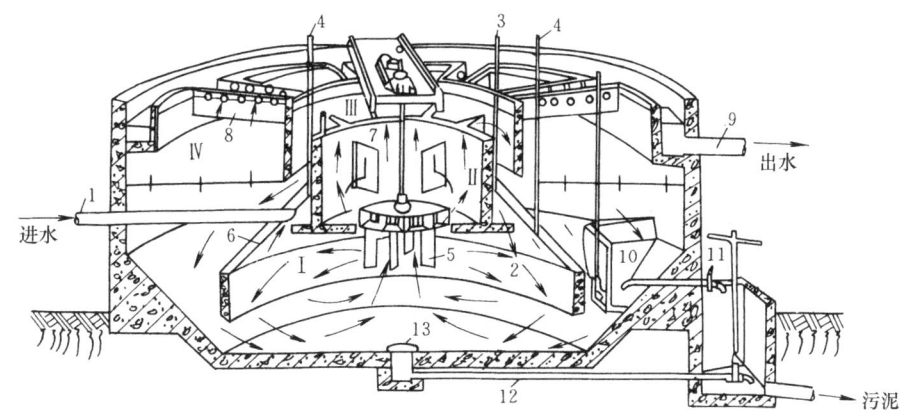

图 5-2 机械搅拌澄清池结构透视图

Ⅰ—一混合反应区；Ⅱ—二反应区；Ⅲ—导流区；Ⅳ—分离区
1—进水管；2—三角配水槽；3—排气管；4—投药管；5—搅拌浆；6—伞形罩；7—导流板；
8—集水槽；9—出水管；10—泥渣浓缩室；11—排泥管；12—排空管；13—排空阀

（1）进水管。

机械搅拌澄清池的进水系统有中部进水和底部进水两种方式。中部进水一般采用三角配水槽或环形管；底部进水是在池底中央进水，在进水管口上罩上伞形帽，以减少水流对池中泥渣层的冲击。

（2）第二絮凝室、第一絮凝室与分离室。

第二絮凝室、第一絮凝室与分离室容积之比称为容积比，一般为 1∶2∶7。这个比例是为了保证有充分的反应时间及合理的混合和排泥的体积。水在机械搅拌澄清池中停留时间一般为 1.2~1.5 h，如为 1.5 h 则在第二絮凝室停留时间为 9 min，第一絮凝室为 18 min。为了保证澄清池出水质量，水在分离室的上升流速不宜太大，一般采用 0.8~1.1 mm/s。

分离室与第一絮凝室设置隔离的伞形板，池子下侧采用斜壁，其坡度一般为 45°，目的是防止泥渣淤积。第二絮凝室内侧还设有导流板，其作用是破坏水流的整体旋转，改善水力条件。

(3) 搅拌和调流系统。

搅拌机由上部的动力系统、中部的叶轮和下部的桨板组成。动力系统一般由电动机无级调速。叶轮起提升水量的作用，一般可提升 3～5 倍的设计流量。调整叶轮的提升流量，除了调整转速外，主要靠升降传动轴来调整叶轮出口宽度，因为叶轮装在第一絮凝室顶板上圆孔中，顶板厚度可遮住部分叶轮出口，如果位置上下变动，叶轮出口宽度就相应改变，流量也就随之变化了，提升叶轮高度一般不经常变动，调节机件有螺母或手轮。叶轮直径一般为澄清池直径的 1/5，外缘线速度采用 0.5～1.5 m/s。

桨板主要起直接搅拌作用。搅拌桨的外缘线速度一般为 0.3～1.0 m/s，加长或加爪可以改善搅拌效果。

(4) 出水管。

和水力循环澄清池一样，机械搅拌澄清池出水系统也有三种形式：小型的沿圆周内(或外)侧做环形集水槽；中型的在分离室中部设置环形集水槽；大型的采用辐射槽加内侧环形集水槽。

(5) 排泥系统。

及时和适量的排泥是保证澄清池正常运转的重要条件，特别在汛期高浊度水处理时更为重要。排泥方式一般为重力排泥。排泥一是靠分离室内设置的污泥斗，其作用是积存多余、老化的泥渣经浓缩、脱水后定时排出，这叫小排泥；二是靠池底排空管排泥，这叫大排泥。池底排泥口处一般设有排泥罩，当排泥罩突然打开时，排泥罩内呈真空状态，排泥罩附近的池底污泥高速进入罩内，同时冲刷了池底，使积存的污泥排出。排泥阀门要求使用快开阀，排泥间隙时间视水质而定，小排泥一天几次，大排泥每天一次。

(6) 其他装置。

1) 加药点。

加药点应在原水进入三角配水槽前紧贴池子的池外混合较好。药液须有一定的水头，否则会出现加不进去的可能。

2) 取样管。

为掌握澄清池运行情况，需在进水管、第一絮凝室、第二絮凝室、出水槽处设置取样管。第一、二絮凝室的取样管因泥渣浊度大、易于沉积，所以在池外应设置固定的水冲洗管。各取样龙头宜加以编号并沿池壁集中设置以利操作。

3) 透气管。

为使配水均匀、三角配水槽不积存空气，在进水管方向的对面、配水槽上端应设直径 50 mm 的透气管。

机械搅拌澄清池的附属设备还有人孔、铁爬梯、溢流口、照明及冲洗池底的高压冲洗水龙头及操作室等。

三、认识气浮澄清池的净化过程与基本构造

气浮工艺过程是在气浮澄清池反应罐前加入混凝剂，在混凝剂的作用下水中的胶体和悬浮物脱稳形成细小的矾花颗粒；水流进入气浮池接触室后矾花颗粒与溶气水中大量的微细气泡发生吸附，形成密度小于水的絮体并且上浮，在水面形成浮渣层；清水则由气浮澄清池下部汇集进入出水槽。在出水槽内设置水位调节管，调节气浮澄清池内水位，方便刮渣。气浮澄清池顶安装 1 台旋转式刮渣机，池底部设有接触室、分离室排污管，如图 5-3。

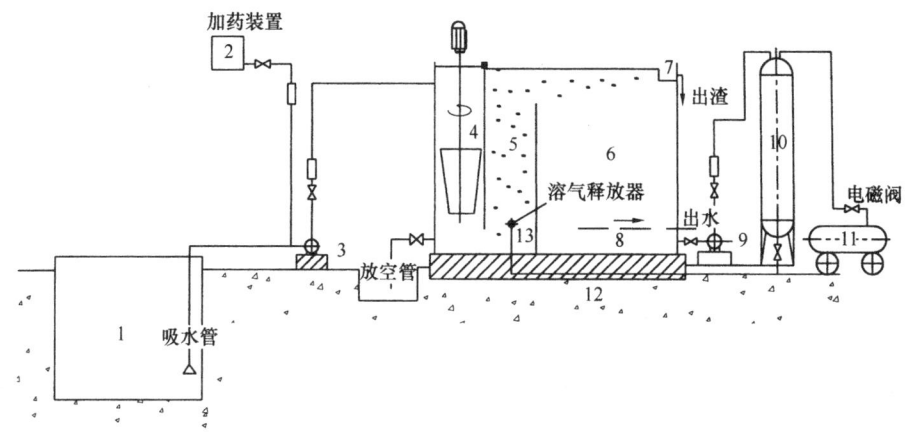

图 5-3 气浮工艺流程示意图

1—原水取水口；2—絮凝剂投加设备；3—原水泵；4—絮凝池；5—气浮接触室；6—气浮分离室；7—排渣槽；
8—集水管；9—回流水泵；10—压力溶气罐；11—空气压缩机；12—溶气水管；13—溶气释放器

任务 5.2 澄清池运行维护

 任务准备

澄清池运行维护的基本要求

对澄清池运行管理的基本要求是：勤检测、勤观察、勤调节并特别要抓住投药适当、排泥及时这两个主要环节。

1. 投药适当

投药适当就是混凝剂的投加量应根据进水量和水质的变化随时调整，不得疏忽，以保证出水合乎要求。

2. 排泥及时

排泥及时就是在生产实践基础上掌握好排泥周期和排泥时间，既要防止泥渣浊度过高，又要避免出现活性泥渣大量被排出池外，降低出水水质。

只要抓好以上两个环节并按规定的时间和内容对澄清池进行检测、调节，做好管理与维护的各项工作，则澄清池的净水效果是可以得到基本保证的。

 任务实施

一、水力循环澄清池的操作

1. 运行前的准备

(1) 消除池内积水及杂物，检查各部管线、闸阀是否完好；

(2) 测定原水浊度、pH 值，确定混凝剂投加量；

(3) 将喉管与喷嘴口的间距先调节到等于 2 倍的喷嘴直径的位置；

(4) 如原水浊度在 50～100 度以下时，应准备好相当数量的黄泥(如 500～1 000 kg)，黄

泥颗粒要均匀、质重而杂质少；

(5) 准备好混凝剂溶液,其数量要比正常投药量多 3~4 倍。

2. 初次运行

(1) 徐徐开启进水闸阀,使进水流量控制在设计流量的 1/3,混凝剂投加量要比正常增加 50%~100%。

(2) 原水浊度较低时,为了加速形成活性泥渣,可以将准备好的黄泥缓慢倒入第一絮凝室。

(3) 当池子开始出水时,要仔细观察分离区与絮凝室水质变化情况。

1) 如第一絮凝室中泥渣含量已经增高,分离室的悬浮物与水已经开始分离,虽有少量矾花上浮,但表面上的水不是很浑浊,可以认为投药适当。

2) 如第一絮凝室中泥渣含量不增加或加泥时浑浊,不加时变清,分离区还有泥浆向上翻,则说明投药与投泥量不足,要增加投药与投泥量。

(4) 当出水水质不好时,应排入下水道,不能进入滤池。

(5) 测定各取样点的泥渣沉降比。泥渣沉降比反映了絮凝过程中泥渣的浓度与活性,是运行中必须控制的主要参数之一。若喷嘴附近泥渣沉降比增加较快,而第一絮凝室出口处却增加很慢,这说明回流量过小,应调整喉嘴距,增加回流量。若上述两处泥渣沉降比增加情况相同,表明回流量合适,这时如出水已经正常即可将池子投入正常运行。

3. 正常运行

(1) 每隔 1~2 h 测定一次原水和出水浊度、水温和 pH 值,在水质变化频繁时,测定次数应增加;

(2) 每隔 2~4 h 测第一絮凝室出口与喷嘴附近处泥渣沉降比。在掌握沉降比与原水水质、混凝剂投加量、泥渣回流量及排泥时间之间的变化关系的规律基础上确定沉降比控制值与排泥间隔时间。

一般沉降比正常值为 10%~20%。排泥时间为：小排泥 2~4 h 进行一次,时间为 1~3 min;大排泥每天一次,时间为 1 min。

(3) 在正常运转中,进水量不应突然增加或减少,一般在增加进水量以前半小时,就要多加混凝剂,并且排除部分泥渣以降低泥渣层高度,然后再逐渐增加水量。

(4) 不可中断投药,一旦中断投药,澄清池出水水质很快变坏,这一点务必注意。

4. 停池后重新运行

澄清池不宜间歇运转,必须停止运转时,应注意：

(1) 时间也不宜太长,以免泥渣积存在池底被压实和腐化。

(2) 重新运行时应先开启底部放空管闸阀,排除池底少量泥渣,然后以较大水量进水。

(3) 进水时应适当增加混凝剂投加量,使底部泥渣有所松动并产生活性后,然后减少进水量。

(4) 待出水水质稳定后方可逐渐恢复到正常投加量和进水量。

二、机械搅拌澄清池的操作

机械搅拌澄清池的操作要求基本上和水力循环澄清池相同,但由于构造的不同尚须注意以下几点：

(1) 起始运行时按机电维护管理和操作要求,对搅拌器及其动力设备进行检查。

(2) 启动搅拌电机应从最低转速开始,待电机运转正常后再调整到所需的转速。搅拌机转速控制开始运行时可在 5~7 r/min,叶轮开启度适当下降。

(3) 调节转速时要缓慢,叶轮提升可在运转中进行,叶轮下降必须要停车后操作。

(4) 当池子短期停水,搅拌机不可停顿,否则泥渣将沉积、压实并使泥渣活性消失。

(5) 机械搅拌澄清池测定内容:

1) 进水流量、pH值、水温、加药量;

2) 第二絮凝室沉降比;

3) 排泥状况;

4) 清水区出口浊度。

测定间隔时间与要求参考水力循环澄清池部分。

(6) 电机与齿轮箱应按规定的时间进行保养和维修,齿轮油每周检查一次,不足时应及时添加。

(7) 要经常检查搅拌设备的运转情况,注意声音是否正常、电机是否发热,并做好设备的擦拭清洁工作。

三、气浮澄清池的运行操作

1. 设备的正常运行

(1) 电气柜送电,混凝反应搅拌机、气浮刮渣机运行正常。

(2) 开启溶气水泵、压力溶气罐进水阀、空气罐进气阀,待空气罐压力达到设定压力时,缓开溶气罐进气阀,使气、水同时进入溶气罐。

(3) 调节进水阀,控制压力溶气罐内的水位距罐底 60~100 cm(既不能淹没填料,也不能过低)。

(4) 全开溶气罐出水阀,防止出水阀门因截流气泡提前释出,并从接触室观察溶气水的释气情况和效果。

(5) 待溶气和释气系统完全正常后,开启气浮混凝反应罐出口阀。

(6) 开启混凝剂加药计量泵,调整好加药量。

(7) 开启气浮反应罐混凝反应搅拌机进行试运。

(8) 通过池面观察气浮池带气絮粒的上浮情况及浮渣的积厚情况,如发现接触室浮渣面不平,局部冒出大气泡或水流不稳定,很可能是由于释放器被堵,应取下释放器排除堵塞;如发现分离区浮渣面不平,池面常见大气泡破裂,则表明气泡与絮粒黏附不好,应检查压力溶气罐和释放器,并对混凝系统进行调整。

(9) 待水位稳定后,用进水阀门调节至设计流量为止。

(10) 待浮渣积至 8~10 cm 厚时,启动刮渣机进行刮渣。观察刮渣和排渣能否正常进行,出水水质是否受到影响。

(11) 运行过程中,定时检查水泵、空压机温升和轴承温度,发现异常,立即停车检查。

2. 刮渣步骤

(1) 关闭气浮池出口电动阀,将气浮池水位抬高到刮渣水位;

(2) 按下刮渣机启动开关,启动刮渣机;

(3) 当刮渣机刮板转过 2~3 圈回到刮渣槽内,停止刮渣机。

3. 溶气释放器冲洗步骤

在运行过程中,有时会出现释放器被堵的情况,可以采取以下的冲洗措施:

(1) 使空气罐压力达到设定值时(高于 0.3 MPa);

(2) 打开冲洗进气阀门,此时溶气罐进出水阀都应处于开启状态;

(3) 15 s 后关闭反冲进气阀门;

(4) 打开放气阀门,放净反冲管路中的高压空气。

任务 5.3　澄清池管理

 **任务准备**

一、澄清池的管理制度

1. 澄清池管理人员的工作标准

基本内容应有:

(1) 熟悉本厂澄清池基本构造、工作原理和操作方法。

(2) 严守操作规程,做到勤跑、勤看、勤检查。

(3) 力求做到优质、低消耗。出水浊度始终控制在规定的范围内,一般为 10 NTU 以下。

(4) 按规定的时间取水样、测定原水浊度、水温、pH 值、出水浊度、分析 5 min 沉降比,适时适量进行排泥,做好各项原始记录,随时清除水面上的杂物。

(5) 做好附属设备的维护保养及环境清洁卫生等。

2. 澄清池安全操作规程

澄清池操作应遵循安全操作规程。

3. 巡回检查制

澄清池巡回检查应按规定路线每小时进行一次,检查进水状况、出水水质、各种设备闸阀有无异常情况,若有应及时处理,处理不了的要及时报告。

二、澄清池的生产运行报表

水力循环澄清池的生产日报表参见表 5-1。机械搅拌澄清池生产日报表参见表 5-2。

表 5-1　水力循环澄清池生产日报表

水厂　　　　　　　　　　　　　　　日期　年　月　日　星期　　天气

时间	一 号									出水浊度(NTU)	说明
	进水流量(m^3/h)	进水浊度(NTU)	pH值	水温(℃)	沉降比%		排泥时间				
					第一絮凝室出口	喷嘴附近	泥斗		中心		
							开起	终止	开起	终止	
1											
2											如有几个澄清池则可将表相应延长
3											
4											
5											
6											
7											
8											
小计						值班人签名:					

续 表

时间	一 号									说明
	进水流量 (m³/h)	进水浊度 (NTU)	pH值	水温 (℃)	沉降比%		排泥时间			出水浊度 (NTU)	
					第一絮凝室出口	喷嘴附近	泥斗		中心			
							开起	终止	开起	终止		
9											
10											
11											
12											
13											
14											
15											
16											
小计		值班人签名：									如有几个澄清池则可将表相应延长
17											
18											
19											
20											
21											
22											
23											
24											
小计		值班人签名：									
合计											
交接记事											

表 5-2　机械搅拌澄清池生产日报表

水厂　　　　　　　　　　　　　　　　日期　　年　月　日　星期　　天气

时间	一 号									说明
	进水流量 (m³/h)	进水浊度 (NTU)	pH值	水温 (℃)	沉降比 (%)	排泥时间			搅拌机		出水浊度 (NTU)	
						泥斗		中心		开启度 (cm)	转速 (r/min)		
						开起	终止	开起	终止				
1													
2													
3													
4													
5													
6													
7													
8													
小计		值班人签名：									如有几个澄清池则可将表相应延长

续 表

时间	一 号											说明
	进水流量(m³/h)	进水浊度(NTU)	pH值	水温(℃)	沉降比(%)	排泥时间				搅拌机		出水浊度(NTU)	
						泥斗		中心		开启度(cm)	转速(r/min)		
						开起	终止	开起	终止				
9													
10													
11													
12													
13													
14													
15													
16													
小计								值班人签名：					如有几个澄清池则可将表相应延长
17													
18													
19													
20													
21													
22													
23													
24													
小计								值班人签名：					
合计													
交接记事													

 **任务实施**

一、机械搅拌澄清池维护

机械搅拌澄清池维护应符合下列规定：

(1) 日常保养项目内容如下：

1) 机械搅拌装置、刮泥机：每日检查电机、变速箱温度、油位及运行状况，加注规定牌号的润滑油，做好环境和设备的卫生清洁工作。

2) 每日检查进水阀门、排泥阀。

(2) 定期维护的项目、内容应符合如下规定：

1) 机械电气应每月检查一次。

2) 加装斜管的每3个月或半年冲洗斜管一次。

3) 金属部件每年检查敲铲油漆一次。

4) 澄清池每年放空清泥、疏通管道一次。

5) 变速箱每年解体清洗,更换润滑油一次。
6) 传动部件每年检修一次。
7) 加装斜管的,每年放空检查斜管(板)托架、池底及池壁并进行检修、敲刮油漆。
(3) 大检修项目,内容应符合下列规定:
1) 搅拌设备、刮泥机械易损部件3~5年进行检修更换。
2) 加装斜管(板)的5~7年应进行检修,支承框架、斜管(板)局部更换。
3) 斜管(板)5~7年需更换。

二、脉冲澄清池维护

脉冲澄清池维护应符合下列规定:
(1) 日常保养内容如下:
1) 每日检查进出水阀门。
2) 清除池面垃圾,集水孔孔口垃圾。
3) 清扫澄清池走道,保持整洁。
4) 检查脉冲发生器支架钟罩等。
5) 采用真空虹吸式的,应检查其机械工作是否正常。
(2) 定期维护项目,内容应符合如下规定:
1) 加装斜管(板)的,每3个月或半年清洗一次。
2) 金属部件每年敲铲油漆一次。
3) 澄清池每年放空清泥一次,并疏通所有管道。
4) 稳流板损坏的,应更换。
5) 每年检修进出水阀门一次。
6) 机电设备,参照机械加速澄清池相关项目进行。
(3) 大修项目内容应符合下列规定:
1) 脉冲发生器(包括真空虹吸式、钟罩式、浮筒式)每5~7年部分检修或更换。
2) 稳流板每5~7年部分检修或更换。
3) 加装斜管(板)的,5~7年应进行检修,支承框架、斜管(板)局部更换。

三、水力循环澄清池维护

水力循环澄清池的日常保养、定期维护及大修理项目,参照机械搅拌、脉冲澄清池相关内容进行。

四、澄清池的故障处理

澄清池运行中故障及处理方法见表5-3。

表5-3 澄清池运行中故障及处理方法

故障情况	原因	处理方法
1. 清水区细小矾花上升,水质变浑、第二絮凝室矾花细小、泥渣浓度越来越低	1. 投药不足; 2. 原水碱度过低; 3. 泥渣浓度不够	1. 增加投药量; 2. 调整pH值; 3. 减少排泥

续　表

故　障　情　况	原　　因	处　理　方　法
2. 矾花大量上浮、泥渣层升高、出现翻池	1. 回流泥渣量过高； 2. 进水流量太大超过设计流量； 3. 进水水温高于池内水温，形成温差对流； 4. 原水藻类大量繁殖、pH 值升高	1. 增加排泥； 2. 减少进水流量； 3. 适当增加投矾量，彻底解决办法是消除温差； 4. 预加氯除藻，或在第一絮凝室出口处投加漂白粉
3. 絮凝室泥渣浓缩过高，沉降比在 20%～25% 以上，清水区泥渣层升高、出水水质变坏	排泥不足	增加排泥
4. 分离区出现泥浆水如同蘑菇状上翻，泥渣层趋于破坏状态	中断投药，或投药量长期不足	迅速增加投药量（比正常大 2～3 倍），适当减少进水量
5. 清水区水层透明，可见 2 m 以下泥渣层，并出现白色大粒矾花上升	加药过量	降低投药量
6. 排泥后第一絮凝室泥渣含量逐渐下降	排泥过量或排泥闸阀漏水	关紧或检修闸阀
7. 底部大量小气泡上穿水面，有时还有大块泥渣向上浮起	池内泥渣回流不畅，消化发酵	放空池子，清除池底积泥

项目6 过滤工艺运行管理

任务6.1 滤池的构造与操作

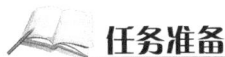**任务准备**

沉淀后的水,通过一层或几层粒状滤料使水中残余的细菌和悬浮杂质进一步被截留分离出来的方法叫过滤。过滤是地面水常规处理中最重要的环节。原水经过混凝沉淀后必须经过过滤和消毒,水质才能达到国家规定的生活饮用水卫生标准。因此过滤具有对水质把关作用,是净水工艺的关键工序,过滤的效果直接影响出厂水水质。

图6-1 滤池

一、滤池的分类

滤池有多种分类方法。按滤速分慢滤池、快滤池和高速滤池;按水流方向分下向流、上向流、双向流等;按滤料分普通砂滤池(快滤池)、煤-砂双层滤池、煤-砂-磁铁矿(或石榴石)三层滤池、陶粒滤池、硅藻土滤池、纤维球滤池等;按滤池使用的阀门数分四阀滤池(快滤池)、双阀滤池、单阀滤池、无阀滤池、虹吸滤池等;按过滤驱动力分重力滤池和压力滤池;按运行方式分间歇滤池(过滤、冲洗交替进行)和连续滤池(如移动罩冲洗滤池)。各种滤池的特点比较见表6-1。

表6-1 各种滤池的特点比较

名称		主要特点
快滤池	1. 普通快滤池	(1) 滤层 ① 单层-细粒石英砂,给水和较清洁的工业废水,滤速4.8~20 m/h; ② 粗粒石英砂或均匀颗粒,滤速3.7~37 m/h (2) 适用条件 单层-细粒石英砂,给水和较清洁的工业废水;单层粗粒石英砂,二级处理出水,特别适合于生物膜消化和脱氮处理系统出水 (3) 优缺点 单池面积较大,有成熟运行经验,可采用降速过滤,出水水质较好;阀门多,易损坏,必须全套反冲洗设备
	2. 双层滤料滤池	(1) 滤层 ① 无烟煤、石英砂;陶粒、石英砂;纤维球、石英砂;活性炭、石英砂;树脂、石英砂;树脂、无烟煤等。② 均匀-非均匀滤料,上层均匀滤料-均匀煤粒、塑料372、ABS颗粒 (2) 适用条件 滤速4.8~24 m/h,大、中型给水和二级处理出水 (3) 优缺点 采用降速过滤,出水水质较好;方便旧池改造。料滤选择要求高,冲洗困难,易积泥,易流失

续 表

名 称		主 要 特 点
快滤池	3. 三层滤料滤池	(1) 滤层　无烟煤、石英砂、石榴石(磁铁矿石) (2) 适用条件　滤速 4.8~24 m/h,中型给水和二级处理出水 (3) 优缺点　截污能力大,降速过滤,出水水质较好
	4. 无阀滤池	(1) 滤层　单层砂滤料 (2) 适用条件　小型给水厂 (3) 优缺点　无大型阀门、强制自动冲洗、工厂定型制造、安装快速;小阻力配水系统、变水头过滤;清砂不便、浪费部分冲洗水。滤速:4.8~24 m/h
	5. 虹吸滤池	(1) 滤层　单层滤料 (2) 适用条件　中型给水厂,不宜用于废水过滤 (3) 优缺点　无大型阀门、无专用反冲洗设备、易于自动化;小阻力配水系统、恒速过滤、滤层不发生负水头现象;滤料粒径、层厚及反冲洗强度受限制
	6. 冲洗罩滤池	(1) 滤层　单层滤料 (2) 适用条件　大、中型给水厂,单池不宜过大 (3) 优缺点　池深浅、结构简单、移动冲洗罩对各格滤池循环连续冲洗,不须冲洗水泵或水塔;阶梯式变速过滤
其他滤池	1. 压力滤池	(1) 滤层　单层、双层或三层滤料 (2) 适用条件　小型给水厂,工业废水处理 (3) 优缺点　立式滤层较深,卧式过滤面积较大,允许水头损失达 6~7 m;每个单元的出水可连接起来,互为反冲洗用水,省去反冲洗设备;清砂不便
	2. 上向流滤池	(1) 滤层　单层石英砂滤料,滤层可厚 1.8 m;滤层顶部设制格栅,以遏制滤层不致膨胀 (2) 适用条件　小、中型给水厂,工业废水处理 (3) 优缺点　反粒度过滤,效率高。配水系统同时是反冲洗水系统,要求布水均匀。可用待滤水作反冲洗用水,悬浮物多被截留在下部,不易反冲洗干净
	3. 硅藻土滤池	(1) 滤层　硅藻土 (2) 适用条件　工业废水二级处理出水 (3) 优缺点　可获取高质量出水,BOD、SS 可达痕量;费用高,不适于处理悬浮物浓度变化较大的废水
	4. 纤维球滤池	(1) 滤层　5~10 mm 纤维球作滤料 (2) 适用条件　工业废水二级处理出水 (3) 优缺点　滤速可达 20~30 m/h,截污量达 4~5 kg/cm³;采用气水同时反冲洗,充分发挥过滤效果

二、过滤机理

过滤的机理主要涉及两个过程:一个是迁移,即悬浮杂质在滤料空隙中脱离水流流线,向滤料颗粒表面迁移;另一个是黏附,即杂质接近或接触到滤料颗粒时在滤料表面被黏着的过程。

1. 迁移

在过滤过程中，滤层孔隙中的水流动速度较慢，被水流夹带的杂质由于受到一般认为的拦截、沉淀、惯性、扩散和水动力等作用使杂质脱离流线而与滤料表面接近。

2. 黏附

已经达到滤料表面的颗粒在范德华引力、静电力、化学键和化学吸附的相互作用以及絮凝颗粒架桥作用下，使它们附于滤料表面上不再脱离而从水中除去，这就是杂质黏附。黏附过程主要决定于滤料和水中杂质的表面物理化学性质，未经脱稳的悬浮颗粒过滤效果差就是证明。不过在过滤后期，当滤层中孔隙尺寸逐渐减小时，表面滤料的筛滤作用也将起很大作用。

目前净水厂常用的滤池是 V 形滤池、普通快滤池、虹吸滤池和无阀滤池。

三、影响过滤的主要因素

1. 沉淀池出水浊度

沉淀池出水浊度直接影响滤池的过滤质量和运行周期。经过良好絮凝、沉淀后浊度较小，即便以较高的滤速运行，也可以获得满意的过滤效果。相反，如果沉淀出水浊度高，滤池内水头损失便很快增长，冲洗周期显著缩短，出水水质无法保证。为确保滤池出水浊度及合理的冲洗周期，水厂都要根据出厂水浊度的要求制定沉淀出水的内部控制指标。

2. 滤速

滤速大，出水量也大，滤池的负荷增加，容易影响出水水质，缩短冲洗周期。滤速低，出水浊度低，冲洗周期就长。但从兼顾水质、水量和运行要求出发，单层滤料滤池滤速宜控制在 6~8 m/h 为好。双层滤料滤速可达 10~14 m/h，三层滤料滤速可达 18~20 m/h。

3. 滤料粒径与级配

滤料是滤池的主要部分，是滤池工作好坏的关键，滤料的粒径与级配、滤层的厚度直接影响出水水质、冲洗周期和冲洗水量。

滤料粗，流速就大、水头损失增长就慢、冲洗周期也长，但杂质穿透深度大，如果滤层厚度不够就会影响出水水质，滤料粗还需要有较高的冲洗强度。

双层滤料或三层滤料因为上层滤料质轻粒大，所以既能增加滤速又不需要大幅度提高冲洗强度，因此是提高滤速的重要途径。

4. 冲洗条件

经过一个周期，滤层内特别是上部截留了大量泥渣和其他杂质，把这些杂质冲洗干净回到过滤前的状态是过滤能够持续进行的重要条件。冲洗条件包括要求合理的冲洗强度、正确的冲洗方法，保持一定的滤层膨胀率和冲洗时间。冲洗方法有高速水流反冲洗、气水联合反冲洗、表面扫洗加高速水流反冲洗。气水联合反冲洗时滤料层可以不膨胀或微膨胀，并且节省反冲洗水用量。

滤池反冲洗主要包括三个参数：冲洗强度、滤层膨胀度和冲洗时间。冲洗强度即反冲洗流速，换算成单位面积滤层所通过的冲洗流量，称冲洗强度。单位以 $L/(s \cdot m^2)$ 计，反冲洗流速 1 cm/s 换算成冲洗强度为 $10 L/(s \cdot m^2)$。滤层膨胀度是反冲洗时滤层膨胀后所增加的厚度与膨胀前厚度之比的百分数，称滤层膨胀度。反冲洗时间即反冲洗历时。

5. 水温

水温也是影响过滤的一个因素。水温低，水的黏度大，水中杂质不易分离，因此在滤池中的穿透深度就大。冬季水温低,如要维持相同的出水水质,滤速应该小一些。

6. 原水加氯

对受有机物污染的原水采取原水加氯,不仅有利于絮凝沉淀,而且也由于灭活了水中的藻类,可以防止滤层阻塞、改善过滤性能、提高出水水质。但原水加氯会增加三卤甲烷等氯的有害副产物含量,因此要适当控制。

7. 投加助滤剂

对滤池,尤其是直接过滤的滤池,如果在原水浊度较高时,或水温较低时加注一些助滤剂可以改善过滤性能。加注量要严格控制,否则会影响滤池的冲洗。

综上所述,对过滤来说,在确保出水水质的前提下如果需要增加出水量、提高过滤速度则主要依靠降低沉淀水出水浊度,合理选配滤料,维持良好的冲洗条件等。

四、普通快滤池的构造与工作过程

1. 普通快滤池的构造

普通快滤池的构造如图6-2所示。

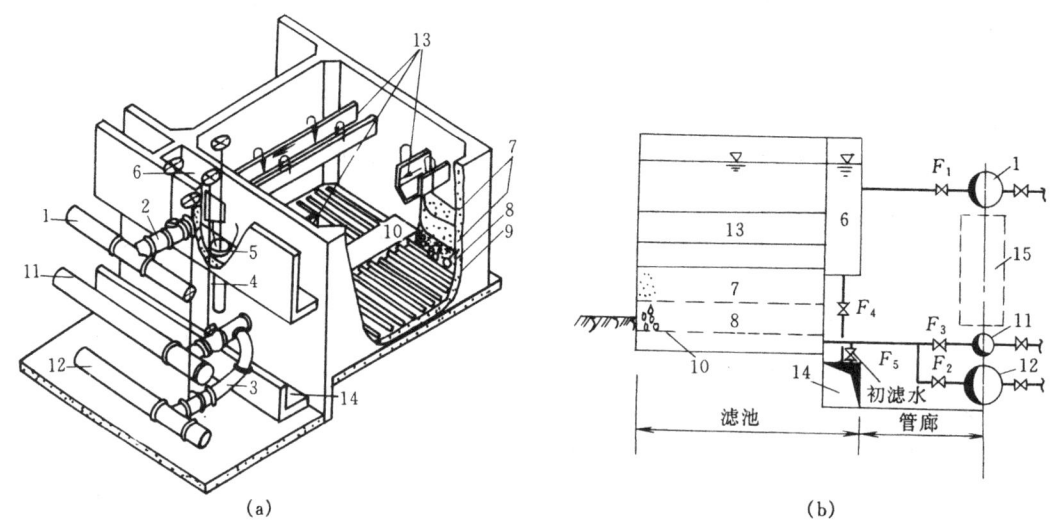

图6-2 快滤池构造图

1—进水干管;2—进水支管;3—清水支管;4—排水管;5—排水阀;6—集水渠;7—滤料层;8—承托层;
9—配水支管;10—配水干管;11—冲洗水管;12—清水总管;13—排水槽;14—废水渠;15—走道空间

2. 普通快滤池的工作过程

(1) 过滤过程。

沉淀池出水经浑水渠、排水槽流入滤池,再经滤料层过滤,水就变清了,清水经承托层、配水系统,最后经出水总管至清水池。

浑水经滤料层时,水中杂质即被截留,滤料中污物逐渐增加,滤料间孔隙逐渐变小,水头损失也相应增加,当水头损失增至一定程度或滤过的水质不符合要求时,滤池就需停止过滤进行清洗。

(2) 反冲洗过程。

反冲洗时冲洗水经冲洗水管、配水系统后,由下而上穿过承托层及滤料层,均匀地分布于整个滤池平面上,使滤料层处于悬浮状态,并在冲洗水流作用下将泥渣冲洗干净,冲洗废水经排水槽和废水管排入下水道。冲洗持续一定时间使滤料基本冲洗干净后,结束冲洗并使过滤重新开始。

3. 普通快滤池的附属设备

(1) 水头损失计(一般用液位仪计算)。为了测出滤池的水头损失变化,每个滤池均应装置水头损失计。水头损失计用玻璃管及标有刻度的木板与胶皮管组成,两根玻璃管上的水位差,即为滤池的水头损失。

(2) 阀门与管道。为了快滤池交替进行过滤和反冲洗,普通快滤池设有大量的管道和阀门。普通快滤池一般设有进水、出水、反冲洗进水及反冲洗排水四个阀门。阀门可采用手动、电动或气动。阀门常集中布置在管廊内。

(3) 配水系统。快滤池的配水系统有两个作用:一是均匀分配反冲洗水;二是收集滤后水。通常采用的配水系统有:① 由干管和穿孔支管组成的大阻力配水系统,如图 6-3 所示,其水头损失 $>$ 3 m。② 滤球式、管板式及二次配水滤砖式等中阻力配水系统,如图 6-4 所示,其水头损失 0.5～3 m。③ 豆石滤板、格栅、滤头等小阻力系统,如图 6-5 所示,1 m² 滤板配置 36～50 个滤头,滤头缝隙总面积为滤池面积 0.9%～1.25%。

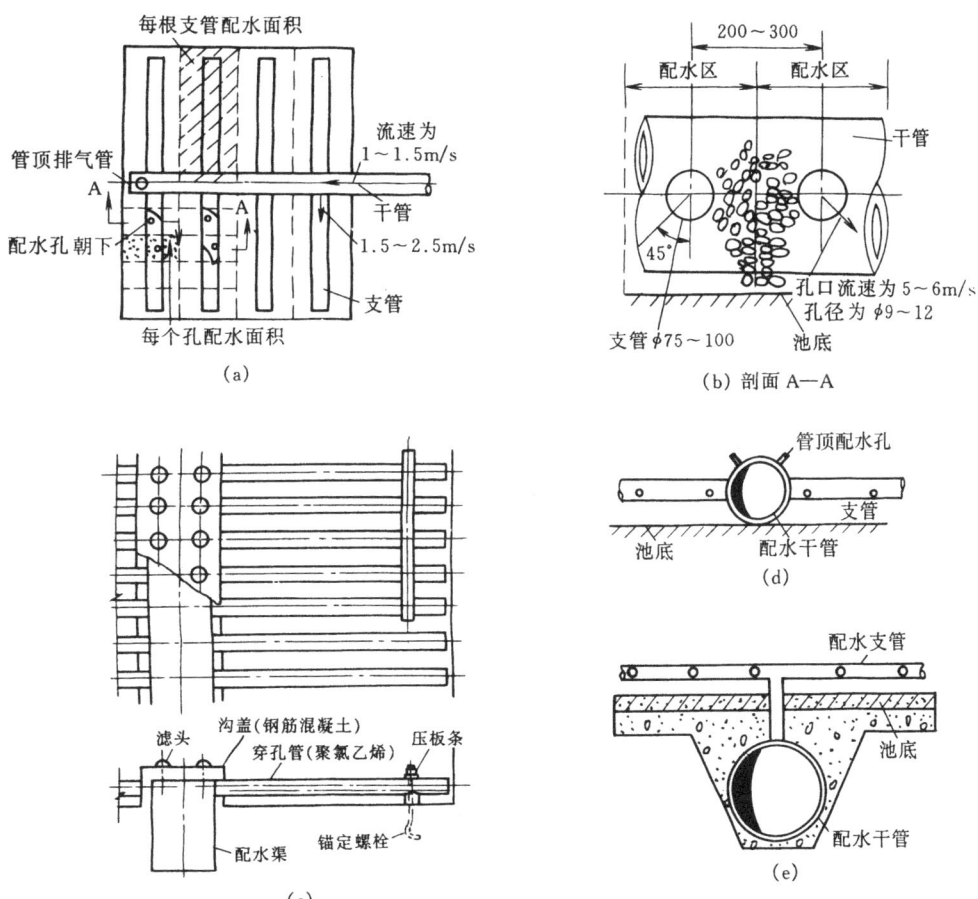

图 6-3 管式大阻力配水系统

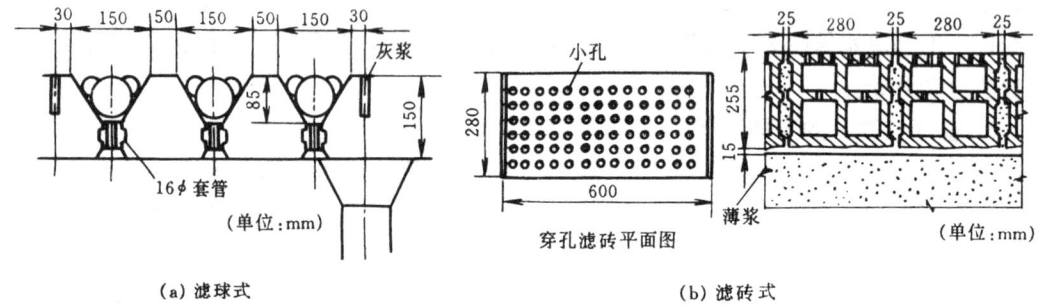

图 6-4 中阻力配水系统

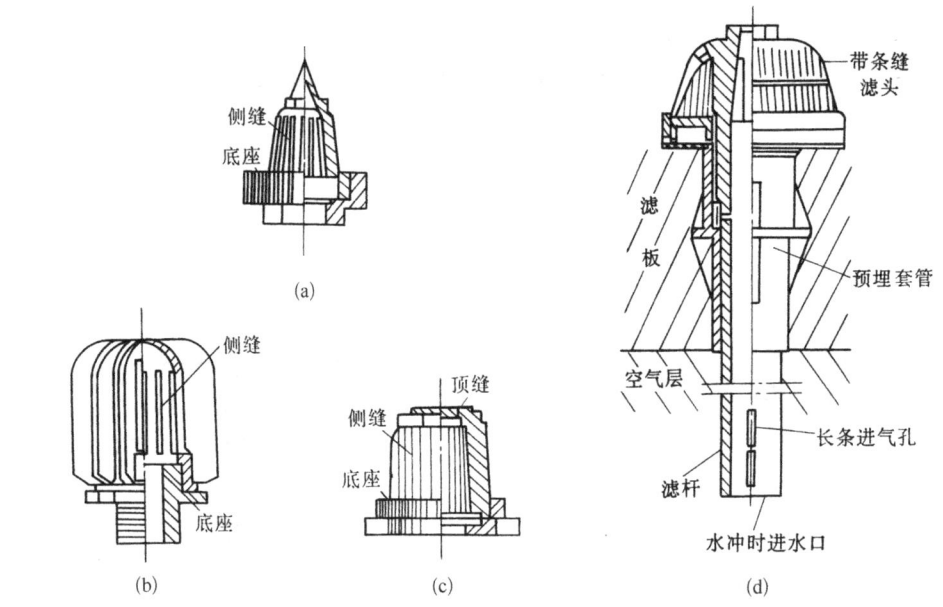

图 6-5 4 种滤头

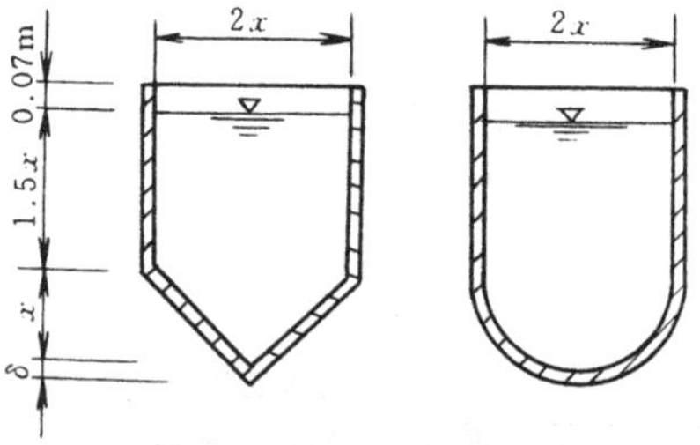

（4）集水槽。排水槽用以均匀收集和输送反冲洗水，要求在池中均匀分布，槽所占的面积不应超过滤池面积的 25%，溢流堰施工误差≤±2mm，槽内水面以上有 70mm 的干弦。在排水槽末端，反洗水应以自由跃落的形式流入集水渠。排水槽断面形状如图 6-6 所示。一般沿槽长方向槽宽不变，槽底倾斜，起端槽深为末段槽深的一半。排水槽及集水渠的水流情况见图 6-7。

图 6-6 冲洗排水槽断面形状

（5）表面冲洗装置。表面冲洗装置是为冲洗泥球而设的，有固定式和旋转式两种。喷管置于排水槽下方。旋转式利用喷出的压力水的反作用力推动喷管旋转，同时利用喷管旋转产生的搅拌作用破坏滤层的泥球，见图 6-8。

五、其他常见滤池简介

1. 虹吸滤池

虹吸滤池一般由数格滤池组成一个整体，其滤料组成和滤速选定与普通快滤池相同，采用

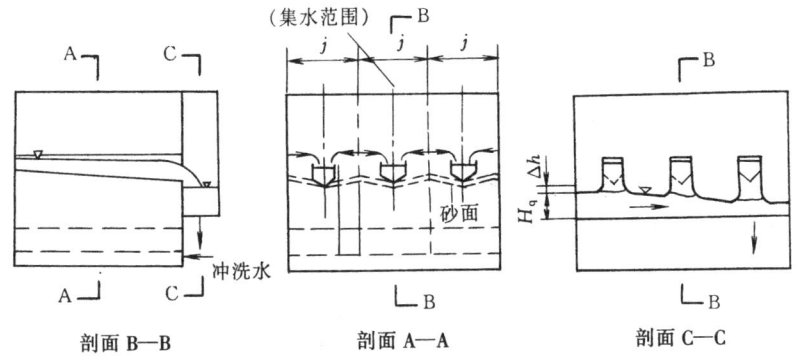

图 6-7 冲洗排水槽及集水渠的水流情况

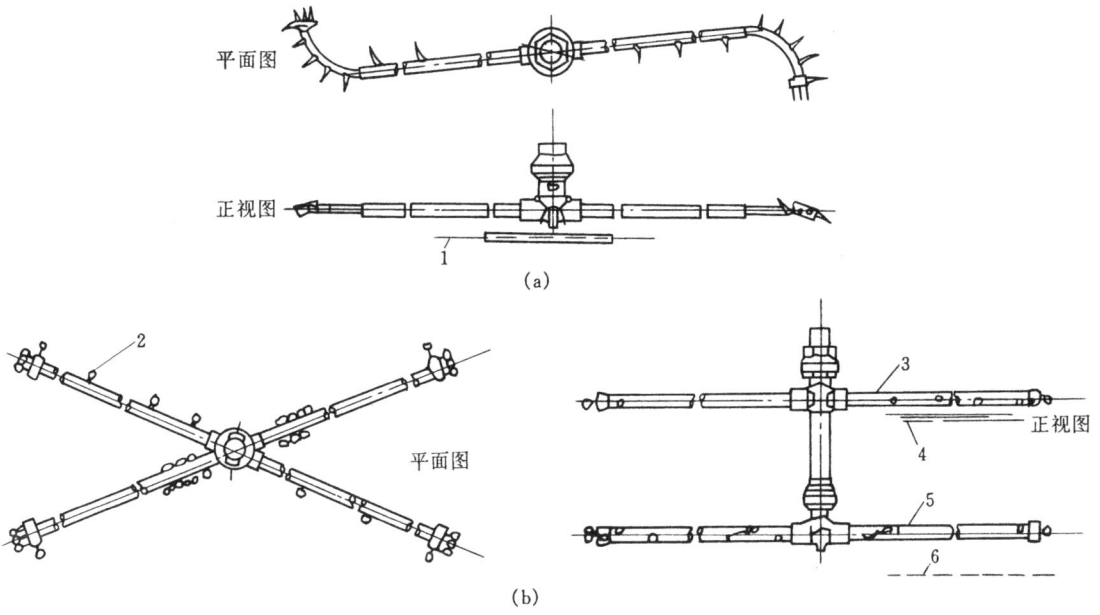

图 6-8 典型的表面冲洗搅动器
(a) 单臂搅动器；(b) 双臂搅动器
1—滤料表面；2—喷嘴橡皮帽；3—滤料表面上的臂；4—滤料面；5—浸没臂；6—沙粒无烟界面

小阻力配水系统，所不同的是利用虹吸原理进水和排走反洗水。其构造和工作原理如图6-9所示。滤池的总进水量能自动均衡地分配到各格滤池，当进水量不变时，各格保持恒速过滤，滤层不会产生负水头。由于利用滤池本身的出水及水头进行单格滤池冲洗(多格滤池出水冲洗一格滤池)，反冲洗水头仅 1~1.2 m(即集水槽水位与排水槽顶的高差)，省去了冲洗泵或水塔。

2. 移动罩滤池

移动冲洗罩滤池是由若干滤格组成，设有共用的进水、出水系统。每滤格均在相同的变水头条件下，以阶梯式进行降速过滤，而整个滤池又是在恒定的进出水位下，以恒定的滤料工作，如图6-10所示。冲洗时，桁车带动移动冲洗罩至滤格上定位，然后使罩体紧贴在滤格四周隔墙上，达到不漏水的密封要求，即可用虹吸管或泵抽吸的方法，使该格进入反冲洗阶段。反洗水来自各滤格的过滤水。

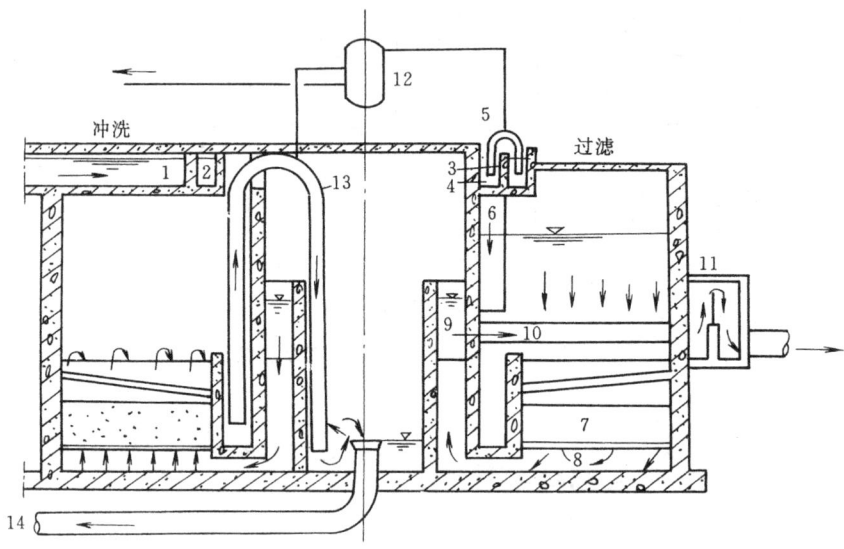

图 6-9 虹吸滤池构造和工作示意图

1—进水槽；2—配水槽；3—进水虹吸管；4—单个滤池进水槽；5—进水堰；6—布水管；7—滤层；
8—配水系统；9—集水槽；10—出水管；11—出水井；12—真空系统；13—冲洗虹吸管；14—冲洗排水管

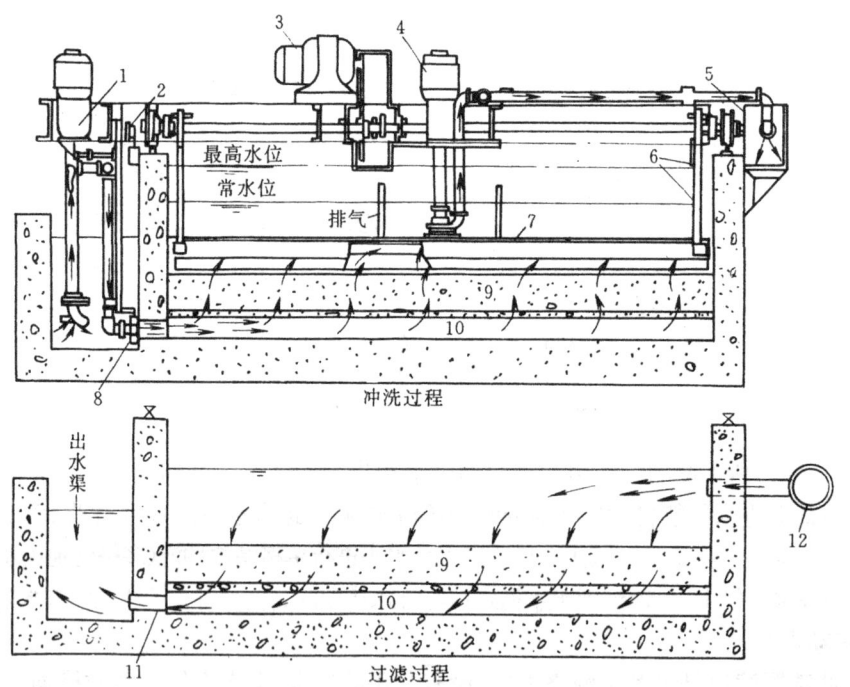

图 6-10 移动冲洗罩滤池工作示意图

1—冲洗水泵；2—反转开关；3—移动用驱动电机；4—排水泵；5—排水渠；6—水位电极；7—排水罩；
8—冲洗水管结合部位；9—砂层；10—滤板；11—滤过水流出孔兼冲洗水流入孔；12—凝聚沉淀水进水管

3. V型滤池

V型滤池是快滤池的一种形式,因为其进水槽形状呈V字形而得名,也叫均质滤料滤池(其滤料采用均质滤料,即均粒径滤料)、六阀滤池(各种管路上有六个主要阀门),它是我国于20世纪80年代末从法国Degremont公司引进的技术。其主要特点是:① 可采用较粗滤料较厚滤层以增加过滤周期;② 气、水反冲再加始终存在的横向表面扫洗,冲洗水量大大减少。

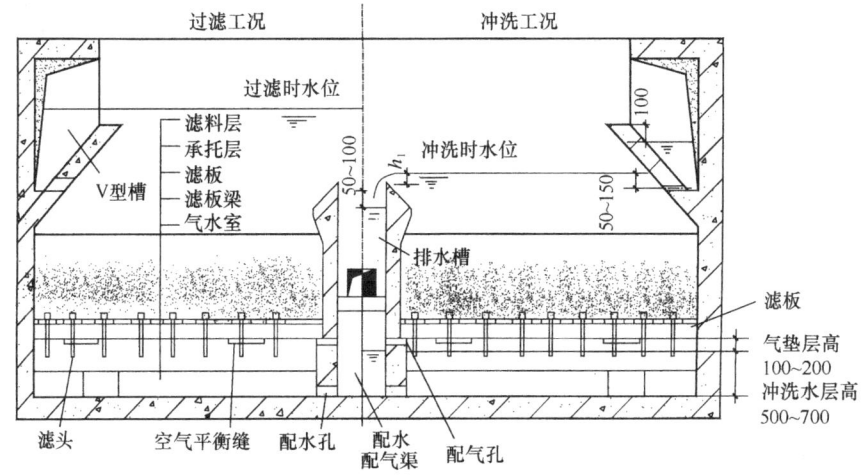

图 6-11 均粒滤料滤池剖面

V型滤池的工作过程:

(1) 过滤过程。待滤水由进水总渠经进水阀和方孔后,溢过堰口再经侧孔进入被待滤水淹没的V型槽,分别经槽底均匀的配水孔和V型槽堰进入滤池,被均质滤料滤层过滤的滤后水经长柄滤头流入底部空间,由方孔汇入气水分配管渠,在经管廊中的水封井、出水堰、清水渠流入清水池。

(2) 反冲洗过程。

1) 关闭进水阀,但有一部分进水仍从两侧常开的方孔流入滤池,由V型槽一侧流向排水渠一侧,形成表面扫洗。而后开启排水阀将池面水从排水槽中排出直至滤池水面与V型槽顶相平,反冲洗过程常采用"气冲→气水同时反冲→水冲"三步。

2) 气冲:打开进气阀,开启供气设备,空气经气水分配渠的上部小孔均匀进入滤池底部,由长柄滤头喷出,将滤料表面杂质擦洗下来并悬浮于水中,被表面扫洗水冲入排水槽。

3) 气水同时反冲洗:在气冲的同时启动冲洗水泵,打开冲洗水阀,反冲洗水也进入气水分配渠,气、水分别经小孔和方孔流入滤池底部配水区,经长柄滤头均匀进入滤池,滤料得到进一步冲洗,表扫仍继续进行。

4) 停止气冲,单独水冲表面扫洗仍继续,最后将水中杂质全部冲入排水槽。

任务实施

普通快滤池运行操作

1. 投产前的准备

快滤池新建或大修后需做如下投产前准备:

(1) 检查所有管道和阀门是否完好,检查各管口标高是否符合设计,特别是排水槽上缘是否水平;

(2) 滤料放入前应进行严格的检查,确保粒径和级配符合设计要求,铺设方法按规范要求进行。

(3) 清除滤池内杂物,保持滤料面平整。

(4) 放水检查,放水按"操作运行"的"过滤时"要求进行。放水要慢慢进行,排除滤料内空气。

(5) 对滤料进行连续冲洗。冲洗按"操作运行"的"冲洗时"要求进行。要求冲到清洁为止。

(6) 用漂白粉或氯气对滤料进行消毒处理。消毒方法见表6-2。

表6-2 滤料消毒处理方法

加氯量	1. 用氯消毒按 $0.05\sim0.1\ kg/m^3$ 的滤料与承托层体积计算; 2. 用漂白粉按有效氯含量折合上述投加量计算
方法、步骤	1. 关闭出水阀门; 2. 将液氯或漂白粉溶液通过滤池进水管徐徐进入滤池; 3. 当水放至2/3池深后停止进水; 4. 继续投加液氯或漂白粉溶液直至到规定投加量; 5. 每隔1 h放1次滤池底部水,每次放到滤池底部水的含氯量达3.0 mg/L为止(一般已有明显的氯味); 6. 连续放水7~8次,使氯完全耗尽于滤层及承托层中,放水时如池内水量不够可适当补充进水; 7. 12 h后再彻底冲洗滤池直至滤池水不含氯味为止

2. 操作运行

(1) 运行前准备:

1) 检查各种阀门是否关闭;

2) 检查沉淀水出口水位与浊度是否符合要求;

如果一切正常,开始进行过滤操作。

(2) 过滤操作:

1) 徐徐开启进水阀。开始开启出水阀时注意出水浊度,待达到要求时方可全部开启。

2) 当水位升至排水槽上边缘时,徐徐开启出水阀,过滤开始。出水阀开启时要慢慢开启,达到出水浊度时才全部开启。

3) 按规定内容将时间、出口浊度、水头损失记入操作运行原始记录。

(3) 反冲洗操作:

反冲洗方法见表6-3。

表6-3 快滤池冲洗方法

内 容	方 法
需要冲洗的衡量标准	一般达到下列情况之一就需冲洗: 1. 出水浊度超过规定的指标,如3 NTU; 2. 滤层内水头损失达到额定的指标,如2~3 m; 3. 运转时间达到规定的时间,如24~48 h

续 表

内　容	方　法
冲洗前准备工作	1. 检查冲洗水塔的水量是否足够； 2. 清水池水位是否足够； 3. 报告调查，得到允许后方可冲洗
冲洗顺序	1. 关闭进水阀； 2. 待滤池内水位下降到滤料层砂面以上 10～20 cm 时关闭出水阀； 3. 开启排水阀； 4. 徐徐打开反冲洗水阀； 5. 冲洗 5～7 min，使反冲洗水的浑浊度已下降到 20 NTU 左右时，关闭反冲洗水阀、冲洗停止
滤池恢复工作时	1. 关闭排水阀； 2. 打开进水阀； 3. 按过滤时要求，恢复滤池正常运转

任务 6.2　滤料及其铺装

任务准备

铺装在滤池中作为过滤的颗粒状材料叫做滤料，滤料是滤池最基本的组成部分，滤料质量的好坏对滤池的正常工作关系极大。最通常的滤料是石英砂、无烟煤和承托滤料的砾石承托层。但目前陶粒、塑料粒、聚苯乙烯珠及磁铁矿也已广泛作为滤料使用。

图 6-12　石英砂与无烟煤滤料
(a) 石英砂；(b) 无烟煤

一、滤料的基本要求
1. 粒径级配适当
滤料的粒径表示颗粒的大小即粗细范围，颗粒级配是指滤料颗粒大小的组成及其均匀性。滤料颗粒粒径、级配要恰当,滤料过细会缩短过滤周期,引起频繁的反冲洗;滤料过粗污物容易穿透滤层从而影响出水水质。滤料颗粒如果很不均匀,会使反冲条件恶化。因为满足了大颗粒的冲洗强度,细颗粒却容易被冲走。若按细颗粒确定反冲洗强度,则大颗粒部分的滤层膨胀率不够或根本不发生膨胀,时间稍长滤料中就会产生泥球,甚至板结,最终导致无法过滤。

2. 足够的机械强度

滤料在过滤过程中,特别是在反冲洗时相互摩擦剧烈,如果没有足够的机械强度就容易磨损和破碎。因此要求滤料都应有足够的强度和硬度以抵抗在处理和使用中遭受破坏。衡量滤料的机械强度主要看滤料的形状、物理性质、密度及磨损率和破碎率。

3. 较高的化学稳定性

所谓化学稳定性是指滤料在水中不产生有害物质。衡量滤料化学稳定性的主要指标为盐酸可溶率。

4. 无可见的泥土、云母、油页岩和其他外来杂质

为了判断滤料中是否有杂质,对滤料应做含泥量、有机物质及有机质含量的测定试验。

二、滤料的颗粒粒径和级配要求

滤料颗粒粒径和级配的主要指标为:

1. 有效粒径

在滤料代表性样品中,正好通过样品重量10%的筛孔径为滤料的有效粒径。例如颗粒粒径分布中有重量10%的样品小于0.5 mm,则滤料的有效粒径为0.5 mm。

2. 不均匀系数

通过滤料样品重量80%的筛孔径与通过同一样品的重量10%的筛孔径之比称为不均匀系数,用K_{80}表示。

$$K_{80} = d_{80}/d_{10}$$

式中,d_{10}——有效粒径,代表了细颗粒滤料的尺寸;

d_{80}——通过80%滤料重量的筛孔直径,代表了粗颗粒滤料的尺寸。

3. 粒径范围

粒径范围即滤料中最大颗粒的粒径与最小粒径的范围。

各种滤料的粒径要求见表6-4。

表6-4 滤料粒径要求

		滤料	粒径(mm)	不均匀系数 K_{80}	厚度(mm)	备注
沉淀过滤	单层滤料	石英砂	$d_{最大}$1.2 $d_{最小}$0.5	<2	700	
		砾石承托层	2~4 4~8 8~16 16~32		100(50) 100(50) 100(50) 高出配水系统孔眼100(75)	( )为虹吸滤池厚度。

续 表

		滤 料	粒径（mm）	不均匀系数 K_{80}	厚度（mm）	备 注
沉淀过滤	双层滤料	无烟煤	$d_{最大}1.8$ $d_{最小}0.8$	<2.0	300～400	
		石英砂	$d_{最大}1.2$ $d_{最小}0.5$	<2.0	400	
直接过滤	双层滤料	无烟煤	$d_{最大}1.8$ $d_{最小}1.2$	1.3	400～600	
		石英砂	$d_{最大}1.0$ $d_{最小}0.5$	1.5	400～600	

无论新建滤池还是滤池大修,换滤料都一样,必须严格按照要求,对原始滤料进行过筛分析,并按照规定的方法筛选以确保安装质量。

 任务实施

滤料的质量检验

1. 取样方法

(1) 堆积滤料的取样方法：

在滤料堆上取样时,应将滤料堆表面划分成若干个面积相同的方形块,于每一方块的中心点用采样器或铁铲伸入到滤料表面 300 mm 以下采取。然后将从所有方块中取出的等量(以下取样均为等量合并)样品放置在一块洁净、光滑的塑料布上,彻底混匀、摊平成一正方形,在正方形上沿对角线划个十字,分为四块,取对角线的两块作为一份平均样品(即四分法取样),装入一个洁净的容器里(测定水分的样品应单独装入磨口瓶或铁筒中,用蜡将口封严),采样量应不少于 5 kg。

(2) 散装运输滤料的取样：

在车辆运输的散装滤料取样时,应于接近车辆的四个角和车辆的中心点用取样器或铁铲伸入到滤料表面 300 mm 以下采取,然后将样品合并、彻底混匀,用四分法缩减至 5 kg,装入一个洁净容器里。

(3) 袋装滤料的取样：

取袋装滤料样品时,由每批产品总袋数的 5% 中取样,批量小不可少于 3 袋,用取样器从袋的中心垂直插入 1/2 深处采取,然后将从每袋中取出的样品合并、彻底混合均匀,用四分法缩减至 7 kg,装入一个洁净容器里。

2. 样品制备和测定准备

样品在试验前要风干或干燥。然后根据试验目的和要求进行筛选和缩分。

样品风干：将样品在木板上平铺,厚度约 2 cm,并随时加以翻搅。在通风良好的地方约三昼夜即可风干,装入磨口瓶中。

样品干燥：在 105 ℃～110 ℃ 的干燥箱中干燥至恒重,放置于干燥器中保存。

称取滤料样品的准确性应至样品重量的1‰,容量器皿、砝码应做过校正。

试验用筛应为标准筛。

3. 滤料含泥量测定

(1) 称取干燥滤料样品 500 g,放入 1 000 mL 烧杯中,加入清水。充分搅拌 5 min,浸泡 2 h。

(2) 然后在水中搅拌、淘洗样品约 1 min 后,将浑水慢慢倒入筛子(上面为 1.25 mm 的筛,下面为 0.08 mm 的筛,小于 0.08 mm 的颗粒随水通过 0.08 mm 的筛)。

(3) 测定前,筛的两面先用水湿润,在整个操作过程中应避免砂粒损失。

(4) 再向烧杯中加入清水,重复上述操作直至烧杯中的水清澈为止。

(5) 用水冲洗截留在筛上的颗粒,并将 0.08 mm 筛放在水中来回摇动,以充分清洗除去小于 0.08 mm 的颗粒。

(6) 然后将两只筛子截留的颗粒和烧杯中洗净的样品一并倒入搪瓷盘中,置于 105℃~110℃ 的干燥箱中干燥至恒重,于干燥器中冷却至室温后称出样品重量。

含泥百分重量按下式计算:

$$含泥量\% = 100(G - G_1)/G$$

式中,G——淘洗前样品重量(g);

G_1——淘洗后样品重量(g)。

4. 滤料的保管与存放

(1) 滤料及承托层材料一般都包装在织物袋中,石英砂与砾石一般每袋重约 40 kg,无烟煤滤料约为 30 kg。

(2) 一般滤料包装应有颜色标志。灰色为无烟煤滤料,紫色为石英砂滤料,砾石承托层滤料粒径 2~4 mm 为黄色、4~8 mm 为蓝色、8~16 mm 为棕色、16~22 mm 为绿色、32~64 mm 为黑色。

(3) 滤料在运输及存放期间应防止包装袋破损,使滤料漏失、相互混杂或混入杂物。不同种类和不同规格的承托层和滤料应分别堆放。

5. 滤料的铺装

(1) 彻底清洗滤池。

先疏通配水系统的配水孔眼或缝隙,再用反冲洗水检查配水系统出水是否均衡,然后用水彻底清洗滤池。

(2) 标记铺装高度。

在滤池四围墙壁上,按各滤料层顶高画好水平线,标记各层滤料铺装厚度。

(3) 检查备料。

仔细检查不同种类、不同规格的承托层和滤料,承托层按粒径范围从大到小依次清洗后放在池边备用。

(4) 铺装承托层。

铺装时先将承托层滤料吊入池底,再行铺撒;或者将池内装水至排水槽顶,再从池顶向水中撒料,然后排水,使水面降至该层铺装高度的水平线后,用锹铺匀,在每层铺装完成之后才可进行上一层铺装。铺装人员不应直接在承托层上站立或行走,而应站在木板上操作,以免使承托层移动或损坏配水系统。

每层承托层铺装时要用刮条刮动顶部,以形成水平面,并使其高度与铺装高度标记水平线相吻合。

(5) 铺装滤料。

承托层全部铺装就位后,应用水中投料方法投入预计数量(包括应刮除的轻物质和细颗粒的数量)的滤料。双层滤料在上一层滤料未铺装之前应冲洗,刮除过分细的和轻的颗粒,一般应反复操作 3~5 次。

滤料的依次铺装应比设计厚度多加 50 mm,无烟煤滤料投入滤池后,应在水中浸泡不少于 24 h,再作冲洗、刮除煤粉。

任务 6.3　滤池的管理与维护

**任务准备**

一、滤池管理人员的工作标准

(1) 根据进水量和沉淀出水浊度适当控制滤速、保证滤后水质;
(2) 每 1~2 h 观察一次进、出水浊度、pH、水头损失,正确填写生产日报表;
(3) 负责滤池的启闭和冲洗及各项事故的排除;
(4) 做好一级保养,配合好二级保养和参与滤池大修理工作;
(5) 与调度、一、二级泵站和加氯、加矾操作人员保持密切联系,及时调整有关操作;
(6) 掌握滤池生产中各有关数据,按规定进行滤池定期运行测定;
(7) 保持池子表面清洁,定期洗刷池壁和排水槽;
(8) 严格执行交接班制度和巡回检查制度;
(9) 服从领导、严格遵守劳动纪律,在工作时间不做与操作无关的事情。

二、滤池管理人员的巡回检查制度

(1) 每小时对整个滤池进行一次巡回检查;
(2) 检查砂面水位,防止滤干、溢水事故,注意沉淀池、清水池、水塔水位情况和出水阀开启度;
(3) 检查冲洗泵、排水泵及其他附属设施有无异常。

三、滤池管理人员的交接班制

(1) 查看原始记录,校对运行情况;
(2) 了解滤池冲洗情况;
(3) 检查滤池进、出口水位和各种阀门完好情况;
(4) 检查各种机械和附属设备完好状况;
(5) 上一班未完成的工作和其他需要交接的内容。

**任务实施**

一、滤速和过滤周期的控制

滤池存在最佳滤速。滤速太大,一方面出水质量会下降,另一方面会使滤池穿透加快,工作周期缩短,冲洗水量增大;滤速太小,一方面产水量小,另一方面,截污作用主要发生在滤料表层,深层滤料未能发挥作用。在滤料粒径和级配一定的条件下,最佳滤速与入流水质有关。在实际运行时,确定最佳滤速的方法是:先以低速过滤,此时出水好,然后逐步提高滤速,出水水质降低。当出水水质接近或达到要求的水质时,对应的滤速即为最佳滤速。

采用变速恒压过滤,其工作周期和出水水质均优于等速过滤。但变速过滤的运行调度较麻烦,因时刻要在每一滤池的滤水量变化和总进水量之间进行平衡。入流水质中悬浮物浓度升高时,为保证出水水质,必须降低滤速。在等速过滤中,则必须不断提高滤层上的水位,以克服滤层阻力的增加,保持滤速的恒定。

在滤池试运行或大修后投运前,一般应对滤速进行实测,确定出滤池的实际过水能力,以便于运行调度或作为确定最佳滤速的基础。滤速的测定步骤如下:① 将滤池水位控制在正常液位以上约 5~10 cm;② 迅速关闭进水阀,待水位下降至正常时,按下秒表,记录下降一定深度 h 所需的时间 t;③ 重复上述过程 3 次;④ 计算滤速,$v = h/t$。

确定滤池工作周期,一般有三种方法:① 看水头损失;② 看出水水质;③ 根据经验。

在滤速一定的条件下,过滤周期的长短受水温影响较大。冬季水温低,水的黏度大,杂质不易与水分离,容易穿透滤层,周期短;反之,夏季水温高,周期长。当周期过短时,反冲洗频繁,应降低滤速。夏季滤池工作周期可长达 40~50 h,应适当提高滤速,缩短周期,以防止滤料孔隙间截留的有机物因时间过长而缺氧分解。

二、反冲洗强度和历时的控制

在滤层一定的条件下,强度和历时受水质和水温影响较大。污物浓度大或者水温高时,截污量大、水的黏度降低,不易被冲洗掉,因而要加大冲洗强度和历时。最佳反冲洗强度和历时可按下述方法测定。① 在过滤周期完结后,在设计值范围内选定一个冲洗强度进行反冲洗,在冲洗过程中连续测定水的浊度等水质指标。② 冲洗开始后的 2 min 内,如果冲洗水的浊度无明显升高,则说明强度不足。此时,可增大冲洗强度,直至 2 min 内浊度明显升高,此时的强度为最佳冲洗强度。③ 按上述实测最佳冲洗强度进行冲洗,自冲洗开始至冲洗水的浊度不再降低时经历的时间,为最佳反冲洗历时。④ 气、水联合的反冲洗强度和历时,可参照上述方法测定。

三、滤池定期测定

应定期测定滤池滤速、反冲洗强度、滤料膨胀率、滤料含泥量等,并填写滤池测定报告(表 6-5)。

表 6-5 第 号滤池定期测定报告

测定日期	年 月 日	水 温(℃)	
开始运行日期		上次运行时数(h)	
冲洗前水头损失		冲洗水量(m³)	
池面顶距滤料面高度		含泥量%	滤料面下 10 cm 处	
冲洗时滤料升高			滤料面下 20 cm 处	
冲洗水最后浊度				

续表

冲洗强度[L/(s·m²)]	最高值	最低值	平均值	
洗前滤料面情况				
洗后滤料面情况				
洗池后工作小时数	水头损失(m)	滤速(m/h)	浊度(度)	
			滤前水	滤后水
0				
2				
4				
8				
10				
12				
14				
16				
18				
20				
22				
24				

审核　　　　　　　　　　制表

四、普通快滤池应符合的规定

普通快滤池应符合下列规定：

(1) 冲洗滤池前，在水位降至距砂层 200 mm 左右时，应关闭出水阀。开启冲洗阀(一般在 1/4 时)，应待气泡全部释放完毕，方可将冲洗阀逐渐开至最大。

(2) 滤池单水冲洗强度宜为 12~15 L/(s·m²)。采用双层滤料时，单水冲洗强度宜为 14~16 L/(s·m²)。

(3) 有表层冲洗的滤池表层冲洗和反冲洗间隔一致。

(4) 冲洗滤池时，排水槽、排水管道应畅通，不应有壅水现象。

(5) 冲洗滤池时，冲洗水阀门应逐渐开大，高位水箱不得放空。

(6) 滤池高速水流反冲洗时的滤料膨胀率宜为 30%~50%。

(7) 用泵直接冲洗滤池时水泵盘根不得漏气。

(8) 冲洗结束时，排水的浊度不宜大于 10 NTU。

(9) 滤池进水浊度宜控制在 5 NTU 以下。

(10) 滤池运行中，滤床的淹没水深不得小于 1.5 m。

(11) 平均滤速宜控制在 10 m/h 以下。采用双层滤料时，平均滤速宜控制在 12 m/h 以下。滤速需保持稳定，不宜产生较大波动。

(12) 滤池均应在过滤后设置质量控制点，滤后水浊度应小于设定目标值。设有初滤水排放设施的滤池,在滤池冲洗结束重新进入过滤过程后,清水阀不能先开启,应先进行初滤水排放,待滤池初滤水浊度符合企业标准时,才能结束初滤水排放和开启清水阀。

(13) 滤池水头损失达 1.5~2.0 m 或滤后水浊度大于设定目标值或运行时间超过 48 h 时,应进行冲洗。

(14) 滤池新装滤料后,应在含氯量 30 mg/L 以上的水中浸泡 24 h 消毒,经检验滤后水合格后,冲洗 2 次以上方能投入使用。

(15) 滤池初用或冲洗后上水时,池中的水位不得低于排水槽,严禁暴露砂层。

五、日常保养项目、内容应符合的规定

日常保养项目、内容,应符合下列规定:

每日检查滤池、阀门、冲洗设备(水冲、气水冲洗、表面冲洗)、电气仪表及附属设备(空压机系统等)的运行状况,并做好设备、环境的清洁工作和传动部件的润滑保养工作。

六、定期维护项目、内容应符合的规定

定期维护项目、内容,应符合下列规定:

(1) 应每月对阀门、冲洗设备、电气仪表及附属设备等检修一次,并及时排除各类故障。

(2) 每季测量一次砂层厚度,砂层厚度下降 10% 时,必须补砂(一年内最多一次)。

(3) 应每年对阀门、冲洗设备、电气仪表及附属设备等解体检修一次或部分更换;铁件油漆一次。

七、大修理项目、内容和质量应符合的规定

大修理项目、内容和质量,应符合下列规定:

(1) 滤池、土建构筑物、机械,不应超过 5 年进行大修一次;考虑的原则为:

1) 滤层含泥量超过 3%。

2) 滤池冲洗不均匀,大量漏砂。

3) 过滤性能差,滤后水浊度长期超标。

4) 结构损坏等。

(2) 滤池大修内容应包括下列各项:

1) 检查滤料、承托层,按情况更换。

2) 检查、更换集水滤管、滤砖、滤板、滤头、尼龙网等(根据损坏情况决定)。

3) 控制阀门、管道和附属设施的恢复性检修。

4) 土建构筑物的恢复性检修。

5) 行车及传动机械解体检修或部分更新。

6) 钢制排水槽刷漆调整。

7) 清水渠检查,清洗池壁、池底。

(3) 滤池大修理质量应符合下列规定:

1) 滤池壁与砂层接触面的部位凿毛。

2) 滤池排水槽高程偏差小于±3 mm。

3) 滤池排水槽水平度偏差小于±2 mm。

4) 集水滤管或滤砖、滤头、滤板安装应平整、完好,固定牢固。

5) 配水系统铺填滤料及承托层前,进行冲洗以检查接头紧密状态及孔口、喷嘴的均匀

性,孔眼畅通率应大于 95%。

6) 滤料及承托层应按级配分层铺填,每层应平整,厚度偏差不得大于 10 mm。

7) 滤料经冲洗后,表层抽样检验,不均匀系数应符合设计的工艺要求。

8) 滤料全部铺设后应进行整体验收,经过冲洗后的滤料应平整,并无裂缝和与池壁分离的现象。

9) 新铺滤料洗净后还须对滤池消毒、反冲洗,然后试运行,待滤后水合格后方可投入运行。

10) 冲洗水泵、空压机、鼓风机等附属设施及电气仪表设备的检修按相关规定要求进行。

八、滤池生产运行日常记录

滤池生产运行日常记录见表 6-6。

表 6-6 滤池生产日报表

年 月 日

时间	流量 (m³/h)	滤前浊度 (NTU)	一号滤池		二号滤池		三号滤池		滤后浊度 (NTU)	pH值	水温 (℃)	余氯 (mg/L)	清水池水位(m)	备注
			运停时间 (min)	水头损失 (m)	运停时间 (min)	水头损失 (m)	运停时间 (min)	水头损失 (m)						
8~9														
9~10														
10~11														
11~12														
12~13														
13~14														
14~15														
15~16														
16~17														
17~18														
18~19														
19~20														
20~21														
21~22														
22~23														
23~24														
24~1														
1~2														
2~3														
3~4														
4~5														
5~6														
6~7														
7~8														

续　表

滤池冲洗	滤池周期(h) 滤池累计时间(h) 冲洗时间 冲洗历时(min) 冲洗水量(L/s) 冲洗水前后浊度(NTU)				氯气投量 氯并使 用时间	早班 中班 夜班 起始 终止	kg kg kg 时　分 时　分
记事					值班人签字	早班	
						中班	
						晚班	

注：虹吸滤池将水头损失改成过滤水头。

项目 7　消毒工艺运行管理

任务 7.1　加氯消毒的基本知识

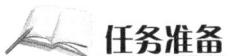 任务准备

氯气最早于 1774 年由 Scheel 制备出来,但直到 1808 年才被承认为一种化学元素。最早将氯用于水的消毒的是 1908 年美国的两个水厂(Creek 和 Jerseg),不到两年就被引入纽约等许多城市,到 1918 年 1 000 多个城市的水厂都以氯作为消毒剂。美国消毒现状调查表明,20 世纪 80 年代后期各水厂采用氯和氯胺消毒的占 87.27%。

我国最早采用氯消毒的是上海杨树浦水厂。杨树浦水厂 1883 年建成,1920 年 8 月 4 日正式加氯气。当时液氯从美国进口,加氯量在 1.0~1.5 mg/L 之间。北京东直门水厂建于 1910 年,20 世纪 30 年代开始采用漂白粉消毒,20 世纪 50 年代初天津、上海为了提高消毒效果,保证城市管网末梢的余氯,开始采用氯胺消毒。目前,我国大部分的水厂采用氯消毒。

氯气为黄绿色气体,密度比空气大(3.214 g/L),熔点 -101.0 ℃,沸点 -34.05 ℃,有强烈的刺激性气味。氯气对眼、呼吸道黏膜有刺激作用,能引起流泪、咳嗽、咳少量痰、胸闷、气管炎和支气管炎、肺水肿等呼吸道症状,严重的会导致休克、死亡。

一、消毒目的和方法

1. 消毒目的

消毒的目的是去除水中的致病微生物,确保饮用水安全。《生活饮用水卫生标准》(GB 5749)明确要求"生活饮用水中不得含有致病微生物"。

按现行《生活饮用水卫生标准》(GB 5749—2006)的规定:消毒后的出厂水不得检出总大肠菌群、耐热大肠菌群、大肠埃希氏菌,并使菌落总数小于 100 CFU/mL;消毒后的出厂水还要求贾第鞭毛虫<1 个/10 L;隐孢子虫<1 个/10 L;消毒后出厂水中消毒剂的限值,液氯消毒时,出厂水中余氯在一般情况下为 0.3~0.6 mg/L,管网末梢水中余氯不小于 0.05 mg/L。

2. 消毒方法

消毒有很多方法,基本上分物理、化学两大类。物理法有加热、紫外线、超声波等。化学法有加氯、二氧化氯、氯胺、漂白粉、次氯酸钠、臭氧或其他氧化法。加氯或漂白粉法,设备简单、货源充足、价格低廉。

二、氯的性质和消毒基本原理

1. 氯的性质

凡是利用氯气或含氯化合物如氯胺、次氯酸钠、漂白粉等消毒的均称氯消毒。氯的性质

如下：

(1) 氯是一种有强烈刺激性的黄绿色气体。

(2) 在标准大气压力下，温度 0℃时每升氯气重约 3.214 g，约为空气重量的 2.5 倍。所以一旦泄漏，氯气会向氯库底部流动。

(3) 在常压下，当温度低于零下 33.6℃时，或在常温下将氯气加压到 6~8 个大气压时，就成为深黄色的液体，俗称液氯。

(4) 在 0℃时每升液氯重 1 468.41 g，约为水重的 1.5 倍。相同重量的液氯与氯气的体积比为 1∶456，由于液氯体积小，便于贮存和运输，这就是净水厂消毒用的氯气都是在工厂中加压成液氯的原因。

(5) 在常温常压条件下，液氯极易气化，沸点为 −34.05℃，1 kg 液氯可气化为 0.31 m³ 氯气，液氯气化时需要吸热，所以气温低或出氯量大时，氯瓶上会结霜。

(6) 氯气易溶于水，并即刻与水发生水解作用，氯气在 20℃，98 kPa 时的溶解度为 7 160 mg/L。

(7) 氯气有毒，对人体的生理组织有害。

2. 氯消毒基本原理

氯消毒原理有多种解释，但比较一致的认为是因为氯气溶于水中，几乎瞬间生成次氯酸（HOCl）、次氯酸根（OCl⁻）和氢离子。因为次氯酸是很小的中性分子，可以很快地扩散到带负电荷的细菌表面，并穿透细菌细胞壁，到达细胞内部，并起氧化作用，破坏细菌的酶系统，从而导致细菌的死亡。次氯酸根虽具有杀菌能力，但它带负电，难以接近带负电的细菌表面，杀菌能力比次氯酸要差。

当氯溶解在清水中时，主要有如下两个反应：

第一，氯水解生成次氯酸　　　　　　　　$Cl_2 + H_2O \rightleftharpoons H^+ + Cl^- + HOCl$

第二，次氯酸部分离解为氢离子和次氯酸根　　$HOCl \rightleftharpoons H^+ + OCl^-$

生产实践表明，HOCl 是消毒的主要因素。用氯气消毒，5 min 内可以杀灭细菌达 99% 以上。

三、影响加氯效果的因素

1. pH

水中 pH 对消毒效果有很大影响。因为加氯效果好坏主要看加氯后水中生成次氯酸的多少。但次氯酸是一种弱电解质，当 pH 高时，次氯酸根较多，pH＞9 时，次氯酸根几乎接近 100%；pH 低时，次氯酸较多，当 pH＜6 时，次氯酸也几乎接近 100%；当 pH＝7.54（20℃）时，次氯酸与次氯酸根大致相等。因此为提高消毒效果，控制水中 pH 值不要大于 7.5 是很重要的，pH 值越高需氯量越大。

2. 水温

水温对杀菌效果的影响主要体现在余氯的损耗上。温度越高氯对微生物的杀灭效果越好。但温度高，氯的挥发性就强，余氯消耗大，这就是夏季水温高时往往需要提高加氯量的原因。

3. 接触时间

氯消毒时间很快，据静态实验结果，用氯消毒，5 min 内可杀灭 99% 以上的细菌，用氯胺消毒 5 min 可杀灭 60% 细菌。但要达到充分消灭细菌的目的，必须保持一定的接触时间，才能有利于杀灭细菌。一般要求水与游离氯不应少于 30 min 接触时间，采用氯胺消毒时不应少于 120 min。

4. 加氯量

为保证氯的杀菌作用，投加的氯量必须充足，即除杀菌和氧化水中有机物之外，还应有一定数量的剩余氯。但余氯量不宜过大，否则不仅浪费氯气，而且还会使水中呈现氯味，容易使用户反感。

5. 浑浊度

水中杂质多，浑浊度高，消耗的氯量就会增加，遇到这种情况，就要增加加氯量。

四、加氯量的确定和加氯点的选择

1. 加氯量的确定

（1）加氯量的一般控制。

加氯量可以分成两部分：一部分是为了杀灭细菌、氧化有机物等而消耗的氯量，这和原水质好坏有关；另一部分是剩余氯量，这是为了抑制水中残余细菌的再度繁殖需要，也是必须达到"国标"规定的对出厂水和管网末梢水余氯要求而投加的。

水质是影响加氯量的重要因素。水中除了细菌、微生物消耗氯以外，其他的有机物如氨氮、亚硝酸盐等都会影响加氯量。原水中 COD_{Mn} 是反映水中有机物的综合指标，其值高耗氯量就大，按化学平衡 1 mg/L COD_{Mn} 相当于 4.43 mg/L 的氯。氨氮本身虽然不会被氯直接氧化，但氨氮在制水过程中会通过硝化反应，转化为亚硝酸盐氮，而完全氧化 1 mg/L 的亚硝酸盐氮需要 5 mg/L 的氯。所以在出厂水余氯控制指标确定后，水质本身需要的耗氯量加上余氯控制值就是实际生产中的氯投加量。

一般水厂的加氯量都是采取事先确定的出厂水余氯的最高值与最低值，由加氯机根据流量和出厂水的余氯控制的，最低值是根据出厂水余氯不低于 0.3 mg/L 及管网末梢不低于 0.05 mg/L，并使水中细菌及大肠菌值达到规定来加以确定。最高值则是以不过多浪费氯气和水中不产生氯臭味来确定的。

（2）总氯与游离性余氯。

余氯是指用氯消毒时，加氯接触一定时间后，水中所剩余的氯量。余氯有游离性余氯和化合性余氯之分。

氯气加入水中后由氯分子、次氯酸分子、次氯酸根离子产生的余氯称游离性余氯。

水中特别是地面水往往含有以"氨"的形式存在的有机物。这种氨和氯结合后，会产生一氯胺、二氯胺等化合物，而氯胺也能产生次氯酸，也有消毒作用。由氯胺产生的余氯称化合性余氯。

游离性余氯和化合性余氯的总和称总氯。"国标"规定的游离性氯余量≥0.3 mg/L，总氯的出厂水余量≥0.5 mg/L。

2. 加氯点选择

加氯点选择要根据原水水质情况、净水设备条件，因地制宜合理进行。一般有以下几种：

（1）滤前加氯（原水预氧化）。

加氯点选在沉淀池前或进水泵房吸水井内，与混凝剂同时投加，称滤前加氯，也称原水预氧化。滤前加氯适宜于水中有机物较多，色度较高，有藻类滋生的水源。采用滤前加氯既可以充分杀菌,还可提高混凝沉淀效果,防止沉淀池底部污泥腐烂发臭或滤池与沉淀池壁滋长青苔。这种方法虽然加氯量大,但仍被河网平原地带的许多水厂采用。

(2) 滤后加氯。

加氯点选在过滤后流入清水池前的管道中间或清水池入口处,称滤后加氯。滤后加氯适宜于一般水质的水源,由于水中大量杂质已被沉淀和过滤所去除,加氯只是为了杀灭残存的细菌和大肠杆菌。采用滤后加氯,水在清水池中最少停留30 min以上,但不宜过久,以免剩余氯自行消失。

(3) 二次加氯。

当原水水质污染较重时,可以采取二次加氯的方法,即在滤前和滤后分别加氯。滤前的投加主要为了杀灭细菌、大肠杆菌,氧化有机物,提高混凝过滤处理效果;滤后的投加则主要是为了保证出厂水的剩余氯。

在管网末梢余氯难以保证时,也可以在管网中途补充加氯。

液氯的质量试验

1. 氯含量的测定

液氯气化后,取100 mL氯气样品,用碘化钾溶液吸收氯气,测量残余的气体体积,计算气化样品中氯气的体积分数。

2. 水分含量的测定

气化的样品,通过已称量的五氧化二磷吸收管吸收氯气中的水分,用已称量的氢氧化钠溶液吸收氯气,分别称量吸收管和吸收瓶,根据各自测定前后的质量差,计算样品中的水分含量。

3. 三氯化氮含量的测定

液氯气化后通入浓盐酸,三氯化氮转变为氯化铵,与纳氏试剂显色反应,在420 nm处用分光光度计测定吸光度。

4. 蒸发残渣含量的测定

在低温条件下,量取一定体积的试料,气化蒸发后,称量蒸发残渣的质量。

用户有权按标准规定对收到的工业用液氯进行验收检验,验证其质量是否符合标准要求。检验结果中如有一项指标不符合标准要求,应重新加倍采取有代表性样品,对不合格项进行复检。复检结果中仍有一个结果不符合标准要求,则该批产品为不合格品。

任务7.2 加氯机与氯瓶的使用

一、加氯机

加氯机用来将氯气均匀地加到水中,加氯机的型式有许多。常用的为转子加氯机和真空加氯机。

主要介绍ZJ型转子加氯机。

ZJ 型转子加氯机由旋风分离器、弹簧膜阀、控制阀、转子流量计、中转玻璃罩和平衡水箱、水射器等主要部件构成。氯瓶中的氯气首先进入旋风分离器,通过弹簧膜阀、控制阀进入转子流量计,后经中转玻璃罩,被水射器抽出与管道中的压力水混合,氯溶解于水并输送至加氯点。ZJ 型转子加氯机的组成及流程示意见图 7-1。

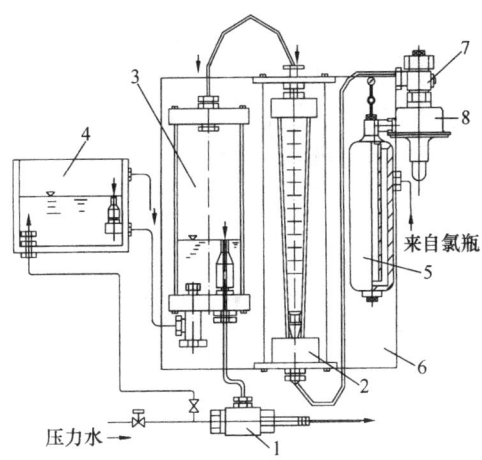

图 7-1　ZJ 型转子加氯机示意图
1—水射器;2—转子流量管;3—中转玻璃罩;
4—平衡水箱;5—旋风分离器;6—框架;
7—控制阀;8—弹簧隔膜

1. 旋风分离器

利用氯气在切线方向上以高速进入分离器,产生旋流,在离心力作用下,氯气中可能存在的一些悬浮杂质,如铁锈、油污等,分离、沉降。分离器上下部配有旋塞,去除积存的杂渣,上部旋塞也可安装氯气压力表,以便观察氯瓶压力变化。

2. 弹簧膜阀

弹簧膜阀是用来保护氯瓶的。当氯瓶压力小于 0.1 MPa,此阀就自行关闭,以符合氯气制造厂规定的氯瓶内氯气不能全部抽吸光必须保持一定剩余压力的要求。

3. 控制阀与转子流量计

控制阀与转子流量计用来控制加氯量的。转子都用 ABS 塑料制成,分为上下两个部分。可以旋开,转子内装有碎铅片,用以调整转子重量之用。转子重量一经校正,不可随意增加或减少,否则会影响转子流量计的计量准确性。转子流量计玻璃管上刻有表示加氯量的标尺,在调换转子流量计的玻璃管或转子时都应重新校正刻度。

转子流量计的流量即加氯量的大小由控制阀来控制。

4. 中转玻璃罩及平衡水箱

中转玻璃罩的作用:

(1) 观察加氯机的工作状况。

(2) 平衡真空抽吸容量。因为水射器的抽吸量并不等于通过转子流量计所需的额定加氯量,两者差额就由罩内水量来平衡,以保证抽吸氯气量的稳定。

(3) 在水射器水源突然中断并有少量水倒流时,起保护作用,防止这部分水侵入加氯机。

5. 水射器

水射器的作用在于使中转玻璃罩内保持负压,以便从玻璃罩内抽吸额定的需氯量,并将氯气和水混合液送到投氯点。

6. 输氯管

氯瓶至加氯机的连接管 ZJ-1 型直径不得小于 10 mm;ZJ-2 型直径不得小于 8 mm。可以用铜管也可以用软聚丙烯塑料管。

二、氯瓶

按国家规定,氯瓶外表应涂有草绿颜色,在瓶体两端套有防震圈,瓶体上标有白色"氯"或"液氯"字(图 7-2)。

图7-2 氯瓶

氯瓶装有两只出氯总阀,使用时应一个在上,一个在下。上面一只阀门接到加氯机,氯瓶的出氯总阀都和一根弯管连接,只要氯瓶放置位置正确,上面一根弯管总是伸到液氯面以上,所以出来的总是氯气,如果氯瓶内装氯过满,或弯管位置移动,出来的是液氯而不是氯气时,可以转动氯瓶,将下面一只总阀转到上面来,如果仍然出来的是液氯,就需要将氯瓶在出氯总阀一头垫高。

氯瓶上最重要的部件是出氯总阀,阀体用铸钢或精黄铜,阀杆用镍钢,阀杆外圈有填料压盖和压盖帽,总阀下面装有低熔点安全塞,温度到70℃时就会自动熔化,氯气就会从钢瓶中逸出,不致引起钢瓶爆炸。出氯总阀外面有保护帽,防止运输和使用时碰坏。氯瓶上的螺纹全部都是右旋螺纹,使用时应注意开关的方向。

三、氯瓶的运输与储存

1. 氯瓶运输的规定

(1) 运输氯瓶时要旋紧保护帽,轻装轻卸。

(2) 氯瓶装在车上应妥善加以固定,汽车装运时,一般应横向放置,头部朝向一方,装车高度不得超过车厢高度。

(3) 夏季运输氯瓶在车上要有遮阳设备,防止暴晒。

(4) 车上禁止烟火,装卸人员要备有抢修工具、防毒面具并不能离开。

(5) 装卸时要有起吊设备,也可利用地形采用滚动法装卸,但严禁剧烈碰撞。

2. 氯瓶储存的规定

(1) 入库前要对氯瓶进行仔细检查,发现有漏氯可疑部位,要妥善处理后方可入库。

(2) 入库的氯瓶必须头部朝向一方,卧放整齐,留有通道,妥善固定,不得叠层堆放。

(3) 不同日期到货的氯瓶,应放置不同地方,并正确记录入库时间,应做到先入库先使用。

(4) 对储存时间过长的氯瓶,要定期移至室外,检验出氯总阀是否正常。

四、加氯系统

加氯系统从氯瓶供液氯开始至氯气投加点,布设在氯库、加氯机房和加氯点三处。氯库中主要布设有氯瓶、电子秤、液氯歧管、自动压力切换装置、真空调节阀及漏氯报警器、通风设备、起重机等。加氯机房主要安装有加氯机、漏率报警器、氯气管线。大型加氯系统还在专门房间内设置蒸发器,蒸发器设在加氯机之前。在加氯点附近设水射器。典型的加氯系统如图7-3所示。

 **任务实施**

一、ZJ型转子加氯机的运行操作(其他加氯机可以参照)

1. 投入使用前准备工作

(1) 操作人员事先要学习有关安全用氯的知识,熟悉加氯机的构造和性能,接受过训练并证明能独立操作,方可操作。

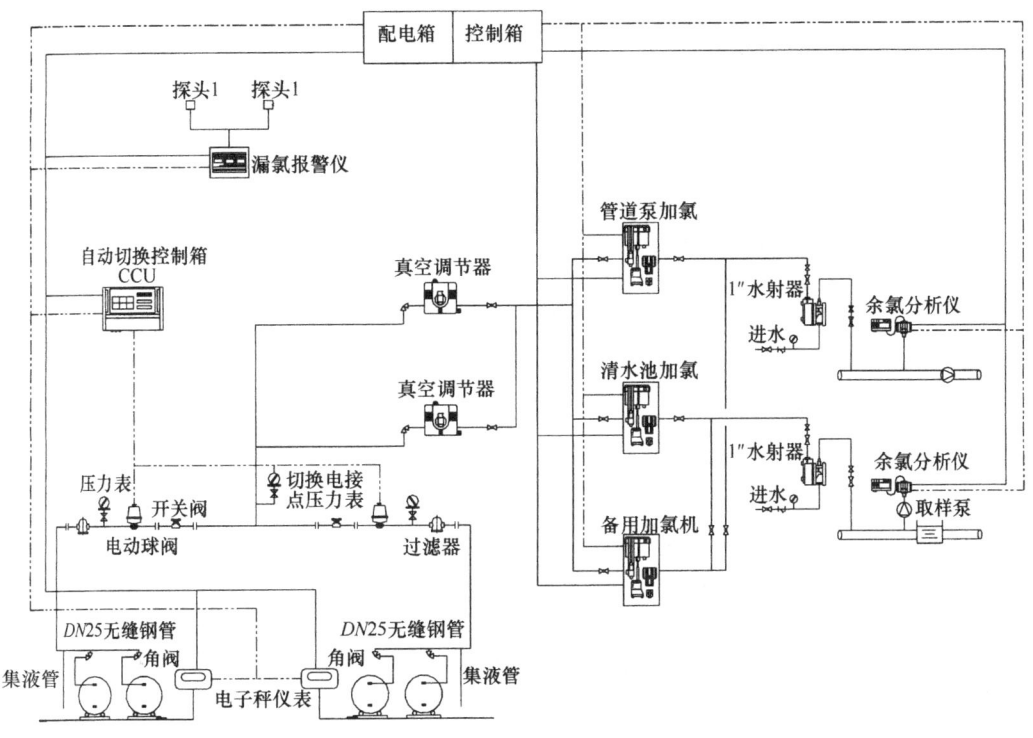

图 7-3 某加氯系统图

(2) 检查加氯间内检修工具和材料是否完备,防毒面具是否完好,是否备有氨水。
(3) 检查水射器、氯气导管、加氯管及压力水源是否正常。
(4) 检查加氯机各部件有无故障,氯瓶放置位置是否正确。
(5) 经过检查,一切正常后方可投入使用。

2. 投入运行的步骤

(1) 开启压力水阀门,使水射器投入工作,此时中转玻璃罩内应有气泡翻腾。
(2) 开启平衡水箱进水阀门,使水位溢流管中溢出少量的水,此时中转玻璃罩中已无气泡翻腾,水射器的吸力由平衡水箱进水来满足。
(3) 缓慢开启氯瓶的出氯总阀一小圈或稍动一下,用氨水检查各有关接头部位是否漏气,如无异常再开启出氯总阀至正常状态。
(4) 缓慢开启控制阀,使转子稳定在需要的刻度上,此时应同时注意平衡水箱中的水位情况,并调节水箱进水阀以使少量的水从溢流管中溢出为度,再次用氨水检查各部位接头是否漏氯。如一切正常表示加氯机已经投入运行状态。
(5) 记录投入运行的时间和转子流量计显示的加氯量和氯瓶的重量。

3. 运行中的检查

(1) 经常注意转子流量计的位置是否移动。如有移动及时调整。
(2) 经常注意有否漏氯现象出现。
(3) 经常检查水射器的工作状况。
(4) 发现问题应及时采取措施。

4. 关机的步骤

(1) 首先关闭出氯总阀;待转子流量计的转子跌落至零位时再关闭控制阀。

(2) 关闭平衡水箱进水阀门,此时中空玻璃罩中又将出现气泡翻腾现象。

(3) 待玻璃罩和玻璃管中透明无色后,再关闭压力水进水阀使水射器停止工作。

5. 调换氯瓶的方法

(1) 调换氯瓶时,先关闭该氯瓶的出氯总阀。

(2) 然后旋开弹簧膜阀下端的拉杆帽,用扳手的槽孔嵌入拉杆帽槽内,向下压约 1 min,以排除出氯总阀至弹簧膜阀之间的余氯。

(3) 再按关机的步骤使加氯机停止运行。

(4) 更换氯瓶。

(5) 如立即使用的可按"投入使用前准备工作"与"投入运行的步骤"使加氯机投入使用。

二、加氯机的维护保养

加氯机的维护保养应由专人负责,主要内容有:

(1) 定期清除旋风分离器中残留的杂质。旋风分离器中杂质过多,就有可能随气流进入弹簧膜阀和转子流量计发生堵塞的危险。

(2) 定期拆卸弹簧膜阀,检查密封垫圈,清除其中积留的杂物,检查阀针和阀座是否光洁、吻合,每次拆卸后必须重新调节弹簧至额定的启闭压力。

(3) 及时清扫转子流量计锥形管内壁,保持转子及内壁的清洁,以防计量的不准确。如果调换了转子或锥形玻璃管则必须重新加以计量校验和标定刻度。

(4) 如有回水进入锥形玻璃管或其他部位应立即将水清除干净,以防腐蚀。

三、氯瓶的使用

1. 氯瓶的开启

(1) 氯瓶在开启前,应先检查氯瓶的放置位置是否正确,然后试开出氯总阀。

(2) 出氯总阀的试开方法是先拿掉出氯口保护帽,清除出氯口脏物,操作人员应站在上风口,用两把 25 cm 长活络扳手或专用扳手开启,一把卡住总阀阀体,另一把卡住阀杆方顶,两把扳手交叉约成 30°角,然后均匀地从相反方向轻轻扳动,当开始发出咝咝声,表示已经出氯,可以投入使用,然后关闭出氯总阀,表示试开完毕。

(3) 氯瓶正式使用时,用铅皮或软塑料垫圈与加氯机的输氯管连接,旋紧压盖帽,按加氯机操作方法,开启出氯总阀一转即可。

(4) 氯瓶投入使用后要进行漏氯检验,如周围已发现氯味,操作人员应迅速关闭出氯总阀,暂时撤离现场,待氯气味道消失后,再检查漏氯部位。

2. 氯瓶的供热

氯瓶中液氯挥发成氯气时需吸收热量,氯瓶周围空气中热量被吸收后,就会在瓶壳上产生露水,继而结霜,这样就会阻碍液氯的进一步挥发。用自来水浇洒于氯瓶的外壳就可以解决这个问题。

3. 氯瓶的降温

夏季,气温增加,氯瓶内压力会迅速提高,如果液氯气化不完善,加氯机会产生喷雾现象(即氯气和液氯的混合),输氯管还会结霜,同样会影响加氯机的正常使用,因此这个时候也需要用自来水冲淋的方法降低液氯的温度,以减低氯瓶内压力,消除喷雾。

4. 氯瓶的保温

冬天在水的温度较低时加氯,氯在水中会生成黄色晶体状水化物叫氯冰,产生这种现象也会阻碍加氯,这时就要求加氯间应有防冻保暖措施。为了保证液氯充分气化,在使用时,氯瓶的温度要比输氯管低,输氯管的温度要比加氯机低。加氯机的保暖不能采用明火取暖,氯瓶不能靠近热源。

5. 氯瓶使用中的安全规定

(1) 使用中的氯瓶应挂上"正在使用"的标记,用完的氯瓶应摆放在"空瓶区",未使用的氯瓶应摆放在"实瓶区",以便识别。

(2) 禁止敲击、碰撞氯瓶。

(3) 夏季应防止日光暴晒。

(4) 瓶阀冻结时,不能用火烘烤。

(5) 用水喷淋的氯瓶,应严格防止出氯总阀淋水受到腐蚀。

(6) 确保瓶内气体不能全部用尽,一般要求使用后必须留有 0.05~0.1 MPa 的余压,以免遇水受潮后腐蚀钢瓶。

(7) 每 2 年对氯瓶进行技术检查,主要内容是内外表面、壁厚、容积残余变形测定;有无严重腐蚀和强度缺陷;有无裂缝和渗漏或明显的变形。经技术检查后认为不宜继续使用的氯瓶要予以更换。

四、漏氯的检验方法

氯与氨接触会很快生成氯化铵(NH_4Cl)晶体微粒,形成白色烟雾。因此漏氯的检验方法是当氯瓶出氯总阀开启后应立即用 10% 氨水,对准可能漏氯的部位,如果出现烟雾,就是表示该处漏氯。

五、加氯系统的操作

1. 加氯系统的开启操作

(1) 检查加氯系统各设备外观,确保设备外观完整,各仪表处于零位。

(2) 系统开启按水射器→加氯机→切换装置→氯瓶的顺序进行开启。

(3) 开启加氯点的水射器压力水阀。

(4) 开启水射器上的氯气管道阀门。

(5) 开启加氯机后的相应加氯管道阀门。

(6) 检查加氯管道上的真空表,应有 -0.05 MPa 以上的真空值。

(7) 开启氯气管道阀门。

(8) 检查切换装置上有一路阀门处于开启状态。

(9) 检查相应这一路过滤器伴热带有无温升。

(10) 开启相应支管阀门。

(11) 氯瓶角阀开启,检查是否漏气(氨水测试)。

(12) 系统检查确保无漏气,真空调节器上压力表指示正常,调节加氯机上旋钮,使转子流量仪指示到一定的投加量。

2. 加氯系统关闭操作步骤

(1) 系统关闭应按氯瓶→切换器→加氯机→水射器的顺序进行关闭。

(2) 关闭氯瓶出氯阀门。

(3) 直到真空调节器上压力表指示为零,加氯机显示自动关闭或浮子完全落下,再进行以下程序。

(4) 加氯切换控制箱处于手动状态,将相应切换阀点关闭,检查切换器上阀门处于关闭状态。

(5) 关闭加氯系统阀门。

(6) 关闭加氯机后加氯管道阀门。

(7) 关闭水射器加氯管道阀门。

(8) 关闭水射器压力水阀门。

(9) 此时系统已处于关闭状态,但管道中尚有残余氯气,需放空后方可进行检修。

任务7.3 加氯间管理

任务准备

1997年10月4日5时30分,杭州祥符桥水厂加氯间当班净水工按规定对加氯设备进行巡检,确认运转及指标信号正常后返回到值班室。5时50分,蒸发器室传来一声爆炸声,内有火光并喷出大量烟雾和氯气,当班人员立即意识到这是氯气泄漏(当时未安装漏氯吸收装置)。由于液氯泄漏量太大,无法取用置放于维修间的空气呼吸器,于是立即拨打"110"寻求外援并报告上级领导。6时10分第一辆消防车赶到现场,6时12分该厂氯气专管员赶到现场,经观察分析,确认浓雾从液氯蒸发器上端冒出,后经消防战士奋力抢救,关闭输氯总阀,6时25分制止了氯气的泄漏。从事故发生到制止共35 min。后经测算,液氯泄漏798 kg,在抢险过程中,3名职工和10名消防战士不同程度中毒受伤。

为生产、使用、储存氯气的安全,国家制定了《氯气安全规程》(GB 11984—2008),标准的全部技术内容均为强制性的,其中一部分与净水厂加药间管理有关。

图7-4 氯气警示标志

一、加氯间管理制度

(1) 严格用人制度,加氯间工作人员必须持有特种行业操作证,方可从事本岗位工作,并定期进行培训。

(2) 当班人员一律按照岗位要求着装上岗,非当班人员或与生产无关人员不得随意进入,若需进入,一定要有相关人员陪同。

(3) 平时应将门上锁,窗户关好,以防意外发生。

(4) 工作人员应严格遵守执行各项制度及操作规程。

(5) 防护器材、消防器材、抢修专用器具等应放在指定地点。

(6) 保持室内整洁卫生。

(7) 工作人员应掌握防护器材、消防器材、抢险专用工具等使用方法,并按操作要求执行。

(8) 工作人员应熟悉加氯间的工艺流程,熟悉相关的仪器仪表的位置、用途,掌握其操作规程和相关要求。

二、加氯间安全用氯制度

(1) 投入(备用)使用的氯瓶(卧置式)两个出氯阀门的连线应与地面垂直放置。

(2) 使用前应清除角阀处的脏物(可用带压通针进行疏通),使用时导管连接处应用10%氨水检查有无泄漏。

(3) 使用中的氯瓶应挂上"使用"标志牌,备用的则挂上"备用"标志牌,已用完的氯瓶应摆放在空瓶区,验收入库的氯瓶应摆放在实瓶区。

(4) 严禁使用蒸汽、明火直接加热钢瓶,可以采用45℃以下的温水加热,一般采用自来水加温。加氯间室温不能超过40℃,否则应采取降温措施。

(5) 严禁将油类、棉纱等易燃物和与氯气易发生反应的物品放在氯瓶附近。

(6) 应有专用钢瓶开启扳手,不得另作他用。

(7) 钢瓶出口端应设置针型阀调节氯气流量,不允许使用瓶阀直接调节。

(8) 瓶内液氯不能用完,必须留有一定的余压和余氯,余压应保留 0.05~0.1 MPa,余量应保留 5~10 kg。

(9) 当使用的氯瓶用完,应及时更换氯瓶,并挂上相应的标志牌,向工艺工程师汇报,做好相关的记录。

(10) 氯瓶自储存之日起,存放期不得超过 3 个月,应每隔 20 天开闭阀门一次,检查阀门是否正常。

(11) 加氯间液氯存贮量不得超过 6 瓶,先入库的氯瓶必须先使用。

(12) 加氯间必须配有漏氯吸收装置,安全池内要保持清洁,有足够的贮水和生石灰或碱。

任务实施

一、投氯操作

1. 电子磅秤操作

(1) 空瓶吊走后、新瓶吊装前磅秤标零,标零后不要再旋转表盘;

(2) 新瓶吊装前磅秤耳轴对准传感器中心;

(3) 新瓶吊装后称盘红色指针调为报警切换值。

2. 更换氯瓶操作

(1) 关闭氯瓶出气阀,打开旁通管的手椰,保持出气干管角阀打开,保持本管路在抽空状态工作几分钟,再关闭角阀和旁通手椰;

(2) 拆下与氯瓶连接的铜管,吊走空瓶;

(3) 调整磅秤耳轴中心对准传感器中心;

(4) 磅秤表盘标零,标零后表盘不能再旋转;

(5) 小心吊运新瓶,缓慢、对称放新瓶于磅秤上,确保氯瓶两个出气阀的连线与地面垂直;

(6) 确保处在氯瓶上端的出气口关紧后,使用铅垫圈把铜管与氯瓶的上出气口连接;

(7) 铜管接好后,稍开出气阀,用氨水检验,确保接口无漏,再关闭出气阀,在氯瓶上标注换瓶日期并挂上"有气"示意牌。

3. 气路切换操作

(1) 自动切换：

1) 电动球阀左右和下面旁通手掣用于维修或故障应急切换时使用，平时不用操作；

2) 通过氯瓶重量和氯瓶压力确定换瓶时间，提前 2 h 左右开备用路的各阀门（包括氯瓶的出气阀）；

3) 切换器设在自动状态"Auto"；

4) 切换器复位：按[reset]保持 10 s，直至所有指示灯亮后释放，备用路新瓶（stand-by）指示灯亮。当氯瓶压力降到设定值时即会自动切换；

5) 发现切换完毕后，关闭空氯瓶出气阀；

6) 打开此路手动旁通掣几分钟，等待排空管路氯气，关手动旁通掣。

(2) 手动切换：当触点压力表故障或自动切换失败，用切换器面板手动切换。

1) 通过氯瓶重量确定换瓶时间，开备用路各阀门；

2) 切换器复位：按[reset]保持 10 s，直至面板所有指示灯亮后释放，备用路新瓶（stand-by）指示灯亮；

3) 切换器在手动状态"Manual"，关空瓶；

4) 在切换器面板转备用路开关至"open"位置，相应指示灯亮；

5) 等待排空空瓶管路氯气，在切换器面板转空瓶路开关至"close"位置，相应指示灯亮；

6) 关空瓶出气阀，挂"空瓶"牌。

注意：所有氯瓶应严格挂牌，不要重复开、关瓶，以防滑牙等不良操作。

(3) 旁通管路切换：当电动球阀、切换器故障时，需用旁通管进行切换。

1) 通过氯瓶重量确定换瓶时间，开备用路各阀门；

2) 切换器复位：按[reset]保持 10 s，直至面板所有指示灯亮后释放，备用路新瓶（stand-by）指示灯亮（如切换器故障，此步略）；

3) 打开备用路旁通管手掣；

4) 关空瓶，并等待排空空瓶管路氯气，关闭此路旁通管手掣；

5) 在空瓶上挂"空瓶"示意牌。

二、加氯设备维护保养

1. 日常保养项目、内容应符合的规定

日常保养项目、内容，应符合下列规定：

(1) 应每日检查加氯机、氯瓶针形阀和连接管道是否泄漏，检查调整密封垫片，检查弹簧膜阀、压力水、压力表等部件是否完好，并保持氯瓶等部件的清洁。

(2) 应每日检查台秤是否准确，并保持干净。

(3) 应每日检查蒸发器电源装置或加热装置是否正常并保持整洁。

(4) 起重葫芦应定期或在使用前检查钢丝绳、吊钩、传动装置是否正常并保养。

2. 大修理项目、内容、质量应符合的规定

大修理项目、内容、质量，应符合下列规定：

(1) 加氯氯气收集岐管和加注管道每 12 个月检查修理一次。台秤应每年校验、检测，并根据检查结果安排测试、维修。

(2) 氯瓶应每年由氯气生产厂家进行彻底的检查和维修一次，并油漆。

(3) 加氯机应每年检查更新安全阀、弹簧膜阀、针形阀、压力表,清洗一次真空加氯机的流量管,并进行标定(进口自动加氯机应根据产品说明书要求维护),水射器每季度清洗一次(参见设备说明书)。

(4) 漏氯检测(报警)仪,每周检测一次。如失效或损坏即时更换。探头的化学膜片12个月更换一次。

(5) 漏氯吸控装置系统,每天要求早班当班职工手动运行一次,运行时间为2~3 s,发现问题及时汇报,防止吸收液长期不用形成晶体。吸收液的浓度每年检测一次,如失效或不达标,应更换或添加吸收液。

(6) 加氯间和氯库的墙面应三年清刷一次,铁件应每年进行油漆防腐处理。

三、正压式空气呼吸器配载和使用

(1) 检查背架及面罩的索带是否已完全放松,呼吸器两侧与面罩连接情况,检查面罩上的"正压供气阀"(Demand Valve)是否上紧。

(2) 手臂穿过肩带,将呼吸器垂直平放背上,"气瓶总阀"向下。

(3) 将面罩的颈带挂于颈部。

(4) 将肩带调至舒适位置,令背架紧贴背部。

(5) 将腰带扣好,并做适当调整。

(6) 检查红色"增补供气阀"(By Pass Valve)是否已经关闭。同时按下圆形的"重新设定阀"(Reset button)。

(7) 慢慢开启气瓶,观察气压表,查看气瓶容量不低于80%或FULL(200 bar 气瓶读数应为160 bar,300 bar 气瓶读数应为240 bar)。

(8) 戴上面罩,先从下颌穿起,然后将头部索带拉过脑后。

(9) 依照下列顺序将头部索带拉好:① 最下两条带;② 中间两条带;③ 最顶一条带。

(10) 用力吸气,使"正压供气阀"(Demand Valve)正压开启。

(11) 正常呼吸,此时面罩内已经是正压。

(12) 将两指插入面罩两侧,检查气流是否稳定地向外流。

(13) 吸气,然后暂停呼气,小心细听有无漏气声。

(14) 关闭气瓶,继续呼吸直至将面罩内的残留余气全部用尽。证明面罩无漏气现象,同时留意警笛是否在55±5 bar 时发声。

(15) 当气压表指示为零时,面罩应会紧贴面部,暂停呼吸10 s,若面罩在面部有移动时,表示有漏气。

(16) 若出现漏气,应立刻调节面罩的位置及头部索带的松紧。

(17) 将气瓶开启,观察气压表气压,维持正常呼吸及工作。

任务7.4 其他消毒工艺运行操作

一、二氧化氯消毒

二氧化氯最早是在1811年由Davy制得,当时是通过氯酸钾和盐酸反应实现的。但是,直到亚氯酸钠实现工业化生产使制备二氧化氯更加容易之后,它在水厂中的使用才得以推广。1944年美国尼亚加拉瀑布城首先用二氧化氯控制自来水中的臭和味,到1977年,美国有84个自来水厂使用了二氧化氯。经过半个世纪的发展,二氧化氯消毒已得世界普遍重视,在欧洲已有500多个水厂应用,已成为饮用水消毒的主流药剂。

我国从20世纪90年代以后才开始在一些中小水厂中应用,但发展很快。据不完全统计,2000年底,二氧化氯发生器已投放市场2 000台以上,产品规格从300~500 g/h,最大可达20 kg/h。我国饮用水消毒采用二氧化氯已占有一定的比例。

二氧化氯是红黄色有强烈刺激性臭味气体。11℃时液化成红棕色液体,-59℃时凝固成橙红色晶体。有类似氯气和硝酸的特殊刺激臭味。液体为红褐色,固体为橙红色。沸点11℃。相对蒸气密度2.3 g/L。遇热水则分解成次氯酸、氯气、氧气,受光也易分解,其溶液于冷暗处相对稳定。二氧化氯能与许多化学物质发生爆炸性反应。对热、震动、撞击和摩擦相当敏感,极易分解发生爆炸。受热和受光照或遇有机物等能促进氧化作用的物质时,能促进分解并易引起爆炸,因此常现场制备。若用空气、二氧化碳、氮气等惰性气体稀释时,爆炸性则降低。属强氧化剂,其有效氯是氯的2.6倍。与很多物质都能发生剧烈反应。腐蚀性很强。二氧化氯极易溶于水而不与水反应,几乎不发生水解(水溶液中的亚氯酸和氯酸只占溶质的2%);在水中的溶解度是氯的5~8倍;溶于碱溶液而生成亚氯酸盐和氯酸盐。

1. 二氧化氯的消毒特性

(1) 具有高效杀菌能力。

二氧化氯能迅速杀灭水中的病原菌,对大肠杆菌、铁细菌、硫酸盐还原菌、脊髓灰质炎病毒、肝炎病毒、贾第虫孢囊等均有很好的杀灭作用。其消毒效果基本不受pH的影响。

(2) 具有较强的杀灭病毒能力。

二氧化氯对病毒的杀灭能力比氯要强。例如,二氧化氯投量为25.0 mg/L,作用20 min在pH值为3.0~8.0范围内均可对乙肝病毒失活达95%以上,乙肝表抗原HbsAg呈阴性结果;二氧化氯对流感病毒Ⅰ、Ⅱ、Ⅲ型都具有很好的消毒效果,二氧化氯投加30~40 mg/L,作用20 min在pH值为3.0~8.0范围内均可使这三种病毒失活;而氯气投加60 mg/L,作用120 min时上述三种病毒仍存活。

(3) 消毒副产物较少。

二氧化氯消毒主要通过氧化反应,而非取代反应,反应生成的三卤甲烷、卤乙酸等消毒副产物几乎可忽略不计,尽管二氧化氯在消毒过程中会产生一定的亚氯酸盐和氯酸盐,但一般由于用于消毒的二氧化氯投加量比较低,不太容易超标。二氧化氯消毒的安全性被世界卫生组织(WHO)定为AI级。

(4) 二氧化氯的持续消毒能力强,能延长和保证管网消毒作用。如法国的两个大型配水系统中,3 mg/L的二氧化氯就足够维持长达450~500 km的整个系统;5 mg/L的二氧化氯在12 h内对异氧菌的杀灭率保持在99%以上。

2. 二氧化氯的消毒机理

关于二氧化氯的消毒机理,目前有很多解释。一般认为二氧化氯在与微生物接触时先附着在细胞壁上,然后穿过细胞壁与微生物的酶反应而使细菌死亡。也有认为它与微生物蛋白质中的部分氨基酸发生氧化还原反应,使氨基酸分解破坏,导致由氨基酸组成的链分开,致使微生物酶及其他蛋白质变性,或破坏蛋白质的合成,最终导致其死亡。还有一些研究认为,对蛋白质合成抑制不是二氧化氯消毒的主要机理,二氧化氯的主要作用点应该是在微生物外膜,通过改变外膜的蛋白质结构而改变外膜的渗透性,从而引起微生物生理代谢异常,导致微生物死亡。

二、次氯酸钠消毒

次氯酸钠消毒是利用钛阳极电解食盐水,产生次氯酸钠。次氯酸钠是一种强氧化剂,在水溶液中水解生成次氯酸离子,通过水解反应生成次氯酸,次氯酸具有与氯相似的氧化和消毒作用。

10%有效氯浓度的次氯酸钠液体,呈淡黄色,有少量刺激性气味,清澈透明,易溶于水,比重为1.18,呈现强碱性;稳定性差于氯气,见光易分解。随着次氯酸钠温度升高,浓度会慢慢降低,影响有效氯成分,不宜暴晒和久藏,要贮藏在密闭容器中。次氯酸钠是强氧化性,和氯气氧化性相同,与人体皮肤接触有轻微腐蚀性,可用清水冲洗。

任务实施

一、二氧化氯发生器原料添加(主机自身吸料方法)

二氧化氯由于不稳定性,常常现场制备使用。二氧化氯发生器是利用盐酸和氯酸钠反应的原理制备二氧化氯(图7-5)。

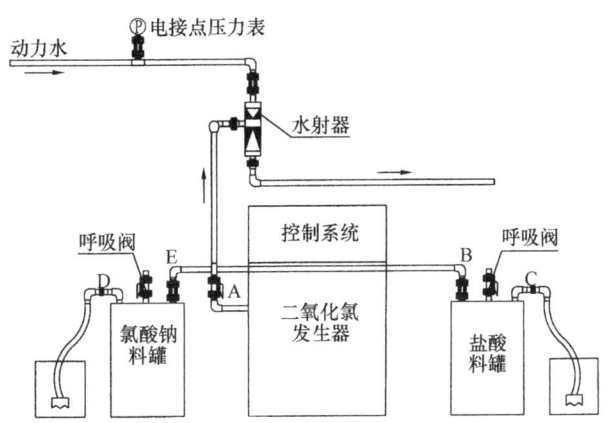

图7-5 二氧化氯发生器独立吸料

盐酸吸料:在水射器正常工作状态下,首先打开阀门B然后将进料口下部的PVC吸料软管插入盐酸桶中,再关闭阀门A和呼吸阀,开始抽料。注意观察液位,加满后,先打开阀门A再打开呼吸阀,再关闭阀门B。

氯酸钠吸料:在水射器正常工作状态下,首先打开阀门E然后将进料口D下部带过滤头的PVC软管插入氯酸钠溶液桶中,再关闭阀门A和呼吸阀,开始抽料。注意观察液位,加满后,先打开阀门A再打开呼吸阀,最后关闭阀门E。

二、次氯酸钠制成的发生器操作

(1)将配制成3%的食盐溶液,经过滤后,接入次氯酸钠发生器的盐水进液管,盐水箱底部位置必须高于次氯酸钠发生器本身。盐水箱一般在制造厂与发生器同时购买。盐浓度高,可降低电解槽电压,减少耗电量,并能延长阳极的使用寿命,但食盐的利用率就低,会使费用增加。因此盐水浓度不宜太高,也不宜太低,3%~3.6%为宜。

（2）按要求接好冷却水、盐水、次氯酸钠贮液箱及电源。

（3）开机前，打开盐水流量计，让盐水进入回流柱，液满后关闭流量计，即可打开电源。调节工作电源，调节冷却水，冷却水流量视回流柱电解槽电极温度高低而定。电解槽的适宜工作温度一般保持在 30℃～45℃。通电 10 min 后，再打开盐水流量计，并调整流量，使其达到所需要求。

（4）关机时，关掉盐水流量控制阀，让回流柱内剩余的盐水再电解 10 min 后，关掉电源，然后关冷却水，最后将回流柱消毒溶液虹吸排空，每次必须用洁净水冲洗回流柱并将水吸净。

（5）清洗电解槽。由于水中含有一定的钙化合物和铁离子等，电解时会以碳酸钙、氢氧化铁的形式出现，这些杂质会造成电解槽阴阳极间短路，从而引起电极击穿现象。所以要根据水质情况定期冲洗电解槽，一般每周 1～2 次。清洗时，拆除电极上连接电线，取出钛极管，用洁净水冲洗回流槽，电极套管，用圆形软刷清除内积垢。对钛极管表面用软毛刷，边冲边刷，以清除表面积垢，最后用清水冲洗干净。

项目 8　深度处理工艺运行管理

任务 8.1　常规深度处理工艺的特点

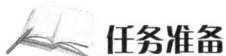　**任务准备**

深度处理工艺是为了去除某些微量污染物或增强原处理工艺的功能而设置,因为相对于传统处理而言,通常在净水处理的标准处理工艺之后,所以称之为深度处理工艺。包括:活性炭吸附、高级氧化、离子交换、增强混凝、生物活性炭及其与臭氧的组合、离子交换树脂法与膜技术等。

一、活性炭吸附

活性炭吸附被视为能有效去除水体中溶解性物质的一种处理技术,活性炭最初被用来降低饮用水中的臭味。近年来,由于水中微量有机物对人体造成威胁,活性炭被更广泛地应用于给水工程上,粉末活性炭可以吸附由藻类、酚和石油引起的异常臭味,由铁、锰和有机物产生的色度、消毒副产物的母体、洗净剂、可溶性染料、氯化烃、农药、杀虫剂,去除汞等重金属,去除放射性物质等。影响活性炭吸附的因素大致分为活性炭本身性质、有机物特性及水质条件影响。

活性炭可以分为粉末状活性炭(PAC)、颗粒状活性炭(GAC)及纤维状活性炭(FAC)三种,在给水处理上,PAC 多用于控制因季节性变化或水质恶化所导致的臭味问题,其对于解决臭味能力很好,但对于消毒副产物(DBPs)前驱物的吸附能力较差。GAC 由于可以吸附 DBPs 及其前驱物,饮用水处理上常以混凝沉淀作为 GAC 的前处理单元,此种方式的优点为利用混凝沉淀去除大部分颗粒性有机物与部分溶解性有机物,则通过 GAC 床的悬浮固体量与 TOC 含量减少,可以减少 GAC 床水头损失及延长贯穿时间,增加去除量,减少 GAC 使用量。

活性炭是具有弱极性的多孔性吸附剂,具有发达的细孔结构和巨大的表面积,是目前微污染水源水深度处理最有效的手段,尤其去除水中农药杀虫剂、除草剂等微污染物质和臭味,消毒副产物等,是其他水处理单元工艺难以取代的。但活性炭对有机物的去除也受到有机物特性的影响,主要是有机物的极性和分子大小的影响,同样大小的有机物,溶解度愈大,亲水性愈强,活性炭对其吸附性愈差;反之,对溶解度小,亲水性差极性弱的有机物如苯类化合物、酚类化合物、石油和石油产品等具有较强的吸附能力,对生化法和其他化学法难以去除的有机物,如形成色度和异味的物质,有较好的去除效果。

活性炭的孔径特点决定了活性炭对不同分子大小的有机物的去除效果。活性炭的孔隙按大小一般分成微孔、过渡孔和大孔,但微孔占绝对数量。活性炭中大孔主要分布在炭表面,对有机物的吸附作用小,过渡孔是水中大分子有机物的吸附场所和小分子有机物进入微孔的通道,而占 95% 的微孔则是活性炭吸附有机物的主要区域。按照立体效应,活性炭所能吸附的分子直径大约是孔道直径的 1/2～1/10。也有人认为活性炭起吸附作用的孔道直径(D)是吸附质分子直径(d)的 1.7～21 倍,最佳范围是 $D/d=1.7～6$。所以,活性炭对 500～3 000 的有机物有十分好的去除效果,对于大于 3 000 和小于 500 的有机物没有去除。对于小于 500 的有机物没有去除甚至增加的原因,是由于小于 500 的有机物亲水性较强,易被分子量比其更大而憎水性强的能进入活性炭微孔内的有机物所取代。

综上所述,活性炭主要吸附小分子量有机物,特别是分子量在 500～3 000 的有机物。因此如果常规处理后这一分子量区间的有机物含量相对较多,则可以选择活性炭处理,否则采用活性炭处理技术不能达到有效去除有机物的效果。

水质条件如 pH、温度、水中阳离子及有机物间的竞争等,均会影响活性炭吸附平衡的能力。

二、膜分离技术

膜分离技术就是利用隔膜使溶剂(通常是水)同溶质或微粒分离的技术,包括电渗析、扩散渗析、反渗透和超滤等。膜分离技术广泛地用于海水和苦咸水淡化,废水深度处理,废液和废水中有用物质的浓缩回收,并用于制取高纯水等方面。这一技术近 30 多年来发展非常迅速。

膜的孔径一般为微米级,依据其孔径的不同(或称为截留分子量),可将膜分为微滤膜、超滤膜、纳滤膜和反渗透膜。根据材料的不同,可分为无机膜和有机膜。无机膜主要是陶瓷膜和金属膜,其过滤精度较低,选择性较小。有机膜是由高分子材料做成的,如醋酸纤维素、芳香族聚酰胺、聚醚砜、聚氟聚合物等。

1. 微滤(MF)

微滤又称微孔过滤,它属于精密过滤,其基本原理是筛孔分离过程。微滤膜的材质分为有机和无机两大类,有机聚合物有醋酸纤维素、聚丙烯、聚碳酸酯、聚砜、聚酰胺等。无机膜材料有陶瓷和金属等。鉴于微孔滤膜的分离特征,微孔滤膜的应用范围主要是从气相和液相中截留微粒、细菌以及其他污染物,以达到净化、分离、浓缩的目的。

对于微滤而言,膜的截留特性是以膜的孔径来表征,通常孔径范围在 0.1～1 μm,故微滤膜能对大直径的菌体、悬浮固体等进行分离,可作为一般料液的澄清、保安过滤、空气除菌。

2. 超滤(UF)

超滤是介于微滤和纳滤之间的一种膜过程,典型膜孔径在 0.01～0.1 μm 之间。超滤是一种能够将溶液进行净化、分离、浓缩的膜分离技术,超滤过程通常可以理解成与膜孔径大小相关的筛分过程。以膜两侧的压力差为驱动力,以超滤膜为过滤介质,在一定的压力下,当水流过膜表面时,只允许水及比膜孔径小的小分子物质通过,达到溶液的净化、分离、浓缩的目的。

对于超滤而言,膜的截留特性是以对标准有机物的截留分子量来表征,通常截留分子量范围在 1 000～300 000,故超滤膜能对大分子有机物(如蛋白质、细菌)、胶体、悬浮固体等进行分离,广泛应用于料液的澄清、大分子有机物的分离纯化。

3. 纳滤(NF)

纳滤是介于超滤与反渗透之间的一种膜分离技术,其截留分子量在 80～1 000 的范围内,孔径为几纳米,因此称纳滤。基于纳滤分离技术的优越特性,其在制药、生物化工、食品工业等诸多领域显示出广阔的应用前景。

对于纳滤而言,膜的截留特性是以对标准 $NaCl$、$MgSO_4$、$CaCl_2$ 溶液的截留率来表征,通常截留率范围在 60%～90%,相应截留分子量范围在 100～1 000,故纳滤膜能对小分子有机物等与水、无机盐进行分离,实现脱盐与浓缩的同时进行。

4. 反渗透(RO)

反渗透是利用反渗透膜只能透过溶剂(通常是水)而截留离子物质或小分子物质的选择透过性,以膜两侧静压为推动力,而实现的对液体混合物分离的膜过程。反渗透是膜分离技术的一个重要组成部分,因具有产水水质高、运行成本低、无污染、操作方便、运行可靠等诸多优点,而成为海水和苦咸水淡化,以及纯水制备的最节能、最简便的技术。目前已广泛应用于医药、电子、化工、食品、海水淡化等诸多行业。反渗透技术已成为现代工业中首选的水处理技术。

反渗透的截留对象是所有的离子,仅让水透过膜,对 $NaCl$ 的截留率在 98% 以上,出水为去离子水。反渗透法能够去除可溶性的金属盐、有机物、细菌、胶体粒子,也即能截留所有的离子,在生产纯净水、软化水、去离子水、产品浓缩、废水处理方面反渗透膜已经应用广泛。

三、离子交换法

离子交换法是液相中的离子及固相中的离子间的一种化学反应。由于必须维持电中性,某些液相中的离子较为离子交换固体所喜好而吸附,同时离子交换固体即释出等价离子回溶液中,而离子交换树脂即为离子交换法中的离子交换物质。离子交换树脂分强碱性、弱碱性、强酸性、弱酸性四类。由于大多数有机物在水中所带电荷多为负的或呈中性,因此强酸性和弱酸性阳离子交换树脂较少被应用在有机物的去除方面。

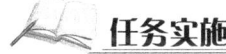
任务实施

一、认识活性炭及活性炭吸附塔

1. 活性炭的性质

活性炭是由多种含碳原料经脱水、炭化、活化、筛分加工制成。制造活性炭的原料包括木材、褐煤、泥煤、硬果壳、甘蔗渣、锯末、动物骨头及石油残渣。

(1) 物理性质。

活性炭具有不规则的结晶或无定形结构。活性炭不仅吸附能力强,而且吸附容量大,其主要原因就是它的多孔结构,比表面积可达到 500～1 500 m^2/g。这是由于活性炭在制造过程中,一些挥发性有机物去除以后,在活性炭粒中形成形状和大小不同的细孔,这些细孔的构造和分布与活性炭的原料、活化方法和活化条件等因素有关。

(2) 化学性质。

活性炭在制造过程中有多种表面氧化物生成。这些表面氧化物一般带有羟基、羧基、羰基等含氧官能团,使得活性炭表面带有微量电荷,表现出一定的选择性吸附特征。活性炭表面所带的含氧官能团和电荷的量随原料组成、活化条件不同而异。低温活化(<500℃)的炭可以生成表面呈酸性氧化物,水解后放出 H^+,使炭表面带有负电荷;高温活化(800℃～1 000℃)的炭可以生成表面碱性氧化物,水解后放出 OH^-,使炭表面带有正电荷。

(3) 活性炭的理化性能。

活性炭用作吸附处理时,表征其理化性能的技术指标有粒度、视密度、亚甲基蓝脱色力、碘吸附值。其中碘吸附值的含义是指在浓度为 0.1 mmol/L 的碘溶液 50 mL 中,加入活性炭 0.5 g 左右,震荡 5 min,测定剩余碘,计算单位活性炭吸附碘的毫克数,单位为 mg/g。

2. 活性炭吸附塔

活性炭吸附塔示意图见图 8-1。当水通过吸附塔中活性炭层时,水中的吸附物质从液相转移到固相活性炭的表面上。这个过程可以看作是由液相扩散、细孔内扩散和细孔内表面的吸附反应三个过程组成的。由于活性炭具有发达的细孔结构和巨大的比表面积,因此对水中溶解性的各种有机物具有很强的吸附能力,而且对用生物法或其他化学法难以去除的有机物如色度、异臭、表面活性剂、合成洗涤剂和染料等都有较好的去除效果。活性炭还有去除余氯的作用,其对 Cl_2 的吸附不仅有物理吸附作用,而且也有化学吸附的作用。

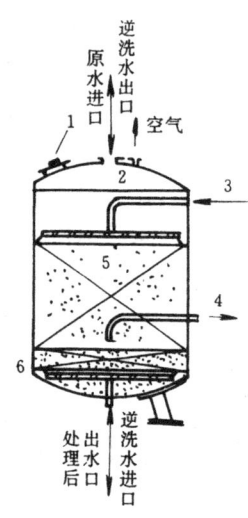

图 8-1 降流式固定床型吸附塔构造示意图
1—检查孔;2—整流板;
3—表洗水进口;
4—饱和炭出口;
5—活性炭;6—垫层

二、认识超滤膜组件和反渗透膜组件

1. 超滤膜组件与装置

超滤膜组件是按一定技术要求将超滤膜元件与外壳、连接器等其他部件组装在一起的组合构件,一般还应包括产水取样或用于检测完整性的透明管等。组件一般至少包含一个膜元件,有时包含多个膜元件。

超滤膜元件是超滤装置的最主要基本单元。超滤膜元件是指具有端部密封的中空纤维式的膜丝束与外壳组成的元件,有时包括两端连接器和接头,视需要而定,如荷兰诺瑞特公司生产的超滤膜可以像反渗透一样将若干个组件水平串接在一个膜壳中,有时不包括两端连接器和接头,如 ZENON 公司和我国一些超滤组件则制作为浸入式,也就是通常说的帘式膜。

通常要求超滤膜材料要具有很好的分离(过滤)能力、亲水性、强的抗污染能力,以及水在膜表面的接触角要小、附着力强,水容易透过。这样的膜才具有低能耗、大通量、抗污染的性能。

超滤装置是指将若干个超滤膜组件并联组合在一起,并配备相应的水泵、自动阀门、检测仪表、支撑框架和连接管路等附件,能够独立进行正常过滤、反洗、化学清洗等工作的水处理装置。通常根据用户的需要,设计出超滤装置特点各异,如具备在线检测和完整性测试的功能;有些超滤膜组件需要气洗系统;有单独的局部控制 PLC 和操作界面等。

许多超滤装置以单套装置为基本单元,当其中一套进行反洗或化学清洗时,其他装置仍可正常制水,从工艺上实现连续产水。

平均水回收率是指超滤装置平均净产水流量和平均进水流量之比。净产水量不包括反洗用水等。实际计算中可根据超滤的工艺参数估算。

超滤膜通量是指单位时间内通过单位超滤膜面积的产品水体积,单位为 $L/(m^2 \cdot h)$。在初始设计时,需要合理选择一个超滤膜通量,即设计超滤膜通量。如果设计时选择膜通量偏大,虽然可以减少超滤膜元件的用量,但势必造成较高的透膜压差,膜的性能将快速衰减。因此,在实际运行时,膜通量应当低于设计值。

压力式超滤膜的过滤方式如图 8-2 所示。

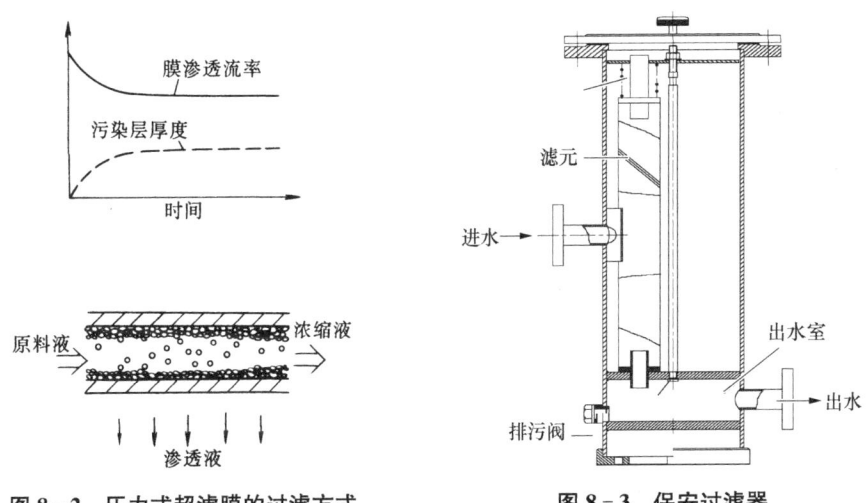

图 8-2 压力式超滤膜的过滤方式　　图 8-3 保安过滤器

2. 认识反渗透膜组件

反渗透水处理装置包含保安过滤器、高压泵、反渗透本体装置、电气、仪表及连接管线、电缆等可独立运行的装置。此外包含化学清洗装置和反渗透阻垢剂加药装置。

（1）保安过滤器。

为保证反渗透本体的安全运行,即使有良好的预处理系统,仍需要设置精密过滤设备,起安全保障作用,故称之为保安过滤器(也称精密过滤器)。在反渗透系统中,保安过滤器不应作为一般运行过滤器使用,仅应作保安过滤使用,通常设在高压泵之前。保安过滤器有多种结构形式,常用如图 8-3 所示,滤元固定在隔板上,水自中部进入保安过滤器内,隔板下部出水室引出,杂质被阻留在滤元上。

滤元的种类也有多种,常见的有线绕式、熔喷式和碟片式。以线绕式滤元为例,线绕式滤元又称蜂房式滤元,它是由聚丙烯纤维纺成的线,按照一定规律缠绕在聚丙烯多孔管上制成。目前国内生产的线绕式滤元尺寸为 $\phi 65 \times (250 \sim 1\,000)$ mm,其中 250 mm 长的滤芯最大出水量约为 1 m³/h。反渗透水处理系统选择的过滤精度一般为 5 μm。这种滤元的优点是过滤精度高,制造方便,价格便宜,使用安全,杂质不易穿透,但反洗和化学清洗效果不明显,只能一次性使用,当运行压差达到一定值时需要更换滤元。

（2）高压泵。

反渗透膜运行时,需要经高压泵将水升至规定的压力后送入,才能完成脱盐过程。目前火电厂使用的高压泵有离心式、柱塞式和螺杆式等多种形式,其中,多级离心式水泵使用最广泛。这种泵的特点是效率较高,可以达到 90% 以上,节省能耗。

选择高压泵时,应使泵的扬程、流量和材质符合要求。泵的扬程应根据反渗透组件的操作压力大小及高压泵后沿水流程的阻力损失来计算。泵的材质不仅对泵运行寿命有影响,而且对保证反渗透入口水质有很大关系,一般水泵过流部件选用不锈钢材质,以防止高含盐量和低 pH 值的原水对钢材发生腐蚀,增加铁对膜的污染。不锈钢材料的应具体根据水质特点选择。

(3) 反渗透本体。

反渗透本体是将反渗透膜组件用管道按照一定排列方式组合、连接而成的组合式水处理单元(图 8-4)。单个反渗透膜称膜元件,将一只或数只反渗透膜元件按一定技术要求串接,与单只反渗透膜壳组装构成膜组件。

1) 反渗透膜元件。反渗透膜元件由反渗透膜和支撑材料等制成的具有工业使用功能的基本单元。目前在火电厂中应用的主要是卷式膜元件(图 8-5)。目前各膜制造商针对不同行业用户,生产出多种用途的膜元件。在火电厂应用的膜元件按照水源特点大致可分为:高压海水脱盐反渗透膜元件;低压和超低压苦咸水脱盐反渗透膜元件;抗污染膜元件。

图 8-4 反渗透膜组件

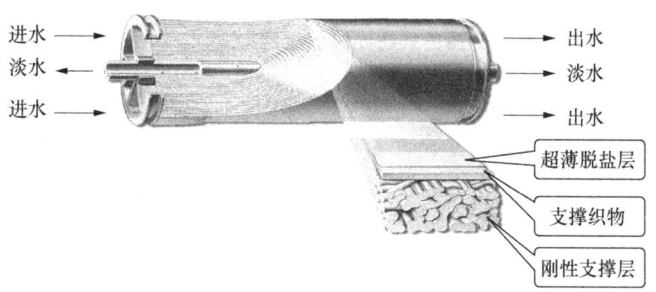

图 8-5 卷式膜元件断面

2) 反渗透膜壳。反渗透本体装置中用来装载反渗透膜元件的承压容器称为膜壳,在有些文献中又称"压力容器"。膜壳的外壳一般由环氧玻璃钢布缠绕而成,外刷环氧漆。也有部分生产商的产品为不锈钢材质的膜壳。由于玻璃钢具有较强的耐腐蚀性能,目前,国内大多数火电厂选用玻璃钢材质的膜壳。

任务 8.2　深度处理工艺的运行管理

 **任务准备**

一、粉末活性炭的投加原则与注意事项

1. 粉末活性炭的投加原则

在选择粉末活性炭投加点时,一般按照如下原则:

(1) 具有良好的炭水混合条件。

(2) 保持充分的炭水接触时间以吸附污染物。

(3) 水处理药剂对粉末活性炭的吸附性能干扰最少。

(4) 不损害处理后的水质。

(5) 尽量避免吸附与混凝竞争。

(6) 能有效去除水中残余的细小炭粒。

2. 投加活性炭粉末的注意事项

投加活性炭粉末应注意粉末活性炭与水处理药剂之间的相互作用问题。活性炭是有效的化学还原剂,可以还原游离氯和化合氯、二氧化氯、臭氧和高锰酸钾,以致增加了这些药剂的使用量和制水成本。活性炭与氯发生反应将减少其吸附容量,同时,氯被粉末活性炭破坏后,为了达到消毒目的必须增加氯的用量。

3. 活性炭管理

(1) 炭尘有潜在的爆炸性,在可能和粉尘接触的情况下需用防爆电机,凡与湿活性炭接触的金属部件都需用不锈钢。

(2) 湿活性炭能吸附空气中的氧,因此,炭浆池附近或其他封闭处含氧量可能较低,凡进入这些地方的工作人员应带氧气表,以检查氧的浓度,并佩戴安全带,如发生危险时可将其拉到安全地带。

二、超滤装置对进水的要求

超滤装置的进水一般应经过预处理,压力式超滤水处理装置一般应设计预过滤器;浸没式超滤水处理装置应保证进水中不含有易划伤超滤膜的颗粒物质和易缠绕膜丝的丝、带状物。

三、膜元件的管理

1. 膜元件的保护

当经过运行的膜元件需要从膜壳中取出单独贮存时,需要进行如下处理:

(1) 首先对反渗透本体装置进行化学清洗;

(2) 配置1%的食品级亚硫酸氢钠溶液;

(3) 将膜元件从膜壳中取出,将膜元件在配置好的亚硫酸氢钠溶液中垂直放置浸泡1 h左右,取出垂直放置沥干后装入密封的塑料袋内,将塑料袋内的空气排出并封口,建议用膜生产商原来的包装袋。

2. 膜元件的再湿润

当不慎造成膜元件干燥后,可能或造成膜通量不可挽回的损失,应首先与膜供应商咨询。以下介绍某制造商提供的几种恢复性试验:

(1) 用50%的乙醇水溶液或丙醇水溶液浸泡15 min;

(2) 将膜元件装入装置中,将反渗透本体装置淡水阀微开,将反渗透本体装置一段进水缓慢加压至1.0 MPa左右,加压过程中应通过控制淡水阀门的开度使装置产水压力和浓水压力接近;

(3) 将膜元件在1%的盐酸或4%的HNO_3中浸泡1~100 h,元件应垂直浸泡,以便将空气全部排出。

3. 膜元件的贮存

(1) 膜元件应存放于干燥避光处;

(2) 膜元件贮存的环境温度范围应在-4℃~45℃(干膜可以低于-4℃)。

 **任务实施**

一、活性炭粉末的投加

目前自来水厂投加粉末活性炭常见的有两种工艺方式。一种是将粉末活性炭配置成浓度为10%左右的浆液,由计量泵输送至投加点,此种方式被称为湿法投加方式;另一种是将粉末活性炭由定量给料设备直接定量(计量)投加到水射器中,由水射器将炭粉投加至投加点中(图8-6)。

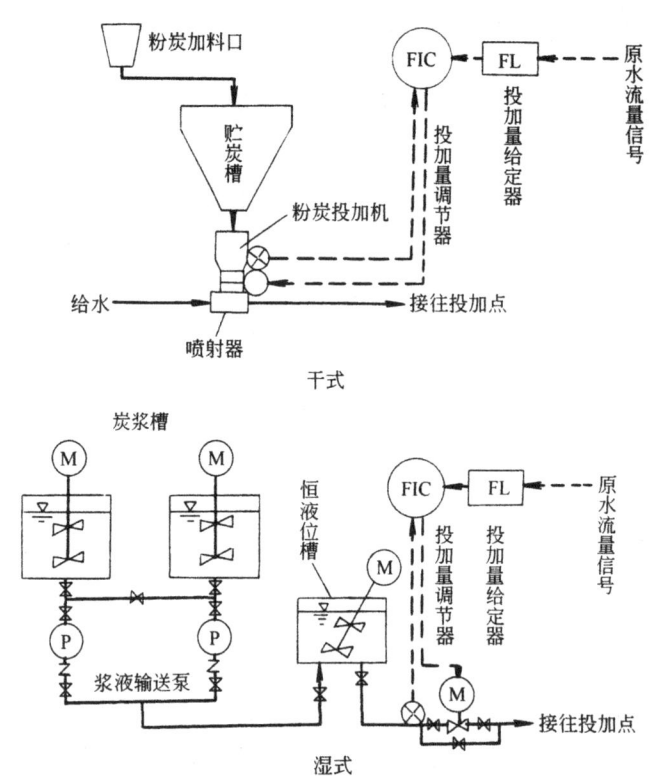

图8-6 粉末活性炭投加系统示意

湿法投加工艺,上料—储料—制备活性炭浆液(投料和供水)—混合搅拌—由计量泵定量投加至投加点。

干法投加工艺,上料—储料—活性炭连续定量投加—由射流器投加至投加点。

二、超滤的运行操作

一般超滤膜的正常操作程序为:产水—正洗—反洗—正洗—产水—……各个操作模式的进出水方向说明如表8-1、图8-7(以某超滤产品为例)所示。

超滤膜的清洗包括正冲、反洗、化学反洗和化学清洗几个程序,这些程序的选用及组合可根据水质、膜的材料和操作条件等选择。

1. 正冲

方向由A向B,此种操作通过使膜表面产生切向加速度来冲刷使膜受污染的沉积物,以增加反洗的效果,使透量完全恢复。

表 8-1　各个操作模式的进出水方向说明

序 号	模 式	流 向	时 间
1	产水		15～90 min
	错流操作	A 至 B、C	
	死过滤	A 至 C	
2	正洗	A 至 B	5～15 s
3	反洗		40～120 s
	反洗 1	C 至 A	20～60 s
	反洗 2	D 至 B	20～60 s
4	化学反洗	C 至 A	1～10 min
5	化学清洗	A 至 B、C	>60 min
6	完整性检测	D 至 B	

2. 反洗

水流方向与产水方向相反,此操作是中空纤维膜组件特有的操作方式,可以有效地减小污染。一般反洗程序分为两个过程,上反洗(C 至 A)和下反洗(D 至 B),为避免在产水侧对膜产生污染和杂质对膜孔堵塞,一般采用超滤产水作为反洗水,或除去颗粒的纯净水为反洗水,要考虑到不要给后续的操作带来影响。

3. 化学增强反洗

水流向与反洗一样,也是分为两个程序,但化学反洗的时间较长,一般为 1～10 min,化学反洗频率为每天 1～4 次,化学药剂可根据不同的情况选用,其目的是为了防止细菌的生长和污染物的过快累积。

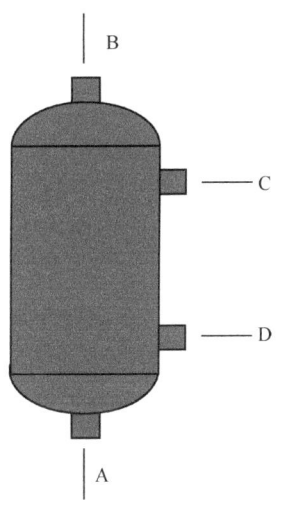

图 8-7　组件外形及接口方位示意图

4. 化学清洗

化学清洗采用正冲化学清洗药剂循环回清洗水箱的方式进行,所选用的化学药剂要根据污染物的种类进行选择。化学清洗的时间要根据膜间压差(TMP)的上升数值来确定,比如 TMP 为 0.07 MPa 时,系统要进行化学清洗。

三、反渗透水处理装置的运行操作

1. 运行前的准备

(1) 各相关电源连接完好;
(2) 系统各连锁保护和仪表指示正常;
(3) 预处理系统调试完毕,出水满足反渗透装置进水要求;
(4) 系统管路及设备冲洗完毕,并经试运转正常;
(5) 相关药品配置工作准备妥当;
(6) 监督用的相关实验室仪器准备完好;

（7）系统经打压试验后，无渗漏。

2. 启动步骤

以某厂地下苦咸水反渗透水处理装置（图 8-8）为例，启动步骤如下：

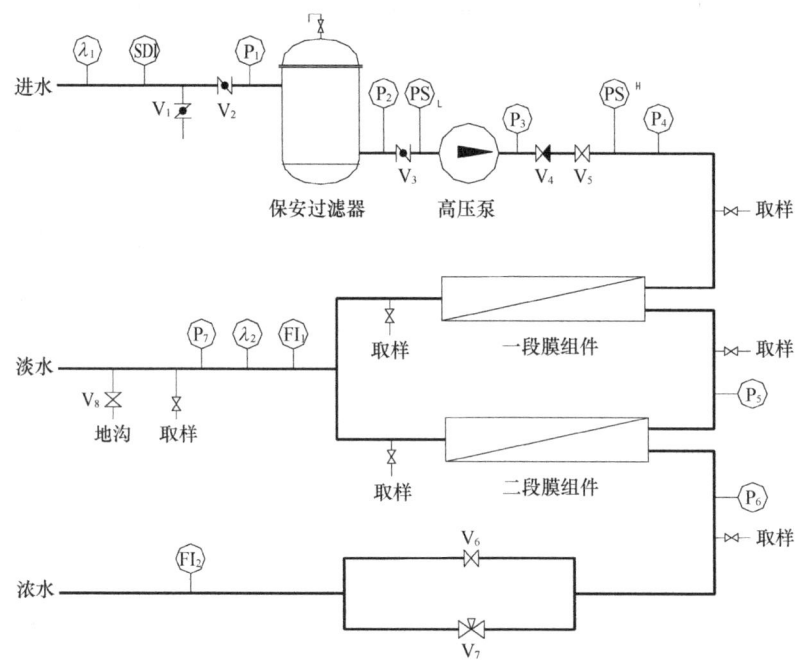

图 8-8　某厂反渗透水处理装置流程图

λ—电导率仪；SDI—SDI 仪；P—压力表；PS_L—低压保护开关；PS^H—高压保护开关；FI—流量计

（1）启动预处理系统，调整出水温度，控制在 25℃±2℃ 并测量出水 SDI 值，待 SDI 值小于 4 后具备反渗透水处理装置启动条件；

（2）确定反渗透本体装置各阀门的开闭状态（开状态阀门：V1、V3、V6、V7、V8，关状态阀门：V2、V5）；

（3）对膜元件进行低压冲洗，操作过程如下：缓慢关闭 V1 并开启保安过滤器排气阀（待出水后关闭），同时缓慢开启 V5，用低压、低流量水将膜组件内的空气排出，控制进水压力 0.2~0.4 MPa，流量控制在 6~8.0 m³/h，连续冲洗 6~8 h。低压冲洗过程中预处理系统不投加阻垢剂；

（4）投运阻垢剂加药装置，关闭 V5、V6，启动高压泵，缓慢开启 V5 同时缓慢调小 V7 的开度，通过来回调整 V1 和 V7 使淡水流量、浓水流量 FI2 达到设计流量（浓水流量大小通过淡水流量和回收率计算得来），在调整过程中浓水流量首先应不低于膜生产厂的推荐值。

（5）确定淡水电导达到设计值后，关闭 V8 向后续系统供水；

（6）每 1 h 抄表 1 次，记录系统各运行参数，连续运行 24 h 后，比较 24 h 内的记录数据，主要包括：压力、温度、流量及电导，来判断系统制水能力、回收率、脱盐率、膜组件进出口压差和保安过滤器进出口压差是否稳定；

（7）比较运行值与设计值的差异；

（8）若系统运行稳定，将（6）~（7）获得的数据作为系统初始运行值，作为以后评估系统运行状况的基础数据。

3. 停运步骤

(1) 开启 V8,关闭 V5,停运高压泵;

(2) 停运阻垢剂加药泵;

(3) 进行低压冲洗 5~10 min(通过调试确定,即浓水侧的电导与进水电导接近);

(4) 开启 V1,关闭 V2,停运预处理系统。

4. 反渗透系统停运保护

(1) 若反渗透装置停运在 7 d 内,装置可以每 12 h 低压冲洗一次,每 24 h 启动 30 min;

(2) 若反渗透装置停运时间超过 7 d,应采取如下措施:

1) 用 1%的食品级亚硫酸氢钠溶液置换出反渗透本体装置系统内的水,确定彻底置换后,关闭装置所有进出口阀门;

2) 保护液 pH 值不能低于 3,若 pH 值低于 3 则需要重新更换保护液。

项目 9 电气设备管理与维护

任务 9.1 水厂电气设备一般知识

 **任务准备**

一、电气工程基本常识

1. 正弦交流电

正弦交流电的大小和方向随时间作正弦变化,简称交流电。反映这种变化规律的交流电的参量是最大值、相位和频率,即称为交流电的三要素。

交流电在大小变化过程中所能达到最大数值称为最大值。工程上和生活中一般不采用最大值表示,而采用有效值表示,有效值是根据电流的热效应来确定的。正弦交流电的有效值等于 0.707 乘最大值。即 $I=0.707I_m$。电工仪表所测定的电流和电压值均为有效值,电气工程图上标明的电流和电压也是指有效值,常用的交流电压有 380 V 和 220 V。

交流电每秒钟变化的周数叫做频率,用 f 表示,单位是赫兹(Hz)。交流电变化一周的时间称为周期,单位为秒(s)。周期和频率是倒数关系。我国电力系统使用的标准频率是 50 Hz,这一频率为工频。

2. 三相电路和单相电路

发电厂的交流发电机都是三相的,它有三个大小相等、频率相同、相位互差 120°的电动势。电源的这三个电动势按一定方式连接起来,共同向负荷供电。这时的电路叫三相交流电路。某些设备只需要电源的一个电动势供电,只接一相的电路,称为单相电路。

三相交流电是三个单相交流电按一定方式进行的组合,这三个单相交流电频率相同,最大值相等,相位上相差 120°。三相交流电的三个相分别称为 A 相、B 相、C 相,在电气设备上用黄色、绿色、红色分别表示 A、B、C 三相。

3. 功率

交流电路中反映功率关系的量有三个:有功功率、无功功率和视在功率。

交流电源所能提供的总功率称为"视在功率",以 S 表示,基本度量单价为 VA(伏安)或 kVA(千伏安),它表示电源容量的大小。

视在功率中用来实际有用的那部分功率称为"有功功率",是将电能转换为其他形式能量(机械能、光能、热能)的电功率。以字母 P 表示,单位主要有瓦(W)、千瓦(kW)、兆瓦(MW)。交流电的瞬时功率不是一个恒定值,瞬时功率在一个周期内的平均值叫做有功功率,因此,有功功率也称平均功率。有功功率是保持用电设备正常运行所需的电功率,也就是将电能转换为其他形式能量(机械能、光能、热能)的电功率。比如:5.5 kW 的电动机就是把 5.5 kW 的电力转换为机械能,带动水泵抽水或脱粒机脱粒;各种照明设备将电能转换为光能,供人们生活和工作照明。

无功功率比较抽象,它是用于电路内电场与磁场,并用来在电气设备中建立和维持磁场的电功率。凡是有电磁线圈的电气设备,要建立磁场,就要消耗无功功率。比如 40 W 的日光灯,除需 40 W 有功功率(镇流器也需消耗一部分有功功率)来发光外,还需 80 VAr 左右的无功功率供镇流器的线圈建立交变磁场用。由于它对外不做功,才被称为"无功"。无功功率决不是无用功率,它的用处很大。电动机需要建立和维持旋转磁场,使转子转动,从而带动机械运动,电动机的转子磁场就是靠从电源取得无功功率建立的。变压器也同样需要无功功率,才能使变压器的一次线圈产生磁场,在二次线圈感应出电压。因此,没有无功功率,电动机就不会转动,变压器也不能变压,交流接触器不会吸合。无功功率用 Q 表示,单位为 VAr(乏)或 kVAr(千乏)。

在正常情况下,用电设备不但要从电源取得有功功率,同时还需要从电源取得无功功率。如果电网中的无功功率供不应求,用电设备就没有足够的无功功率来建立正常的电磁场,那么这些用电设备就不能维持在额定情况下工作,用电设备的端电压就要下降,从而影响用电设备的正常运行。

在交流电中,有功功率和视在功率的比值称为功率因素,用 $\cos\varphi$ 表示。

4. 额定值

电气设备在运行时,电压过高、电流过大或负载过大,都会使电气设备损坏或降低使用寿命。所以任何电气设备和线路,都有一定的电压限额、电流限额、功率限额、温升限额和规定的接线方式和使用环境等。这些限额分别是额定电压、额定电流、额定功率、额定频率等,统称为额定值。

额定值是制造厂对产品的使用规定与限额。按照额定值来使用是最经济合理、安全可靠的,既充分发挥了设备能力,又保证了设备正常使用寿命。电气工程图上标注的设备、元件及线路等的规格、参数一般是指额定值。

设备在额定功率下工作称为满载。超过额定功率的情况称为过载,一般少量过载是允许的,因为产品设计时已考虑了一定的安全系数和过载能力,但严重过载是危险的。反之,低于额定功率工作,虽然安全,但设备的能力没有得到充分利用。额定功率是指负载在额定工作情况下,所输出的功率。

5. 三相负载的星形接法和三角接法

三相交流电的联结方式有两种,星形联结和三角形联结。

星形(Y)联结(图 9-1)是将三相绕组的末端联结在一起,从始端分别引出导线,用 A、B、C 表示,末端用 X、Y、Z 表示。末端的联结点用 O 表示,称为中性点,其引出线称为中性线。在三相负载对称的情况下,线电压等于相电压的 $\sqrt{3}$ 倍,线电流等于相电流。

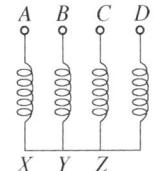

图 9-1 星形(Y)联结

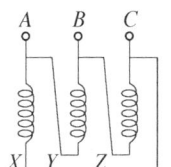

图 9-2 三角形(△)联结

三角形(△)联结(图9-2)是将三相绕组中每个绕组的首尾顺序联结构成一个三角形闭合回路,从三个联结点引出三个相线。在三角形联结中,线电流等于$\sqrt{3}$相电流,相电压等于线电压。

6. 电路、断路、短路

电流所能经过的路径称为"电路"。包括四个主要部分即电源、负载(用电设备)、连接导线与控制设备。当电路内的电源是直流电源时,该电路称为"直流电路",是交流电源时称为"交流电路"。

在闭合电路中的某一部分发生了断开现象,从而使电流不能导通的状态称"断路"。发生断路后,电气设备便不能工作。电源通向用电设备(也称负载)的导线若不经过负载(或负载为零)而相互直接连通的状态,称"短路"。短路时,电路中电流大大增加,往往造成电气设备过热或烧毁。

7. 负荷率、线损率、设备利用率

负荷率是在一定时间用电的平均负荷与额定容量之比,通常用百分数表示。线损率指线路损失的电量与供电电量之比,也用百分数表示。设备利用率指用电设备实际综合负荷与设备额定容量之和的比值。

8. 供电电压

供电电压一般有三种:低压、高压、安全电压。

一般规定1 000 V以下的供电为低压供电,我国常用的为380/220 V。

当电能要远距离输送,或电动机功率很大时,要采用高压送电。常用的高压等级有6 kV、10 kV、35 kV、110 kV、220 kV等。

安全电压,是指为了防止触电事故而由特定电源供电所采用的电压系列。安全电压应满足以下三个条件:① 标称电压不超过交流50 V、直流120 V;② 由安全隔离变压器供电;③ 安全电压电路与供电电路及大地隔离。我国规定的安全电压额定值的等级为42 V、36 V、24 V、12 V、6 V。当电气设备采用的电压超过安全电压时,必须按规定采取防止直接接触带电体的保护措施。一般环境条件下允许持续接触的"安全特低电压"是36 V(也可能是24 V、12 V AC/DC,36 V最常见)。

9. 供电负荷

根据对供电可靠性的要求及中断供电在政治、经济上所造成的损失或影响的程度,电力负荷分为三级。对于规模较大的水厂,当中断供电将造成重大经济损失时,应采用一级负荷。中小型水厂一般属于二级或三级负荷。

二、电气工程中常用仪表

电气工程常用的测量仪表包括电流表、电压表、电能表、兆欧表、万用表、接地电阻测试仪等。

1. 电流表

(1) 一般电流表。电流表的内阻很小,使用时应串接在电路中。用一般电流表测量电路的电流时,需要切断电路,将电流表或电流互感器的初级线圈串接到被测电路中。

(2) 钳形电流表。钳形电流表可在不切断电路的情况下测量电流,使用很方便。钳形电流表是由电流互感器和整流式电流表组成,外形结构如图9-3所示。电流互感器的铁芯在捏紧扳手时即张开,如图 9-3 中虚线位置,使被测电流通过的导线不必切断就可进入铁芯的窗口,然后放松扳手,使铁芯闭合。这样,通过电流的导线相当于互感器的初级绕组,而次级绕组中将出现感应电流,与次级相连接的整流系电流表指示出被测电流的数值。

2. 电压表

电压表是指测量电路电压的仪表,也称伏特表,表盘上标有符号"V"。因量程不同,电压表又分为毫伏表、伏特表、千伏表等多种品种规格,在其表盘上分别标有 mV、V、kV 等字样。

3. 电能表

电能表是专门用来测量电能的,是一种能将电能累计起来的积算式仪表。根据其工作原理,可分为感应式电能表、磁电式电能表、电子式电能表等。

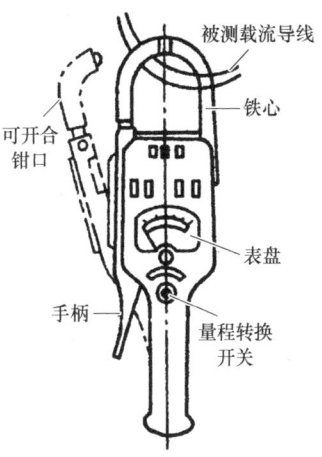

图 9-3　钳形电流表

4. 兆欧表

兆欧表是用来测量绝缘电阻的仪表,它是一种简便的测量大电阻的指示仪表,其标度尺的单位是兆欧,用 MΩ 来表示。选用兆欧表的额定电压应与被测线路或设备的工作电压相对应,兆欧表电压过低会造成测量结果不准确;过高则可能击穿绝缘。

5. 万用表

万用表是采用磁电式测量机构配合测量线路实现各种电量测量的仪表。实质上万用表是由多量限直流电流表、多量限直流电压表、多量限整流系交流电压表和多量限欧姆表等所组成;合用一个表头,表盘上有相当于测量各种量值的几条标度尺。根据不同的测量对象可以通过转换开关的选择来达到测量目的。

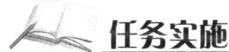 **任务实施**

一、认识常用电气设备符号

常用电气设备符号如表 9-1 所示。

表 9-1　常用电气设备图形符号

图形符号	名称	图形符号	名称
═══	直流	⏚	一般接地符号
∿	交流	─▭─	电阻器的一般符号
Y	星形连接	─⌇⌇⌇─	电感线圈
△	三角形连接	(M 3~)	三相鼠笼式异步电动机

续表

图形符号	名称	图形符号	名称
	三相双绕组变压器绕组连接：星形/带中性点引出线的星形（Y，yn）		三相双绕组变压器绕组连接：三角形/带中性点引出线的星形（D，yn）
	一个铁芯上具有两个次级绕组的电流互感器		电压互感器绕组连接：星形/星形/开口三角形
	插头和插座		熔断器式刀开关（刀熔开关）
+	正极	多线　　单线	手动三极开关
—	负极		断路器
	绝缘击穿的一般符号		接触器主动合触头
	导线对地绝缘击穿		接触器或继电器的动断（常闭）触头
	原电池或蓄电池		接触器或继电器的线圈
	电容器一般符号		热继电器动断（常闭）触头
	接通的连接片		停止按钮
	电缆终端头		半导体二极管一般符号

续 表

图 形 符 号	名 称	图 形 符 号	名 称
形式1　　形式2	当操作器件吸合时延时闭合的动合(常开)触点		接触器或继电器的动合(常开)触头
	电铃		热继电器驱动元件
	屏、台、箱、柜的一般符号		启动按钮
	照明配电箱		灯具的一般符号、信号灯
	指示式测量仪表的一般符号(为了区分仪表的类型,可在圆内填写相关符号,如 A，V，Hz，$\cos\Phi$, kW 等)	形式1　　形式2	当操作器件释放时延时断开的动合(常开)触点
	隔离开关		电喇叭
	负荷开关		动力或动力-照明配电箱
	避雷器		事故照明配电箱
	熔断器		积算式测量仪表的一般符号(为了区分仪表的类型,可在方框内填写相关符号,如 kWh，kvarh 等)

二、钳形电流表的正确使用方法

钳形电流表使用方便,但准确度较低。通常只用在不便于拆线或不能切断电路的情况下进行测量。使用钳形电流表进行电路电流的测量应符合下列要求:

(1) 估计被测电流大小,将转换开关置于适当量程;或先将开关置于最高挡,根据读数大小逐次向低挡切换,使读数超过刻度的 1/2,得到较准确的读数。

(2) 测量低压可熔保险器或低压母线电流时,测量前应将邻近各相用绝缘板隔离,以防钳口张开时可能引起相间短路。

(3) 有些型号的钳形电流表附有交流电压量限,测量电流、电压时应分别进行,不能同时测量。

(4) 测量 5 A 以下电流时,为获得较为准确的读数,若条件许可,可将导线多绕几圈放进钳口测量,此时实际电流值为钳形表的示值除以所绕导线圈数。

(5) 测量时应戴绝缘手套,站在绝缘垫上。读数时要注意安全,切勿触及其他带电部分。

(6) 钳形电流表应保存在干燥的室内,钳口处应保持清洁,使用前应擦拭干净。

任务 9.2 变配电设备的运行维护

任务准备

一、变压器

变压器在工业、农业生产和科学实验中被广泛运用。当输送功率和负载功率因数一定时,若输送电压越高,则线路电流越小,因而可以减少输电导线的截面积,节省有色金属材料,而且还能减少线路上的功率损耗和电压损失。因此,远距离输电采用高电压是经济的。目前,我国交流输电的电压已达 500 kV。这样高的电压,不论从安全运行角度还是从制造成本方面考虑,都不适合由发电机直接产生。大型发电机的额定电压一般有 3.15 kV、6.3 kV、10.5 kV 等几种。因此,在输电时必须利用变压器将电压升高。

在用电方面,各类负载的额定电压不一,多数为 220 V 或 380 V,少数电动机也有采用 3 kV 或 6 kV 的,机床上和井下的安全照明灯为 36 V。为了保证负载在额定电压下正常工作,供电时还要利用变压器把电源的高电压变换成为负载所需的低电压。综上所述,可知变压器是输配电系统中不可缺少的重要设备之一。

变压器是根据电磁感应原理制成的一种静止电器。它可用来把某一数值的交变电压或电流变换为同频率的另一数值的交变电压或电流,实现电能的经济传输与灵活分配;也可用来变换阻抗、传输信号;还可用来调节电压、测试电量等。

变压器由两个互相绝缘套在一个共同的铁芯上的绕组(线圈)组成。绕组之间彼此有磁的耦合,但没有电的联系,变压器的基本工作原理如图 9-4 所示。其中一个绕组接到交流电源,称为原绕组;另一个绕组接到负载,称为副绕组。当变压器的原绕组施加上交变电压产生 U_1 时,便在原绕组中产生一交变电流 i_1,这个电流在铁芯中产生交变主磁通 Φ,因为原、副绕组共同绕在一个铁芯上,所以当磁通 Φ 穿过副绕组时,便在变压器副边感应出电势 E。

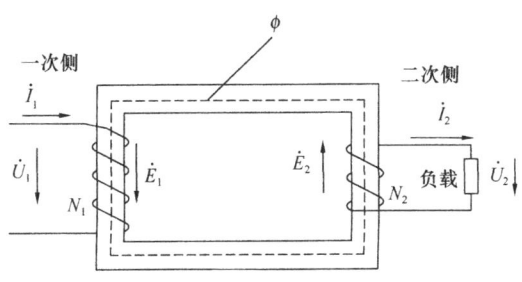

图 9-4 单相变压器工作原理

变压器是由铁芯、绕组、冷却装置、绝缘套管等组成的,变压器结构如图 9-5 所示。铁芯和绕组是变压器的主体。

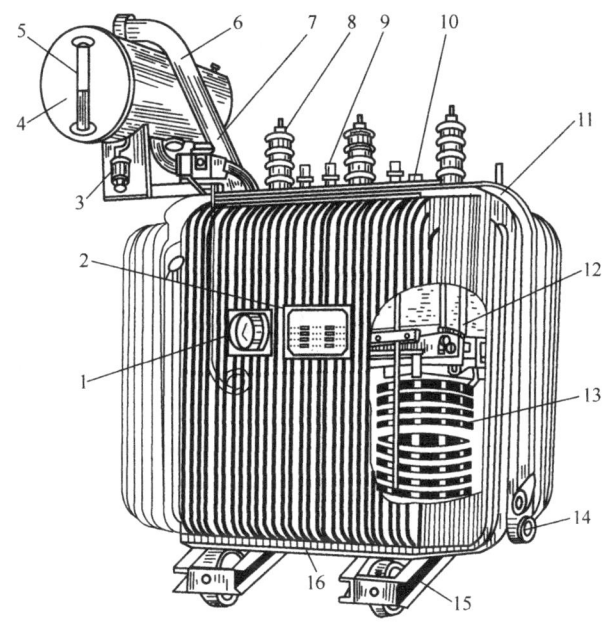

图 9-5 三相油浸式电力变压器

1—信号温度计;2—铭牌;3—吸湿器;4—油枕(储油柜);5—油位指示器(油标);
6—防爆管;7—瓦斯继电器;8—高压套管;9—低压套管;10—分接开关;11—油箱;
12—铁芯;13—绕组及绝缘;14—放油阀;15—小车;16—接地端子

铁芯是变压器的磁路部分,由硅钢片叠压而成。绕组是变压器的电路部分,用绝缘铜线或铝线绕制而成。变压器运行时自身损耗转化为热量,使绕组和铁芯发热,温度过高会损伤或烧坏绝缘材料,因此变压器运行需要有冷却装置。绝缘套管是为固定引出线并使之与油箱绝缘。绝缘套管一般是瓷质的,其结构主要取决于电压等级。此外,变压器还装有瓦斯继电器、防爆管、分接开关、放油阀等附件。

变压器的型号用来表示设备的特征和性能。变压器的型号一般由两部分组成:前一部分用汉语拼音字母表示变压器的类型和特点;后一部分由数字组成,斜线左方数字表示额定容量(kVA),斜线右方数字表示高压侧额定电压(kV)。型号含义如图 9-6 所示。

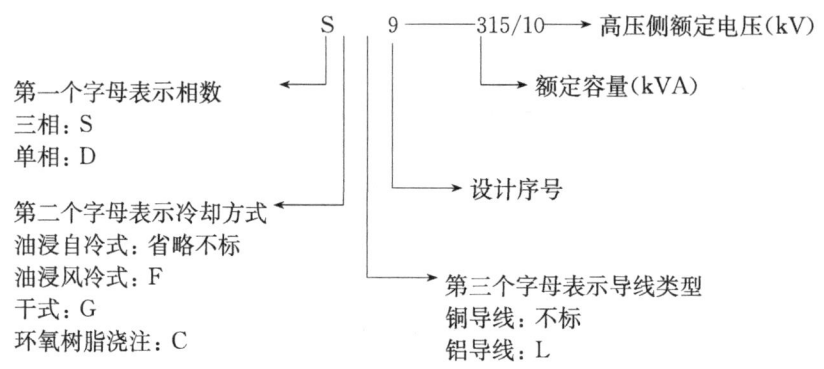

图 9-6 变压器型号的含义

二、变电所

变电所的形式有独立式、附设式、杆上式或高台式、成套式变电所。附设式又分为内附式和外附式。

10 kV 变电所一般由高压配电室、变压器室和低压配电室三部分组成。

1. 高压配电室

高压配电室内设置高压开关柜,柜内设置断路器、隔离开关、电压互感器、母线等。高压配电室的面积取决于高压开关的数量和柜的尺寸。高压配电一般设有高压进线柜、计量柜、电容补偿柜、馈线柜等。高压柜前留有巡检操作通道,应大于1.5 m。柜后及两端应留有检修通道,应大于 0.8 m。高压配电室的高度应大于 2.5 m。高压配电室的门应大于设备的宽度,并向外开。

2. 变压器室

当采用油浸变压器时,为使变压器与高、低压开关柜等设备隔离应单独设置变压器室。变压器室要求通风良好,进出风口面积应达到 $0.5 \sim 0.6 \text{ m}^2$。对于设在地下室内的变电所,可采用机械通风。变压器室的面积取决于变压器台数、体积,还要考虑周围的维护通道。10 kV 以下的高压裸导线距地高度大于 2.5 m,而低压裸导线要求距地高度大于 2.2 m。

3. 低压配电室

低压配电室应靠近变压器室,低压裸导线(铜母排)架空穿墙引入。低压配电室有进线柜、仪表柜、配出柜、低压补偿柜(采用高压电容补偿的可不设)等。低压配出回路多,低压开关数量也多。低压配电室的面积取决于低压开关柜数量,柜前应留有巡检通道(大于1.8 m)和柜后维修通道(大于 0.8 m)。低压开关柜有单列布置和双列布置(柜数量较多时采用)等。

变电所的建设还应满足以下条件:

(1) 变电所应保持室内干燥,严防雨水进入。

(2) 变电所应考虑通风良好,使电气设备正常工作。

(3) 变电所的高度应大于 4 m,应设置便于大型设备进出的大门和人员出入的门,且所有的门应向外开。

(4) 变电所的容量较大时,应单设值班室、设备维修室、设备库房等。

三、高压隔离开关

高压隔离开关的作用主要是隔断高压电源,并造成明显的断开点,以保证其他电气设备进行安全检修。因为高压隔离开关没有专门的灭弧装置,所以不允许带负荷分闸和合闸。但是激磁电流不超过 2 A 的空载变压器、电容电流不超过 5 A 的空载线路及电压互感器和避雷器等,可以用高压隔离开关切断。

按安装地点高压隔离开关分为户内式和户外式两大类。GN19-10/600 型户内高压隔离开关的外形如图 9-7 所示。它的型号含义如下：G——隔离开关；N——户内式；19——设计序号；10——额定电压(kV)；600——额定电流(A)。

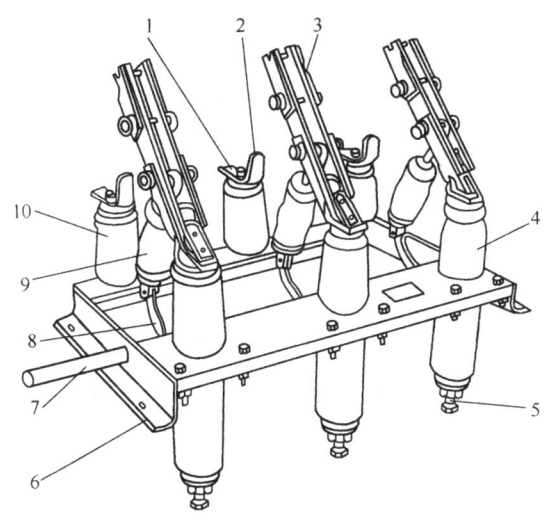

图 9-7 户内型高压隔离开关
1—上接线端；2—静触头；3—刀闸；4—套管绝缘子；
5—下接线端；6—框架；7—转轴；8—拐臂；
9—升降绝缘子；10—支柱绝缘子

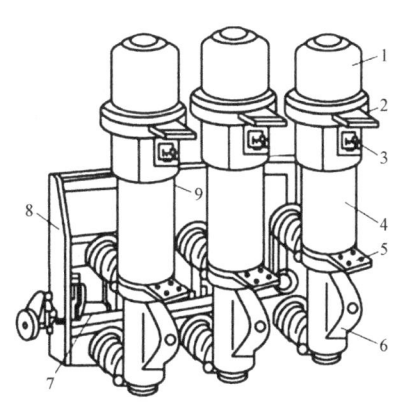

图 9-8 高压少油断路器
1—上帽；2—上出线座；3—油标；4—绝缘筒；
5—下出线座；6—基座；7—主轴；8—框架；
9—断路弹簧

四、高压断路器

高压断路器具有相当完善的灭弧结构和足够的断流能力。它的作用是接通和切断高压负荷电流,并在严重的过载和短路时自动跳闸,切断过载电流和短路电流。按高压断路器采用的灭弧介质不同,分为油断器、气体断路器(如 SF6)和真空断路器等。常用的高压油断路器,按用油量分类,又有高压少油断路器和高压多油断路器两类。少油断路器的油量很小,只有几千克,它的油只用来灭弧,不是用来绝缘的,所以外壳一般是带电的；多油断路器的油量大,它的油除了用来灭弧外,还要用做相对地(外壳)甚至相与相之间的绝缘的,外壳是不带电的。一般 6～10 kV 的户内高压配电装置中都采用少油断路器(如图 9-8)。

五、高压负荷开关

高压负荷开关是专门用在高压装置中通断负荷电流的,如装有热脱扣器时,也可在过负荷情况下自动跳闸,切断过负荷电流。高压负荷开关只具有简单的灭弧装置,只能通过一定的负荷电流和过负荷电流,它的断流能力不大,不能用它来切断短路电流。它必须和高压熔断器串联使用,短路电流靠熔断器切断。高压负荷开关也分为户内式和户外式两大类。

FN3-10RT 型户内式高负荷开关如图 9-9 所示。

六、高压熔断器

高压熔断器是电网中广泛使用的电器,它是在电网中人为地设置的一个最薄弱的通流元件,当流过过电流时,元件本身发热而熔断,借灭弧介质的作用使电路断开,达到保护电网线路和电气设备的目的。高压熔断器一般可分为管式和跌落式两类。户内广泛采用管式,户外采用跌落式。由于管式熔断器在开断电路时,无游离气体排出,因此户内广泛采用 RN1、RN2 型管式熔断器,而在户外则广泛采用 RW4 型跌落式熔断器。

RN2 型户内高压管式熔断器的外形如图 9-10 所示,RN1、RN2 两者结构基本相同,在其密封瓷管内有并行的几根低熔点的工作熔体,熔体四周充满了石英砂。当短路电流或过负荷电流通过熔管时,熔体熔断,石英砂对熔丝熔断时的电弧起到冷却和去游离作用,使电弧很快熄灭,并且指示熔体熔断的指示器弹出。这种管式熔断器的灭弧能力强,能在短路电流未达到最大值之前将电弧熄灭,因而可限制短路电流数值。

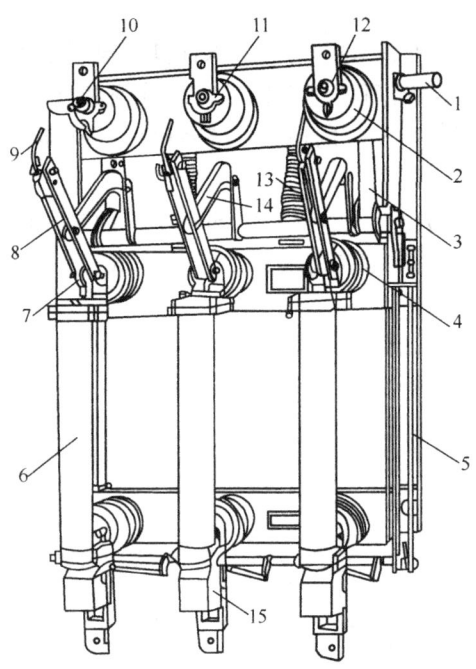

图 9-9 高压负荷开关结构
1—主轴;2—上绝缘子兼气缸;3—连杆;4—下绝缘子;
5—框架;6—高压熔断器;7—下触座;8—闸刀;
9—弧动触头;10—灭弧喷嘴(内有弧静触头);
11—主静触头;12—上触座;13—断路弹簧;
14—绝缘拉杆;15—热脱扣器

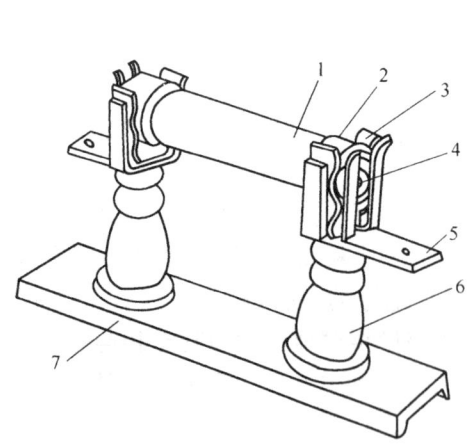

图 9-10 户内高压熔断器
1—瓷熔管;2—金属管帽;3—弹性触座;4—熔断指示器;
5—接线端子;6—瓷绝缘子;7—底座

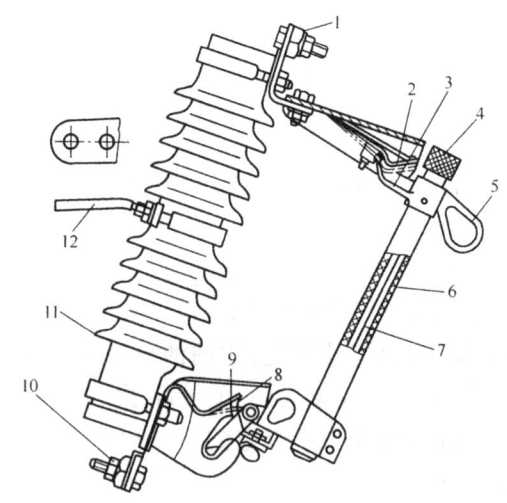

图 9-11 户外高压熔断器
1—上接线端;2—上静触头;3—上动触头;4—管帽;5—操作环;
6—熔管;7—熔丝;8—下动触头;9—下静触头;
10—下接线端;11—绝缘瓷瓶;12—固定安装板

RW4型户外高压跌落式熔断器的外形结构如图9-11所示。这种熔断器的熔管由保护管(由酚醛纸制成)和消弧管(由产气材料制成)组成,里面密封着熔丝。正常运行时该熔断器串联在线路上,利用熔管上的活动关节拉紧,使熔断器保持在合闸状态。当线路发生过电流等故障时,过电流使熔丝迅速熔断,消弧管产生大量气体将电弧吹灭。熔丝熔断后,熔管下部触头因失去张力而下翻,在熔管自重作用下跌落,形成明显的断开间隙。这种熔断器使用于周围没有急剧震动的场所,既可做6～10 kV交流电力线路和电力变压器的短路保护,又可在一定条件下直接用绝缘钩棒操作熔管的开合,以断开或接通小容量的空载变压器、空载线路和小负荷电流。

七、互感器

互感器是电工测量和自动保护装置使用的特殊变压器。使用互感器的目的一是把测量回路和高压电网隔离,以利于确保工作人员的安全;二是扩大测量仪表的量程,可以使用小量程电流表测量大电流,用低量程电压表测量高电压,或者为高压电路的控制及保护装置提供所需的低电压或小电流。互感器按用途可分为电压互感器和电流互感器两类。

1. 电压互感器

电压互感器的结构特点是:一次绕组匝数多,而二次绕组匝数少,相当于降压变压器。它接入电路的方式是:将一次绕组并联在一次电路中;而将二次绕组并联仪表、继电器的电压线圈,电压互感器构造原理图如图9-12所示。由于二次仪表、继电器等的电压线圈阻抗很大,所以电压互感器工作时二次回路接近于空载状态。二次绕组的额定电压一般为100 V。

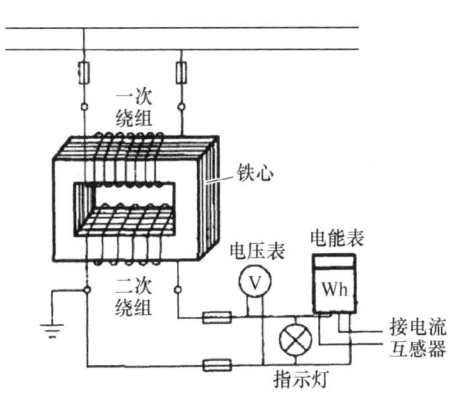

图9-12 电压互感器构造原理图

电压互感器在使用中要注意以下几点:

(1) 一次、二次侧必须加熔断器保护,二次侧不能短路,防止发生短路烧毁互感器或影响一次电路正常运行;

(2) 电压互感器二次侧有一端必须接地,防止一次、二次绕组绝缘击穿时,一次侧的高电压窜入二次侧,危及人身和设备的安全;

(3) 二次侧并接的电压线圈不能太多,避免超过电压互感器的额定容量,引起互感器绕组发热,并降低互感器的准确度。

2. 电流互感器

电流互感器的结构特点是:一次绕组匝数少(有的只有一匝,利用一次导体穿过其铁芯),导体相当粗;而二次绕组匝数很多,导体较细。它接入电路的方式是:将一次绕组串联接入一次电路;而将二次绕组与仪表、继电器等的电流线圈串联,形成一个闭合回路,电流互感器构造原理图如图9-13所示。由于二次仪表、继电器等的电流线圈阻抗很小,所以电流互感器工作时二次

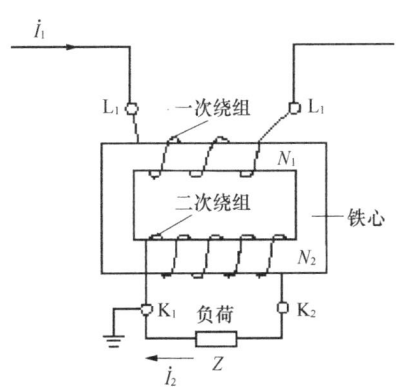

图9-13 电流互感器构造原理图

回路接近短路状态。二次绕组的额定电流一般为 5 A。

电流互感器在使用中要注意以下几点：

（1）电流互感器在工作时其二次不得开路，二次侧不允许串接熔断器和开关；

（2）电流互感器二次侧有一端必须接地，防止一次、二次绕组绝缘击穿时，一次侧的高电压窜入二次侧，危及人身和设备的安全。

 **任务实施**

一、变压器的运行

1. 运行前检查

变压器投入运行前必须认真、细致地进行检查，检查的主要内容为：

（1）检查铭牌数据，铭牌电压和线路电压是否相符；

（2）检查试验合格证，如合格证日期已越过 2 个月或变压器经过长途运输都应重新测验电气性能；

（3）检查油位是否正常，有无渗油、漏油现象，呼吸器是否通气；

（4）检查高、低压套管及引线是否完整，螺丝是否松动；

（5）检查高压开关是否正确，电缆和母线有无异常现象；

（6）检查高低压熔丝是否按规定选用，防雷保护是否齐全；

（7）检查变压器外壳保护接地是否良好，接地电阻是否合格；

（8）检查分接开关位置是否与电源电压相适应。

经检查都符合要求后方能投入运行。

2. 变压器的停送电操作

变压器停送电操作即拉合开关看起来很简单，但容易误操作。因此，必须严格按照安全供电操作规程进行。对于只用跌落式熔断器控制的变压器，一般停送电操作顺序是：

（1）停电时操作程序：

先将水泵电机和其他用电负荷切除，然后先拉低压分路开关，后拉低压总开关，最后在变压器空载情况下拉下高压跌落式熔断器。拉下三相高压跌落式熔断器时应先拉中间一相，然后拉背风一相，最后拉迎风的一相。

（2）送电时（合闸）操作顺序：

送电（合闸）操作和停电时操作顺序正好相反，先合高压，后合低压，次序是：先合高压跌落式熔断器，再合低压总开关，再合低压分开关；最后将水泵、电机等投入运行。

拉合跌落式熔断器时，必须肯定变压器是空载的情况下才允许操作，操作时应先合迎风一相，再合背风相，最后为中间相。操作时必须使用合格的绝缘拉杆，穿绝缘鞋或站在干燥的木台上。并应至少有一人监护。

对于设有油开关的隔离开关的变压器，拉、合闸原则上也是先断低压侧，后断高压侧；先合高压侧，后合低压侧。对于油开关的隔离开关则应先停油开关，后拉隔离开关，先合隔离开关后合油开关。

变压器的充电应在有保护装置的电源侧用断路器操作。35 kV 及以下变压器停运时应先停负荷侧，后停电源侧。

3. 变压器的运行巡视

(1) 变压器运行巡视检查一般包括以下内容：

1) 变压器油温和温度计应正常，储油柜的油位应与温度相对应，各部位无渗油、漏油；

2) 套管油位应正常，套管外部无破损裂纹，无严重油污，无放电痕迹及其他异常现象；

3) 变压器声响应正常；

4) 冷却器温度正常，风扇、油泵、水泵运转正常，油流继电器工作正常；

5) 水冷却器的油压应大于水压（制造厂另有规定者除外）；

6) 呼吸器完好，吸附剂干燥；

7) 引线接头、电缆、母线应无发热现象；

8) 压力释放器或安全气道及防爆膜应完好无损；

9) 有载分接开关的分接位置及电源指示应正常；

10) 气体继电器内应无气体；

11) 各控制箱和二次端子箱应关严，无受潮；

12) 干式变压器的环氧树脂层应完好，无龟裂、破损，外部表面应无积污；

13) 变压器室的门、窗、照明应完好，房屋不漏水，室温正常；

14) 变压器外壳接地应完好。

(2) 变压器运行应符合下列规定：

1) 有人值班变电站，应每班至少巡视一次；无人值班变电站，应每周至少巡视一次，并在每次停运后与投入前进行现场检查。

2) 在接班时，必须检查油枕和气体继电器的油面。

3) 在下列情况下应对变压器进行特殊巡视检查，增加巡视检查次数：

① 新装或经过检修的变压器，在投运 72 h 内；

② 有严重缺陷时；

③ 气象突出（如大风、大雾、冰雹、寒潮等）时；

④ 雷雨季节，特别是雷雨后；

⑤ 高温季节、高峰负载期间；

⑥ 按规定变压器允许过负荷运行时。

二、其他配电装置的运行

值班人员对熔断器每班都要巡回检查一次。主要是目测检查瓷管有无裂纹、污垢及积尘；各部零件是否良好，有无振动或脱落；接触部分有无严重烧伤。对跌落式熔断器，每年仍应清扫检查，检查中要调整好后卡箍使其固定牢固，俯角要保持 15°~30°，操作机构应灵活。

运转人员要按规定接班后对隔离开关进行一次检查。每隔 5 d 应在夜间检查一次。在每次接通之前和断开之后都应检查。检查内容主要是绝缘情况，有无放电及电晕现象；接触点的位置是否正常，有无发热现象，如金属发暗或颜色变化；传动机构是否良好。

隔离开关每年要进行一次接点电阻和开、合闸试验。

对高压断路器的检查应该在交接班时、最大负荷时、每 5 d 进行一次夜间检查。检查的主要内容：

1) 绝缘套管有无异常杂音及闪络；

2) 外壳温度，油面计所指示的油面，外壳是否漏油；

3) 充油套管的油面;

4) 传动机构的状态及排气孔的隔片是否完整;

5) 接点接触情况,是否发热(可根据变色漆的颜色来判断);

6) 信号装置的表示是否正确;

7) 对高压断路器还应每年进行一次耐压试验,在每次大修时还应更换新油。

电压互感器在运行中二次侧不允许短路,否则会烧坏二次线圈,为防止短路,避免短路电流的破坏作用,在电压互感器的一次和二次侧都要装有熔丝。此外,电压互感器的二次线圈的一个端头和外壳应接地,以免电压互感器的绝缘被击穿时,二次线圈和外壳上出现的高压使工作人员发生危险和仪表遭到损坏。

电压互感器运行中检查的主要内容:

1) 检查是否漏油及油位。油表中油位至少在最低监视线以上。

2) 检查有无异常响声。在运行中,一般不易听到"嗡嗡"的响声,如内部放电,会发出"吱吱"声,应多加注意。

3) 检查外部接触连接及绝缘瓷瓶有无松动及裂纹等。

电压互感器应按规定进行预防性试验,试验项目有油箱内和套管内油的试验;测量线圈的绝缘电阻和耐压试验等。

电流互感器运行中检查的主要内容:

1) 检查表面有无损坏之处。检查绝缘瓷瓶接触连接的状况。

2) 检查是否漏油及油位是否在监视线以上(对充油的电流互感器)。

3) 检查有无响声,在正常运行中是听不到"嗡嗡"声,如果二次侧开路或过载等原因会发出较大的"嗡嗡"声。二次侧开路可用电流表来监视。

任务9.3 电动机与低压电气设备的运行维护

一、电动机

1. 电动机的型号、规格

电动机是把电能转换成机械能的一种设备。它是利用通电线圈(也就是定子绕组)产生旋转磁场并作用于转子(如鼠笼式闭合铝框)形成磁电动力旋转扭矩。电动机按使用电源不同分为直流电动机和交流电动机。交流电动机可分为同步电动机和异步电动机(电机定子磁场转速与转子旋转转速不保持同步速)。异步电动机按其定子绕组的相数又可分为单相异步电动机和三相异步电动机。绝大多数水厂都使用三相异步电动机。

三相异步电动机有两种基本型式,一种是鼠笼式异步电动机,另一种是绕线式电动机。两者之间的主要区别是转子构造不同。

2. 电动机的铭牌

电动机的铭牌指明了电动机的型号和规格,是选择、安装、使用和修理电动机的依据。现以 JO_2-51-2 电动机铭牌(表9-2)为例,逐项介绍如下:

表 9-2 电动机铭牌

三相异步电动机			
编　　号	0582	型　　号	JO$_2$-51-2
容　　量	10 kW	定　　额	连续
转　　数	2 930 r/min	频　　率	50 Hz
电　　压	380 V	接　　法	△
电　　源	19.7 A	温　　升	60℃
功率因数	0.88	出厂日期	年　　月
重　　量	100 kg		××电机厂

(1) 型号。

型号表示电动机的种类和型式,常用电动机的型号表示方法见表 9-3。

(2) 容量。

容量表示这台电机做功的能力。额定功率 10 kW 表示可以带 10 kW 机械连续运行。但如果"大马拉小车"就会浪费电能,"小马拉大车"就会发热而损坏。

(3) 电压。

电压即定子绕组能正常工作的电压。电压变动在 5% 以内对电动机一般没有影响。但电压过高或过低都会使电机过热而损坏。

铭牌上如标志两个电压值,例如 220/380 V。表示这台电机有两个额定电压。这类电机接线板板上有六个出线头,在安装接线时要根据电源电压选用。如 220/380 V 电动机,电压为 220 V 时应接成三角形(△)使用。

(4) 电流。

在额定电压和额定频率下,电机负载到额定功率时的电流叫额定电流。额定电流是电动机的最大安全电流,超过了就会使电动机过热。铭牌上有两个额定电流值则表示不同额定电压下的额定电流值。电动机的电流大小可以衡量电机负载的大小。

(5) 转数。

额定转数是电动机在额定电压、额定负载和额定频率下工作时每分钟的转数。

(6) 频率。

额定频率是指通过电机的交流电源的频率。我国交流电源频率规定为 50 Hz。

(7) 接法。

接法表示电动机在额定电压下定子三相绕组的连接方法。一般电机定子共有三相绕组,可以接成星形(Y),也可以接成三角形(△)。三相绕组共有六个端头,各相的始端用 1、2、3 表示或者用 D_1、D_2、D_3 表示,终端用 4、5、6 或者 D_4、D_5、D_6 表示。三角形接法是将 1 和 5、2 和 6、3 和 4 相连;星形接法是将 4、5、6 连在一起,如图 9-14 所示。但必须按铭牌上规定的接法连接,才能正常运行。

(8) 定额。

定额是说明电动机允许连续使用的时间,分连续、短时、断续三种,表示电动机按额定功率可以连续使用还是不能连续使用,只能短时使用或只能多次重复短时使用。

(9) 温升。

温升是指定子铁芯和绕组温度高于环境温度的允许温度差。例如定子铁芯和绕组的最高温度为95℃,环境温度为25℃,则温升为70℃。电机温升过大会破坏绝缘,缩短寿命。电机的绝缘分 A、B、E、F、H 五个等级。不同绝缘等级的电动机的温升是不同的:A 级(60℃)、B 级(75℃)、E 级(80℃)、F 级(100℃)、H 级(125℃)。轴承温升一般为 55℃。

(10) 重量。

电机的重量主要是供选择起吊设备和安装方式用。

表9-3 常用电动机的型号表示法

电机类型	型号举例	型号意义说明
Y 系列小型三相鼠笼式异步电动机	$Y_{132}M_2-2$	Y—Y 系列为全封闭自扇冷鼠笼型三相异步电动机; 132—机座中心高(mm); M_2—中机座,短为 S,长为 L,其中 2 为第二种铁芯长度; -2—级数
JO_2 系列小型三相鼠笼式异步电动机	JO_2-61-4	J—交流异步; O—封闭式; 2—第二次设计; 6—机座号数; 1—铁芯长度序号; 4—级数
JO_2—W 系列小型户外三相异步电动机	$JO_2-52-4-W$	W—户外式。(其余同上)
JS_2 与 JSL_2 系列中型三相鼠笼式异步电动机	JS_2-355S_2-4 JSL_2-355M_2-2	J—异步电动机; S—鼠笼转子型; L—立式; 2—第二次改型设计; 355—机座号; S,M—机座长度; 2—铁芯长度序号; 4—级数
JR_2、JRL_2 系列(中型)三相绕线异步电动机	JRL_2-400M_3-8 JR_2-400S_1-4	J—异步电动机; R—绕线式转子; L—立式; 2—第二次改型设计; 400—机座中心高; S,M—机座长度; 3—铁芯长度序号; 4、8—级数

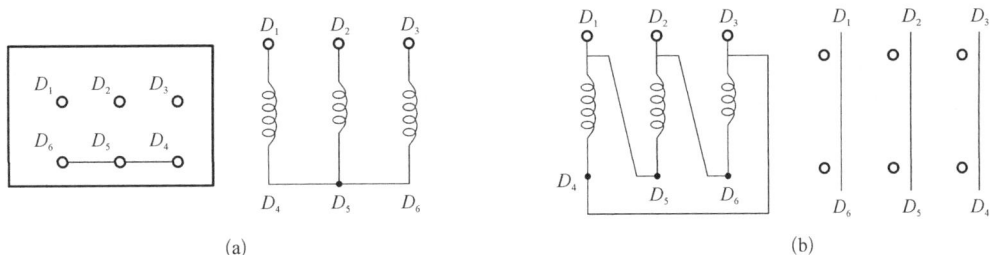

图 9-14 三相绕组的连接方式

(a) Y形连接；(b) △连接

3. 电动机的一般构造

一般电动机(三相鼠笼式异步电动机)构造比较简单,由定子、转子两大部分及端盖、轴、轴承、通风零件、接线盒等组成,其外形及结构见图 9-15。

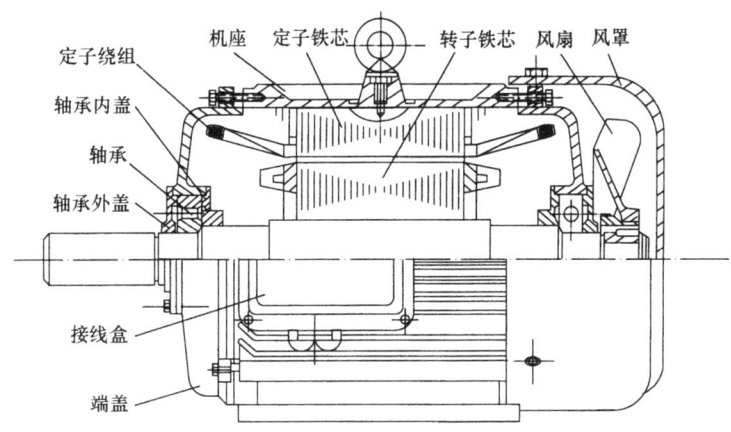

图 9-15 三相鼠笼式异步电动机结构图

4. 电动机的性能

衡量电动机性能的主要技术指标有：

(1) 效率。

电动机的效率就是它的输出功率和输入功率之比,通常用百分数表示。电动机的输出功率与输入功率之所以不同,主要是电动机在运行过程中会产生三种损耗：一是铁芯损耗即铁损,这是一种与负载大小无关的固定损耗；二是机械损耗,这是由于克服轴承摩擦及风扇阻力所消耗的功率,其大小与转速有关,也属于一种固定损耗；三是绕组损耗,也称铜损,这是由于定子和转子绕组中的等效电阻在电流通过时所消耗的功率,铜损与电流大小有关,即随负载大小而变化,是一种可变损耗。一般电动机的效率在 70%～93% 之间,空载与轻载时效率都很低。

(2) 功率因素。见前一任务。

(3) 起动转矩。

起动转矩是电机起动时产生的转矩,要比额定转矩大 1.2～2 倍,起动转矩大的电机性能好。如果起动转矩太小,会使电动机不能带负荷起动。

(4) 起动电流。

异步电动机在刚起动时的电流叫起动电流。起动电流通常要比额定电流大,当转逐渐增加到稳定转速后,电流才趋于额定值。起动电流过大会影响电网电压,还会影响电机本身寿命和正常使用。

(5) 最大转矩。

代表电机所能拖动最大负荷时的转矩,一般用额定转矩的倍数来表示。

(6) 转动惯量。

代表电动机从起动到稳定转速所需的时间。电动机转动惯量小,转速很快可达到稳定的转速,这样起动电流存在的时间就缩短了,这对电机运行是有好处的。

5. 电动机的选用

(1) 鼠笼型异步电动机。

鼠笼型异步电动机起动电流为额定电流的 4~7 倍,起动转矩为额定转矩的 0.8~1.2 倍,并且转速不易调节,负荷不足时功率因数较低,容易受到电源电压的影响。但这种电动机构造简单,价格便宜,坚固耐用,起动方便,在不同负载下能保持恒定的转速、能承担较大的过载,一般情况下功率因数与效率比绕线型电动机高,没有滑环,不会产生电火花,比较安全,因此得到广泛应用。

(2) 绕线型异步电动机。

绕线型异步电动机由于起动时在转子电路中串入适当电阻,因此起动电流较小,一般只为额定电流的 1.5~2 倍,起动转矩较大,能承担较大的过载。但这种电机构造复杂,价格较贵,电刷和滑环维护困难。因此只有在需要比较大的起动转矩和对起动电流要求较严时才应用。

(3) Y 型三相异步电动机。

Y 型系列三相异步电动机具有效率高、耗电少、性能好、噪声低、振动小、体积小、重量轻、运行可靠、维护方便等优点,选择电动机时应优先考虑。

二、低压设备

低压电器通常指额定电压 500 V 以下的电器,在自来水厂的低压电动机和其他电器设备中起着开关、控制、保护及调节的作用。低压电器可分为配电与控制两大类。低压控制电器主要有刀开关、转换开关、熔断器、自动开关等。低压控制电器主要有起动器、接触器、继电器等。

1. 刀开关

刀开关是一种简单的手动操作电器,用于非频繁接通和切断容量不大的低压供电线路,并兼做电源隔离开关。刀开关的型号一般以 H 字母打头,种类规格繁多,并有多种衍生产品。按工作原理和结构,刀开关可分为低压刀开关、胶盖闸刀开关、刀形转换开关、铁壳开关、熔断式刀开关、组合开关等。

(1) 低压刀开关的最大特点是有一个刀形动触头,基本组成部分是闸刀(动触头)、刀座(静触头)和底板,刀开关结构如图 9-16 所示。

(2) 胶盖闸刀开关是普通使用的一种刀开关,又称开启式负荷开关。闸刀装在瓷质底板上,每相附有保险丝、接线柱,用胶木罩壳盖住闸刀,以防止切断电源时电弧烧伤操作者。

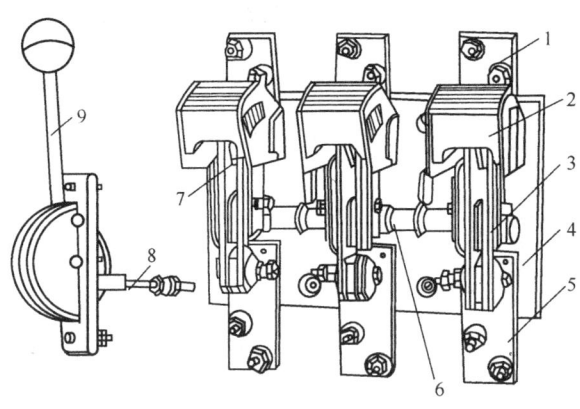

图 9-16　HD13 型刀开关
1—上接线端子；2—灭弧罩；3—闸刀；4—底座；5—下接线端子；
6—主轴；7—静触头；8—连杆；9—操作手柄

如图 9-17 所示。

（3）铁壳开关主要由刀开关、熔断器和铁制外壳组成，又称封闭式负荷开关。在刀闸断开处有灭弧罩，断开速度比胶盖闸刀快，灭弧能力强，并具有短路保护。它适用于各种配电设备，供不频繁手动接通和分断负荷电路之用。如图 9-18 所示。

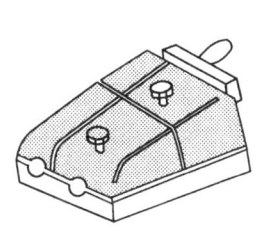 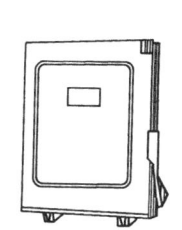 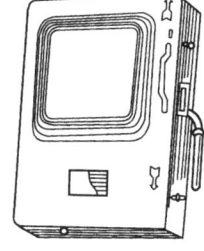

　　图 9-17　开启式负荷开关　　　　图 9-18　铁壳开关

（4）熔断式刀开关也称刀熔开关，熔断器装于刀开关的动触片中间。它的结构紧凑，可代替分列的刀开关和熔断器，通常装于开关柜及电力配电箱内。

（5）组合开关是一种多功能开关，可用来接通或分断电路，切换电源或负载，测量三相电压，控制小容量电动机正、反转等，但不能用做频繁操作的手动开关。

2. 低压断路器

低压断路器又称低压空气开关或自动空气开关。断路器具有良好的灭弧性能，它能带负荷通断电路，可以用于电路的不频繁操作，同时它又能提供短路、过负荷和失压保护，是低压供配电线路中重要的开关设备。断路器主要由触头系统、灭弧系统、脱扣器和操作机构等部分组成。它的操作机构比较复杂，主触头的通断可以手动，也可以电动。断路器的结构原理如图 9-19 所示。

当手动合闸后，跳钩 2 和锁扣 3 扣住，开关的触头闭合，当电路出现短路故障时，过电流脱扣器 6 中线圈的电流会增加许多倍，其上部的衔铁逆时针方向转动推动锁扣向上，使其跳钩 2 脱钩，在弹簧弹力的作用下，开关自动打开，断开线路；当线路过负荷时，热元件 8 的发

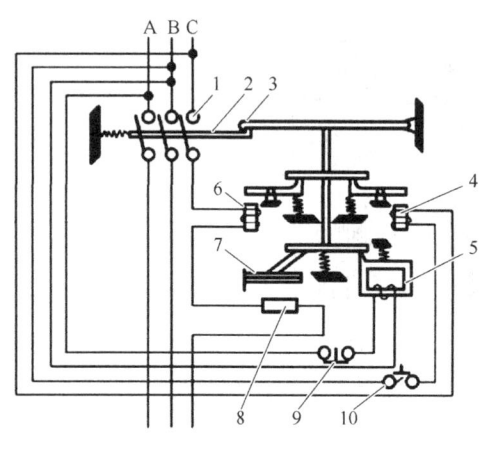

图 9-19 断路器原理图
1—触头；2—跳钩；3—锁扣；4—分励脱扣器；
5—欠电压脱扣器；6—过电流脱扣器；7—双金属片；
8—热元件；9—常闭按钮；10—常开按钮

热量会增加，使双金属片向上弯曲程度加大，托起锁扣 3，最终使开关跳闸；当线路电压不足时，欠压脱扣器 5 中线圈的电流会下降，铁芯的电磁力下降，不能克服衔铁上弹簧的弹力，使衔铁上跳，锁扣 3 上跳，与跳钩 2 脱离，致使开关打开。按钮 9 和 10 起分励脱扣作用，当按下按钮时，开关的动作过程与线路失压时是相同的；按下按钮 10 时，使分励脱扣器线圈通电，最终使开关打开。

一般低压空气断路器在使用时要垂直安装，不要倾斜，以避免其内部机械部件运动不够灵活。接线时要上端接电源线，下端接负载线。有些空气开关自动跳闸后，需将手柄向下扳，然后再向上推才能合闸，若直接向上推则不能合闸。低压空气断路器按照用途可分为：配电用断路器、电机保护用断路器、直流保护用断路器、发电机励磁回路用的灭磁断路器、照明用断路器、漏电保护断路器等。按照分断短路电流的能力可分为：经济型、标准型、高分断型、限流型、超高分断型等。

3. 交流接触器

接触器的工作原理是利用电磁吸力来使触头动作的开关，它可以用于需要频繁通断操作的场合。接触器按电流类型不同可分为直流接触器和交流接触器。常用的是交流接触器。

接触器的结构原理如图 9-20 所示。当线圈通电后，铁芯被磁化为电磁铁，产生吸力。当吸力大于弹簧反弹力时衔铁吸合，带动拉杆移动，将所有常开触头闭合、常闭触头打开。线圈失电后，衔铁随即释放并利用弹簧的拉力将拉杆和动触头恢复至初始状态。接触器的触头分两类：一类用于通断主电路的，称为主触头，有灭弧罩，可以通过较大电流；另一类用于控制回路中，可以通过小电流，称为辅助触头。辅助触头主要有常开和常闭两类。

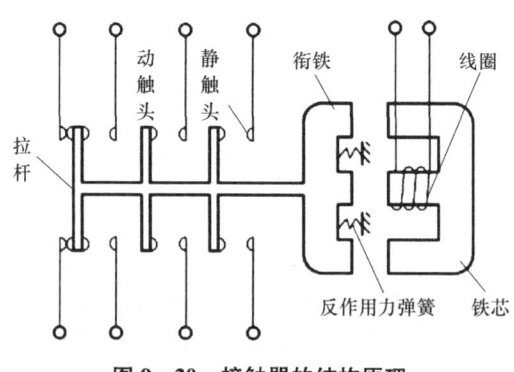

图 9-20 接触器的结构原理

4. 低压熔断器

低压熔断器是常用的一种简单的保护电器。与高压熔断器一样，主要作为短路保护用，在一定条件下也可能起过负荷保护的作用。熔断器工作原理同高压熔断器一样，当线路中出现故障时，通过的电流大于规定值，熔体产生过量的热而被熔断，电路由此被分断。

低压熔断器常用的有瓷插式（RC1A）、密闭管式（RM10）、螺旋式（RL7）、填充料式（RT20）等多种类型。常用的低压熔断器外形图如图 9-21 所示。瓷插式灭弧能力差，只适用于故障电流较小的线路末端使用。其他几种类型的熔断器均有灭弧措施，分断电流能力比较强。密闭管式结构简单，螺旋式更换熔管时比较安全，填充料式的断流能力更强。

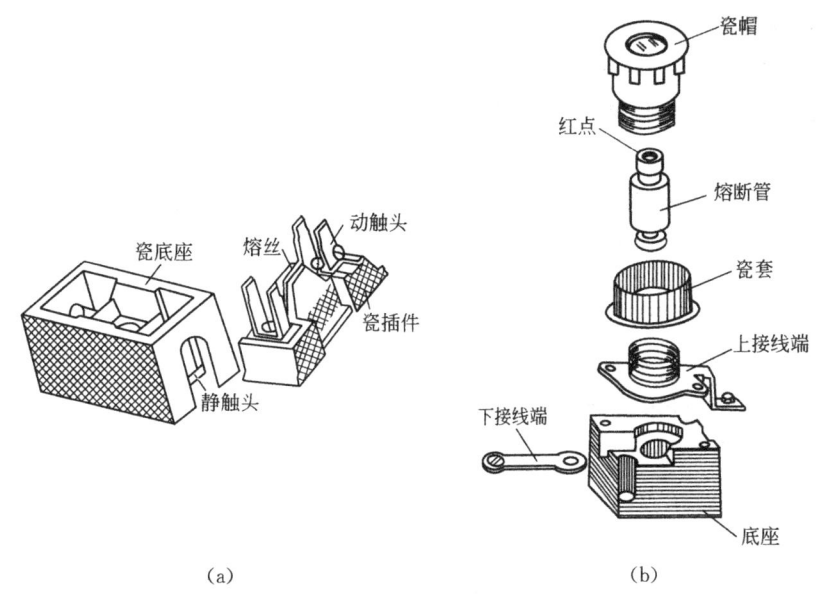

图 9-21 低压熔断器
(a) 瓷插式熔断器；(b) 螺旋式熔断器

5. 起动器

起动器是一种用作起动电动机的控制电器。除少数手动起动器外，大多数由接触器、热继电器和控制按钮等电器按一定方式组合而成，并具有过载、失压保护功能。常用起动器有磁力起动器、星三角起动器、自耦减压起动器等。

磁力起动器又称电磁开关，可用来直接起动电动机。磁力起动器主要由接触器和热继电器两部分组成。接触器用于闭合与切断电路，当电源电压太低或突然停电时，能自动切断电路。热继电器用作过载保护，当电动机过载时能自动切断电源。

凡在正常运行时定子绕组作三角形连接的电动机，均可采用星三角起动器进行降压起动。起动时，定子绕组接成星形，使加在每相绕组上的电压由 380 V 降为 220 V，待电动机转速升高后，再改接成三角形，使电动机在额定电压 380 V 下运行。星三角减压起动时，起动转矩只有全电压起动时的三分之一，故只适用于空载或轻载起动。

自耦减压起动器又称补偿器，是利用自耦变压器降低电动机起动电压的控制电器。对于容量较大的三相异步电动机可采用自耦减压起动。

6. 接触器

接触器是用来频繁地接通和断开交直流主电路及大容量控制电路的控制电器。它具有动作迅速、操作安全方便、能频繁操作和远距离操作等优点，主要用作电动机的主控开关。

接触器能接通和断开负荷电流，但不能切断短路电流，因此常与熔断器、热继电路等配合使用。有直流接触器和交流接触器两种。

接触器应垂直安装在底板上，周围环境应清洁、干燥。安装处不应有剧烈振动，否则会造成接触器触头抖动或误动作。

7. 继电器

继电器是一种控制电器，具有输入回路和输出回路。输入量通常是电压、电流，也可以是温度、压力，而输出则是触头的动作。当输入量变化到某一数值时，继电器即动作，接通和分断小容量的控制电路。

继电器广泛用于电动机或线路的保护以及各种生产机械的自动控制。继电路的种类繁多，用得较多的有中间继电器、时间继电器、热继电器等。

8. 控制按钮

控制按钮又称按钮开关或按钮，是一种手动控制电器，用于接通或断开各种电磁开关的控制电路，以便实现对电动机或其他电气设备的控制。控制按钮也可用于信号装置的控制。

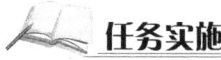
任务实施

一、鼠笼式电动机的运行

1. 电动机起动前的准备和检查

(1) 电动机起动前应进行下列检查：

1) 检查电源电压是否正常。对于 380 V 电动机，不宜低于 360 V 或高于 400 V。

2) 检查线路的接线是否可靠，熔断器的安装是否正确，熔丝有无损坏。

3) 检查联轴器的连接是否牢靠，机组转动是否灵活，有无摩擦、卡住、窜动等不正常的现象。

4) 检查机组周围有无妨碍运行的杂物或易燃物品等。

(2) 对于新安装或曾长期停用的电动机，在以上检查之前还应进行下列检查：

1) 用兆欧表检查电动机绕组间和绕组对地的绝缘电阻。一般 380 V 电动机的绝缘电阻应大于 0.5 MΩ，否则应进行干燥处理。

2) 按电动机铭牌的技术数据，检查电动机的容量是否合适，电压、频率与实际线路是否相符，接线是否正确。

3) 检查电动机基础是否稳固，螺栓是否已拧紧。

4) 检查电动机轴承是否有油。如轴承缺油，应及时补足。

5) 检查电动机机座、电源线钢管以及起动设备的金属外壳接地是否可靠。

2. 电动机起动时的注意事项

(1) 操作人员应整理好自己的服装，以防卷入旋转机械。机组近旁不应有其他人员。

(2) 拉合闸时操作人员应站在开关的一侧，以防被电弧烧伤，拉合闸动作应迅速果断。

(3) 使用星三角起动器和自耦减压起动器时，必须遵守操作程序。

(4) 几台电动机共用一台变压器时，应由大到小一台一台地起动电动机。

(5) 一台电动机的连续起动的次数，一般不宜超过 3～5 次，以防止起动设备和电动机过热。

(6) 合闸后如果电动机不转或转速很慢、声音不正常时，应迅速拉闸查明原因。如检查电源电压是否正常，熔丝是否熔断，电动机引线是否松脱或断线，负载是否过重，被带动的机械是否有故障，电动机绕组是否断线或短路等。

3. 电动机起动、停机操作程序

电动机的起动，首先将电源送至控制开关，然后准备启动。启动时要严格按照操作规程规定的程序进行，不能颠倒任何次序。

(1) 对于直接启动的鼠笼式电动机：

起动时，合上闸刀开关或按下"起动"按钮；

停机时,将闸刀开关迅速拉开或按下"停止"按钮。

(2) 对于星三角起动的鼠笼式电动机:

起动时,将星三角起动器手柄从"0"位置(停止位置)扳到"Y"位置(起动位置),待电动机转速稳定时,将起动器手柄从"Y"位置扳到"△"位置(运行位置),电机即进入正常运行。

停机时,将起动器手柄从"△"位置(运行位置)扳到"0"位置(停机位置),再拉开电源开关。

(3) 对于用补偿起动的鼠笼式电动机:

起动时,将手柄从停止位置迅速推到起动位置,待电动机转速稳定时,再将手柄从起动位置推动到运行位置,此时电机即进入正常运行。如果是遥控定时式油浸补偿起动器,起动时只要按一下起动按钮就可。

停机时,不论是自动还是手动补偿器,停机时只要按一下停止按钮即可。

4. 运行中的监视和维护

电动机运行监视和维护的主要内容:

(1) 应经常保持清洁,不允许有水滴、油滴或杂物落入电动机内部。

(2) 注意电动机的运行电流不得超过铭牌上规定的额定电流。

(3) 注意电源电压是否正常。一般电动机要求电源电压的变化不得超过额定电压的 $\pm 7\%$,三相电压的差别不得大于 5%。

(4) 注意监视电动机的温升。监视温升是监视电动机运行状况的直接可靠的办法,当电动机的电压过低、电动机过载运行、电动机两组运行、定子绕组短路时都会使电动机的温度不正常地升高。

(5) 电动机在运行时不应有摩擦声、尖叫声或其他杂声,如发现有不正常声音应及时停车检查,消除故障后才可继续运行。

(6) 当闻到电动机有烧焦的气味或发现电动机内部冒烟时,说明电动机的绕组绝缘已遭受破坏,应立即停车检查和修理。

(7) 检查电动机及开关外壳是否漏电和接地不良。若用验电笔检测有电,应立即停车处理。

如安装漏电保安器,可以自动停车。

5. 电动机在运行中如出现下列情况之一,则停机检查:

(1) 发生人身事故时;

(2) 水泵及其附属设备发生故障或损坏而不能送水时;

(3) 电动机冒烟起火;

(4) 轴承温度超出许可值;

(5) 电流超过额定值或运行中电流猛增时;

(6) 振动剧烈、发热、发响、转速急刚下降;

(7) 内部发生窜轴(指电动机的轴在工作中沿轴线方向窜动)冲击、转速突然下降;

(8) 联轴器失灵或损坏;

(9) 起动设备或保护设备发生故障如触头强烈冒火花、温升过高、热继电器失灵成单相运行时。

切断电源后必须立即汇报领导,详细检查原因,消除故障后方可继续合闸运行。

6. 电动机的保养和检修

(1) 电动机保养、检修的划分和周期：

1) 一般保养：由操作人员进行，每天进行；
2) 二级保养：由操作人员进行，每半年进行一次；
3) 小修：由检修人员进行，每年进行一次；
4) 大修：由检修人员进行，根据每次小修情况确定大修时间。

(2) 电动机保养检修内容。

电动机的保养检修内容见表 9-4。

表 9-4 电动机保养检修内容

保养检修等级	内　容
一级保养	电动机一级保养要完成本小节内容(4)运行中的监视和维护中所列各项内容，并认真填写电机运行记录
二级保养	1. 完成一级保养的全部内容； 2. 更换润滑油。 　转子轴承是滚动轴承或滑动轴承的电动机，可根据容量和转速，选用润滑油脂润滑。运行期间如采用滚动轴承的电机，轴承工作温度正常，平时不需添脂。运转 1 500～2 000 h 后，拆开清洗晾干，装入新脂。装脂量约为轴承腔容积的 $\frac{1}{2}$。如果轴承工作温度超过允许的温升，则应及时拆开检查，必要时添加或清洗更换，采用滑动轴承的电机，运行中要经常检查油位，不足时添加，每季都要检查清洗、换油。 3. 检查各部位的零部件，轴承及紧固各部螺丝。
小　修	1. 检查与清扫电动机和起动设备； 2. 测量绕组的绝缘电阻，低于 0.5 MΩ 应进行干燥，电动机干燥可采用远红外线灯泡干燥法。干燥时，将电动机放在一个特殊烘箱中，用远红外线灯泡向定子中下偏下处照射，干燥时间约 12 h，温度不宜超过 100℃（注意不要局部过热）； 3. 检查轴承磨损情况并清洗修理或更换轴承； 4. 添加润滑脂； 5. 检查开关机构是否灵活，触头接触是否良好，三相开关是否同时开闭。有无烧伤或腐蚀，引线接头是否可靠，更换所有损坏的零件； 6. 检查接线盒的按线螺丝有无松动或烧伤，接地线有无断股或开断，有条件最好测量接地电阻。 所有小修都应详细记入设备档案，发现重要缺陷应有计划地安排大修时间
大　修	1. 完成小修的全部内容； 2. 定子的修理包括吹风清扫； 3. 更换定子线圈或转子钢条； 4. 轴承的修理或更换； 5. 大修时，对电动机的附属设备也应作一次全面检查和试验。大修后经验收合格方能投入生产。 大修工作应在有经验的专业人员指导下进行

二、低压配电设备运行

1. 低压配电装置的运行巡视检查

巡视检查情况和发现问题应记入巡视记录，检查内容如下：

（1）配电装置应在额定电压以内运行，检查三相电压是否平衡，线路末端配电装置电压降是否超出规定。

（2）各配电装置和低压电器内部有无异声、异味。

（3）检查空气开关、起动器和接触器的运行是否正常、噪声是否过大、线圈是否过热。

（4）带灭弧罩的电器、三相灭弧罩是否完整无损、有无松动。

（5）电路中各连接点有无过热现象，母线固定卡子有无松脱，低压绝缘子有无损伤及放电痕迹。

（6）接地线连接是否完好。

（7）雨天，检查室外配电箱是否渗漏雨水，室内缆线沟是否进水，房屋是否漏雨。

2. 低压配电装置异常运行及事故处理

低压配电装置异常运行及事故处理应符合下列规定：

（1）低压母线和设备连接点超过允许温度时，应迅速停次要负荷，并及时对缺陷进行检修。

（2）各种电器触头和接点过热时，应检查触头压力或接触连接点紧固程度，消除氧化层，打磨接点，调整压力，拧紧连接处。

（3）电磁铁噪声过大，应检查铁芯接触面是否平整、对齐，有无污垢、杂质和铁芯锈蚀，检查短路环是否断裂，检查电压是否降低等。

（4）低压电器内发生放电声响，应立即停止运行。

（5）如果灭弧罩或灭弧栅损坏或掉落，应停止该设备的运行。

（6）三相电源发生缺相或电流互感器二次开路时，应立即停电处理。

（7）空气断路器等产生越级跳闸时，应校验定值配合是否正确。

3. 低压配电装置的检查、清扫

低压配电装置的检查、清扫，应符合下列规定：

（1）刀开关的动静触头接触良好，无蚀伤、氧化过热痕迹，大电流的开关触头间可适量涂些导电膏；双投开关在分闸位置，动触头应可靠固定，不得使动触头有自行滑落的可能；铁壳开关闭锁正常可靠，速断弹簧无锈蚀变形。

（2）熔断器的指示器方向应装在便于观察处；瓷质熔断器安装在金属板上时，其底座应垫软绝缘衬垫；无填料式熔断器应紧固接触点，插座刀口应涂导电膏；熔管内部有烧损时，应清除积炭，必要时应更换。

（3）空气断路器、交流接触器的主触头压力弹簧是否过热失效，否则应更换备件；检查其触头接触应良好，有电弧烧伤应磨光，如磨损厚度超过 1 mm 时，应更换备件，动、静触头应对准，三相应同时闭合，否则调节触头弹簧使三相一致。分、合闸动作灵活可靠，电磁铁吸合无异常、错位现象，吸合线圈的绝缘和接头无损伤或不牢固现象，若短路环烧损则应更换，清除消弧室的积尘、炭质及金属细末。

（4）自动开关、磁力起动器热元件的连接处无过热，电流整定值与负荷相匹配；可逆起动器连锁装置必须动作准确、可靠。

(5) 装有电源连锁的配电装置,必须做传动试验,动作正确、可靠。

(6) 电流互感器铁芯无异状,线圈无损伤。

(7) 校验空气断路器的分励脱扣器在线路电压为额定值的 75%～105% 时,应能可靠工作,当电压低于额定值的 35% 时,失压脱扣器应能可靠释放。

(8) 校验交流接触器的吸引线圈,在线路电压为额定值的 85%～105% 时,应能可靠工作,当电压低于额定值的 40% 时,应能可靠释放。

(9) 检查电器的辅助触头有无烧损现象,通过的负荷电流有无超过它的额定电流值。

(10) 测量布线的绝缘电阻,其值应符合当地现行行业标准《电力设备预防性试验规程》的规定。测量电力布线的绝缘电阻时应将熔断器、用电设备、电器和仪表等断开。

任务 9.4　电气设备的安全技术

任务准备

水厂电气安全管理制度

1. 水厂电工应具备的基本条件

(1) 热爱所从事的水厂电气工作,责任心强,工作认真负责;

(2) 精神正常、身体健康,每两年进行一次体检,经医生鉴定无妨碍电气工作的疾病;

(3) 熟悉电气安全工作规程和设备运行操作规程,并经考试合格;

(4) 具备必要的电气知识,熟悉工作范围内的系统接线图、电气设备性能;

(5) 学会紧急救护法,首先掌握触电急救法和人工呼吸法。

电工要经专门考核并取得当地统一制定的相关安全工作许可证才可独立操作。

2. 泵房变配电所值班人员工作标准

泵房变配电所值班人员的工作标准应包括如下内容:

(1) 按时巡查设备运行情况并正确做好记录;

(2) 记录与处理好值班期间内电力部门通知及上级下达的任务,并及时向有关方面汇报联系。

(3) 记录值班期间内设备运行状态,包括设备操作、设备异常及故障情况,检修工作等,认真填写好运行日志;

(4) 管理好各种安全用尺及仪表工具,并完成规定的定期测试或维护保养等工作;

(5) 搞好值班维护地段的设备清洁与环境卫生工作;

(6) 认真进行交接班并细致填写交接班记录。

3. 泵房变配电值班巡视制度

(1) 泵房变配电值班人员必须熟悉本泵房变配电设备且有一年以上实际工作经验方能操作。

(2) 电气设备的巡视一般均由 2 人进行。未经批准不允许单人巡视高压电气设备。

(3) 巡视电气设备时,人体与带电导体的距离应大于最小安全距离(10 kV 及以下为 0.7 m)。

(4) 巡视只许在遮拦外边进行,禁止越过遮拦巡视。遮拦距带电导体的最小安全距离

10 kV 及以下规定为 0.35 m。

(5) 巡视检查时禁止接触高压电气设备的带电部分和绝缘部分,严禁取下警告牌。

(6) 巡视检查电气设备时,不得对设备进行任何操作或工作。

(7) 高压电气设备的带电部分发生接地故障需前往处理时,为预防跨步电压,室内不得接近故障点 4 m 以内;室外不得接近故障点 8 m 以内。进入上述范围的人员必须穿绝缘靴,接触设备外壳和构架时应戴绝缘手套。

(8) 雷雨天气,一般不得巡视室外高压设备。确需巡视时,必须采取安全保护措施,但不得靠近避雷针和避雷器。

(9) 值班人员不准披散衣服,女值班工的发辫应盘好并戴工作帽。

 任务实施

一、保证水厂电气安全的技术措施

在全部停电和部分停电的电气设备上工作,必须完成下列措施:

1. 停电

断开电气设备的所有电源,要有明显的断开点,并采取防止突然来电的措施。

2. 验电

使用符合电压等级并确系完好的验电器(笔),验明电气设备确已无电。

3. 装设接地线

在验明已无电后,接好合格的临时接地线。接地线组数应满足安全工作要求。

4. 悬挂标示牌和装遮拦

上述措施由值班员执行,对于无经常值班的电气设备,由断开电源者执行,并应有监护人员在场。

二、保证水厂电气安全的组织措施

保证水厂电气安全生产与检修的组织措施有:工作票制度、工作许可制度、工作监护制度及工作间断、转移和终结制度等。

1. 工作票制度

工作票是保证安全的主要组织措施之一。除在电压为 380 V 及以下电动机和照明的单一回路上工作外,其余均应执行工作票制度。特别在高压电气设备上工作,尤为重要。

工作票的内容包括:

(1) 工作任务:写明需要执行的工作任务、内容及范围;

(2) 参加作业人数及姓名:填写参加工作的人员及负责人姓名;

(3) 安全措施:列出应操作哪些电气设备,指明在何处装接临时接地线,写明应悬挂的有关标示牌;

(4) 工作完成后的送电程序:如检查工作质量、清点材料及工具,集合全部人员,拆除全部接地线和标示牌,试送电等。

2. 工作许可制度

工作许可人(值班员)在按工作要求完成施工现场各项安全措施后,还应:

(1) 会同工作负责人到现场再次检查所做的安全措施,以验电笔触试,证明检修设备确无电压;

（2）对工作人员指明带电设备的位置和注意事项；

（3）在工作票上分别签字后，方可开始工作；

（4）工作过程中不得擅自变更安全措施，如有特殊情况需要变更时，应事先取得有关方面的同意。

3. 工作监护制度

完成工作许可手续后，在整个工作过程中必须仍由工作负责人即监护人在现场认真监护，及时纠正违反安全的动作；工作期间，如果监护人因故必须离开工作地点，应指定能胜任的人员临时代替，并应办理交接手续。

4. 工作间断、转移和终结制度

工作间断时，所有安全措施保持不动，间断后继续工作无须通过工作许可人。每日收工应清扫工作地点，开放已封闭的通路，并将工作票交回值班员。次日复工，应得值班员许可取回工作票，工作负责人必须事前重新认真检查安全措施是否符合要求后，方可工作。在未办理工作票终结手续以前，值班员不准将施工设备合闸送电。

在工作间断期间，若有紧急情况需要合闸送电，值班人员可在工作票未交回的情况下合闸，但必须取得有关领导的同意并应采取拆除临时遮挡、接地线、标示牌，换挂"止步、高压危险"警告牌，并在所有通路源头专人守候，防止检修人员闯入，直到工作票交回。工作票交回以前。

检修结束后，只有在工作票指定的任务全部完成或检修人员全部撤离工作地点，所有接地线、临时遮挡和标示牌已经拆除，得到调度员的许可命令后方可合闸送电。

5. 倒闸操作票制度

在电气设备上进行倒闸操作时，应执行"倒闸操作票"制度，值班人员应严格按程序操作并必须遵守如下规定：

（1）开关、刀闸的停电操作顺序。停电：先拉油开关，后拉刀闸（先拉负荷侧，后拉电源侧）。送电：先合电源侧刀闸，然后合负荷侧刀闸，最后合油开关。注意：拉合刀闸前，一定要检查开关是否确实在断开位置。

（2）主变压器停送电操作顺序。送电：先合电源侧刀闸，后合负荷侧刀闸，再合电源侧开关，最后合负荷侧开关。停电：先停负荷侧开关，后停电源侧开关，再拉负荷侧刀闸，最后拉电源侧刀闸。

（3）操作三相单联刀闸，送电时应先合两边相，后合中间相。停电时先拉中间相，再拉两边相。

（4）双母线停电时，要先把负荷倒到另一段母线上，再断开母线联络开关，然后拉开两侧刀闸。送电时先合两侧刀闸，后合母线联络开关。

（5）发生带负荷拉刀闸时，不论情况如何，均不许将错拉的刀闸重新合上。但是在刀闸拉至刀立起来，尚未出口闸刀，已发现是带负荷拉刀闸时，可作反向操作，挽回事故。

（6）严禁用刀闸拉开接地故障和故障电容器、电压互感器及避雷器等。

（7）用绝缘杆或经传动机构拉合刀闸和油开关时，均应戴绝缘手套，操作室外设备时应穿绝缘靴。

（8）电气设备停电后，随时有未得通知而突然来电的可能，在未做好安全措施前，不得触摸设备或进入遮拦。

(9) 严禁临时停送电,必须严格执行工作票、操作票制度。

(10) 在发生人身触电事故时,为了进行急救,可不经许可先行拉开电源开关,然后再向上级汇报。

三、电气安全检查

电气安全检查最好每季度一次,发现问题及时解决,特别是应该注意雨季前和雨季中的安全检查。

电气安全检查的内容主要是:

(1) 检查电气设备的绝缘有无损坏;

(2) 绝缘电阻是否合格;

(3) 设备裸露带电部分是否有防护,保护接零或保护接地是否正确、可靠,保护装置是否符合要求;

(4) 手提灯和局部照明灯电压是否为安全电压或是否采取了安全措施;

(5) 安全用具和电气灭火器材是否齐全;

(6) 电气设备安装是否合格、安装位置是否合理;

(7) 室内外线路是否符合安全要求;

(8) 安全制度是否健全,是否得到正确贯彻等。

对变压器等重要电气设备要坚持巡视,并做必要的记录。对新安装的设备,特别是自行安装设备验收要坚持原则、一丝不苟。对于使用中的电气设备,应定期测定其绝缘电阻,对于各种接地装置,应每年雨季前测定其接地电阻;对于安全用具、避雷器、变压器油及其他一些保护电器,也应定期检查或进行耐压试验。

任务 9.5　电气设备的管理

任务准备

一、水厂电气设备的技术管理

1. 水厂电气设备应建立的各种制度

(1) 电气安全规程;

(2) 运行操作规程(包括调度、事故处理规程);

(3) 电气设备检修规程;

(4) 各种岗位工作标准;

(5) 交接班制度;

(6) 值班巡视检查制度;

(7) 设备定期维护试验制度;

(8) 设备缺陷管理制度;

(9) 设备施工、检修验收制度;

(10) 节电制度;

(11) 电工培训考核制度;

(12) 泵房变配电的保卫制度。

2. 泵房变配电所应建立的技术档案

(1) 图纸及资料：

1) 泵房变配电所主接线系统图及主要参数；

2) 泵房变配电所内部设备布置及必要的装置图；

3) 过电压保护、继电保护、计量装置、接地装置等设计图。

(2) 悬挂图表：

1) 供电系统模拟图及主要参数；

2) 设备评级（包括一、二、三类设备单元和完好率）记录；

3) 定期工作计划表；

4) 交直流系统图表；

5) 安全措施图表。

(3) 提示图表：

1) 有权签发工作票人员和有权受令监护操作人员名单；

2) 紧急拉闸限电顺序图表；

3) 接地选择顺序与继电保护整定值图表；

4) 事故处理紧急用电话号码表。

(4) 各种记录：

1) 值班运行记录（包括命令指示、开关分合闸记录）；

2) 设备缺陷记录；

3) 事故障碍、异常及检修记录（包括避雷器动作次数记录）；

4) 安全培训工作记录；

5) 设备评定升级记录。

3. 用电设备升级评定标准

根据电业管理部门的规定，用电设备可以分为三类：一类设备是经过运行实践，设备技术状况良好，能保证安全运行的设备；二类设备是技术状况基本良好，虽有一般性缺陷，但能保证安全运行；三类设备是有较严重的缺陷，不能保证安全运行的设备。一类、二类设备称为完好设备，三类设备成为非完好设备。完好设备数量与参与评级的设备数量之比称为设备完好率。

1) 变压器升级评定标准。详见表 9-5。

表 9-5 变压器升级评定标准

类　别	标　准　内　容
一类设备	1. 可以随时投入运行、出力能维持铭牌规定值，温升符合设计规定； 2. 预防性试验项目齐全、合格； 3. 部件和零件完整齐全，分接头开关的电气和机械性能良好，无接触不良或动作卡涩现象； 4. 冷却、接地装置等正常完好、散热器及风扇齐全、变压器室内通风良好； 5. 表针完好准确，瓦斯继电器无渗油，动作可靠； 6. 变压器本身及周围环境整齐、照明良好、各种标志编号齐全； 7. 不漏油（可轻微渗油，但外壳及套管无明显油迹），油位正常，储油坑符合规定； 8. 基础完整，无沉陷现象； 9. 技术档案、资料齐全、数据正确。

续表

类 别	标 准 内 容
二类设备	1. 无铭牌、资料不全,但主要技术数据和历史记录较全,可保证安全运行; 2. 变压器上层油温不超过95℃; 3. 油位稍有不足,但油位计尚能看到油面,渗油不严重; 4. 预防性试验超期,但经过试验除了个别项目外,基本合乎要求,无重大缺陷; 5. 变压器周围不整洁,无安全标志,通风稍差; 6. 瓦斯继电器不能跳闸。
三类设备	1. 出力达不到铭牌额定值; 2. 线圈或套管绝缘不良,因而降低预防性耐压试验标准; 3. 漏油严重; 4. 部件、零件不齐全、影响出力或安全运行; 5. 分接头开关的电气或机械性能不良,接触电阻不合格; 6. 保护不可靠; 7. 有重大缺陷,如绝缘老化、有异音、油位不正常等。

2) 刀闸、母线、熔断器升级评定标准。详见表9-6。

表9-6 刀闸、母线、熔断器升级评定标准

类 别	标 准 内 容
一类设备	1. 定期试验符合要求; 2. 各项参数满足实际运行需要; 3. 带电部分有关距离符合要求; 4. 熔断器无腐蚀现象、接触可靠、动作灵活; 5. 刀闸操作机构灵活,辅助接点、闭锁装置良好,三相周期角度符合要求; 6. 各部接头无过热现象; 7. 部件完整,瓷件无损伤,构架接地良好; 8. 资料齐全、正确、与实际相符,标志完整
二类设备	1. 接点稍有发热,但尚能保证安全运行; 2. 个别瓷件有轻微破损,但绝缘良好; 3. 铁构架有锈蚀或稍有变形,但不影响安全运行; 4. 其他项目合乎一类设备条件
三类设备	1. 带电各部分距离不符合要求; 2. 预防性试验不合格; 3. 熔丝选配不当,频繁熔断; 4. 接点有过热,导线有断股、瓷瓶破损,不能保证安全运行; 5. 刀闸机构不灵活,有卡涩晃动现象,闭锁装置不好

3) 高压电动机评定标准。详见表9-7。

表9-7 高压设备升级评定标准

类别	标准内容
一类设备	1. 配套合理、出力能持续达到铭牌规定值; 2. 设备性能良好,各技术参数符合规程规定,运行中无振动; 3. 起动电抗器、冷却器等附属装置完整、动作情况良好; 4. 保护装置和运行监视装置完好正确,动作可靠; 5. 绝缘良好,预防性试验合格; 6. 冷却系统完整,冷却效果良好; 7. 油质定期试验合格; 8. 电刷完整良好、不跳动、不过热、整流子无火花; 9. 设备及环境整洁,标志、编号齐全; 10. 基础完整、无沉陷、无裂纹; 11. 运行及检修试验资料齐全,并符合现场实际; 12. 防爆装置良好,接地完整
二类设备	1. 在常温下运行时,电动机绝缘电阻每伏电压低于1 000 Ω; 2. 各种监视运行仪表不全,但不影响安全运行; 3. 未建立设备维护保养制度或设备维护保养不好; 4. 电路接触不良,有振动和轻微火花,但不影响正常运行
三类设备	1. 出力达不到铭牌额定值; 2. 振动过大,但在许可值内; 3. 转子温升不正常、线圈相间有短路、绝缘、老化; 4. 定子温升不正常,线圈绝缘不良,铁芯有严重缺陷; 5. 轴承温度不正常、漏油严重; 6. 励磁系统绝缘电阻低于规定值,整流子严重磨损,炭刷冒火须经常调整

4) 过电压保护、接地装置升级评定标准。详见表9-8。

表9-8 过电压保护、接地装置升级评定标准

类别	标准内容
一类设备	1. 防雷设备和接地网的装设符合过电压保护规程要求; 2. 防雷设备预防试验项目齐全、周期准确、试验合格、接地装置和接地电阻符合要求; 3. 避雷针保护范围足够,构架无腐蚀现象,与设备的空间距离及地上距离合乎规定; 4. 避雷器安装符合要求,接线短、直,接触良好; 5. 瓷件完整无损伤,油漆完好、密切可靠; 6. 接地引下线接触严密、无腐蚀、截面合乎规定; 7. 资料齐全、编号正确
二类设备	1. 能达到一类条件1~4条标准; 2. 瓷件稍有损伤,油漆脱落,但不影响安全运行; 3. 接地引线截面积减少20%; 4. 接地电阻不符合规程要求,但已采取相应措施

续 表

类　别	标　准　内　容
三类设备	1. 达不到二类设备标准要求； 2. 避雷器试验不合格； 3. 接地电阻试验不合格； 4. 避雷器安装的位置与保护设备的距离不合乎规定或与被保护设备的绝缘水平不相配合； 5. 避雷针保护范围不够

 任务实施

一、泵房变配电设备消防器材设置

电气灭火常用的器材有二氧化碳灭火器、干粉灭火器等。

灭火器应放置于便于取用的地方，注意使用期限，防止喷嘴堵塞。应经常检查灭火器的重量，当发现其重量减少时，应充气。对于干粉灭火器，还要注意干燥通风，防止受潮或结块。

在使用灭火器进行灭火时，灭火器与带电体之间应保持足够的安全距离，一般不应小于1 m。在使用干粉灭火器时，消防人员宜站在上风向，灭火后应注意通风。使用二氧化碳灭火器时，消防人员要站在离火2～3 m以外，不要让干冰沾着皮肤，同时打开门窗加强通风。

二、水厂常用用电安全用具配置

水厂用电安全用具包括基本安全用具和辅助安全用具两大类。高压设备用电的基本安全用具有：绝缘拉杆、绝缘夹钳、高压试电笔等；辅助安全用具有：绝缘手套、绝缘靴、绝缘台灯。低压设备用电的基本安全用具有：绝缘手套、装有绝缘柄的工具和低压试电笔；辅助安全用具有：绝缘台、绝缘垫、绝缘靴、绝缘锥。

使用安全用具时，要注意检查表面是否清洁、有没有裂纹、划痕、毛刺、孔洞、断裂等外伤。电气安全用具应有专用箱保管，放于干燥通风的地方，有专人管理，以免绝缘水平降低，导致用时发生意外。安全用具还要按规定时间进行绝缘试验，以便掌握绝缘状况，防止因失效而发生事故。

三、计划用电与节约用电

1. 计划用电

（1）按生产与非生产的两种用电性质查清全厂用电设备负荷大小、分布地点、每天计划用电的时间。

（2）按供电部门的要求对水厂各类用电设备确定单产电耗、单机用电量。

水泵是水厂最主要的用电设备，单产电耗以千吨水用电量计算。

单产电耗，班组应每天计算一次，水厂应以班组日报为基础计算每月、每季、每年的单产电耗，并应与上季、上年认真比较，查清上升或降低的原因。

2. 节约用电

水厂生产的电能消耗占整个供水成本的35%～40%以上，因此抓好节约用电对于水厂管理具有很重要的作用。水厂节约用电的主要途径是：

(1) 确定合理的服务压力。

服务压力过高直接浪费电能,过低影响服务质量。合理确定服务压力就是在满足供水服务标准的前提下应制定出厂的压力标准,然后以这个标准来考核出厂水压高低,尽可能不要浪费。

确定出厂的压力标准要做好管网的流量、压力测定,要尽可能地多积累运行资料,在分析研究的基础上制定。

(2) 提高水泵的综合运行效率。

提高水泵与电机的综合运行效率是水厂节能的重要环节。水泵节电一般从以下几个环节着手:

1) 合理确定开停泵的台数与组合;

2) 对部分水泵配备大、小叶轮;

3) 尽可能减少管路压力;

4) 加强水泵的检修与养护;

5) 采用水泵调速技术。

(3) 尽可能地降低管网中的能量消耗。

1) 不断对管网进行技术改造,增加管道输水能力;

2) 加强管网的检漏、排气,尽可能减少水头损失。

项目 10　给水厂管理与安全检查

任务 10.1　给水厂生产与水质管理

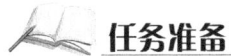**任务准备**

一、水厂统计知识

1. 水厂统计的主要形式

统计是企业管理的重要组成部分,是编制生产发展计划、搞好供水服务、改善经营管理、提高经济效益的重要依据,也是逐步实现现代管理的基础工作。统计要求准确、及时、全面、能系统地反映生产经营和服务信息。

水厂统计内容主要有三种形式:

(1) 原始记录。

原始记录是反映生产状况的第一手资料,主要生产岗位都要有原始记录,它是统计的基础。原始记录即生产报表,应由直接从事生产的班组长或值班人员认真填写。

(2) 统计台账。

统计台账是原始记录的汇总、归纳和总结,是各项统计报表的根据。要求有专人负责,并且不要随意变动。

(3) 统计报表。

统计报表是按上级规定的统一表格、内容、要求并按统一规定的期间上报的书面报告。

2. 水厂的原始记录

水厂统计的原始记录主要有:

(1) 一、二级泵房生产日报表,其主要内容是:

1) 每小时记录水泵的水压、温升、电压、电流、出水量、用电量等;每日晚 24 点后要核算出当天的送水量与单位电耗;

2) 记录开泵、停泵时间,记录检修、保养、安全、事故等情况;

3) 一级泵房还要记录原水水位、气温、天气状况等;

4) 交接班情况、巡回检查情况等记录;

一、二级泵房除应配备生产日报表外还应有机泵设备履历簿,水泵特性曲线、机、工具登记和外来人员出入登记簿,如有变配电设备的则应有变电运转记录、倒闸工作票、操作票记录簿等。

(2) 加药间与沉淀(澄清)池生产日报表。

加药间一般负责净化处理工艺中的加药、混合、絮凝、沉淀等工序,其生产日报表的内容应有:

1) 每 1～2 h 记录进水泵房开泵情况及进水量、进出水浊度、出水浊度合格率；
2) 混凝剂进库量、领量、存量、用量、每班调制药量；
3) 加矾量、加矾浓度及每班核算单位水量的耗矾量；
4) 沉淀池排泥时间、排泥历时、澄清池第二反应室 5 min 泥渣沉降比试验记录等。

有的有预氯化、预生化接触氧化的预处理设施，还要有相应的生产日报表。预氯化可以和加药间日报表或消毒日报表一起管理；预生物处理可以单独建立生产日报表，内容包括鼓风机运行的数据、风量、溶解氧、污泥泥位、排泥情况、进出水的 COD_{Mn} 值等。

(3) 过滤生产日报表。

过滤生产日报表的主要内容有：
1) 滤池的进水量；
2) 每小时记录进出水浊度、pH 值、余氯、水头损失及清水池、冲洗水塔水位；
3) 记录每个滤池的运行时间、反冲洗时间、冲洗耗水量；
4) 滤池还应配备定期测定报表。

(4) 消毒生产日报表。

消毒有的和加药一起管理，有的和过滤一起管理，有的和深度处理一起管理，其生产日报表的内容有：
1) 加氯机开停时间，水射器进水压力检修、维修情况；
2) 每班记录氯瓶存量、用量、耗氯量、换算单位氯耗和出厂水余氯合格率；
3) 氯瓶进库量、库存量、使用量。

此外，有深度处理单元的水厂，还要有相应的深度处理单元的生产日报表。

所有生产日报表都应参考上述内容，成统一表格。

3. 水厂统计台账

水厂统计台账应有：

(1) 主要技术经济指标台账。
1) 每年每月的进水量、供水量；
2) 每日每月的电力消耗及单位水量电耗；
3) 原材料消耗(矾、氯)及单位水量的消耗；
4) 每月售水量；
5) 供水户数、人口数；
6) 单位制水成本统计；
7) 历年最高日供水量统计。

(2) 质量指标台账。
1) 管网水、浑浊度、余氯、细菌、大肠菌群等指标合格率；
2) 出厂水余氯、浊度合格率；
3) 水质常规分析、全分析的合格率。

(3) 机电设备台账。
1) 全厂机电设备(包括电机、水泵、真空泵、配电盘、污水泵、起重设备等)的台数、型号、性能；
2) 供电部门进线、电度表等一览表。

(4) 固定资产台账。
1) 全厂建筑面积一览表；
2) 全厂构筑物主要尺寸、主要固定资产指标；
3) 全厂固定资产原值明细表；
4) 固定资产与流动资金的年、季、月统计。

二、水厂技术档案

指导生产必需的档案资料

水厂无论规模大小，要实现科学管理，必须建立的技术档案资料主要有：

(1) 全厂总平面图。

应标有各建筑物、构筑物及其互相之间的联系，全厂主要管线、闸阀位置和道路、上下水道、供电线路布置等。

(2) 水厂工艺流程图。

应标有原水最高、最低水位、取水头部（水源井）及各构筑物之间的联系及每个构筑物的顶部、底部和正常工作水位的标高，泵房、泵轴及主要管底的标高。

(3) 沉淀、过滤等主要构筑物的工艺平、剖面图，标有主要尺寸、高程以及设计运行参数。

(4) 泵房及水源井的工艺布置、机组型号、性能曲线等。

(5) 高低压配电系统及主要电气设备线路图。

(6) 管网图档资料。

三、水质管理的机构与职责

自来水质量直接关系到人民身体健康和工业产品的质量。保证水质、确保供应的自来水符合国家《生活饮用水卫生标准》（GB 5749）是自来水企业必须牢固树立的主导思想。各水厂应将水质管理工作作为自来水厂企业管理的重要任务来抓。

1. 水质管理的机构与职责

设有科室管理的水厂都应设立水质管理科，二级管理的小水厂也应有专门负责水质管理的人员。

水质化验检测是水质管理的重要环节，水质化验室是水质的监测部门，有条件的水厂都应设立水质化验室，无条件设立水质化验室的水厂也应配备化验人员，进行简单项目的水质化验，并要挂靠附近较大的设有水质化验机构的自来水厂或其他卫生部门，拥有多个水厂的自来水公司还可设立水质监测站，进行一些对检测仪器或水平要求高的项目的检测，并对各水厂的水质进行总体指导和管理，各级机构按规定完成应该进行的各项水质的化验工作。

2. 水质管理机构或专责人员的主要职责

(1) 负责贯彻执行国家、省、市、县有关水质的各项政策、法令、标准、规程和制度。

(2) 负责水质净化工艺管理和水质化验、分析、监督、管理或委托工作。

(3) 配合各级卫生防疫部门，对水源卫生防护状况进行监督，对重大水质事故进行调查处理。编制应对水质事故的预案。

(4) 负责水源污染状况的卫生学调查。

(5) 参与水厂和管网施工过程卫生监督及竣工验收工作。

(6) 对危及供水安全的水质事故，有权采取紧急措施，直至通知有关部门停止供水，事后逐级报告。

(7) 掌握水质变化动态，分析变化规律，提出水质阶段分析报告及水质升级规划。

任务实施

一、水厂生产技术管理

生产技术管理是水厂企业管理的主要工作之一，搞好生产技术管理直接关系到供水质量、安全、成本，关系到水厂生产能否正常进行、顺利发展。

(1) 建立健全各项规章制度并检查执行的情况；

(2) 合理制定各生产环节的技术状态标准与定额消耗，加强以水质为中心的各生产环节的管理，进行生产调度。

(3) 组织安全检查。

(4) 抓好原始资料的记录及整理，定期测定各构筑物、机泵设备及管网运行参数。

(5) 节约用电与能源管理。

(6) 设备管理及组织设备的维修与检修。

(7) 技术情报与技术档案收集整理。

(8) 生产发展规划编制与落实。

二、水厂档案资料收集

(1) 建厂开始就要搜集设计任务书、设计图纸、概(预)算等设计施工的文件。

(2) 购置主要设备、仪器的同时要将说明书、安装图、合格证归档保管。

(3) 生产运行中要注意积累有关技术档案如设备的性能测定、各种主要生产报表、统计台账等。

(4) 搜集行业的科技情报、了解发展趋势、学习推广先进成熟的经验。

(5) 加强技术力量的培训和教育。

三、水厂水质管理

1. 建立和健全规章制度

(1) 建立各项净水设备操作规程，制定各工序的控制质量要求；

(2) 健全水源卫生防护、净化水质管理、管网水质管理、水质检验频率、水质化验的有关规定等以工作标准为中心的各项规章制度。

2. 加强卫生防护

(1) 制定水源防护条例，对破坏水源卫生防护的行为提出有力的制止措施；

(2) 对水源防护地带设置明显的防护标志；

(3) 对污染源进行调查和检测，对消除重大污染源提出有效措施。

3. 确保净化过程中的水质控制

(1) 确定投药点，及时调整投药量；

(2) 监督生产班组对生产过程中的水质检验，确保沉淀水、过滤水、出厂水的余氯、浊度、pH值(地下水只有余氯)无论何时都要达到规定的要求。

(3) 提出净化、消毒设备及附属设施的维修意见，组织清水池、蓄水池、配水池定期清刷，保持水源、净化构筑物的整洁，严禁从事影响供水水质的活动。

4. 进行管网水质管理

(1) 确定管网水采样点；

(2) 对每个采样点进行水样水质检验,确保管网水质达到要求;
(3) 对新敷设管道坚持执行消毒制度。

5. 进行水质检验

按照现行国家《生活饮用水卫生标准》(GB 5749)要求的"生活饮用水标准检验方法"进行水质检验。

进行水质化验分析的人员,必须经过专业培训,掌握化验基本知识,并经考试合格方可进行化验工作。

6. 水质化验报告

(1) 生产班组每日将余氯、浊度、pH 值的检验结果报告厂部水质管理人员。
(2) 水厂化验室(员)将原水和出厂水水质的分析结果和考核指标按月汇总报告主管领导,如发现问题应随时汇报,并要采取相应措施,迅速加以解决。

任务 10.2　物资、设备与成本管理

 **任务准备**

一、物资管理的主要内容

(1) 及时配备生产所需的各种原材料、零配件、易耗损物品,保证正常生产和抢修需要。
(2) 完成厂部制定的基建大修、计划所需的材料及设备的采购、订货。
(3) 制定物资的采购、保管、发放、统计制度和相关人员的工作标准并组织实施。
(4) 工具发放管理。
(5) 危险品管理。
(6) 机动车辆管理。

二、设备管理的主要内容

设备管理的主要任务是用好、管好、修好设备。
设备管理的主要内容有:

1. 厂部(或生产技术部门)的设备管理职责

(1) 建立设备管理和维修的各项规章制度;
(2) 统管厂部所有设备的台账,做好设备的编号、统计及资料档案的保管;
(3) 确定水厂内所有设备的修理周期,编制年、季、月大修理计划;
(4) 编制设备报废与更新改造计划,提出零部件备品及专用材料购置计划;
(5) 会同生产车间、班组,检查设备的保养、检修和实际使用情况;
(6) 对有关人员进行业务训练和技术培训。

2. 生产车间(班组)的设备管理职责

(1) 检查和监督设备的正确使用和日常维修与保养工作,保持设备的整齐、清洁、正常、安全;
(2) 负责组织和执行设备的二级、三级保养和检修,负责填写设备维修工作记录,保证完成设备完好率考核指标;
(3) 设备事故的处理;

(4) 对新工人进行设备安全技术教育。

3. 设备的使用和保养

设备的使用必须严格按照安全技术操作规程进行,设备的保养包括日常维护与检修也应严格按照制定的制度和内容进行。

三、水厂成本管理的主要内容

成本是反映企业各项工作效率的综合指标,做好成本管理工作能够促使企业节约人力、物力、财力的消耗,不断降低制水成本、增加积累。

1. 成本管理的基本内容

(1) 成本预测。
(2) 成本计划的编制、执行和控制。
(3) 成本核算。
(4) 成本分析。

2. 水厂生产成本开支范围

(1) 为生产自来水而耗用的各种原料、材料及动力费用。
(2) 按照规定提取的固定资产折旧及修理费。
(3) 进行技术研究、开发所发生的不构成固定资产的费用。
(4) 生产工人、管理人员工资、薪金、福利等人员费用。
(5) 按规定支付的劳动安全保护费。
(6) 车间经费和企业管理费。

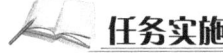 **任务实施**

生产成本核算

生产成本是企业生产经营的综合性指标,是企业在各方面经营活动状况的综合反映,核算和分析生产成本是技术经济分析的一项重要内容。现将给水处理厂生产成本的构成与计算分析如下。

给水处理厂制水成本的构成与计算

按水厂制水成本的构成项目计算全年的费用,然后除以全年的制水量,即为单位制水成本,用元/m³表示。构成制水成本的费用如下:

(1) 水资源费用 E_1。按各地有关部门的规定计算,如无规定,可不计。

(2) 动力费用 E_2。一般只计算水泵电费,因厂内其他用电设备所占比例甚小,可忽略不计。电费计算式为

$$E_2 = \frac{QHd}{\eta r_1}$$

式中,Q——最高日供水量,m³/d;

H——工作全扬程,包括一级泵房、二级泵房及增压泵房的全部扬程(m);

d——电费单价,元/(kW·h),电价按供电部门的规定取费;

η——水泵和电动机的效率,%,一般采用 70%~80%;

r_1——日变化系数。

(3) 药剂费用 E_3。其计算式如下:

$$E_3 = \frac{365Qr_2}{r_1 \times 10^6}(a_1b_1 + a_2b_2 + a_3b_3)$$

式中,r_2——考虑水厂自用水量的系数,一般可取 1.05;

a_1、a_2、a_3——各种药剂(包括混凝剂、助凝剂、消毒剂等)的平均投加量,mg/L;

b_1、b_2、b_3——各种药剂的相应单价,元/t。

(4) 工资福利费 E_4。其计算式如下:

$$E_4 = AM$$

式中,M——职工定员(人);

A——职工每人每年的平均工资及福利费[元/(人·年)]。

(5) 固定资产基本折旧费 E_5。其计算式如下:

$$E_5 = (Sf + 建设期利息) \times 综合基本折旧率$$

式中,S——固定资产投资(元);

f——固定资产投资形成率(%),一般可取 90%~95%。

(6) 大修理基金提存额 E_6。其计算式如下:

$$E_6 = (Sf + 建设期利息) \times 大修基金提存率$$

(7) 日常检修维护费用 E_7。其计算式如下:

$$E_7 = (Sf + 建设期利息) \times 检修维护费率$$

日常检修维护费率可参照同类给水处理厂的经营费用资料确定,一般可按 0.5%~1% 计算。

(8) 行政管理费和其他费用 E_8。包括管理部门的办公费、差旅费、研究试验费、会议费、成本中列出的税金以及其他不属于以上项目的支出等,一般可按以上各项费用总和的 10% 计算。

(9) 静态年成本费用 YC_1。为上述 1~8 项费用之总和,即

$$YC_1 = \sum_{j=1}^{8} E_j$$

(10) 动态年成本费用 YC_2。为简化计算,假设全部投资为一次的初始投资,逐年经营成本均相同,不考虑自有流动资金及回收固定资产余值。YC_2 的简化计算式为

$$YC_2 = YC_1 - E_5 + (S + 建设期利息) \times \frac{i \times (1+i)^n}{(1+i)^n - 1}$$

式中,i——投资收益率(%),城市自来水厂的一般可按 6%~8% 考虑;

n——资金回收年限,一般按 15~20 年计算。

(11) 单位制水成本。

1) 静态单位制水成本 AC_1。其计算式为

$$AC_1 = \frac{YC_1 r_1}{365Q}$$

2) 动态单位制水成本 AC_2。其计算式为

$$AC_2 = \frac{YC_2 r_1}{365Q}$$

任务 10.3　安全教育与安全检查

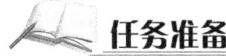 **任务准备**

一、安全教育

1. 三级教育

凡新入厂的操作工人都必须接受三级安全教育：入厂教育、车间教育和班组教育。

（1）入厂教育。

要向新入厂的工人讲明关于安全生产的有关政策、法令和指示，介绍水厂的生产特点和安全生产正反两个方面的经验和教训，以及全厂安全规则和防火、防爆、防机械伤害、防触电等常识。入厂教育由厂部领导或指定主管安全的人员负责进行。

（2）车间教育。

分配到车间要针对性地介绍本车间的生产流程、特点、安全要求、关键部位及注意事项，有关安全方面的规章制度等。

（3）班组教育。

到了班组由班组长进行本岗位安全教育，要以岗位生产特点，结合实际讲清有关岗位的重要性、操作要领、安全技术知识及内外联系。

小型水厂可以将车间教育和班组教育合并进行。

新工人必须在接受安全教育的基础上，经过考试合格方准进入操作岗位。

2. 专业培训

对从事电气、加氯、锅炉、起重、焊接、司机等特殊工种，必须进行专门安全技术训练，经审查合格后方准独立操作。

3. 制定经常性的安全教育制度

应规定每半月或每月进行一次全厂安全活动日，并且不能随意占用。

活动内容主要有：

(1) 学习有关安全生产的方针、政策、法令等文件。

(2) 学习安全技术操作规程和有关安全规定。

(3) 学习安全通报、交流安全生产中的先进经验。

(4) 开展查隐患活动。

(5) 举行安全知识考试和开展安全技术问答。

(6) 召开事故分析会，研究制定安全措施。

二、安全检查的形式

水厂安全检查一般分为定期检查、普遍检查、专业性检查和季节性检查。

1. 每季进行一次厂部安全大检查

春季以防火检查、电气设备绝缘耐压试验、保护整定检查为主;夏季以防雷防汛、防暑降温为主;秋季以安全防护设备和防冻、保温准备为主;冬季以防火、防冻、防滑为主。方法以各部门自检为主,厂部组织互检和群众性三结合检查组,对查出的事故隐患要及时处理、限期解决。

2. 每月进行一次部门安全大检查

由各部门结合具体生产情况、中心任务或对节日前安排为主要内容。方法是自检为主,边查边改,班组之间还可互检。

3. 班组进行经常性安全检查

经常性安全检查可以有针对性的或结合事故教训进行。

任务实施

一、安全检查

1. 查思想

查对安全生产认识是否正确,安全责任心是否强,对忽视安全的思想和行为是否敢于斗争。

2. 查制度

查安全制度的建立、健全和执行情况,有无违章作业和违章指挥的。

3. 查纪律

查劳动纪律的执行情况。

4. 查领导

查领导是否把安全生产摆到更重要的议事日程上,是否做到安全生产"五同时",即在管理生产的时候,必须负责管理安全工作,在计划、布置、检查、总结、评比生产的时候,同时计划、布置、检查、总结、评比安全工作。

5. 查隐患

查是否做到安全、文明生产;安全装置是否齐全、完好。

二、事故处理

1. 工伤事故

凡发生使负伤人员工作中断的事故,不论中断工作时间的长短,均为工伤事故。

工伤事故分为轻伤事故(轻微伤害,休一个工作日以上)、重伤事故(人身局部残废或完全丧失劳动能力)、多人事故(一次事故同时伤及三人或三人以上)、死亡事故(当场死亡或经抢救治疗无效死亡)。

2. 事故报告的调查

除丧失劳动力不满一个工作日的工伤事故外,其余工伤事故都要填写"伤亡事故登记表",对一次重伤三人以上或死亡事故要迅速报到省、市、县有关部门。

事故调查要分清责任事故、非责任事故、破坏事故。

责任事故,系指因有关人员的过失而造成的事故;非责任事故系指由于自然界的因素而造成不可抗拒的事故或在技术改造、发明创造、科学试验和其他活动中,由于科学技术条件的限制而发生的无法预料的事故;破坏事故,系指为达到一定目的而蓄意制造的事故。

事故调查要认真查清事故的原因,明确事故责任并提出处理意见。

下 篇
污水厂运行管理

项目 11　污水厂运行管理准备知识

任务 11.1　污水来源与水量

任务准备

城市污水的组成

城市污水指城镇居民生活污水，机关、学校、医院、商业服务机构及各种公共设施排水，以及允许排入城镇污水收集系统的工业废水和初期雨水等。

生活污水是指人们日常生活中的排水，经由居住区、公共场所（饭店、宾馆、影剧院、体育场、医院、机关、学校、商场、车站等）和工厂的厨房、卫生间、浴室及洗衣房等生活设施排出。生活污水中有机污染物约占 60%，如蛋白质、脂肪和糖类等；无机污染物约占 40%，如泥沙和杂物等。此外还含有洗涤剂以及病原微生物和寄生虫卵等。

工业废水是从工业生产过程中排出的废水。由于使用的原材料和生产工艺不同，工业废水的成分有很大差异。常见的污染较严重的工业废水有：造纸废水、酿造废水、生物制药废水、煤气洗涤废水、印染废水、农药废水、制革废水、毛纺废水、电镀废水、油漆废水、化工废水、炼油废水等。工业废水是城市污水中有毒有害污染物的主要来源。

降雨径流是由城市降雨或冰雪融化水形成的。初期降雨和冰雪融化水的污染也较严重，若能纳入城市污水管道加以处理，将是一种更理想的污染治理措施。对于分别敷设污水管道和雨水管道的城市，降雨径流汇入雨水管道而得不到处理；对于采用雨污合流排水管道的城市，虽然可以使一部分初雨径流与城市污水一同加以处理，但雨量较大时由于超过截流干管的输送能力或污水处理厂的处理能力，大量的雨污混合水出现溢流，造成了对水体更严重的污染。

任务实施

城市污水量计算

城市污水的流量在排水管网中沿程增加，至排水终点达到最大。对于排水管网，要求逐段确定污水量，称为管段流量；对于污水处理厂，只需掌握该服务流域的总污水量。

污水流量不仅在管网内沿程变化，而且逐日、逐时发生变化。相应地将污水流量分为平均日流量、最大日流量和最大时流量。鉴于生活污水与工业废水的变化规律不同，故分别按居住区生活污水量 Q_1、工业企业生活污水及淋浴污水量 Q_2 和工业废水量 Q_3 加以确定。

1. 居住区生活污水量 Q_1

居住区生活污水量的变化与城市的气候特点及城市人口规模关系密切，这些因素不仅影响污水量标准，也影响污水量的变化幅度。居住区生活污水设计流量按下式计算：

$$Q_1 = \frac{qNK_z}{86\,400}$$

式中,Q_1——居住区生活污水量,L/s;
  q——居住区生活污水量标准,L/(人·d);
  N——设计人口数,人;
  K_z——总变化系数。

居住区生活污水量标准 q 是居民平均日污水量,该值与室内卫生设备情况、气候、居民生活习惯及生活水平和文化水平等因素有关,通常占给水量标准的 70%~90%。近年来,为了便于计算,将公共建筑与居住区合并,按人口密度、卫生设备等情况定出一个综合性的污水量标准,称为大生活污水量标准,在城市规划中给予确定。

设计人口 N 是指污水排水系统设计期限终期的人口数。污水管网是地下永久性设施,要求按远期人口确定。

总变化系数 K_z 为最大日最大时污水量与平均日平均时污水量的比值;最大日最大时污水量与该日平均时污水量的比值称为时变化系数 K_h;一年中最大日污水量与平均日污水量的比值称为日变化系数 K_d。显然有:

$$K_z = K_d K_h$$

研究表明:K_z 随平均日平均时污水量的增加而减小,不仅表现为管网下游的流量变化趋缓,城市规模大时其总污水量的变化也相对较小。

2. 工业企业生活污水及淋浴污水

$$Q_2 = \frac{q_1 N_1 K_z + q_2 N_2 K_z}{3\,600T} + \frac{q_3 N_3 + q_4 N_4}{3\,600}$$

式中,Q_2——工业企业生活污水及淋浴污水量,L/s;
  q_1——一般车间污水定额,一般取 30 L/(人·班);
  N_1——一般车间最大班工人数,人;
  q_2——热车间污水定额,一般取 50 L/(人·班);
  N_2——热车间最大班工人数,人;
  q_3——不太脏车间淋浴污水定额,一般取 40 L/(人·班);
  N_3——不太脏车间最大班使用淋浴的人数,人;
  q_4——较脏车间淋浴污水定额,一般取 60 L/(人·班);
  N_4——较脏车间最大班使用淋浴的人数,人;
  T——每班工作时间,h。

大型工业企业生活污水及淋浴污水量也是生活污水,但是工业企业采取分班工作制,其生活污水的排放规律与居住区污水变化规律不相同,一般作为集中流量。

3. 工业废水流量

$$Q_3 = \frac{mMK_z}{3\,600T}$$

式中,Q_3——工业废水量,L/s;

m——生产过程单位产品的废水量定额,L;

M——每日产品数量;

K_z——总变化系数,根据工艺或经验确定;

T——工业企业的每日工作时数。

工业废水的日变化系数很小,对于大部分工业企业,可以认为 $K_d \approx 1$。因此,$K_z \approx K_h$。某些工业废水量的变化系数大致如下,可供参考。

冶金工业 1.0～1.1；　　　　化学工业 1.3～1.5；

纺织工业 1.5～2.0；　　　　食品工业 1.5～2.0；

皮革工业 1.5～2.0；　　　　造纸工业 1.3～1.8。

城市污水量 Q 为三者之和,即:

$$Q = Q_1 + Q_2 + Q_3$$

总体上看,城市污水量的变化与城市的气候特点、城市的工业类别、城市类型(工业化城市、文化城市、商贸城市或旅游城市等)有关,更受城市规模的直接影响。用简单累加计算流量的方法,将 Q_1、Q_2 及 Q_3 峰值叠加,视为同时到达同一断面。事实上随着污水来源的增加,流量高峰彼此错开,相互调节,必然降低流量高峰。

任务 11.2　污水水质与处理要求

任务准备

城市污水的水质

城市污水的水质在主要方面具有生活污水的一切特征。但在不同的城市,因工业的规模和性质不同,城市污水的水质也受工业废水的水质和水量的影响而明显变化。典型的生活污水,其水质变化大体有一定范围,可参见表 11-1。

表 11-1　典型的生活污水水质示例

指　标	浓度(mg/L)			指　标	浓度(mg/L)		
	高	中	低		高	中	低
固体(TS)	1 200	720	350	可生物降解部分	750	300	200
溶解性总固体	850	500	250	溶解性	375	150	100
非挥发性	525	300	145	悬浮性	375	150	100
挥发性	325	200	105	总氮	85	40	20
悬浮物(SS)	350	220	100	有机氮	35	15	8
非挥发性	75	55	20	游离氨	50	25	12
挥发性	275	165	80	亚硝酸盐	0	0	0
可沉降物/(mL/L)	20	10	5	硝酸盐	0	0	0
生化需氧(BOD$_5$)	400	200	100	总磷	15	8	4

续 表

指　标	浓度(mg/L)			指　标	浓度(mg/L)		
	高	中	低				
溶解性	200	100	50	有机磷	5	3	1
悬浮性	200	100	50	无机磷	10	5	3
总有机碳(TOC)	290	160	80	氯化物(Cl^-)	200	100	60
化学需氧(COD)	1 000	400	250	碱度($CaCO_3$)	200	100	50
溶解性	400	150	100	油脂	150	100	50
悬浮性	600	250	150				

表中,最重要的几项指标是BOD_5、COD、SS、N、P,此外还有重金属指标。这些污染指标反映了污水中不同的污染物或污染物的特征。

1. 生化需氧量 BOD

生化需氧量是在指定的温度和时间段内,在有氧条件下由微生物(主要是细菌)降解水中有机物所需的氧量。由于将有机物完全降解需要历时 100 d 以上,实际上采用 20℃下 20 d 的生化需氧量 BOD_{20} 为代表。生产应用时 20 d 过长,一般采用 20℃下 5 d 的 BOD_5 作为衡量污水中可生物降解有机物的浓度指标。对于城市污水,其 BOD_5 约为 BOD_{20} 的 70%～80%。

2. 化学需氧量 COD

尽管 BOD_5 是城市污水中常用的有机物浓度指标,但是存在分析上的缺陷:① 5 d 的测定时间过长,难以及时指导实践;② 污水中难生物降解的物质含量高时,BOD_5 测定误差较大;③ 工业废水中往往含有抑制微生物生长繁殖的物质,影响测定结果。因此有必要采用 COD 这一指标作为补充或替代。COD 的测定,是将污水置于酸性条件下,用强氧化剂重铬酸钾将污水中有机物氧化为 CO_2、H_2O 所消耗的氧量,用 COD_{cr} 表示,一般写成 COD。重铬酸钾的氧化性极强,水中有机物绝大部分(约 90%～95%)被氧化。化学需氧量的优点是能够更精确地表示污水中有机物的含量,并且测定的时间短,不受水质的限制。缺点是不能像 BOD 那样表示出微生物氧化的有机物量。另外还有部分无机物也被氧化,并非全部代表有机物含量。

城市污水的 COD 大于 BOD_{20},两者的差值大致为难以生物降解的有机物量。在城市污水处理分析中,把 BOD_5/COD 的比值作为可生化性指标。当 BOD_5/COD>0.3 时,可生化性较好,适宜采用生化处理工艺。城市污水的 BOD_5 和 COD 的均值之间保持着一定的相关关系,通过大量的数据分析对比,可以近似地从 COD 推求 BOD_5。

3. 悬浮物 SS

在污水中呈颗粒状的污染物质。粒径在 1.0 μm 以上的称为粗分散性悬浮固体(包括乳化物质和油珠);粒径在 0.1～1.0 μm 之间的称为细分散性悬浮固体。悬浮固体用过滤法测定,被截留在滤纸上的滤渣经烘干后的质量计为悬浮固体,其中包括少量胶体物质(胶体的粒径在 0.1～0.001 μm 之间;小于 0.001 μm 则为溶解性物质)。

悬浮固体代表了可以用沉淀、混凝沉淀或过滤等物化方法去除的污染物,也是影响感观性状的水质指标。

4. 总氮 TN、氨氮 NH_3-N、凯氏氮 TKN

(1) 总氮 TN：为水中有机氮、氨氮和总氧化氮（亚硝酸氮及硝酸氮之和）的总和。有机污染物分为植物性和动物性两类；城市污水中植物性有机污染物如果皮、蔬菜叶等，其化学成分中是碳水化合物含量较高，由 BOD_5 表征；动物性有机污染物质包括人畜粪便、动物组织碎块等，其化学成分含氮(N)量高。氮属植物性营养物质，是导致湖泊、海湾、水库等缓流水体富营养化的主要物质，成为废水处理的重要控制指标。

(2) 氨氮 NH_3-N：氨氮是水中以 NH_3 和 NH_4^+ 形式存在的氮，它是有机氮化物氧化分解的第一步产物。氨氮不仅会促使水体中藻类的繁殖，而且游离的 NH_3 对鱼类有很强的毒性，致死鱼类的浓度在 0.2~2.0 mg/L 之间。氨也是污水中重要的耗氧物质，在硝化细菌的作用下，氨被氧化成 NO_2^- 和 NO_3^-，所消耗的氧量称硝化需氧量。

(3) 凯氏氮（TKN）：是氨氮和有机氮的总和。测定 TKN 及 NH_3-N，两者之差即为有机氮。

5. 总磷 TP

总磷是污水中各类有机磷和无机磷的总和。与总氮类似，磷也属植物性营养物质，是导致缓流水体富营养化的主要物质，受到人们的关注，成为一项重要的水质指标。

6. 重金属

城市污水中的重金属主要有汞、镉、铬、铅等。汞的毒性强，产生毒性的剂量小，而且极易沉淀，在污水和污泥再利用过程中，容易通过食物链富集，危害人体，我国农灌用水要求汞不超过 0.001 mg/L，渔业用水不超过 0.000 5 mg/L；镉易被生物富集，通过食物链，造成人体骨骼损伤病症，农用水及渔业用水规定小于 0.005 mg/L；铬是制革废水的特征污染物，其三价铬易形成氢氧化铬沉淀，但六价铬（如 CrO_3、K_2CrO_4 和 $K_2Cr_2O_7$）溶于水且毒性大，通过食物链导致慢性中毒；铅也是在人体中累积性毒物，在水中的浓度需要严加控制。

在上述指标中，BOD_5、COD 和 SS 属于综合指标。由于城市污水中所含成分十分复杂，难以采用全分析的方式逐一加以确认，采用综合指标能从总体上反映污染物的量和污染物的基本污染特性。

任务实施

污水处理水质要求的确定

城市污水排放水体首先应达到国家《城镇污水处理厂污染物排放标准》(GB 18918—2002)要求。根据污染物的来源及性质，将污染物控制项目分为基本控制项目和选择控制项目两类。基本控制项目主要包括影响水环境和城镇污水处理厂一般处理工艺可以去除的常规污染物，以及部分一类污染物，共 19 项。选择控制项目包括对环境有较长期影响或毒性较大的污染物，共计 43 项。基本控制项目必须执行。选择控制项目，由地方环境保护行政主管部门根据污水处理厂接纳的工业污染物的类别和水环境质量要求选择控制。

根据城镇污水处理厂排入地表水域环境功能和保护目标，以及污水处理厂的处理工艺，将基本控制项目的常规污染物标准值分为一级标准、二级标准、三级标准。一级标准分为 A 标准和 B 标准。一类重金属污染物和选择控制项目不分级。

一级标准 A 标准是城镇污水处理厂出水作为回用水的基本要求。当污水处理厂出水引入稀释能力较小的河湖作为城镇景观用水和一般回用水等用途时,执行一级标准的A标准。

城镇污水处理厂出水排入《地表水环境质量标准》(GB 3838)地表水Ⅲ类功能水域(划定的饮用水水源保护区和游泳区除外)、《海水水质标准》(GB 3097)海水二类功能水域和湖、库等封闭或半封闭水域时,执行一级标准B标准。

城镇污水处理厂出水排入地表水Ⅳ、Ⅴ类功能水域或海水三、四类功能海域,执行二级标准。

非重点控制流域和非水源保护区的建制镇的污水处理厂,根据当地经济条件和水污染控制要求,采用一级强化处理工艺时,执行三级标准。但必须预留二级处理设施的位置,分期达到二级标准。

地表水水域等级的划分执行国家《地表水环境质量标准》(GB 3838—2002)。依据地表水水域使用目的和保护目标将其划分为五类:Ⅰ类水体主要适用于源头水、国家自然保护区;Ⅱ类水体主要适用于集中式生活饮用水水源地一级保护区、珍贵水生生物栖息地、鱼虾产卵场、仔稚幼鱼的索饵场等;Ⅲ类水体主要适用于集中式生活饮用水地表水源地二级保护区、鱼虾类越冬场、洄游通道、水产养殖区等渔业水域及游泳区;Ⅳ类水体主要适用于一般工业用水区及人体非直接接触的娱乐用水区;Ⅴ类水体主要适用于农业用水区及一般景观要求水域。

城市污水排入下水道时,为了保证对下水道的正常养护和城市污水处理厂的正常运行,不影响城市污水处理厂处理后出水的利用以及污水处理厂污泥的利用,应执行《城市下水道水质标准》。

对于各种有毒有害物质、重金属以及较大量的难生物降解有机物,必须严格执行相应工业废水排放标准和《污水综合排放标准》,并在产生地就地处理,且应尽量采用闭路循环系统,将废水循环使用,对有用或有害物质加以回收;对高悬浮物和高浓度有机废水,必须进行点源治理,宜采用沉淀、气浮和厌氧处理技术去除大部分悬浮物和有机物,使出水水质符合进入城市排水系统的标准;对含有病原菌或放射性污染物的医院废水,应严格进行消毒处理并衰减放射性元素至无害,才可排入城市排水系统。

城市污水处理厂处理后最终出水首先应符合《城镇污水处理厂污染物排放标准》(GB 18918—2002)规定的标准。当城市污水处理厂处理水再利用时,应按使用的目的执行相应的水质标准和确定相应的废水深度处理工艺。再生水回用主要有以下几类:城市生活用水和市政用水回用、工业回用、农业(包括渔业)回用、地下水回灌、景观及娱乐方面的回用以及其他方面回用。再生水的回用应满足相应的水质要求,相关的水质标准有:《工业循环水处理设计规范》《生活杂用水水质标准》《农田灌溉水质标准》《渔业水质标准》《景观娱乐用水水质标准》等。若处理出水排入海洋,还应根据国家《海水水质标准》确定排水标准。

任务11.3 污水厂常规处理工艺流程识读

一、城市生活污水处理方法

城镇污水处理的任务就是将城镇排水管渠运送来的污水通过必要的处理方法,使之达到国家规定的水质控制标准后回用或排放。城镇污水处理是消除污染、保护环境、造福人类的一项十分重要的工作。处理方法可根据水质类型分为污水物理处理法、污水生物处理法、污水处理后污泥处置及污水化学处理法,还可根据处理要求分为一级处理、二级处理及三级处理等。

1. 城镇污水的物理处理法

城镇污水的物理处理法是利用物理作用分离和去除污水中污染物质的方法。常用方法有筛滤截留、重力分离、离心分离等,相应处理设备主要有格栅、沉砂池、沉淀池及离心机等。

2. 城镇污水的生物处理法

城镇污水的生物处理法,就是利用微生物的代谢作用,去除污水中有机物质的方法,常用的有活性污泥法、生物膜法等,还有氧化塘及土地处理法。

3. 城镇污水处理的化学法

化学方法在城镇污水处理中使用较少,一般涉及混凝,其机理与城镇给水处理相同。其他化学方法如中和、氧化还原、离子交换、电解主要用于工业废水处理,很少用于城镇污水处理。

4. 污泥处理处置法

城镇污水处理后污泥副产品需处理才能防止二次污染,其处理方法常有污泥浓缩、污泥厌氧消化、脱水及热处理,并可以进一步焚烧、堆肥等。

二、城镇污水处理分级

城镇污水按其处理程度,通常分为一级、二级和三级处理。一级处理主要针对水中悬浮物质,常采用物理的方法,如格栅、沉砂、沉淀等,经过一级处理后,污水悬浮物去除可达40%左右,有机物因附着悬浮物可去除30%左右。二级处理主要针对污水中有机污染物质,常用生物处理法,一般可去除有机物90%左右。二级处理后出水若进一步处理,如去除氮磷等营养性物质,则称为三级处理。

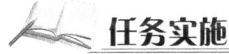 **任务实施**

一、城镇污水一级处理工艺流程识读

城市污水的一级处理通常的处理流程(图11-1)为:污水先经过粗格栅和细格栅两道去除粗、细垃圾,包括塑料袋等很薄的垃圾,分离出的垃圾用螺旋脱水压榨机脱水,然后运走,污水继续流到沉砂池,通过重力作用在沉砂池内去除大于0.2 mm的砂粒,分离后的砂经砂水分离器继续将砂水彻底分离,污水流回池中,砂粒运走填埋。污水再到沉淀池,较大的悬浮物在沉淀池中沉淀。通过较为简单的一级处理,污水中的污染物得到大量去除。因此一级处理是污水处理中必不可少的工序。但不同的城市污水中垃圾和悬浮物的含量却有很大的区别,含砂量的多少以及砂粒的大小也有不同,在实际工作中应根据不同的情况,采取不同的截留方法,将格栅、沉砂池、沉淀池等进行不同的组合,以适应需求。

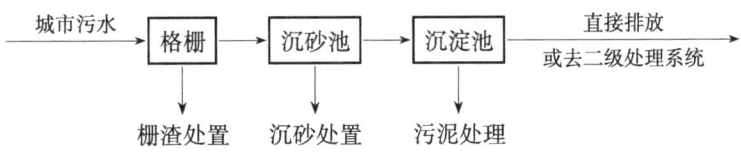

图11-1 城市污水一级处理工艺流程图

二、城镇污水二级处理工艺流程图识读

城镇污水二级处理一般为生物处理,生物处理常常采用传统活性污泥法系统,主要由普通曝气池、曝气系统、二沉池、污泥回流系统、处理水消毒池以及剩余污泥排放等部分组成(图 11-2)。其中,曝气池与二沉池是二级处理的主体。污水经一级处理后从初沉池进入曝气池、活性污泥也从二沉池底部经回流泵抽升回流进入曝气池,两者混合形成混合液。曝气池内设有空气管和曝气头等曝气装冒,由鼓风机房送来的空气经曝气装置对混合液进行曝气,并使混合液得到充足的氧气并受到充分的搅拌,使活性污泥和废水充分接触。废水中的可溶性有机污染物被活性污泥吸附,继而被活性污泥的微生物群体降解,使废水得到净化。完成净化过程后,混合液流入二沉池,经过沉淀,混合液中的活性污泥与已被净化的废水分离,处理水从二沉池排放,活性污泥在沉淀池的污泥区受重力浓缩,并以较高的浓度由二沉池的吸刮泥机收集流入回流污泥集泥池,再由回流泵连续不断地回流污泥,使活性污泥在曝气池和二沉池之间不断循环,始终维持曝气池内混合液的活性污泥浓度,保证来水得到持续的处理。微生物在降解 BOD 时,一方面产生 H_2O 和 CO_2 等代谢产物,另一方面自身不断增殖,系统中出现剩余污泥,需要向外排泥。

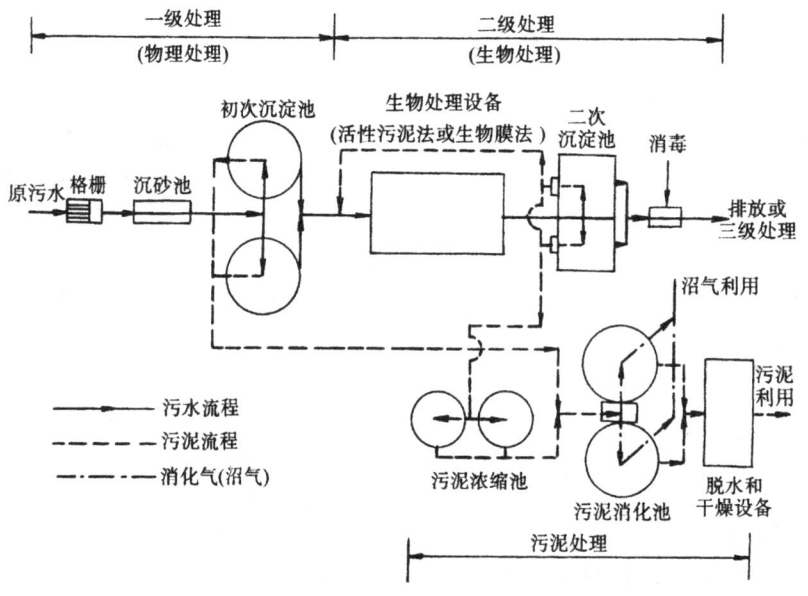

图 11-2 城市污水处理典型流程

活性污泥法污水处理系统有效运行需要合适的进水水质、充足的活性污泥以及必要的曝气、沉淀分离和回流设备等三方面条件:污水中含有足够的可溶性易降解有机物,作为微生物生活活动所必需的营养物质,且不含对微生物有毒害作用的物质;系统内有足够数量的活性污泥,同时需不断排除剩余污泥,保持量的平衡;曝气系统能使混合液含有足够的溶解氧,并充分搅拌以保持活性污泥在曝气池内呈悬浮状态,避免和减少在曝气池内出现分层现象;二沉池具有良好的沉淀效果,确保将入流混合液中活性污泥与处理水相分离。泥水有效分离既是保证出水清澈的要求,也是防止污泥流失,维持活性污泥在系统内平衡的基本需要。

项目 12　格栅与污水提升泵房运行管理

任务 12.1　格栅的构造与操作

任务准备

格栅的构造与分类

格栅是一种最简单的过滤设备,由一组或多组平行的栅条制成的框架,斜置于废水流经的渠道中。格栅设于污水处理厂所有处理构筑物之前,或设在泵站前,用于截留废水中粗大的悬浮物或漂浮物,防止其后处理构筑物的管道阀门或水泵堵塞。比如:防止大块漂浮物损坏水下设备;防止缠绕物堵塞管道或水泵;防止缠绕物缠挂在闸阀或止回阀及蝶阀上影响起闭,或挂在沉淀池的出水三角堰上影响集水,挂在机械曝气设备和水下推进器及搅拌器上增加阻力;特别是当采用周边进出水二沉池工艺时,应谨防缠绕物堵塞配水管内的配水孔,导致不均匀配水,严重影响二沉池的分离功能。

格栅按形状,可分为平面格栅和曲面格栅两种;按栅条之间的净间隙,可分为粗格栅(50~100 mm)、中格栅(10~40 mm)、细格栅(3~10 mm)三种;按清渣方式,可分为人工清渣格栅和机械清渣格栅两种。

格栅的主要运行参数有过栅流速 v 和过栅水头损失 h。过栅流速过大会导致栅渣流失量增大,过小则会在格栅间淤积沉砂;h 为正常过栅水头损失,也即正常流动时格栅前后的水位差。当栅渣截留量增加时,水位差也增加,因此,格栅前后的水位差能反映截留栅渣量的多少,城市污水厂往往采用超声波测定水位差的方法控制格栅自动除渣。

图 12-1　格栅机

当格栅设于废水处理系统之前时,采用机械清除栅渣,栅条间隙为 16~25 mm;采用人工清除栅渣,栅条间隙为 25~40 mm;当格栅设于水泵前时,栅条间隙应考虑不能由于垃圾造成水泵堵塞或被缠绕。

栅条断面形状有圆形、矩形等。圆形断面水力条件好,水流阻力小,但刚度差,一般多采用矩形断面。

经格栅截留的栅渣量大致为:

格栅间隙 16~25 mm,栅渣量 0.10~0.05 $m^3/10^3 m^3$ 污水;

格栅间隙 30～50 mm,栅渣量 0.03～0.01 m³/10³ m³污水;

栅渣的含水率一般为 80%,容重约 960 kg/m³。

栅渣有机成分约占 85%,极易腐败,污染环境;城市污水处理厂已逐渐采用栅渣压榨机将栅渣压榨后使其含水率降至 60%以下,然后作为垃圾外运。栅渣的收集、装卸设备,应以其体积为考虑依据。废水处理厂内贮存栅渣的容器,不应小于一天截留的栅渣量。

栅渣的清除方法,一般按所需清渣的量而定。每日栅渣量大于 0.2 m³/d 时,应采用机械格栅除渣机。目前,一些小型废水处理厂,为了改善劳动条件,也采用机械格栅除渣机。机械格栅除渣机的类型很多,常用几种类型除渣机的适用范围及优缺点列于表 12-1。

表 12-1 不同类型格栅除渣机的比较

类型	适用范围	优点	缺点
链条式	深度不大的中小型格栅,主要清除长纤维、带状物等生活污水中杂物	1. 构造简单,制造方便 2. 占地面积小	1. 杂物进入链条和链轮之间时容易卡住 2. 套筒滚子链造价高、耐腐蚀性差
移动式伸缩臂	中等深度的宽大格栅,耙斗式适于废水除污	1. 不清渣时,设备全部在水面上,维护检修方便 2. 可不停水检修 3. 钢丝绳在水面上运行,寿命长	1. 需三套电动机、减速器,构造较复杂 2. 移动时耙齿与栅条间隙的对位较困难
圆周回转式	深度较浅的中小型格栅	1. 构造简单,制造方便 2. 动作可靠,容易检修	1. 配置圆弧型格栅,制造较难 2. 占地面积大
钢丝绳牵引式	固定式适用于中小型格栅,深度范围广,移动式适用于宽大格栅	1. 适用范围广泛 2. 无水下固定部件的设备,维护检修方便	1. 钢丝绳干湿交替易腐蚀,需采用不锈钢丝绳,货源困难 2. 有水下固定部件的设备,维护检修需停水

水流通过格栅的水头损失可通过计算确定,一般采用 0.08～0.15 m,栅后渠底应比栅前相应降低 0.08～0.15 m。栅前渠道内水流速度一般采用 0.4～0.9 m/s。废水通过栅条间隙的流速可采用 0.6～1.0 m/s。

格栅的倾角一般采用 45°～75°,人工清除栅渣时取低值。格栅设有栅顶工作台,其高度高出栅前最高设计水位 0.5 m。工作台设有安全装置和冲洗设备,工作台两侧过道宽度不小于 0.7 m,工作台正面过道宽度:

当人工清除栅渣时,不应小于 1.2 m;

当机械清除栅渣时,不应小于 1.5 m。

任务实施

一、格栅的管理

1. 过栅流速的控制

合理控制过格栅流速,使格栅能够最大限度地发挥拦截作用,保持最高的拦污效率。一一般来讲，污水过栅越缓慢，拦污效果越好，但当缓慢至砂在栅前渠道及格栅下沉积时，过水断面会缩小，反而使流速变大。污水在栅前渠道流速一般应控制在 0.4~0.8 m/s，过栅流速应控制在 0.6~1.0 m/s。具体控制指标，视处理厂调试运营后根据来水污物组成、含砂量等实际情况确定。根据多年来的运营经验，有的污水处理厂污水中含有大粒径砂粒较多，即使控制在 0.4 m/s，仍有砂在格栅前的渠道内沉积，多数城市污水中砂粒径在 0.1 mm 左右，即使格栅前渠道内流速控制在 0.3 m/s，也不会产生积砂现象。一些处理厂来水中绝大部分污物的尺寸比格栅栅距大得多，此时过栅流速达到 1.2 m/s 也能保证好的拦污效果。运行人员应根据运转实践摸索出本厂最佳的过栅流速控制范围。

污水流量从厂内设置的超声波流量计抄报，水深由液位计测取。

2. 栅渣的清除

及时清除栅渣，保证过栅流速控制在合理的范围之内。清污次数太少，栅渣将在格栅上长时间附着，使过栅断面减少，造成过栅流速增大，拦污效率下降。格栅若不及时清污，导致阻力增大，会造成流量在每台格栅上分配不均匀，同样降低拦污效率。因此，操作人员应将每一台格栅上的栅渣及时清除。拦截型格栅应及时清除栅条（鼓、耙）、格栅出渣口及机架上悬挂的杂物。值班人员都应经常到现场巡检，观察格栅上栅渣的累积情况，并估计栅前后液位差是否超过最大值，做到及时清污。超负荷运转的格栅间，尤应加强巡检。值班人员注意摸索总结这些规律，以提高工作效率。当汛期及进水量增加时，应加强巡视，增加清污次数。

3. 定期检查渠道的沉砂

格栅前后渠道内积砂除与流速有关外，还与渠道底部流水面的坡度和粗糙度等因素有关系，应定期检查渠道内的积砂情况，及时清砂并排除积砂原因。

4. 格栅除污机的维护管理

格栅除污机系污水处理厂内最易发生故障的设备之一，巡查时应注意有无异常声音，栅耙是否卡塞，栅条是否变形，并应定期加油保养。应定期对栅条校正。长期停止运行的粉碎型格栅，不得浸泡在污水池中，并应做好设备的清洁保养工作。

5. 卫生与安全

污水在长途输送过程中易腐化，产生的硫化氢和甲硫醇等恶臭有毒气体将在格栅间大量释放出来。在半敞开的格栅间内，恶臭强度一般在 70~90 个臭气单位，最高可达 130 多个臭气单位。建在室内的格栅间应采取强制通风措施，夏季应保证每小时换气 10 次以上。必要时可在上游主干线内采取一些简易的通风或曝气措施，降低格栅间的恶臭强度。采取上述控制恶臭的措施，主要是为了值班人员的身体健康，又能减轻硫化氢对除污设备的腐蚀。目前大部分市区污水厂格栅间已安装除臭设施，对臭气进行收集并处理。

另外，对清除的栅渣应及时运走并立即处置，以防止腐败后产生恶臭，即使很少的一点栅渣腐败后，也能在较大空间产生强烈的恶臭。栅渣堆放处要经常清洗。栅渣压榨机排除的压榨液因含有较高的恶臭物质，操作人员应及时用管道导入污水渠道中，严禁经明沟漫流至地面。检修格栅或人工清捞栅渣时，应切断电源，并在有效监护下进行；当需要下井作业时，应符合相关规定，还应进行临时性强制通风。

6. 分析测量与记录

值班人员记录每天发生的栅渣量。根据栅渣量的变化,间接判断格栅的拦污效率。当栅渣比历史记录减少时,应分析格栅是否运行正常。

二、格栅的运行操作

(1) 启动新的或重新投入使用的格栅前应检查:
1) 格栅内无杂物;
2) 润滑油及润滑油位;
3) 格栅具备运行条件;
4) 栅渣输送机和压渣机具备运行条件;
5) 进出水闸门启闭灵活,密闭性满足要求;
6) 电动和监控系统良好;
7) 自动控制仪器、仪表正常,信息传输准确;手动控制柜具备操作条件,自动控制与手动控制装置切换正常。

(2) 完成以上检查工作并确认无误后,即可启动格栅投入运行。格栅启动步骤为:
1) 启动电机,确定电机工作正常;
2) 启动进水闸门开始进水;
3) 启动格栅和除污机;
4) 启动栅渣输送机。

详细操作步骤由供应商或项目城市依据实际情况进行调整和补充。

格栅投入运行后的 1 h 内,应密切关注整机的工作状况,如发现任何异常的振动或噪声应立即停机检查,排除故障后方可投入运行。

(3) 格栅日常运行过程中的巡检工作包括:
1) 机械设备润滑状况和润滑油油位;
2) 电机变速器、传动构件的异常噪声、振动和紧固情况;
3) 栅渣输送机和压榨机的运行状况;
4) 格栅、除污机和栅渣输送器上有无死渣并清除;
5) 栅前浮渣情况;
6) 栅前栅后水位差,格栅的前后水位差宜小于 0.3 m;
7) 机械除污机和栅渣输送机的工作频率调整;
8) 依据实际情况对运行参数进行核对,如需投入新的格栅运行或减少格栅运行数量应与中心控制室联系。

巡检线路应依据各自实际情况确定,巡检频率每 2 h 进行一次,交接班过程中的巡检工作按交接班制度执行。进水水质波动较大、设备运行不太正常和检修完成后,要适当增加巡检次数。

(4) 清(运)渣程序。

格栅除污机清理下来的栅渣达到渣车的 80% 设计容量时应及时清运,同时每班至少应清运一次,清运至污水处理厂指定地点统一处理。

(5) 维护内容。

格栅的日常维护内容如下:

1) 格栅间及机械设备表面清洁工作;
2) 格栅及栅渣输送器上死渣清除;
3) 机械设备和电机润滑油的更换;
4) 设备的紧固;
5) 池底积泥清理;
6) 渣斗的除锈和防腐;
7) 其他设备操作维护手册要求进行的内容。

操作人员在日常维护过程中应按要求填写记录表。检修除污机、人工清捞栅渣时,应停机进行并必须要有有效的监护。

三、螺旋输送机的运行操作

(1) 初次使用或检修后起动前的注意事项
1) 检查地脚螺栓及各部联接螺栓有无松动。
2) 检查减速机油箱油位、油质是否正常。
3) 检查螺旋轴有无断裂或过量磨损。
4) 检查螺栓轴衬垫是否过量磨损。
5) 检查电机主回路绝缘良好。
6) 检查电机及控制柜外壳接地良好。

(2) 运行中的检查
1) 检查螺旋轴筒中有无杂物卡阻。
2) 检查设备有无严重振动、过热、异味、异音及漏油等现象。
3) 定期更换螺栓轴衬垫等易损部件。

四、闸门的安全操作

在格栅前后往往设置两台闸门,采用电动机开启与关闭。当开启时,闸门在闸杆的带动下升起;关闭时,闸门在闸杆的带动下下降;闸门可以在启闭过程中可以停止于某一位置。当进水水质不符合设计要求,如含易燃、易爆、强腐蚀性介质等,快速关闭闸门,从而使设备避免遭受侵害。

闸门操作有三种状态:上升(开启)、停止(停)、下降(关闭)。

1. 闸门操作前的准备工作
(1) 保持附近环境卫生,无易燃、易爆、强腐蚀性介质堆放;
(2) 确认装置正常通电,处于待机状态。

2. 闸门操作
(1) 按下开启按钮,电动装置会自动将阀门开启到最大限位,同时停机锁定阀门位置;
(2) 按下关闭按钮,电动装置会自动将阀门关小到最低位置,同时锁定阀门位置;
(3) 在开启或关闭过程中,也可选择停止按钮,将阀门调整到限位内任意位置。

3. 闸门的维护保养
(1) 定期检查密封面磨损情况;
(2) 定期检查紧固件之间是否有松动脱落现象;
(3) 停电后,可通过手动挡对阀门进行控制。

任务 12.2　污水提升泵房与调节池管理维护

 **任务准备**

一、污水提升泵房

污水提升泵房主要由机器间、集水井、起重设备、污水提升泵、污水管路、值班室等组成。集水井往往和格栅渠连在一起。关于污水提升泵房的构造具体见水泵与泵站相关书籍。对于需要调节水量和水质的污水处理系统，常常用调节池。

污水进入集水井后流速放慢，一些泥砂会沉积下来，使有效池容减少，影响水泵的正常工作。因此集水井要根据具体情况定期清理。清池工作最重要的是人身安全问题。在干管内腐败的污水会带入有毒气体，在池内沉积的污泥也会厌氧分解产生出有毒气体，甚至会产生出甲烷等可燃气体。清池时，先停止进水，用泵排空池内存水，然后强制通风，并经仪表检测危险气体（如甲烷、硫化氢等）浓度在安全范围内，方可下池工作。注意：操作人员下池以后，通风强度可适当减小，但绝不能停止通风，因为池内积泥的厌氧分解并没停止，还有硫化氢等有毒气体不断产生并释放出来。每个操作人员要做好防护措施，且在池下工作时间不可超过 30 min。

泵组的运行操作应考虑以下几项原则。第一是保证来水量与抽升量一致。如果来水量大于抽升量，上游没有及时采取溢流措施，则可能淹泡格栅间；反之来水量小于抽升量，则可能使水泵处于干运转状态，损坏设备。第二是应保持集水池的高水位运行，这样可降低泵的扬程，在保证抽升量的前提下降低能耗。第三是控制水泵的开停次数不要过于频繁，否则易损坏电机并降低使用寿命。第四是泵房内每台机组投运次数及时间保持基本均匀。因为每台泵的吸口都对应着集水池内的一部分容积，如果某台长时不投运，集水池内对应的部分将成为死区，会导致泥砂沉积。

二、调节池的种类

无论是工业废水还是城市污水，其水量和水质随时都有变化。工业废水的波动比城市污水大，水量和水质的变化将严重影响水处理设施的正常工作。为解决这一矛盾，在水处理系统前一般都要设调节池，以调节水量和水质。此外，酸性废水和碱性废水还可以在调节池内中和；短期排出的高温废水也可利用调节池以平衡水温。

调节池在结构上可分为砖石结构、混凝土结构、钢结构。

如除了水量调节外，还需进行水质调节，则需对池内废水进行混合。混合的方法主要有：水泵强制循环、空气搅拌、机械搅拌、水力混合。

目前常用的是利用调节池特殊的结构形式进行差时混合，即水力混合。主要有对角线出水调节池和折流调节池。

图 12-2 为对角线出水调节池。其特点是出水槽沿对角线方向设置，同一时间流入池内的废水，由池的左、右两侧，经过不同时间流到出水槽。从而达到自动调节、均和的目的。为防止废水在池内短路，可以在池内设置若干纵向隔板。池内设置沉渣斗，废水中的悬浮物在池内沉淀，通过排渣管定期排出池外。当调节池容积很大，需要设置的沉渣斗过多时，可考虑将调节池设计成平底，用压缩空气搅拌废水，以防沉砂沉淀，空气用量为 $1.5 \sim 3 \, m^3/(m^2 \cdot h)$。

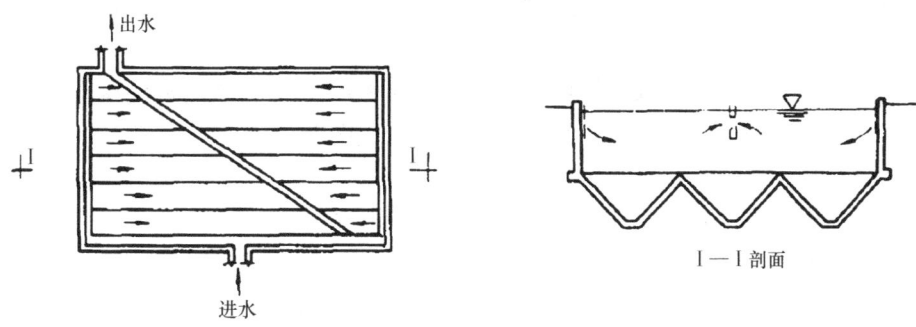

图 12-2 对角线出水调节池

如果调节池利用堰顶溢流出水,则其只能调节水质的变化,而不能调节水量的波动。若后续处理构筑物要求处理水量也比较均匀,则需要使调节池内的工作水位能够上、下自由波动,以贮存盈余,补充短缺。若处理系统为重力自流,调节池出水口应超过后续处理构筑物的最高水位,可考虑采用浮子等定量设备,以保持出水量的恒定;若这种方法在高程布置上有困难,可考虑设吸水井,通过水泵抽送。

图 12-3 为折流调节池。池内设置许多折流隔墙,使废水在池内来回折流。配水槽设于调节池上,通过许多孔口溢流投配到调节池的各个折流槽内,使废水在池内混合、均衡。调节池的起端(入口)入流量可控制在总流量的 1/3~1/4,剩余流量可通过其他各投配口等量地投入池内。

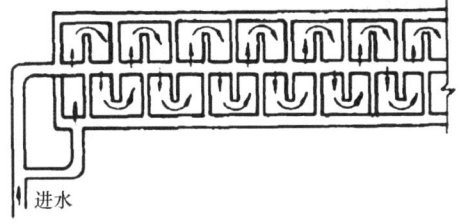

图 12-3 折流调节池

三、调节池容积的确定

调节池的容积主要是根据废水浓度和流量的变化范围以及要求的均和程度来计算。计算调节池的容积,首先要确定调节时间。当废水浓度无周期性的变化时,则要按最不利情况即浓度和流量在高峰时的区间计算。采用的调节时间越长,废水越均匀。可假设一调节时间,计算不同时段拟定调节时间内的废水平均浓度,如高峰时段的平均浓度大于所求得的平均浓度,则应增大调节时间,直到满足要求为止。如计算出初拟调节时间的平均浓度过小,则可重新假设一个较小的调节时间计算。

当废水浓度呈周期性变化时,废水在调节池内的停留时间即为一个变化周期的时间。

水泵一般直接从调节池吸水时,调节池有四种水位,由高到低依次是:高位报警水位、高位启泵水位、低位停泵水位、低位报警水位。此时,调节池的有效容积为高位启泵水位和低位停泵水位之间的容积。

任务实施

一、污水提升泵房运行操作

1. 启动前检查

启动前检查工作包括:

(1) 进水泵房水位,是否在允许开机水位以上。

(2) 水中有无可能影响水泵运行的杂物。

(3) 检查泵机是否安装正确，紧固件无松动，电缆、接线盒正常，出水闸门（若有）是否开启。

(4) 检查控制台（柜）开关位置，切换成手动控制状态，检查三相电源电压应在规定幅度内，拟开电机传感器湿度、温度正常，后续工艺段是否允许进水。

2. 开机操作

启动前检查完毕后，启动格栅除污机和栅渣输送机待运行正常后，可以启动水泵电机，监听泵机声音，监视电压、电流表。若声音正常，电流回跌后，缓慢开启出水闸阀，按工艺需要调节闸阀开启量，监视电压与电流是否处在合理幅度以内。若开机过程发现有任何不正常现象，不得开机或已开机应立即停机，检查原因，排除故障后才能重新开机，但重新开机必须在出水闸阀关死、电机完全停止 5 min 后，才可重新启动。重复启动仍然不成功，则应按设备故障报告。

3. 巡检

检查进水泵房水位、有无杂物，逐台工作机泵的运转声音、三相电压、电流、传感器湿度、温度、水泵出口压力、流量。检查控制柜，切换开关是否设定在设定的自控或手控位置，机泵管道附属设备及机房、门窗是否正常。巡检频率为接班、交班各一次（增加交接班内容），其余时间每 2 h 巡检一次，交班巡检还包括设备、仪表、泵房及泵房周边卫生责任区的卫生与维护工作。

巡检过程中发现问题应立即调整，并记录在记录表中，例如水位低于设定值，应立即停机，检查水位继电器，使其恢复正常，若水位高于设定值，应通知中控室增开水泵，在泵运转正常后检查水位继电器，使其恢复正常；如吸水池有杂物应立即清理，若必须下池清理，则应按"狭小空间内的安全操作要求"操作并通知中控室调人支援与监护，并应检查杂物来源，采取必要措施，防止再发生类似情况；如机泵运转声音不正常，要寻找原因，使其恢复正常；如机泵运行参数不正常则应调整与维护使其正常。

当天气突变，例如暴雨即将来临，则应增加巡检，检查门、窗及采取必要的防水防雷措施。设备初次使用，设备经过检查、改造或长期停用后投入系统运行要增加巡检次数，即增加 30 min、75 min 各一次，若一切正常即转入正常巡检每 120 min 一次。

4. 停机操作

手动控制：检查吸水池水位是否达到停机水位，检查电机的湿度、温度是否在安全标准内，记录停机时的各项参数，关闭出水闸门，将切换开关切换至手动位置，按停机按钮，报告中控室停机时间，与中控室校核有关参数，当确认正确无误后，可以转入自动控制运行（如果水泵样本说明书对水泵操作规定与上述规程不同的应按样本说明书调整）。

5. 潜水泵的停用和起吊

起吊操作：将切换开关转入手动态、断开潜水泵电源，移动电动葫芦至泵位并对准，放下吊钩，钩上潜水泵的吊环，检验吊钩位置，确保不会松脱，试起吊，当潜水电机与固定管接口松开后起吊，当潜水泵底部高于操作地坪 20 cm 以上时停止起吊，平移至存放位置，加垫块，放下、擦净加罩后存放，该机电源开关挂牌停用。

恢复使用时，吊装复位，由检修人操作。

6. 维护保养

泵房的维护保养任务分两部分，工艺设备、泵房及泵房周边的卫生责任区由操作人员负责,供电、控制设备及其线网由电工班负责,本节仅指操作人员责任内容。

7. 维护保养内容和频率

闸阀:每月一次,常由日班负责。检查阀杆密封情况,必要时更换填料,润滑点的润滑剂加注,若为电动闸阀则应检查限位开关、手动与电动的联锁装置;若长期不动的闸阀应每月做启闭试验。

缓闭止回阀,每月一次调试缓闭机构、加注润滑油。

桁车或电动葫芦等起重设备每月做移位和起吊试验,检查起吊用钢丝绳,防止锈蚀并检测其磨损量,若磨损大于原直径的10%或发现有断裂的股线,则应报告检修组更换。

每班一次检查管道、闸阀、潜水泵吊装孔盖板、护栏、爬梯、支架等金属构件是否紧固、稳固,和采取稳固措施,若开始锈蚀则应采取除锈与防腐措施。及时更换损坏的照明灯具。交班前要对管道、闸阀及其附属设备、电器控制柜柜面、泵房门窗、墙面、地坪和周围卫生责任区做一次卫生工作,并对电器控制柜的禁用挂牌复核,并保持位置准确。

8. 集水井的清理和频率

每隔一年应对集水井进行清理和检查池体有无裂缝和腐蚀情况,若结构已经稳定,积泥和腐蚀并不严重可以适当延长清理周期。

宜选择污水量较小的时段组织清理,估算清理时间和估算溢流污水量,确定时间后报告排水公司,获批准后组织实施,清理前必须做好充分的人力、物力、照明、通风和安全措施的准备,尽量缩短停水时间和确保安全,做好后续工艺生产变化的安排,才能开始工作。当主机将集水池降至最低水位后,切断所有主机电源,逐一起吊潜水泵,放入小型移动式潜水泵继续抽水,同时用高压水枪冲淤和清洗池壁,需下池作业时必须进行临时强制通风,在通风最不利点检测有毒气体的浓度及亏氧量,达到要求后才可下人,同时必须继续通风,强度可以适当减小,但不能停止,因为池内污物仍将释放有毒气体,要有人监护,下池工作时间不宜超过 30 min。检查水池裂缝和腐蚀情况,检查管道、导轨和水泵接口腐蚀情况,若有必要则进行防腐处理,检查管道稳固情况和水位检测仪表,做出详细纪录后恢复生产。清池的同时机电检修工人应对起吊的潜水电机清理检查维护,清池完成后吊装复位、放水运行。

9. 提升泵房操作安全管理

(1) 所有操作人员必须经过培训取得上岗资质证书和经过安全教育成绩合格,才能单独操作,没有取得资质证书的,必须在有本岗位资质证书者指导下才可进行操作,指导者承担主要安全责任,上班前不准喝酒,上岗工作前必须按规定穿戴好劳动防护用具。严禁穿高跟鞋、裙子、留长辫子上岗,要保持泵房清洁、安全通道畅通。

(2) 外来人员未经同意不得入内,无关人员一律不准进入泵房。

(3) 应经常检查止回阀确保其正常,以防止突然停电时水泵倒转损坏水泵机构,止回阀宜用缓闭止回阀。

(4) 缺相运行(即三相电源损坏一相导致二相运行)损坏电机,防止电流过高烧坏电机,特别要注意水泵叶轮被纤维性杂质缠绕造成超负荷运行,长时间超负荷运行容易损坏电机。潜水泵潜入水中无法直接观察和接触,只能依靠仪器(电流)和声音来监视其运转情况,如果发现不正常应立刻停机检修,防止泵机进一步损坏,并按事故预案处理,降低事故影响。

(5) 暂停使用的潜水泵起吊前必须断开电源,防止漏电伤人,检查起吊用钢丝绳,其磨损量不得大于原直径的10%,且不准有断股,以免绳断伤人和损坏泵机。检查起吊泵机的导轨情况,确认无阻碍能引导水泵。开始起吊时采用试吊(点吊),待潜水泵与接口脱开后转入正常起吊。停用的设备在配电柜上必须悬挂停用牌以免误接。恢复使用安装时应严格按产品说明要求进行,需要强调的是测试潜水电机的绝缘必须合格,以保证设备安全。所有的保护装置及仪表必须有效,不得疏漏。

(6) 应保持泵房空气流通,防止积聚有害气体,影响操作环境。

(7) 在清理吸水井等作业所排出的污水污泥,应纳入污水处理和污泥处理系统,防止对环境造成影响。

(8) 要考虑污水溢流措施,当污水泵房事故停水后污水应有合适的出路,减轻事故的影响,若污水溢入雨水管道,则还应防止暴雨时,雨水进入污水泵站。

二、潜水泵的操作

污水提升泵安装于粗格栅后的提升泵房中,用于提升污水进入后续处理设备。

1. 准备工作

(1) 检查提升泵水位是否在工作水位内;

(2) 查看提升泵中悬浮物的数量,数量较多,应及时进行清捞;

(3) 确认设备正常供电,处于待机状态下。

2. 启动程序

(1) 开关置于手动,按下绿色启动按钮启动潜水泵;

(2) 待变频器显示频率正常,确认排出管排出水后,水泵完全启动。

3. 运行过程

(1) 注意水泵的声音与电机温度是否正常;

(2) 随时注意泵房水位变化;

(3) 观察出水流量是否正常。

4. 停止过程

(1) 按下停止按钮键,停提升泵;

(2) 及时填写运行记录。

5. 维护保养

(1) 潜水泵若长期不用,应该从水中提出,检查各部件性能,放于干燥室内;重新投入使用,要进行绝缘性的测量,确保绝缘度达到要求;

(2) 运转2~3年以上的潜水泵,应拆卸泵与电机,清洗所有部件,清理叶轮中的泥沙与杂物;

(3) 检查泵与电机的导轴承、叶轮口环、止推轴承、推力盘等易损部件,磨损严重的要更换;

(4) 检查泵的紧固件,有锈蚀的慢慢拧下,蘸一点机油上好,损坏的要更换;

(5) 检查泵的密封部位,对损坏部件,重新更换;

(6) 潜水泵在维修后,组装时各结合面与紧固体应涂上黄油,以防锈死,影响下次拆卸。

三、电动单梁悬挂起重机操作

污水提升泵房、脱泥间和风机房常安装有电动单梁悬挂起重机,用于维修设备时起重和移动设备。

1. 准备工作
(1) 检查钢绳完好及润滑情况;
(2) 检查起重机供电情况;
(3) 严禁起重机正下方有人员及物件。

2. 启动程序
(1) 按下控制手柄电源开关;
(2) 使用控制手柄操作起重机。

3. 运行过程
(1) 禁止电动单梁起重机超载运行;
(2) 运行中观察钢绳的绕绳平滑;
(3) 运行中严禁吊物下站人。

4. 停机程序
(1) 调整电机及挂钩位置,使其不至于妨碍工作人员的其他操作;
(2) 关闭控制手柄电源开关。

5. 维护保养
(1) 每月定期检查限位器的灵敏度和安全可靠性;
(2) 检查电机安装螺栓是否松动,电机运行有无异常响声或气味;
(3) 定期检查钢丝绳的缠绕情况,检查其是否变形和镶嵌牢固;
(4) 每 3 个月定期检查葫芦小车的运行状况和磨损程度,确认是否需更换;
(5) 每 3 个月定期给减速器、钢绳加润滑油;
(6) 每 6 个月给电动小车减速器、吊钩、轴承、齿轮加润滑油;
(7) 每年给走轮、卷筒、电机加油;
(8) 每年对线路、设备运行状况进行检查,更换或保养相应配件。

四、潜水推流搅拌机的运行操作

潜水推流搅拌机往往设置于调节池或生化反应池,起搅拌作用,防止污泥沉积于池内。

1. 准备工作
(1) 检查池内水位是否淹没搅拌机;
(2) 搅拌器附近是否有漂浮物,若有应清理掉;
(3) 电源是否接通。

2. 启动与运行检查
(1) 按下启动按钮启动搅拌机;
(2) 观察搅拌机运转过程中是否有抖动或异常响声;
(3) 当发现下列情况之一时,应立即停机检查,排除故障:
1) 机组剧烈振动或声音异常时。
2) 搅拌效果明显下降时。
3) 三相电源有断相,或三相电压不平衡。
4) 电线破裂、电线缠绕于搅拌器。

3. 停机
(1) 按下停止按钮停机;

(2) 潜水搅拌器开停不宜过于频繁,从关到重新起动时间间隔不少于 2 min,以防电机温升过高。

4. 维护保养

(1) 每半年更换一次润滑油;

(2) 每次大修需更换轴承润滑油;

(3) 机械报故障后,应及时进行检查修理;

(4) 设备连续运行 2 000 h 后,机封和轴承需进行维护和保养。

项目 13 沉砂池运行管理

任务 13.1 沉砂池的运行管理

任务准备

沉砂池的类型与构造

沉砂池的作用是去除废水中比重较大的无机颗粒,如泥砂、煤渣等。一般设在泵站、倒虹管、沉淀池前,以减轻水泵和管道的磨损,防止后续处理构筑物管道的堵塞,缩小污泥处理构筑物的容积,提高污泥有机组分的含量,提高污泥作为肥料的价值。常用的沉砂池有平流式沉砂池、曝气沉砂池、多尔沉砂池和钟式沉砂池等。

1. 平流式沉砂池

(1) 平流式沉砂池的构造。

平流式沉砂池由入流渠、出流渠、闸板、水流部分及沉砂斗组成,见图 13-1。它具有截留无机颗粒效果较好、工作稳定、构造简单、排沉砂较方便等优点。

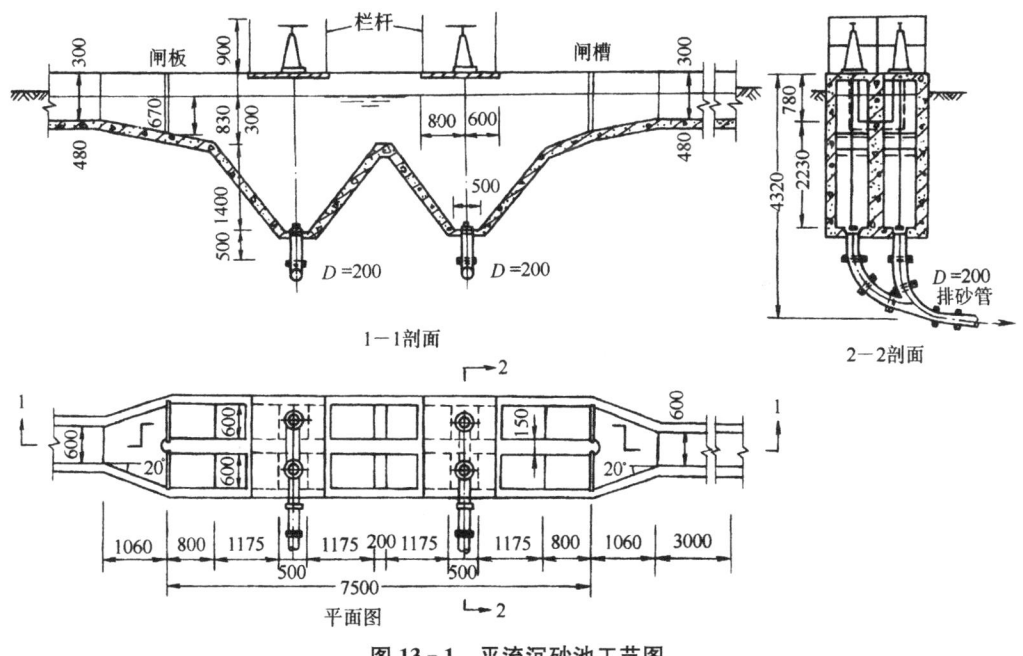

图 13-1 平流沉砂池工艺图

平流式沉砂池的设计参数主要按去除相对密度 2.65,粒径大于 0.2 mm 的砂粒确定。平流式沉砂池的构造要求主要有:

1) 沉砂池的座数或分格数不得少于两个,并宜按并联系列设计。当废水量较小时,可考虑单格工作,一格备用;当废水流量大时,则两格同时工作。

2) 设计流量的确定:

当废水以自流方式流入沉砂池时,应按最大设计流量计算;

当废水用水泵抽送进入池内时,应按工作水泵的最大可能组合流量计算;

当用于合流制处理系统时,应按降雨时的设计流量计算。

3) 最大设计流量时,废水在池内的最大流速为 0.3 m/s,最小流速为 0.15 m/s。这样的流速范围,可基本保证无机颗粒沉降去除,而有机物不能下沉。

4) 最大设计流量时,废水在池内停留时间不少于 30 s,一般为 30~60 s。

5) 设计有效水深应不大于 1.2 m,一般采用 0.25~1.0 m,每格池宽不宜小于 0.6 m,超高不宜小于 0.3 m。

6) 沉砂量的确定:生活污水的沉砂量按每人每天 0.01~0.02 L;城市废水按 10^6 m³ 废水产生沉砂 30 m³ 计;沉砂含水率约为 60%,容重 1 500 kg/m³,贮砂斗的容积按 2 日以内的沉砂量考虑,斗壁与水平面倾角为 55°~60°。

7) 池底坡度一般为 0.01~0.02,并可根据除砂设备要求,考虑池底的形状。

(2) 平流沉砂池的排砂装置。

平流式沉砂池常用的排砂方式与装置主要有重力排砂与机械排砂两类。

图 13-1 为砂斗加底闸,进行重力排砂,排砂管直径 200 mm。

图 13-2 为砂斗加贮砂罐及底闸,进行重力排砂。砂斗中的沉砂经碟阀 2 进入钢制贮砂罐,贮砂罐中的上清液经旁通水管流回沉砂池,最后,沉砂经碟阀 3 入运砂车。这种排砂方法的优点是排砂的含水率低,排砂量容易计算,缺点是沉砂池需要高架或挖小车通道。

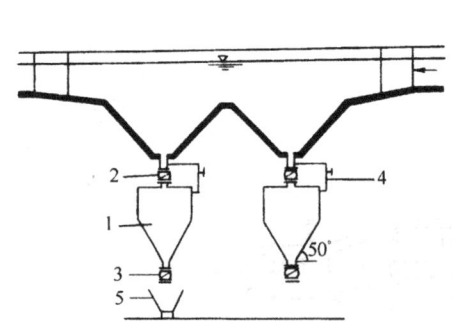

图 13-2 平流式沉砂池重力排砂法
1—贮砂罐;2、3—手动或电动碟阀;
4—旁通管;5—运砂小车

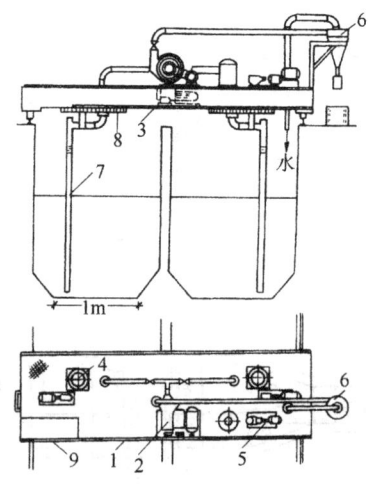

图 13-3 单口泵吸式排砂机
1—桁架;2—砂泵;3—桁架行走装置;
4—回转装置;5—真空泵;6—旋流分离器;
7—吸砂管;8—齿轮;9—操作台

图 13-3 为机械排砂法的一种单口泵吸式排砂机。沉砂池为平底,砂泵 2、真空泵 5、吸砂管 7、旋流分离器 6,均安装在行走桁架 1 上。桁架沿池长方向往返行走排砂。经旋流分

离器分离的水分回流到沉砂池,沉砂可用小车、皮带运送器等运至晒砂场或贮砂池。这种排砂方法自动化程度高,排砂含水率低,工作条件好,池高较低。机械排砂法还有链板刮砂法、抓斗排砂法等。中、大型污水处理厂应采用机械排砂。

吸砂机排出的砂常进入砂水分离器,水回流到沉砂池,砂可以运走。砂水分离器如图13-4所示。

2. 曝气沉砂池

普通平流式沉砂池的主要缺点是沉砂中约夹杂有15%的有机物,对被有机物包覆的砂粒,截留效果也不佳,沉砂易于腐化发臭,增加了沉砂后续处理的难度。日益广泛使用的曝气沉砂池,则可以在一定程度上克服这些缺点。图13-5为曝气沉砂池的断面图。曝气沉砂池的水流部分是一个矩形渠道,在沿池壁一侧的整个长度距池底0.6~0.9 m处安设曝气装置,曝气沉砂池的下部设置集砂槽,池底有一定的坡度,坡向另一侧的集砂槽,以保证砂粒滑入。

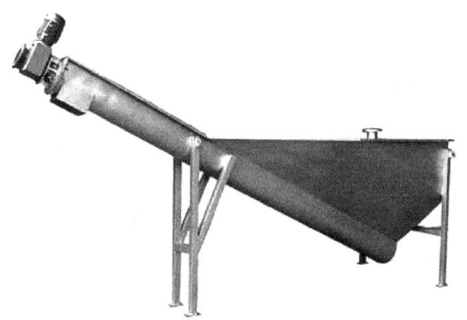

图13-4 螺旋式砂水分离器

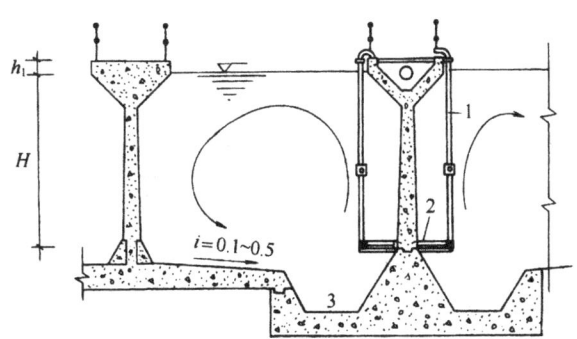

图13-5 曝气沉砂池剖面图
1—压缩空气管;2—空气扩散板;3—集砂槽

曝气沉砂池的构造要求主要有:

1)废水在曝气沉砂池过水断面周边的最大旋转速度为0.25~0.30 m/s,在池内的水平前进流速为0.08~0.12 m/s。如考虑预曝气的作用,可将曝气沉砂池过水断面增大3~4倍。

2)最大设计流量时,废水在池内的停留时间为1~3 min。如考虑预曝气,则可延长池身,使停留时间为10~30 min。

3)有效水深取2~3 m,宽深比一般取1.0~1.5,长宽比可达5。若池长比池宽大得多时,则应考虑设置横向挡板,池的形状应尽可能不产生偏流或死角,在集砂槽附近安装纵向挡板。

4)曝气装置安装在池的一侧,距池底约0.6~0.9 m,空气管上应设置调节空气的阀门,曝气穿孔管孔径为2.5~6.0 mm,曝气量为0.2~0.3 m^3空气/m^3水或3~5 m^3空气/(m^2·h)。

5)曝气沉砂池的进水口应与水在沉砂池内的旋转方向一致,出水口常用淹没式,出水方向与进水方向垂直,并宜考虑设置挡板。

3. 多尔沉砂池

多尔沉砂池是一个浅的方形水池,如图13-6所示。在池的一边设有与池壁平行的进水槽,在整个池壁上设有整流器,以调节和保持水流的均匀分布,废水经沉砂池使砂粒沉淀,

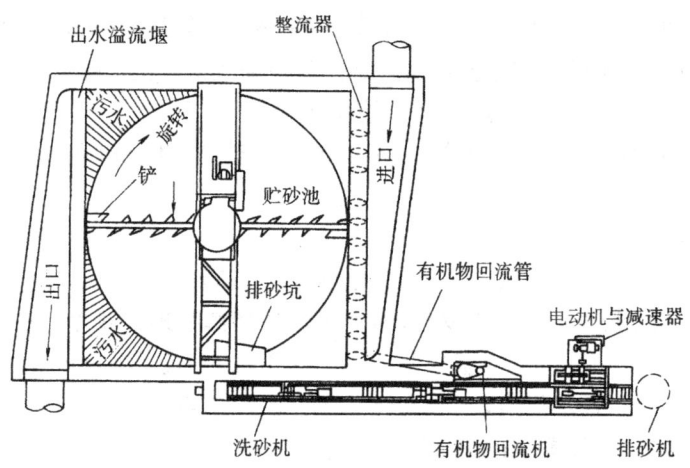

图 13-6 多尔沉砂池工艺图

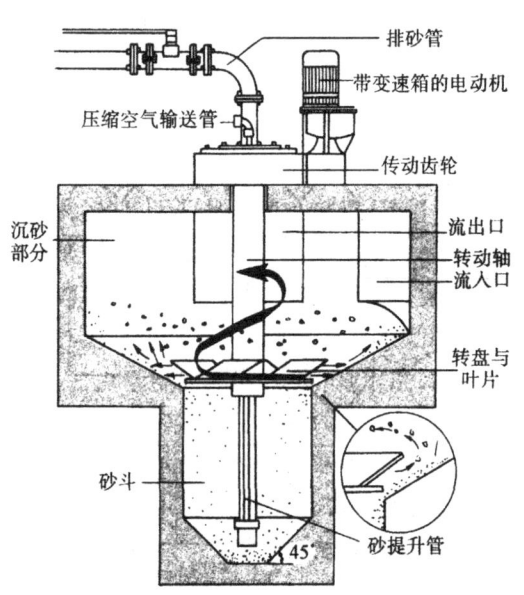

图 13-7 钟式沉砂池工艺图

在另一侧的出水堰溢流排出。沉砂池底的砂粒由刮砂机刮入排砂坑。砂粒用往复式刮砂机械或螺旋式输送器进行淘洗，以除去有机物。刮砂机上装有桨板，用以产生一股反方向的水流，将从砂上洗下来的有机物带走，回流到沉砂池中，而淘净的砂粒及其他无机杂粒，由排砂机排出。

4. 钟式沉砂池

钟式沉砂池是一种利用机械力控制水流流态与流速，加速砂粒沉淀，并使有机物随水流带走的沉砂装置，如图 13-7 所示。废水由流入口切线方向流入沉砂区，利用电动机及传动装置带动转盘和斜坡式叶片，由于所受离心力的不同，把砂粒甩向池壁，掉入砂斗，有机物则被送回废水中。调整转速，可达到最佳沉砂效果。沉砂用压缩空气经砂提升管、排砂管清洗后排出，清洗水回流至沉砂区。

 **任务实施**

一、沉砂池的运行管理

1. 配水与配气

曝气沉砂池的每一格，一般都有配水调节闸门和空气调节阀门，应经常巡查沉砂池的运行状况，及时调整入流污水量和空气量，使每一格沉砂池的工作状况（液位、水量、气量、排砂次数）相同。

2. 排砂

排砂操作要点是根据沉砂量的多少的变化规律，合理安排排砂次数，保证及时排砂。排砂次数太多,可能会使排砂含水率太大(除抓斗提砂以外)或因不必要操作增加运行费用;排砂次数太少,就会造成积砂,增加排砂难度,甚至破坏排砂设备。应在定期排砂时,密切注意排砂量、排砂含水率、设备运行状况,及时调整排砂次数。

对于合流制污水系统,下雨时应增加排砂次数。

无论是行车带泵排砂或链条式刮砂机,由于故障或其他原因停止排砂一段时间后,都不能直接启动。应认真检查池底积砂槽内砂量的多少,如沉砂太多,应排空沉砂池人工清砂,以免由于过载而损坏设备。

3. 清除浮渣

沉砂池上的浮渣应定期以机械或人工方式清除,否则会产生臭味影响环境卫生,或造成堵塞设备或管道。

应经常巡视浮渣刮渣出渣设施的运行状况、池面浮渣的多少。

4. 洗砂清砂

沉砂池池底排出的积砂,一般含有一些有机物,容易发臭。洗砂间应及时清洗沉砂,并清运出去,还应经常清洗维护洗砂、除砂设备,保持洗砂间环境卫生良好。

5. 做好测量与运行记录

(1)每日测量或记录的项目:除砂量、曝气量。

(2)定期测量的项目:湿砂中的含砂量、有机成分含量。

(3)可测量的项目:干砂中砂粒级配,一般应按 0.10、0.15、0.2 和 0.3 四级进行筛分测试。

二、沉砂池的操作

1. 启动新的或重新投入运行的沉砂池前应检查

(1)清理进出水管路和池内砂石等杂物;

(2)搅拌器及传动装置具备运行条件;

(3)提砂系统及排砂管线具备运行条件;

(4)洗砂器具备运行条件;

(5)全部阀门和闸门启闭状态符合设计要求;

(6)水面以下机械设备和池壁及池底的防腐和紧固完成;

(7)电动系统、监控系统和保护系统完好;

(8)控制系统现场手动控制柜具备操作条件,自动控制仪器、仪表和信息传输准确与正常,自动控制与手动控制切换功能正常。

2. 沉砂池的启动

(1)启动进水闸门开始进水;

(2)启动搅拌装置;

(3)设定排砂系统运行参数;

(4)启动洗砂器;

(5)砂斗装满后的清运。

启动系统时应调节各池流量至流量均衡,并尽可能接近设计要求。除砂与洗砂自动控制参数,应根据污水含砂率的情况进行调整。但每日至少复核一次,在沉砂池负荷发生变化时要对出水中的含砂量进行检测并应满足工艺要求。

经洗砂器清洗后的砂收集到砂斗中或卡车上,并及时清运,清洗后的砂应运到指定地点。要定期对排除的砂的有机物含量进行检测,要求有机物含量小于10%。

3. 巡检

日常巡检工作包括:

(1) 进水流量均衡性;

(2) 出水含砂率测定;

(3) 搅拌器工作状况及润滑;

(4) 搅拌器传动装置振动、噪声和电机电流;

(5) 输砂管道是否泄漏;

(6) 洗砂器运行情况;

(7) 砂斗中砂量情况;

(8) 现场控制柜是否有异常;

(9) 除砂与洗砂运行参数调整。

巡检线路依据实际情况确定,巡检频率为 2 h 进行一次,当进水水质变动幅度较大、设备运行不太正常和设备检修后要增加巡检次数。交接班过程中的巡检工作按交接班制度执行。

4. 维护保养

(1) 维护内容

日常维护内容及频率如下:

1) 设备及构筑物日常清洁工作;

2) 机械设备润滑;

3) 机械设备紧固;

4) 管线系统防腐和油漆;

5) 洗砂器调整;

6) 清洗后砂清运;

7) 其他设备操作维护手册要求进行的内容。

(2) 维护记录表

操作人员在日常维护过程中应按要求填写维护记录表。

5. 沉砂池运行操作的安全管理

在沉砂池的日常运行和维护过程中应注意以下方面:

(1) 每班至少清砂一次,防止沉砂结死。

(2) 停池以后必须先确保沉砂池中沉砂清理干净后方可停止提砂系统运行。

(3) 旋流沉砂池工作状态下,禁止进行池面清理的工作。

全部运动部件必须安装防护装置,防止对操作人员造成伤害。

三、泵吸式排砂机操作

沉砂池的目的沉降较大密度的无机颗粒,排砂机则用于清理沉砂池底部沉积的无机颗粒。

1. 准备工作

(1) 检查限位开关是否正常;

(2) 将"反向旋转"和两台电机的开关置于联动状态;

(3) 检查输水槽是否堵塞,如有则立即清理。

2. 启动程序

(1) 按下正向启动按钮启动吸砂机；

(2) 吸砂管正常出水后，开启砂水分离器。

3. 运行过程的检查

(1) 观察电机的运转是否正常；

(2) 观察吸砂管中排出的砂水中无机颗粒的浓度；

(3) 观察吸砂机行走到的位置。

4. 停机

(1) 待砂水中无机颗粒浓度较低且吸砂机行走到合适位置时，按下正向转动停止按钮停吸砂机；

(2) 停砂水分离器；

(3) 填写运行记录。

5. 维护保养

(1) 减速机、电机、各滚动轴承第一次运作满 100 h 后，均应清洗并重新加注新油脂；

(2) 每隔半月或一月检查各电器开关和指示灯，有问题及时更换；

(3) 桥式吸砂机应定期停车进行一次全面检查，吊梁、吸砂口及吸砂管连接是否牢固及有无脱焊、漏损或损坏，如有应及时修补或更换。

四、砂水分离器操作

砂水分离器常与排砂机配套使用，对所排出的砂水进行分离，将污水排回沉砂池，分离出的砂粒用小车运走。

1. 准备工作

(1) 检查泵房中电控柜上砂水分离器电源指示灯是否亮，确认设备正常通电，处于待机状态；

(2) 检查紧固件是否松动。

2. 启动过程

开启排砂机，待砂水进入砂水分离器时，按下启动按钮启动砂水分离器。

3. 运行过程的检查

观察砂水分离器中的出砂量及是否将分离出的污水回流至集水井。

4. 停机过程

(1) 按下停止按钮键停机；

(2) 清理干净砂水分离器附近环境，及时清运堆积的无机颗粒。

5. 维护保养

(1) 设备按正常巡检，维护修理，润滑管理等制度要求进行；

(2) 每天巡检机器运转情况，是否存在不正常噪声，密封有无泄漏，并适当加注轴承润滑脂；

(3) 每月检查驱动装置齿轮箱中的油位，并加高到所需高度；

(4) 每 2 年设备进行解体大修、拆开清洗减速机，更换磨损的零件，更换密封圈及磨损的衬套，检查及校正螺旋体等；

(5) 因故障原因停机应查明原因，排除故障后才能重新开机；

(6) 停机 3 d 以上时，应冲洗或排除设备内部物料，以免干涸结块。

项目 14　初沉池与气浮池运行管理

任务 14.1　初沉池的运行管理

 **任务准备**

一、沉淀池的作用与分类

沉淀池是分离悬浮物的一种主要处理构筑物。污水在进入后续生物处理之前，先通过初次沉淀池进行沉淀分离，去除污水中一部分可沉颗粒物质。初沉池与其前面的沉砂池、格栅组成了污水的一级处理过程。沉淀池按其功能可分为进水区、沉淀区、污泥区、出水区及缓冲层等五个部分。进水区和出水区是使水流均匀地流过沉淀池。沉淀区也称澄清区，是可沉降颗粒与废水分离的工作区。污泥区是污泥贮存、浓缩和排出的区域。缓冲区是分隔沉淀区和污泥区的水层，保证已沉降颗粒不因水流搅动而再行浮起。

常用沉淀池的类型有平流式沉淀池、辐流式沉淀池、竖流式沉淀池和斜板（管）沉淀池四种。各类沉淀池的优缺点及适用条件见表 14-1。

表 14-1　各类沉淀池的优缺点及适用条件

类型	优　　点	缺　　点	适 用 条 件
平流式	1. 沉淀效果好 2. 对水量和水温的变化有较强的适应能力 3. 处理流量大小不限 4. 施工方便 5. 平面布置紧凑	1. 池子配水不易均匀 2. 采用多斗排泥时，每个泥斗需单设排泥管排泥，操作工作量大。采用机械排泥时，设备和机件浸于水中，易锈蚀	1. 适用于地下水位较高和地质条件较差的地区 2. 大、中、小型水厂及废水处理厂均可采用
竖流式	1. 占地面积小 2. 排泥方便，运行管理简单	1. 池深大，施工困难 2. 对水量和水温变化的适应性较差 3. 池子直径不宜过大	适用于小型废水处理厂（站）
辐流式	1. 对大型废水处理厂（>5万 m³/d）比较经济适用 2. 机械排泥设备已定型化，排泥较方便	1. 排泥设备复杂，要求具有较高的运行管理水平 2. 施工质量要求高	1. 适用于地下水位较高地区 2. 适用于大、中型水厂和废水处理厂

二、平流式沉淀池

平流式沉淀池是废水从池的一端流入,从另一端流出,水流在池内作水平运动,池平面形状呈长方形,可以是单格或多格串联。池的进口端底部或沿池长方向,设有一个或多个贮泥斗,贮存沉积下来的污泥。图 14-1 是使用比较广泛的一种平流式沉淀池。下面主要介绍平流式沉淀池的入流装置、出流装置和排泥装置的形式和特点。

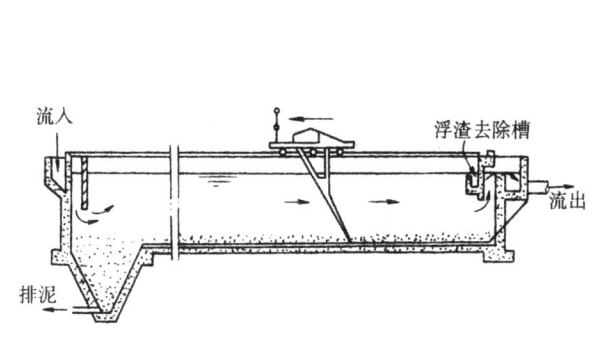

图 14-1　平流式沉淀池　　　　图 14-2　溢流堰及多槽出流装置图

1. 入流装置和出流装置

沉淀池的入流装置由设有侧向或槽底潜孔的配水槽、挡流板组成,起均匀布水与消能作用。配水槽侧面穿孔时,挡流板是竖向的(见图 14-1),挡流板入水深不小于 0.25 m,高出水面以上 0.15~0.2 m,距流入槽 0.5 m。配水槽底部穿孔时,挡流板是横向的,大致在 1/2 池深处(见图 14-2)。

出流装置由流出槽与挡板组成。流出槽设自由溢流堰,溢流堰严格水平,既可保证水流均匀,又可控制沉淀池水位。为此溢流堰常采用锯齿形堰,见图 14-3。这种出水堰易于加工及安装,出水比平堰均匀,常用钢板制成,齿深 50 mm,齿距 200 mm,直角,用螺栓固定在出口的池壁上。池内水位一般控制在锯齿高度的 1/2 处为宜。溢流堰最大负荷对于初次沉淀池不宜大于 2.9 L/(m·s),对于二次沉淀池不宜大于 2.0 L/(m·s)。为了减少负荷,改善出水水质,溢流堰可采用多槽沿程布置(见图 14-2),如需阻挡浮渣随水流走,出流堰可采用潜孔出流。出流挡板入水深 0.3~0.4 m,距溢流堰 0.25~0.5 m。

2. 排泥装置与方法

沉淀池的沉积物应及时排出。排泥装置与方法一般有静水压力法和机械排泥法。

(1) 静水压力法。

利用池内的静水位,将污泥排出池外,如图 14-4 所示。排泥管直径通常取 200 mm,下端插入污泥斗,上端伸出水面以便清通。静水压力 $H=1.5$ m(初次沉淀池),0.9 m(二次沉淀池)。为使池底污泥能滑入污泥斗,池底应有 0.01~0.02 的坡度。为减小池的总深度,也可采用多斗式平流沉淀池,如图 14-5 所示。

(2) 机械排泥法。

图 14-1 中排泥设备为行走小车刮泥机,小车沿池壁顶的导轨往返行走,刮板将沉泥刮

入污泥斗,浮渣刮入浮渣槽。由于整套刮泥机都在水面上,不易腐蚀,易于维修。图 14-6 为设有链带刮泥机的平流式沉淀池。链带装有刮板,沿池底缓慢移动,速度约为 1 m/min,将沉泥缓慢推入污泥斗,当链带刮板转到水面时,又可将浮渣推入浮渣槽。链带式刮泥机的缺点是机件长期浸于污水中,易被腐蚀,难以维修。被刮入污泥斗的沉泥,可用静水压力法或螺旋泵排出池外。上述两种机械排泥法主要适用于初次沉淀池。

对于二次沉淀池,由于活性污泥的密度小,含水率高达 99% 以上,呈絮状,不可能被刮除,可采用单口扫描泵吸式,使集泥和排泥同时完成,如图 14-7 所示。采用机械排泥,平流式沉淀池可采用平底,可大大减小池深。

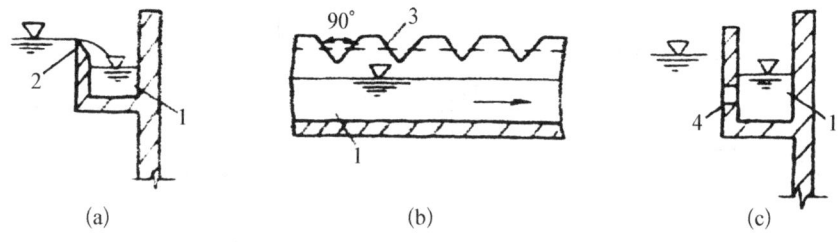

图 14-3 平流式沉淀池的出水堰形式
(a) 自由堰式的出水堰;(b) 锯齿三角堰式的出水堰;(c) 出流孔口式的出水堰
1—集水槽;2—自由堰;3—锯齿三角堰;4—淹没孔口

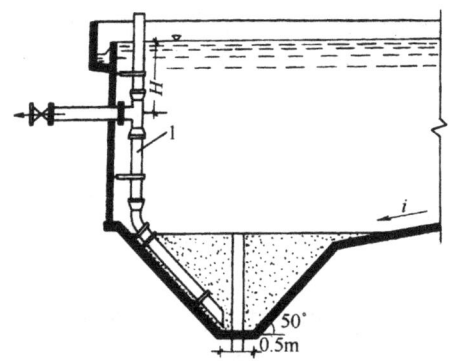

图 14-4 沉淀池静水压力排泥
1—排泥管;2—集泥斗

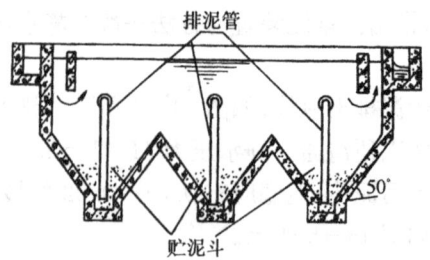

图 14-5 多斗式平流沉淀池

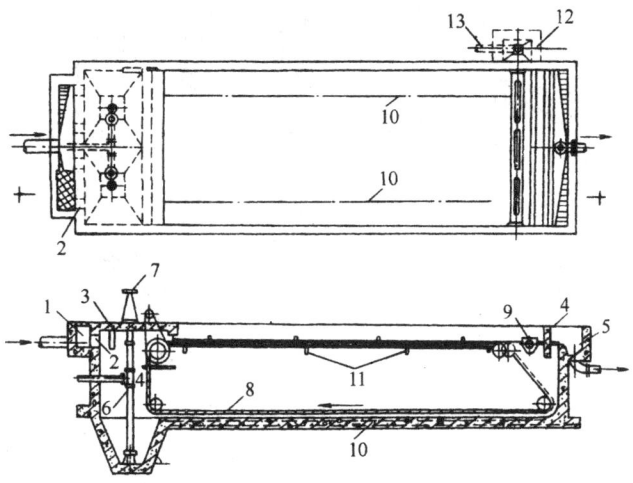

图 14-6　设有链带式刮泥机的平流式沉淀池
1—进水槽；2—进水孔；3—进水挡流板；4—出水挡流板；5—出水槽；
6—排泥管；7—排泥闸门；8—链带；9—排渣管槽（能够转动）；
10—导轨；11—支撑；12—浮渣室；13—浮渣管

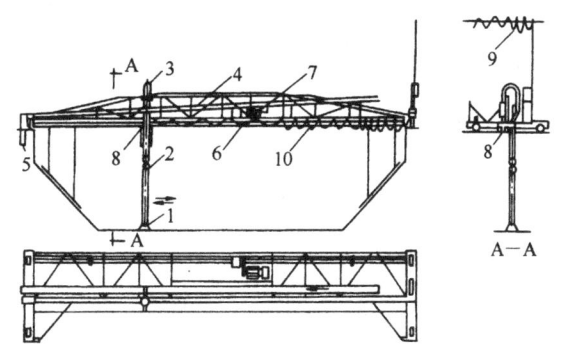

图 14-7　单口扫描泵吸式
1—吸口；2—吸泥泵及吸泥管；3—排泥管；4—排泥槽；5—排泥渠；
6—电机与驱装置；7—桁架；8—小车电机及猫头吊；
9—桁架电源引入线；10—小车电机电源引入线

三、竖流式沉淀池

竖流式沉淀池水流方向与颗粒沉淀方向相反，其截留速度与水流上升速度相等。当颗粒发生自由沉淀时，其沉淀效果比平流式沉淀池低得多。当颗粒具有絮凝性时，则上升的小颗粒和下沉的大颗粒之间相互接触、碰撞而絮凝，使粒径增大，沉速加快。另一方面，沉速等于水流上升速度的颗粒将在池中形成一悬浮层，对上升的小颗粒起拦截和过滤作用，因而沉淀效率比平流式沉淀池更高。

竖流式沉淀池多为圆形或方形，直径或边长为 4~7 m，一般不大于 10 m。沉淀池上部为圆筒形的沉淀区，下部为截头圆锥状的污泥斗，两层之间为缓冲层，约 0.3 m（如图 14-8 所示）。

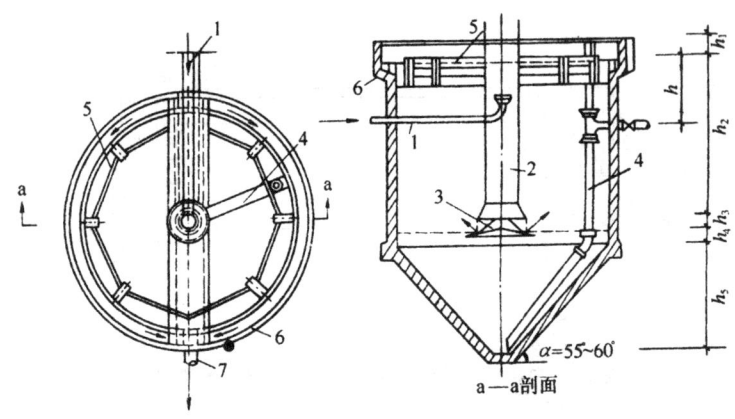

图 14-8 圆形竖流式沉淀池
1—进水管;2—中心导流筒;3—反射板;4—排泥管;5—挡渣板;6—集水槽;7—出水管

废水从中心管自上而下流入,经反射板向四周均匀分布,沿沉淀区的整个断面上升,澄清水由池四周集水槽收集。集水槽大多采用平顶堰或三角形锯齿堰,堰口最大负荷为 $1.5 \text{L}/(\text{m} \cdot \text{s})$。如池径大于 7 m,为使集水均匀,可设置辐射式的集水槽与池边环形集水槽相通。沉淀池贮泥斗倾角为 $45°\sim60°$,污泥可借静水压力由排泥管排出,排泥管直径应不小于 200 mm,静水压力为 $1.5\sim2.0$ m。排泥管下端距池底不大于 2.0 m,管上端超出水面不少于 0.4 m。为了防止漂浮物外溢,在水面距池壁 $0.4\sim0.5$ m 处设挡板,挡板伸入水面以下 $0.25\sim0.3$ m,伸出水面以上 $0.1\sim0.2$ m。

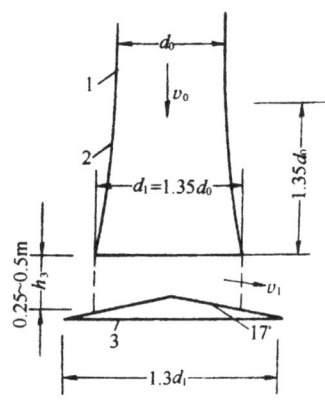

图 14-9 中心管及反射板的结构尺寸
1—中心管;2—喇叭口;3—反射板

竖流式沉淀池中心管内的流速对悬浮物的去除有很大的影响。无反射板时,中心管内流速应不大于 30 mm/s;末端设有喇叭口及反射板时,可提高到 100 mm/s。具体尺寸见图 14-9。废水从喇叭口与反射板之间的间隙流出的速度不应大于 20 mm/s。

为保证水流自下而上作垂直运动,要求竖流式沉淀池径深比 $D:h_2 \leqslant 3:1$。

四、辐流式沉淀池

普通辐流式沉淀池呈圆形或正方形,直径(或边长)一般为 $6\sim60$ m,最大可达 100 m,中心深度为 $2.5\sim5.0$ m。废水从辐流式沉淀池的中心进入,由于直径比深度大得多,水流呈辐射状向周边流动,沉淀后的废水由四周的集水槽排出。由于是辐射状流动,水流过水断面逐渐增大,而流速逐渐减小。

图 14-10 为中心进水周边出水机械排泥的普通辐流式沉淀池。池中心处设中心管,废水从池底进入中心管,或用明槽自池的上部进入中心管,在中心管周围常有用穿孔障板围成的流入区,使废水能沿圆周方向均匀分布。为阻挡漂浮物,出水槽堰口前端可加设挡板及浮渣收集与排出装置。

普通辐流式沉淀池大多采用机械刮泥(尤其是池径大于 20 m 时,几乎都用机械刮泥),将全池的沉积污泥收集到中心泥斗,再借静水压力或污泥泵排出。刮泥机一般为桁架结构,

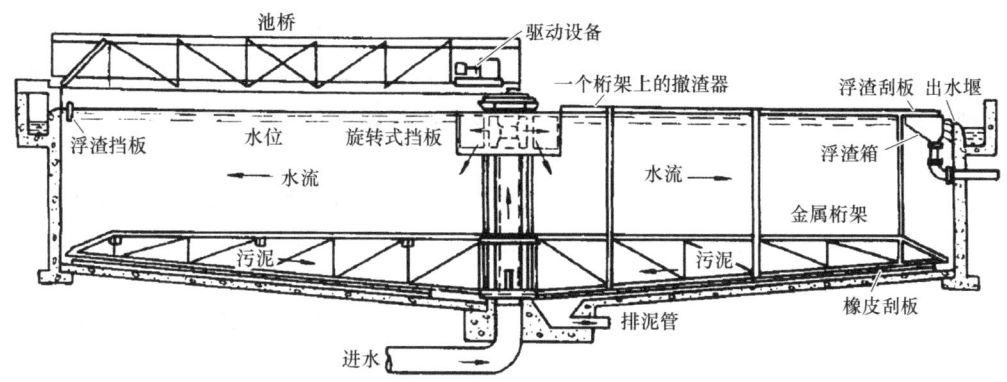

图 14‑10 中心进水周边出水机械排泥的普通辐流式沉淀池

绕池中心转动,刮泥刀安装在桁架上,可中心驱动或周边驱动。池底坡度一般为 0.05,坡向中心泥斗,中心泥斗的坡度为 0.12~0.16。池径与水深比宜取 6~12。沉淀时间一般初次沉淀池为 1~2 h,二次沉淀池为 1.5~2.5 h。

除机械刮泥的辐流式沉淀池外,常将池径小于 20 m 的辐流式沉淀池建成方形,废水沿中心管流入,池底设多个泥斗,使污泥自动滑入泥斗,形成斗式排泥。

五、向心辐流式沉淀池

普通辐流式沉淀池为中心进水,中心导流筒内流速达 100 mm/s,作二次沉淀池使用时,活性污泥在其间难以絮凝,这股水流向下流动的动能较大,易冲击底部沉泥,池子的容积利用系数较小(约 48%)。向心辐流式沉淀池是圆形,周边为流入区,而流出区既可设在池中心[如图 14‑11(a)]也可设在池周边[图 14‑11(b)]。由于结构上的改进,在一定程度上可以克服普通辐流式沉淀池的缺点。

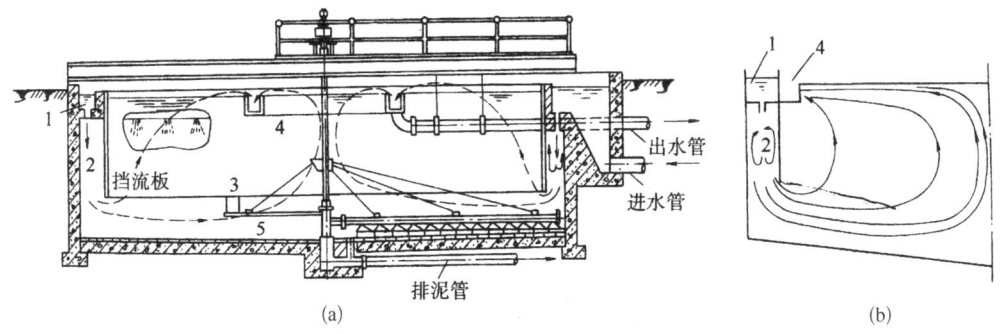

图 14‑11 向心式辐流沉淀池

(a) 周边进水中心出水;(b) 周边进、出水
1—配水槽;2—导流絮凝区;3—沉淀区;4—出水区;5—污泥区

向心辐流式沉淀池有五个功能区,即配水槽、导流絮凝区、沉淀区、出水区和污泥区。

配水槽设于周边,槽底均匀开设布水孔及短管。采用环形平底槽,等距离设布水孔,孔径一般取 50~100 mm。

导流絮凝区:作为二次沉淀池时,由于设有布水孔及短管,使水流在区内形成回流,促进絮凝作用,从而可提高去除率;且该区的容积较大,向下的流速较小,对底部沉泥无冲击现象。底部水流的向心流动可将沉泥推入池中心的排泥管。为了施工安装方便,宽度一般不小于 0.4 m。

出水槽的位置可设在 R 处、$R/2$ 处、$R/3$ 处和 $R/4$ 处。最佳出水槽的位置是设在 R 处。可用锯齿堰出水,使每齿的出水流速均较大,不易在齿角处积泥或兹生藻类。

六、沉淀池的几个参数

(1) 表面负荷：指沉淀池单位池面面积、单位时间内通过的水量。表面负荷是重要的设计参数,其单位一般为 $m^3/(m^2 \cdot h)$。在沉淀池运行过程中,表面负荷应控制在合理范围内。负荷过大,水的流速过快,沉淀效果下降。

(2) 有效水深：指沉淀池沉淀区的水深。不包括缓冲区、积泥区深度。

(3) 沉淀时间：指污水在通过沉淀区所经过的时间。

任务实施

一、初沉池的运行管理

(1) 根据初沉池的形式及刮泥设备形式,确定刮泥方式、刮泥周期长短,避免沉积污泥过长停留造成浮泥;也不能因刮泥太频繁太快,扰动已沉下的污泥。

(2) 初沉池采用间歇排泥,最好采用自动控制方式。泥泵的启动由时间控制,泥泵的关闭由安装在排泥管路上的浓度计或密度计的测量数据来调节。无法自动控制时,根据经验人工控制排泥次数和排泥时间,并在可能时注意观察排泥管上取样口泥样的颜色变化,及时调整排泥时间。当初沉池采用连续排泥时,应注意控制排泥流量,使排泥浓度符合工艺要求。

(3) 经常巡查各沉淀池溢流流量是否相同,出水三角堰出流是否均匀,堰口是否被浮渣封堵,并做出及时调节或修整。

(4) 经常观察浮渣刮板是否损坏,浮渣刮板与浮渣斗浮渣挡板配合是否适当,并及时调整或维修。

(5) 注意观察浮渣斗中浮渣是否能顺利排出。

(6) 注意观察辨听刮泥、刮渣、排泥设备是否有异常声响,是否有部件松动,如有则及时维修。

(7) 排泥管路应每月冲洗一次,防止砂、油脂在管内或阀门外积塞。冬季应增加冲洗次数。

(8) 初沉池应每年排空一次,彻底清理检查；水下部件的腐蚀、润滑情况；池底是否有积砂或有死区；刮板与池底是否密合；排泥斗及排泥管内是否有积砂等。

(9) 测定并判断 SS 去除率是否下降,看是否存在下列原因：入流污水水力负荷过大；短流；刮泥与排泥周期太长或排泥时间太短造成积泥并上浮。

(10) 做好分析测量与记录。每班应记录以下内容：水温和 pH 值；刮泥机及泥泵运转情况；排泥次数和排泥时间；排浮渣次数及时间或浮渣量。每日应测定并记录的内容包括：COD_{Cr}、BOD_5、pH、SS 进出水平均值、去除率；排泥的含固率；排泥的挥发性固体含量。

二、刮吸泥机的操作

1. 开机前的检查及准备

(1) 检查减速机油箱油质、油位及行走轮是否良好,油箱有无漏油现象。

(2) 检查电机减速机及各部位联接螺栓是否紧固。

(3) 检查行走轮是否有断裂或过量磨损现象。

(4) 检查各吸泥管调节阀有无堵塞并应经常清除堵塞物。

(5) 检查传动电机相间、对地绝缘及外壳接地是否良好。

2. 启动、运行检查与停机

(1) 按下启动按钮启动电机,开车运转 1~2 圈;
(2) 检查各传动部分运转情况,运行应平稳;
(3) 刮泥板与池底一周的间隙是否符合要求;
(4) 减速箱电机应无异常发热及噪声和振动;
(5) 运转是否平稳,应无振动、撞击等异常情况;
(6) 电流、电压是否符合规定;
(7) 按下停止按钮停车。

3. 维护与保养

(1) 传动和润滑部分定期检查并给回转支撑内添加润滑脂(一般 3 个月一次);
(2) 回转支撑裸露表面定期涂防锈漆(一般 3~6 个月一次);
(3) 如长期停机后,再次开启前,为防污泥沉积严重而启动困难,需放空池中污水,人工去除沉积污泥后,方可重新投入使用;
(4) 经常检查、添加减速机润滑油;
(5) 经常检查各连接零件有无松动现象;
(6) 经常检查各密封元件的密封性;
(7) 每年定期对吸刮泥机进行一次全面检修,对磨损严重的零件应及时更换,同时做好防腐处理。

任务 14.2　气浮池构造与运行管理

一、气浮技术的基本原理

气浮技术的基本原理是向水中通入空气,使水中产生大量的微细气泡,并促使其黏附于杂质颗粒上,形成比重小于水的浮体,在浮力作用下,上浮至水面,实现固-液或液-液分离。

关于微细气泡和颗粒之间的接触吸附机理通常有两种情况。一是絮凝体内裹带微细气泡,絮凝体越大,这一倾向越强烈,越能阻留气泡。例如,稳定的乳化液中油珠带负电较强,一般需投加混凝剂,压缩油珠双电层,使油珠脱稳,容易与气泡吸附在一起。其次是气泡与颗粒的吸附,这种吸附力是由两相之间的界面张力引起的。

根据作用于气-固-液三相之间的界面张力,可以推测这种吸附力的大小。图 14-12 为气-固-液三相体系,在三相的接触点上,由气-液界面与固-液界面构成的 θ 角称接触角(以对着水的角为准),$\theta > 90°$ 者为疏水性物质,$\theta < 90°$ 者为亲水性物质,这可从图 14-13 中颗粒与水接触面积的大小看出。当 $\theta = 0°$ 时,固体表面完全被润湿,气泡不能吸附在固体表面;当 $0° < \theta < 90°$,固体与气泡的吸附不够牢固,容易在水流的作用下脱附;当 $\theta > 90°$ 时,则容易发生吸附。对于亲水性物质,一般需加浮选剂,改变其接触角,使其易与气泡吸附。浮选剂的种类很多,如松香油、煤油产品、脂肪酸及其盐类等。为降低水的表面张力,有时还加入一定数量的表面活性剂作为起泡剂,使水中气泡形成稳定的微细气泡,因为水中的气泡越细小,其总表面积越大,吸附水中悬浮物的机会越多,有利于提高气浮效果。但水中表面活性剂过多会严重地促使乳化,使气浮效果明显降低。

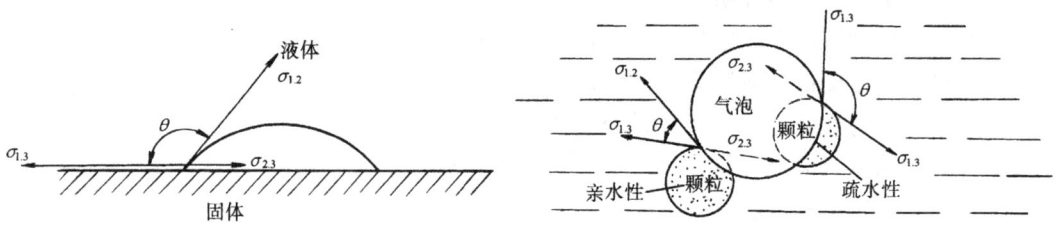

图 14-12 三相间的吸附界面　　图 14-13 亲水性和疏水性物质的接触角

二、气浮的分类

气浮按气泡产生的方式分为电解气浮、布气气浮、溶气气浮、其他如扩散板曝气气浮、射流气浮等。

1. 电解气浮

电解气浮是在直流电的作用下,采用不溶性的阳极和阴极直接电解废水,正负两极产生氢和氧的微细气泡,将废水中颗粒状污染物带至水面进行分离的一种技术。此外,电解气浮还具有降低 COD、氧化、脱色和杀菌作用,对废水负荷变化适应性强,生成污泥量少,占地少,无噪声。常用处理水量一般为 $10\sim20\ m^3/h$。由于电耗及操作运行管理、电极结垢等问题,较难适应处理水量大的场合。

2. 布气气浮

布气气浮采用高速旋转的叶轮布气。图 14-14 为叶轮气浮设备示意图。气浮池底部设有叶轮叶片,由池上部的电机驱动,叶轮上部装设带有导向叶片的固定盖板,叶片与直径成 60°角,盖板与叶轮间有 10 mm 的间距,而导向叶片与叶轮之间有 5~8 mm 的间距,盖板上开有 12~18 个孔径为 20~30 mm 的孔洞,盖板外侧的底部空间装有整流板。

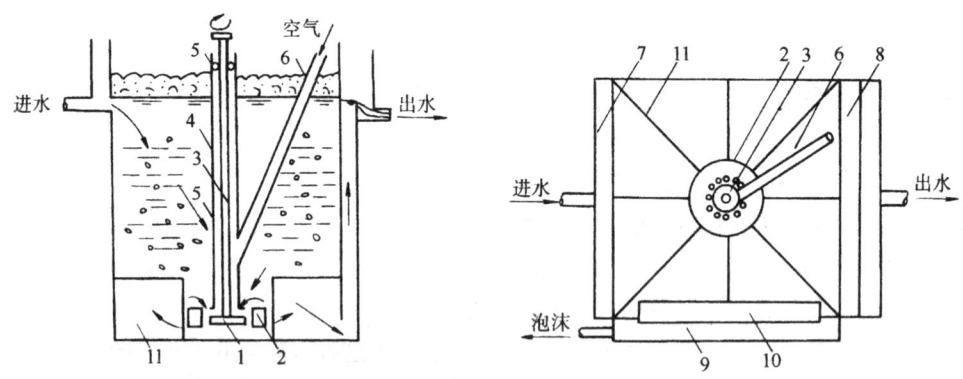

图 14-14 叶轮气浮设备构造示意图
1—叶轮;2—盖板;3—转轴;4—轴套;5—轴承;6—进气管;7—进水槽;
8—出水槽;9—泡沫槽;10—刮沫板;11—整流板

叶轮在电机驱动下高速旋转,在盖板下形成负压,从进气管吸入空气,废水由盖板上的小孔进入。在叶轮的搅动下,空气被粉碎成细小的气泡,并与水充分混合形成水气混合体甩出导向叶片之外,导向叶片可使阻力减小。再经整流板稳流后,在池体内平稳地垂直上升,形成的泡沫不断地被缓慢转动的刮板刮出槽外。

叶轮直径一般为200~400 mm,最大不超过700 mm,叶轮转速多采用900~1 500 r/min,圆周线速度为10~15 m/s。气浮池充水深度与吸入的空气量有关,通常为1.5~2.0 m。

叶轮布气气浮适用于处理水量不大,污染物浓度较高的废水。除油效率可达80%左右。

3. 溶气气浮

溶气气浮是使空气在一定压力作用下,溶解于水中,并达到过饱和的状态,然后再突然使溶气水在常压下将空气以微细气泡的形式从水中逸出,进行气浮。溶气气浮形成的气泡细小,其初粒度为80 μm左右。而且在操作过程中,还可以人为地控制气泡与废水的接触时间。因此,溶气气浮的净化效果较好,特别在含油废水、含纤维废水处理方面已得到广泛应用。根据气泡在水中析出所处压力的不同,溶气气浮可分为加压溶气气浮和溶气真空气浮两种类型。前者,空气在加压条件下溶入水中,而在常压下析出;后者是空气在常压或加压条件下溶入水中,而在负压条件下析出。加压溶气气浮是国内外最常用的气浮法。

(1) 溶气真空气浮。

溶气真空气浮池如图14-15所示。由于在负压条件下运行,溶解在水中的空气易于呈过饱和状态,从而大量地以气泡形式从水中析出,进行气浮。析出的空气数量取决于水中溶解的空气量和真空度。

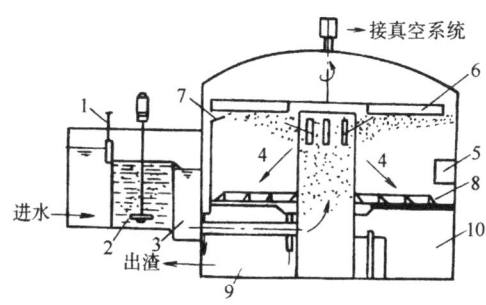

图14-15 真空气浮设备示意图

1—入流调节器;2—曝气器;3—消气井;
4—分离区;5—环形出水槽;6—刮渣板;
7—集渣槽;8—池底刮泥板;9—出渣室;
10—操作室(包括抽真空设备)

溶气真空气浮的主要优点是:空气溶解所需压力比压力溶气低,动力设备和电能消耗较少。其最大缺点是:气浮在负压条件下运行,一切设备部件都要密封在气浮池内,使得气浮池构造复杂,运行、维护及维修极为不便。此外,该方法只适用于污染物浓度不高的废水。

溶气真空气浮池多为圆形,池面压力多取29.9~39.9 kPa,废水在池内的停留时间为5~20 min。

(2) 加压溶气气浮。

加压溶气气浮工艺由空气饱和设备、空气释放设备和气浮池等组成。其基本工艺流程有全溶气流程(图14-16)、部分溶气流程(图14-17)和回流加压溶气流程(图14-18)三种。全溶气流程是将全部废水进行加压溶气,再经减压释放装置进入气浮池进行固液分离(图14-16)。其特点是电耗高,气浮池容积小。部分溶气流程是将部分废水进行加压溶气,其余废水直接送入气浮池。其特点是电耗少,溶气罐的容积较小。但因部分废水加压溶气所能提供的空气量较少,若想提供与全溶气相同的空气量,则必须加大溶气罐的压力。回流加压溶气流程是将部分出水进行回流加压,废水直接送入气浮池。该方法适用于含悬浮物浓度高的废水处理,但气浮池的容积较前两者大。

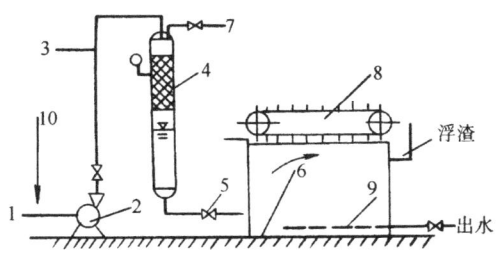

图14-16 全溶气方式加压溶气浮上法流程

1—原水进入;2—加压泵;3—空气加入;
4—压力溶气罐(含填料层);5—减压阀;
6—气浮池;7—放气阀;8—刮渣机;
9—集水系统;10—化学药剂

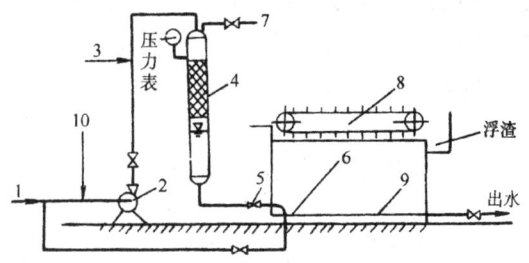 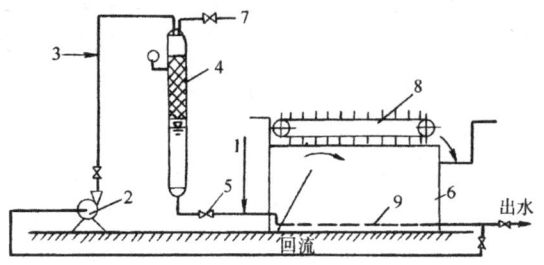

图 14-17 部分溶气方式浮上法流程
1—原水进入;2—加压泵;3—空气进入;
4—压力溶气罐(含填料层);5—减压阀;6—气浮池;
7—放气阀;8—刮渣机;9—集水系统;10—化学药液

图 14-18 回流加压溶气方式流程示意图
1—原水进入;2—加压泵;3—空气进入;
4—压力溶气罐(含填料层);5—减压阀;6—气浮池;
7—放气阀;8—刮渣机;9—集水管及回流清水管

压力溶气罐有多种形式,推荐采用能耗低、溶气效率高的空气压缩机供气的喷淋式填料罐,其溶气效率与无填料的溶气罐相比约高出 30%。在水温 20℃～30℃范围内,释气量约为理论饱和溶气量的 90%～99%。

(3) 气浮池。

气浮池的布置形式较多,根据待处理水的水质特点、处理要求及各种具体条件,目前已经建成了许多种形式的气浮池,其中有平流与竖流、方形与圆形等布置,同时也出现了气浮与反应、气浮与沉淀、气浮与过滤等工艺一体化的组合形式。

平流式气浮池在目前气浮净水工艺中使用最为广泛,常采用反应池与气浮池合建的形式,如图 14-19 所示。废水进入反应池(可用机械搅拌、折板、孔室旋流等形式)完成反应后,将水流导向底部,以便从下部进入气浮接触室,延长絮体与气泡的接触时间,池面浮渣刮入集渣槽,清水由底部集水管集取。该形式的优点是池身浅、造价低、构造简单、管理方便;缺点是与后续处理构筑物在高程上配合较困难、分离部分的容积利用率不高等。

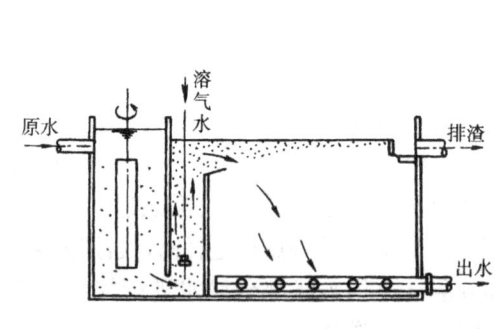 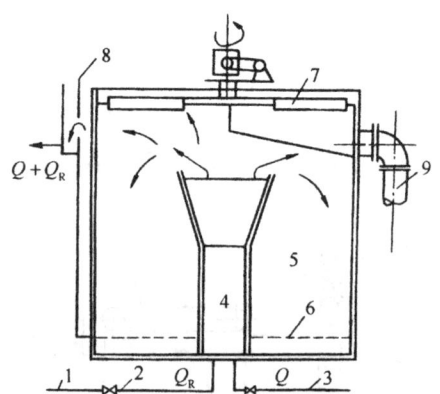

图 14-19 平流式气浮池(反应—气浮)

图 14-20 竖流式气浮池
1—溶气水管;2—减压释放器;3—原水管;
4—接触区;5—分离区;6—集水管;
7—刮渣机;8—水位调节器;9—排渣管

较常用的还有竖流式气浮池,如图 14-20 所示。其优点是接触室在池中央,水流向四周扩散,水力条件比平流式单侧出流要好,便于与后续构筑物配合;缺点是与反应池较难衔接,容积利用率低。

此外,常用气浮设备还有加压泵、空气压缩机、刮渣机等。

通常溶气压力取 0.2~0.4 MPa,回流比取 5%~25%。根据试验选定的混凝剂及其投加量和完成絮凝的时间及难易程度,确定反应形式和反应时间,一般较沉淀反应时间短,取 5~10 min。进入气浮池接触室的流速宜控制在 0.1 m/s 以下,接触室水流上升速度一般为 10~20 mm/s,水流在室内的停留时间不宜小于 60 s。气浮池的有效水深一般取 2~2.5 m,池中水流停留时间一般为 10~20 min。浮渣一般采用刮渣机定期排除。集渣槽可设置在池的一端、两端或径向。刮渣机的行车速度宜控制在 5 m/min 以内。气浮池集水应力求均匀,一般采用穿孔集水管,集水管的最大流速宜控制在 0.5 m/s 左右。

气浮池主要是预处理污水中悬浮物、胶体及大部分有机物,反应区矾花形成效果好(块大、密实),上浮区浮渣整体结团效果好,浮渣及时刮掉,气浮出水必须相对清澈,减轻后续生化池处理负荷。

一、溶气泵操作步骤及要求

(1) 开机前:确认电机转向与水泵指示方向相符,严禁反转损坏水泵,开机前,打开进水管上的水量调节阀及溶气罐出水进气浮池管道上的阀门。

(2) 开机:打开溶气泵启动按钮,待电机达到额定转速后,慢慢打开溶气罐出口阀门(进气浮池管道),将溶气泵出口压力调整至 0.5 MPa;再慢慢关闭进水调节阀,使溶气泵进口侧出现真空,当溶气泵进口处的真空压力表为 0.01~0.02 MPa(负压)时,开启空气进气调节阀,使空气进气量达到溶气泵进水流量的 10%~15%,此时溶气泵进水水量(回流水量)为气浮池处理能力的 20%~30%,溶气泵出口压力降至正常范围,即 0.4~0.5 MPa(气泡直径 ≤30 μm,空气溶解度较好)。

(3) 停机:由于溶气泵出口装有止回阀,无须关闭溶气罐出口阀门;按溶气泵停止按钮,再关闭进水阀门。若溶气泵长期停机应将泵体内的水排空,防止停机后水泵冻裂及结垢。

二、刮渣机操作步骤

(1) 检查刮渣机接电状况是否良好;轮轨接触及卡合是否良好,行程开关是否灵敏,待正常后进入下一步操作;

(2) 当浮渣厚度在 3~5 cm(已形成渣层)时开启刮渣机按钮进行刮渣,并调节气浮区液位使气浮泥渣及时排出,以保障出水效果;同时防止气浮区清水进入气浮池污泥斗中,以减少污泥产量;一次刮渣时间(周期)一般为 2~3 min,但也要视具体渣量进行调整;

(3) 停机:完成一次刮渣后需停机,待浮渣层再次形成后即进入下一刮渣周期;其他需要停机(含事故)情况下可按下刮渣机停机按钮。

三、配药及加药系统操作(以聚合氯化铝和聚丙烯酰胺为例)

1. 配药及加药系统的功能

主要为气浮反应及污泥调理提供所需混凝药剂,以强化反应效果,提高处理效率。

2. 操作步骤

(1) PAC(聚合氯化铝)药剂的配制与投加。

1) 先将自来水放入 PAC 药剂箱 2/3 处,开启 PAC 搅拌机,同时将所需 PAC 均匀加入箱内,一边搅拌一边继续加水,至药箱 4/5 位置后停止加水,继续搅拌 30 min 后即可投加;PAC 溶药的质量比可控制在 3‰～5‰,以保证反应效果稳定、连续。

2) 打开 PAC 加药泵出口回流阀,以防止远端加药点阀门意外关闭对泵的损坏;同时打开加药泵出口加药阀,再开启 PAC 加药泵进行药剂投加,药剂投加由现场反应效果来调节控制。

3) 停止加药:当整个 PAC 加药点(主要是气浮反应区)需停机时,按下 PAC 加药泵停止按钮。

(2) PAM(聚丙烯酰胺)药剂的配制与投加。

1) 先将自来水放入 PAM 药剂箱 2/3 处,开启 PAM 搅拌机,同时将所需 PAM 慢慢地、均匀地撒入加药箱内,一边搅拌一边继续加水,至药箱 4/5 位置后停止加水,继续搅拌使 PAM 完全溶解;PAM 不能即配即用,需水解数小时以上投加效果更好;PAM 溶药的质量比可控制在 0.1‰～0.2‰,以保证药剂浓度一致,反应效果稳定、连续。

2) 打开 PAM 加药泵出口回流阀,以防止远端加药点阀门意外关闭对泵的损坏;同时打开加药泵出口加药阀,再开启 PAM 加药泵进行药剂投加,药剂投加由现场反应效果来调节控制。

3) 停止加药:当所有 PAM 加药点(主要是气浮反应区)无需加药时,按下 PAM 加药泵停止按钮。

4) 关闭阀门。

3. 注意事项

(1) 禁止任何一边配药一边投加(浓度无法保证);

(2) PAM 配制时严禁将所需药剂直接倒入溶药箱内,防止药剂结块而影响药剂的使用效果,同时浪费了药剂,增加了处理成本;冬天 PAM 的配制宜采用热水提前进行溶解,再到溶药箱中稀释配制成所需浓度;

(3) 控制投放的药剂与水量的相对比例,使药剂浓度保持相对稳定,减少对处理系统的冲击;

(4) 及时配制药剂,保证反应池正常运转;

(5) 加强对加药设备的日常维护管理,避免跑、冒、滴、漏情况的发生,设备发生故障应及时请公司机修人员解决,设备保养靠平时的细心操作和维护。

(6) 加药系统要定期清洗,以清除杂物。

四、气浮池的操作

1. 开机前检查

(1) 检查所有阀门处于正常工作状态。

(2) 检查容器罐水位处于正常工作状态。

(3) 检查电气设备处于正常工作状态。

2. 开机步骤

(1) 配备加入絮凝剂,配好药剂,启动搅拌系统。

(2) 启动空压机,打开进气阀,将进气压力调整到 0.2 MPa。

(3) 开启容器水泵,向容器罐进水,调节容器罐水位至容器罐液位计的 1/3 左右,此时容器罐的压力应达到 0.4 MPa,容器进水泵连续正常工作 3～10 min 后,方可开动气浮进水泵。

(4) 根据出水水质变化,调整加药量、进水量、容器水量,保证出水水质。

(5) 根据浮渣生成情况,控制出水闸板,调整浮渣液位至刮渣机排泥要求,启动刮渣机进行刮渣。

(6) 开机后应检查气浮进水和排水系统,实现进出水的平衡,保证气浮正常工作。

3. 停机步骤

(1) 关闭刮渣机。

(2) 关闭气浮进水泵。

4. 注意事项

(1) 溶气泵启动时必须关闭空气进气阀,溶气泵严禁无水空转!正常运转时溶气泵进口真空表压力范围应控制在 0.01～0.02 MPa(负压),溶气泵出口压力控制在 0.4～0.5 MPa;

(2) 气浮池因检修及其他情况需较长时间(3 d 以上)停机,应及时将气浮池内可能存有的底泥排入污泥池,防止絮体长时间沉积造成结垢现象而堵塞流道;正常运行时一般每半个月排底泥一次,操作人员要切记!

(3) 注意气浮池反应、溶气及刮渣三单元的操作要点及顺序,非首次开机应先加药,开调节池提升泵进水,调整加药量及效果,开启气浮系统,浮渣形成后再开刮渣机;

(4) 水量控制:气浮池在开机前必须保持一定的水位(一般要求高于溶气泵进水流量计);通过调节(调节池内)提升泵出水阀门开度或回流管阀门开度使进气浮池反应区的水量小于气浮池的处理能力(上限波动范围不超过 10%);

(5) 反应区药剂混凝反应效果要求:首先启动加药系统后再开始进水,关机时应先关进水泵再停止加药;反应区第 1 格投加 PAC(若 pH 低于 6.0 时此格还需投加碱剂以提高 pH 值到 7～8,经常测试此 pH 值),完成混凝反应(中和);进入第 2 格投加 PAM(黏稠性有机药剂),完成絮凝反应,即使小颗粒矾花凝聚成大颗粒矾花,以提高气浮区浮渣层捕集矾花的效果,反应以看到明显絮体(矾花)、水与絮体有明显分层为标准;PAC 投加量和 PAM 投加量视现场水质及反应情况及时调整加药量。

5. 日常维护

(1) 定期检查空压机与水泵的填料及润滑系统,经常加油。

(2) 根据反应池的絮凝情况及气浮池出水水质,注意调节混凝剂的投加量。特别要防止加药管堵塞。

(3) 经常观察气浮池池面情况,如发现接触区浮渣面不平,局部冒出大气泡,则多半是释放器受到堵塞;如分离区渣面不平,池面上经常有大气泡破裂,则表明气泡与絮粒黏附不好,应采取适当措施(如投加表面活性剂等)。

(4) 掌握浮渣积累规律。选择最佳的浮渣含水率以及按最大限度地不影响出水水质的要求进行刮渣,并建立每隔几小时刮渣一次的制度。

(5) 经常观察溶气罐的水位指示管,使其控制在一定的范围内,以保证溶气效果。避免回溶气罐水位脱空,导致大量空气窜入气浮池而破坏净水效果与浮渣层。

(6) 对已装有溶气罐液位自动控制装置的,则需注意设备的维护保养。

（7）做好日常的运行记录，包括处理水量、投药量、溶气水量、溶气罐压力、水温、耗电量、进出水水质、刮渣周期、泥渣含水率等。

（8）在冬季水温过低时期，由于絮凝效果差，除通常需增加投加量外，有时须相应地增加回流水量或溶气压力，让更多的微气泡黏附絮粒，以弥补因水流黏度的增加而影响带气絮粒的上浮性能，从而保证出水水质正常。

项目 15　好氧活性污泥法工艺运行管理

任务 15.1　好氧活性污泥法的原理与类型

 **任务准备**

一、生化法处理技术的分类

废水的生化处理就是利用自然界广泛存在，以有机物为营养物质的微生物来氧化分解废水中的溶解状态和胶体状态的有机物，并将其转化为无机物。生化法废水处理设备就是能够提供有利于微生物生长、繁殖的环境，使微生物大量增殖，以提高微生物氧化、分解有机物的能力的设备，可以分为反应设备和附属设备两大类，前者直接为微生物提供生长环境，以保证适当的温度、水流状态等；后者为保证前者正常运行提供所需各种条件的设备，如曝气设备、搅拌设备、加热设备等。

按微生物的代谢形式，生化法可分为好氧法和厌氧法两大类；按微生物的生长方式可分为悬浮生物法和生物膜法，如表 15-1。

表 15-1　生化法废水处理技术分类

技　术　分　类		主　要　工　艺
好氧处理	悬浮生物法	活性污泥法及其改进、氧化塘、氧化沟
	生物膜法	生物滤池、生物转盘、接触氧化法、好氧生物流化床
厌氧处理	悬浮生物法	厌氧消化法、上流式厌氧污泥床
	生物膜法	厌氧滤池、厌氧流化床

二、活性污泥法

活性污泥法是当前应用最为广泛的一种生物处理技术，活性污泥就是生物絮凝体，上面栖息、生活着大量的好氧微生物，这种微生物在氧分充足的环境下，以溶解型有机物为食料获得能量、不断生长，从而使废水得到净化。该方法主要用来处理低浓度的有机废水。该方法的主要设备为反应装置和提供氧气的曝气设备。

1. 活性污泥法基本原理

（1）活性污泥法的基本流程。

基本流程如图 15-1 所示。传统的活性污泥法由初次沉淀池（初沉池）、曝气池、二次沉淀池（二沉池）、供氧装置以及回流设备等组成。由初沉池流出的废水与从二沉池底部流出的回流污泥混合后进入曝气池，并在曝气池充分曝气产生两个效果：① 活性污泥处于悬浮状态，使废水和活性污泥充分接触；② 保持曝气池好氧条件，保证好氧微生物的正常生长和繁殖。废水中的可溶性有机物在曝气池内被活性污泥吸附、吸收和氧化分解,使废水得到净化。二次沉淀的作用有两个:① 将活性污泥与已被净化的水分离;② 浓缩活性污泥,使其以较高的浓度回流到曝气池。二沉池的污泥也可以部分回流至初沉池,以提高初沉效果。

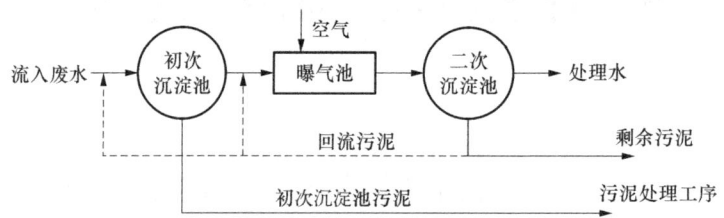

图 15-1 活性污泥法基本流程

活性污泥系统有效运行的基本条件是:① 废水中含有足够的可溶性易降解有机物,作为微生物生理活动必需的营养物质;② 混合液含有足够的溶解氧;③ 活性污泥在池内呈悬浮状态,能够充分与废水相接触;④ 活性污泥连续回流、及时地排除剩余污泥,使混合液保持一定浓度的活性污泥;⑤ 没有对微生物有毒害作用的物质进入。

(2) 活性污泥的性能及其评价指标。

1) 活性污泥的组成。

活性污泥由四部分物质组成:① 具有活性的微生物群体(Ma);② 微生物自身氧化的残留(Me);③ 原污水挟入的不能为微生物降解的惰性有机物质(Mi);④ 原污水挟入的无机物质(Mii)。

2) 活性污泥评价指标。

活性污泥法的关键在于足够数量和性能良好的活性污泥,其数量可以用污泥浓度表示:

① 混合液悬浮固体浓度(MLSS)。

又称混合液固体浓度,它表示混合液中活性污泥的浓度,在单位体积混合液内所含有的活性污泥固体物的总重量,即

$$MLSS = Ma + Me + Mi + Mii$$

② 混合液挥发性悬浮固体浓度(MLVSS)。

表示活性污泥中有机性固体物质的浓度,即

$$MLVSS = Ma + Me + Mi$$

在一定条件下,MLVSS/MLSS 值较稳定,城市污水的活性污泥介于 0.75～0.85 之间。活性污泥的性能主要表现为沉淀性和絮凝性,活性污泥的沉降经历絮凝沉淀、成层沉淀,并进入压缩过程。性能良好、具有一定浓度的活性污泥在 30 min 内即可完成絮凝沉淀和成层沉淀过程,为此建立了以活性污泥静置 30 min 为基础的指标表示其沉降-浓缩性能。

③ 污泥沉降比(SV%)。

混合液在量筒内静置 30 min 后所形成沉淀污泥的容积占原混合液容积的百分率。SV 能够相对地反映污泥浓度和污泥的絮凝、沉降性能,其测量方法简单,可用以控制污泥的排放量和早期膨胀,对于城市污水的活性污泥 SV 介于 20%～30% 之间。

④ 污泥体积指数(污泥指数)(SVI)。

在曝气池出口处混合液经 30 min 静置后，每克干污泥所形成的沉淀污泥所占的容积，以 mL 计。单位为 mL/g。其计算公式为：

$$SVI = \frac{混合液 30 \text{ min } 静沉后污泥体积(\text{mL/L})}{混合液污泥干重(\text{g/L})} = \frac{SV\% \times 1\,000}{MLSS(\text{g/L})}(\text{mL/g})$$

SVI 值能够更好地评价活性污泥的絮凝性能和沉降性能，其值过低，说明泥粒细小、密实，无机成分多，过高表明沉降性不好，将要或已经发生污泥膨胀现象。对于城市污水的活性污泥 SVI 值为 50～150 之间。

⑤ 污泥龄。

活性污泥在曝气池内的平均停留时间，即曝气池内活性污泥的总量与每日排放污泥量之比。污泥龄是活性污泥系统设计与运行管理的重要参数，它能够直接影响曝气池内活性污泥的性能和功能。

(3) 活性污泥微生物的增长规律。

活性污泥微生物增殖是活性污泥反应、有机底物降解的必然结果，活性污泥微生物是多菌种混合群体，其增殖规律比较复杂。实践表明，活性污泥的能量含量，即营养物或有机底物量(F)与微生物量(M)的比值(F/M)是活性污泥微生物增厚、增殖的重要影响因素，也是有机底物降解速率、氧利用速率、活性污泥的絮凝、吸附性能的重要影响因素。

活性污泥微生物增殖分适应期、对数增殖期、减衰增殖期和内源呼吸期，各期的性能如表 15-2 所示。由表可知，活性污泥微生物的增殖期，主要由 F/M 值所控制，处于不同增殖期的活性污泥，其性能不同、处理水质也不同，在运用活性污泥法处理废水时，应从工艺上来调整 F/M 值，利用各期的特性来分解有机物，一般来讲活性污泥是利用由减衰增殖期到内源呼吸期之间的微生物来处理废水。

表 15-2 活性污泥微生物各增殖期特点比较

增殖期	F/M	微生物变化情况	活 性 污 泥 性 能
适应期		适应新环境，没有量的增殖，有质的变化	
对数增殖期	>2.2	将以最高速率增殖	活动能力强，沉淀性能差
减衰增殖期	变小	生长速率减慢	絮凝体开始形成、凝聚、吸附以及沉淀性能提高
内源呼吸期	最低	开始分解、代谢微生物自身	数量减少，絮凝、吸附沉淀性能好，处理水质好

(4) 活性污泥法的影响因素。

活性污泥法的废水处理设备就是要创造有利于微生物生理活动的环境条件，充分发挥活性污泥微生物的代谢功能，必须充分考虑影响活性污泥活性的环境因素，这些因素主要有：

1) 有机物负荷。也称 BOD 负荷率，通常有两种表示方法：

① 污泥负荷 F_w：每千克活性污泥每日所承担的有机物的千克数，其计算公式为：

$$F_w = \frac{QL_j}{N_w V}(\text{kg BOD}_5/\text{kg MLSS} \cdot \text{d})$$

式中,Q——曝气池的设计流量,m^3/s,采用最高日平均流量;

L_j——曝气池进水有机物(BOD$_5$)浓度,mg/L;

N_w——曝气池混合液污泥(MLSS)浓度,mg/L;

V——曝气池有效容积,m^3。

② 容积负荷 F_v:每立方米曝气池每日所承担的有机物(BOD$_5$)的千克数,即

$$F_v = \frac{QL_j}{V} = F_w \times N_w (\text{kg BOD}_5/m^3 \cdot \text{d})$$

污泥负荷是影响活性污泥增长、有机底物降解、污泥沉淀性能以及需氧量的重要因素,也是工艺设计和运行的主要参数。一般活性污泥法的负荷均控制在 0.3 kg BOD$_5$/kg MLSS · d 左右;最低可到 0.05~0.1 kg BOD$_5$/kg MLSS · d,属延时曝气法;最高可达 2 kg BOD$_5$/kg MLSS · d 左右,属高负荷活性污泥法。

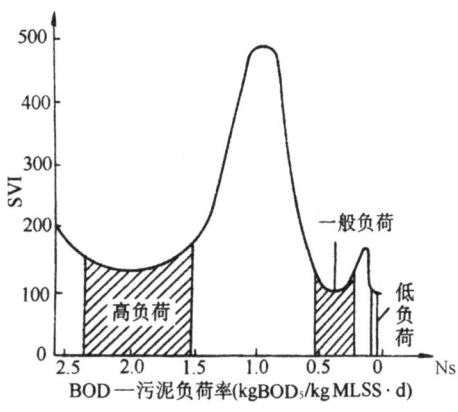

图 15-2 BOD——污泥负荷与 SVI 值之间的关系

污泥膨胀与污泥负荷有着重要关系,图 15-2 是城市污水活性污泥系统处理的 BOD$_5$ 负荷与 SVI 的关系曲线,从图中可以看出,在低负荷和高负荷都不会出现污泥膨胀,而在 1.0 kg BOD$_5$/kg MLSS · d 左右的中间负荷 SVI 值很高,属于污泥膨胀区,因此在设计和运行上要避免采用这一区域的负荷值。

2) 水温。活性污泥微生物的生长活动与周围的温度密切相关,微生物酶系统酶促反应的最佳温度范围是 25℃~30℃之间,水温上升有利于混合、搅拌、沉淀等物理过程,但不利于氧的传递。一般将活性污泥反应进程的最高和最低的温度分别控制在 35℃和 10℃。

3) 溶解氧。活性污泥微生物都是好氧菌,溶解氧与有机物降解速率和微生物的增长密切相关,工程中将曝气池的出口处的溶解氧浓度控制在 2 mg/L 以上。

4) pH 值。活性污泥微生物最适宜的 pH 值范围是 6.5~8.5。活性污泥处理系统对酸碱度具有一定的缓冲作用:在活性污泥的培养、驯化过程中 pH 值可以在一定范围内逐渐适应;在运行过程中,pH 值急变的冲击负荷,则将严重损害活性污泥,净化效果将急剧恶化。

5) 营养物平衡。为使活性污泥反应进行正常,就必须使污水中微生物的基本元素:碳、氮、磷达到一定浓度,并保持一定的平衡关系,对于活性污泥微生物来讲,污水中营养物质的平衡一般以 BOD$_5$:N:P 的关系表示,生活污水中 BOD$_5$:N:P=100:5:1,含有的营养物质比较合适。

6) 有毒物质。大多数的化学物质都可能对微生物生理功能有毒害作用,大致可以分为重金属、硫化物等无机物质和氰、酚等有机物质,它们对细菌的毒害作用是破坏细胞的某些必要的物理结构,或抑制细菌的代谢进程,它们的破坏程度取决于其在污水中的浓度。

 任务实施

认识活性污泥法工艺

活性污泥法经过几十年的生产实践后,为解决供氧不足、超负荷运行和适应工业废水冲击负荷的影响以及降低建设费用和运行费用等问题,提出许多运行方式。下面介绍几种常用的运行方式。

1. 活性污泥法主要运行工艺

作为有较长历史的活性污泥法,在长期的工程实践过程中,根据水质的变化、微生物代谢活性的特点和运行管理、技术经济及排放要求等方面的情况,有多种运行工艺和池型,表15-3为主要的运行工艺。

表15-3 活性污泥法主要运行工艺

工艺名称	运行工艺	工艺特点
传统活性污泥法	推流式	去除率高、运行方式灵活;体积负荷率低,进水浓度、有毒物质不能过高,不抗冲击负荷,池首供氧不足,池末供氧过量
阶段曝气	多点进水	去除率高,有机物分布均匀使需氧量均匀,容积负荷提高
生物吸附	吸附池+再生池	容积负荷和抗冲击能力提高,再生池需氧量均匀,去除率低
完全混合法	完全混合	有较强的抗冲击负荷能力,适合于高浓度工业废水,池内需氧量均匀,产生短流的可能性大,出水水质比传统法差,易发生污泥膨胀
延时曝气法	曝气时间长	出水水质好、稳定,污泥量少,工艺灵活,污泥负荷率低,曝气池大
高负荷法	曝气时间短	BOD-SS 负荷高、曝气时间短,处理效率低(70%~75%),进水 $BOD_5 < 20\ mg/L$
深水曝气	曝气池混合液深度 $>7\ m$	混合液饱和溶解氧浓度高,氧传递速率高,曝气池占地面积小,需要高压风机
深井曝气	曝气池直径 $1\sim 6\ m$,深度 $70\sim 150\ m$	氧利用率高,有机物降解速度快,适合处理高浓度有机废水,需用高压风机
浅层曝气	浅层曝气栅	可采用低压风机,能充分发挥曝气设备能力[$1.8\sim 2.6\ kg/(kW \cdot h)$],曝气栅容易堵塞
纯氧曝气	纯氧曝气	氧利用率高,容积负荷率高,处理效率高,产生污泥量少,不发生污泥膨胀,运行费用高

2. 工艺参数

活性污泥法工艺参数是进行工程设计运行管理的关键,各种工艺参数主要与污水的性质有关,一般需要通过试验来确定,表15-4给出了城市污水工艺参数的建议值。

表 15-4 活性污泥法工艺参数建议值(对于城市污水)

工 艺 名 称	传统法	完全混合	阶段曝气	生物吸附	延时曝气	高负荷	深井曝气	纯氧曝气
污泥龄(d)	5~15	5~15	5~15	5~15	20~30	5~10		3~10
污泥负荷[kg BOD$_5$/(kg MLVSS)]	0.2~0.4	0.2~0.6	0.2~0.4	0.2~0.6	0.05~0.15	0.4~1.5	0.5~5.0	0.25~1.0
容积负荷[kg BOD$_5$/(m^3·d)]	0.3~0.8	0.6~2.4	0.4~1.4	0.9~1.2	0.15~0.25	1.6~16		1.6~3.2
污泥浓度(mg/L)	1 500~3 000	2 500~4 000	2 000~3 500	1 000~3 000 4 000~10 000	3 000~6 000	4 000~10 000		2 000~5 000
水力停留时间(h)	4~8	3~5	3~5	0.5~1.0 3~6	18~36	2~4	0.5~5	1~3
回流比(%)	25~75	25~100	25~75	50~150	50~150	100~500		25~50
去除率(%)	85~95	85~95	85~95	80~90	75~95	75~90	85~95	85~95

3. 活性污泥法的改进

活性污泥法是生物污水处理技术的主要技术,它能有效地用于生活污水、城市污水和有机性工业废水的处理,但也存在着曝气池体积大、电耗高、管理复杂等缺点。近几十年来有关专家从反应理论、净化功能、运行方式、工艺系统等方面进行了大量的研究工作,取得了不少成就:① 开创多种高效的污泥处理系统,以强化供氧能力、增加混合液浓度、强化微生物代谢功能;② 向多功能方向发展,在生物脱氮、除磷方面取得显著成果。

(1) 氧化沟。

又称连续环式反应池,工艺流程如图 15-3 所示。氧化沟的特征为:① 呈环状沟渠,平面多为椭圆形或圆形,总长为几十米至百米以上;② 沟深取决于曝气装置,一般为 2~6 m;③ 流态特性介于完全混合和推流之间。氧化沟的这种特性有利于活性污泥的生物凝聚作用,而且可以将其区分为富氧区、缺氧区,用以进行硝化和反硝化,取得脱氮的效应。氧化沟处理流程上可进行简化:① 可考虑不建初沉池,有机悬浮物在氧化沟内能达到好氧稳定的程度;② 可考虑不设二沉池,省去污泥回流装置。氧化沟废水处理工艺具有以下特点:① 对水温、水质和水量的变动有较强的适应性;② 污泥龄一般可达 15~30 d;③ 污泥产率低,且多已达到稳定的程度,不需再进行消化处理。

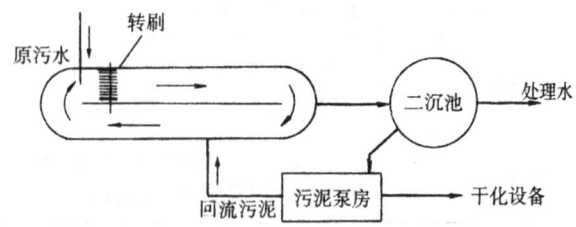

图 15-3 以氧化沟为生物处理单元的污水处理流程

(2) 间歇式活性污泥法(SBR 法)。

图 15-4 所示为间歇活性污泥法的工艺流程,该工艺在曝气池内进行流入、反应、沉淀、

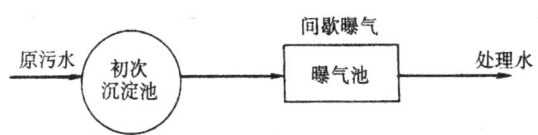

图 15-4　间歇式活性污泥处理系统工艺流程

排放、待机等工序，完成废水处理。该工艺系统组成简单，不需要污泥回流设备和二沉池，曝气池容积也小于连续式。此外，系统还具有如下特征：① 不需要设置调节池；② SVI 值较低，污泥易于沉淀，不产生污泥膨胀；③ 通过调节运行方式，在单一曝气池内能进行脱氮除磷处理；④ 运行管理方便。

(3) AB 法废水处理工艺。

AB 法废水处理工艺是吸附-生物降解工艺的简称，工艺流程如图 15-5 所示。系统的构成是：① 由吸附池和中间沉淀池组成 A 段；② 由曝气池和二次沉淀池组成 B 段；③ A 段和 B 段各自拥有回流系统。系统的特点是 A 段负荷高，污泥负荷为 2～6 kg BOD/kg MLSS·d，为常规活性污泥法的 10～20 倍，BOD 去除率在 40%～70% 之间，经过 A 段吸附，某些重金属和难降解物质，提高可生化性，有利于 B 段处理，同时具有脱氮、除磷功能；B 段负荷低(0.15～0.3 kg BOD/kg MLSS·d)，在水质、水量方面比较稳定。

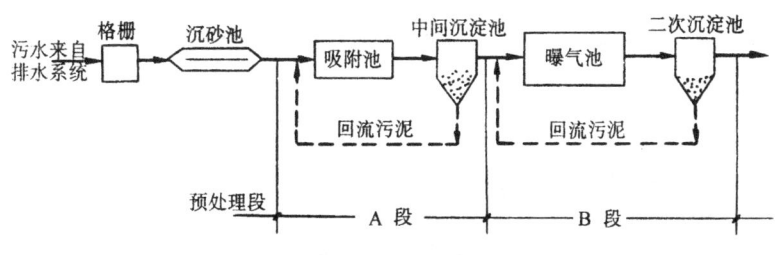

图 15-5　AB 法污水处理工艺流程

任务 15.2　曝气池的运行管理

任务准备

一、曝气的作用和方式

曝气是将空气中的氧用强制的方法溶解到混合液中去的过程，曝气除起供气作用外，还起搅拌作用，使活性污泥处于悬浮状态，保证和污水密切接触、充分混合，以利于微生物对污水中有机物的吸附和降解。

常用的曝气方式见表 15-5。

表 15-5　常用曝气方式

曝气类型		曝　气　方　式
鼓风曝气		将鼓风机提供的压缩空气，通过管道系统送入曝气池中空气扩散装置上，并以气泡的形式扩散到混合液中
机械曝气	表面曝气	通过安装在曝气池表面叶轮或转刷的转动，剧烈地搅动水面，不断地更新液面并产生强烈的水跃，从而使空气中的氧与水滴的界面充分接触而转移到混合液中

续表

曝气类型		曝 气 方 式
机械曝气	潜水曝气	通过水下高速旋转的叶轮产生负压,将空气引入水下,再通过叶轮的高速剪切运动,将吸入的空气切割为小气泡扩散到污水中
	卧轴式曝气	通过叶轮转动搅动水面溅成水花,空气中的氧通过气液界面转移到水中,同时也推动氧化沟中的污水
鼓风机械曝气		采用鼓风装置将空气送入水下,用机械搅拌的方法使空气和污水充分混合,本方法适用有机物浓度较高的污水

二、曝气系统技术性能指标

曝气装置即空气扩散装置,主要作用是充氧、搅拌、混合,其主要技术性能指标有:

(1) 动力效率(E_p)。每消耗1 kW电能转移到混合液中的氧量,kgO_2/kWh;

(2) 氧的利用率(E_A)。通过鼓风曝气转移到混合液中的氧量占总供氧量的百分比,%;

(3) 氧转移效率(E_L)。也称充氧能力,通过机械曝气装置,在单位时间内转移到混合液中的氧量,kgO_2/h。

对于鼓风曝气装置性能按E_p、E_A指标评定;对机械曝气装置则按E_p、E_L指标评定。

三、曝气装置

曝气装置有两类:鼓风曝气系统和机械曝气系统。

1. 鼓风曝气系统与空气扩散装置

鼓风曝气系统由空压机或鼓风机、空气扩散装置和一系列连通的管道组成。其中扩散装置是将空气形成不同尺寸的气泡,气泡的尺寸决定氧在混合液中的转移率,气泡的尺寸则取决于空气扩散装置的形式。鼓风曝气系统的空气扩散装置主要可分为:微气泡型、中气泡型、大气泡型、水力剪切型、水力冲击型和空气升液型等类型。大气泡型曝气装置因氧利用率低,现已极少使用。

(1) 微气泡型空气扩散装置。典型的是由微孔材料(陶瓷、钛粉、氧化铝、氧化硅和尼龙)制成的扩散板、扩散盘或扩散管等,所产生的气泡直径在2 mm以下,氧利用率高(E_A为15%～25%),动力消耗高。其缺点是:易堵塞,空气需经过滤净化,扩散阻力大等(图15-6～10)。

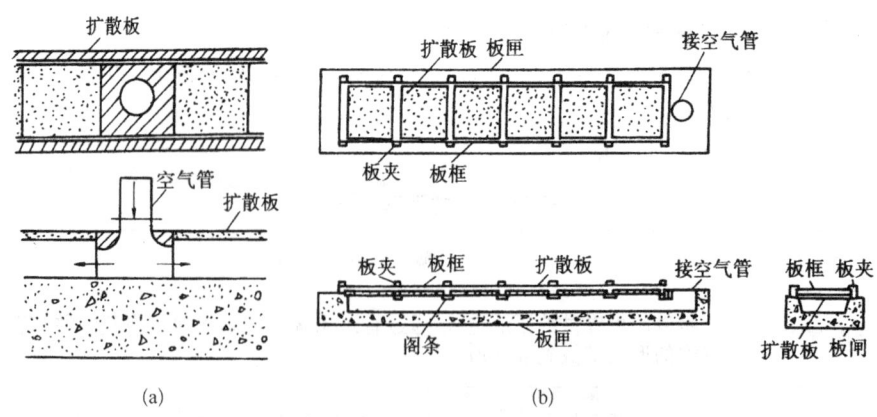

图15-6 扩散板空气扩散装置

(a) 扩散板沟安装方式;(b) 扩散板匣安装方式

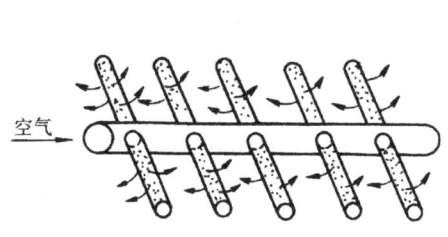

图 15-7 扩散管组安装图　　　　图 15-8 固定式平板型微孔空气扩散器

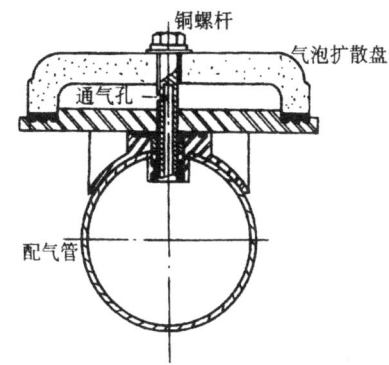

图 15-9 固定式钟罩型微孔空气扩散器　　图 15-10 膜片式微孔空气扩散器

(2) 中气泡曝气装置。包括穿孔管、网状膜空气扩散装置(图 15-11)等。

(3) 水力剪切型空气扩散装置。该装置利用本身构造能产生水力剪切作用的特征,在空气从装置吹出之前,将大气泡切割成小气泡。属于此类的空气扩散装置有倒盆式空气扩散装置、固定螺旋空气扩散装置、散流型曝气器等。

(4) 水力冲击式空气扩散装置。包括密集多喷管空气扩散装置、射流式空气扩散装置(图 15-12)等。

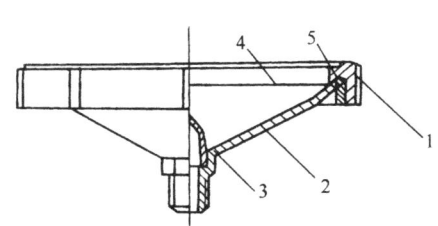

图 15-11 W_M-180 型网状膜空气扩散装置
1—螺盖；2—扩散装置本体；
3—分配器；4—网膜；5—密封垫

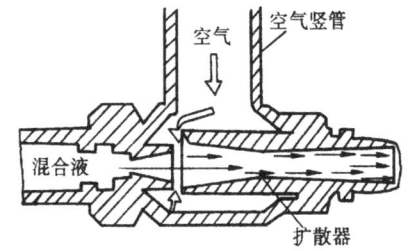

图 15-12 射流式水力冲击式空气扩散装置

2. 机械曝气装置

机械曝气装置安装在曝气池水面上部,在动力的驱动下进行高速转动,通过以下三个作用将空气中氧转移到污水中去:① 曝气装置的转动,使得水面上的污水不断地以水幕状由

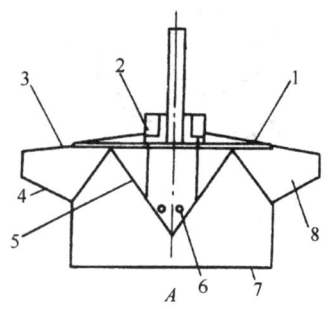

图 15-13 泵型叶轮曝气器构造示意图

1—上平板；2—进气孔；
3—上压罩；4—下压罩；
5—导流锥顶；6—引气孔；
7—进水口；8—叶片

曝气器周边抛向四周，形成水跃，液面呈剧烈的搅动状，将空气卷入；② 曝气器转动产生提升作用，使混合液连续地上、下循环流动，气、液界面不断更新，不断将空气中的氧转移到液体内；③ 曝气器转动，在其后侧形成负压区，吸入部分空气。

机械曝气装置按传动轴的安装方向可以分成竖轴式和卧轴式两种。

（1）竖轴式机械曝气器。

竖轴式机械曝气装置，也称表面曝气机，在我国应用比较广泛，常用泵型（图 15-13）、K 型、倒伞型和平板型四种。

（2）卧轴式机械曝气器。

目前应用的卧轴式机械曝气机主要是水平推流式表面曝气机械，适用于城市生活污水和工业污水处理的氧化沟，具有负荷调节方便、维护管理容易、动力效率高等优点。转刷曝气机结构，如图 15-14 所示，由水平轴和固定在轴上的叶轮组成，转轴带动叶片转动搅动水面溅起水花，空气中的氧通过气液界面转移到水中，同时也推动氧化沟中污水。

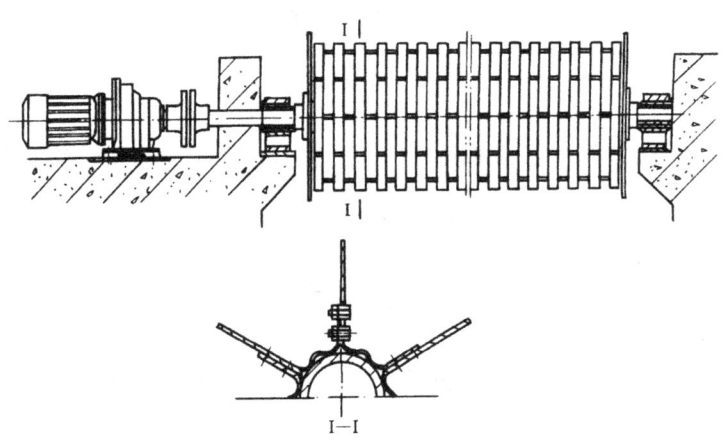

图 15-14 转刷曝气器

（3）潜水曝气机。

该类曝气机由潜污泵、混合室、底座、进气管以及消声器等组成。进气管上端为空气吸入口，位于水面之上，下端与混合室联通，由于叶轮旋转产生的高速水流在混合室形成负压，空气被吸入并与液体混合，混合液从周边流出，完成对液体的充氧。该类曝气机的特点有：① 结构紧凑、占地面积小、安装方便；② 除吸气口外，其余部分潜在水中运行，产生噪声小；③ 吸入空气多，产生气泡多而细、溶氧率高；④ 无须提供气源，省去鼓风机、降低工程投资；⑤ 采用潜污泵技术，叶轮采用无堵塞式，运行安全、可靠。

该类曝气机有离心式和射流式两种结构，在功率相同的情况下，前者曝气范围广，在服务区域内充氧比较均匀；后者潜水深度大。为保证整个曝气池内曝气均匀应合理布置曝气机。

四、曝气池的型式

曝气池是一个生化反应器，是活性污泥系统的核心设备，活性污泥系统的净化效果，在很大程度上取决于曝气池的功能是否能够正常发挥。曝气池按混合液的流态可分成推流式、完全混合式和循环式三种;按平面形状分为长方廊道形、圆形、方形以及环状跑道形四种;按采用曝气方式可分成鼓风曝气池、机械曝气池以及两者联合使用的机械-鼓风曝气池;按曝气池与二沉池的关系可分成合建式和分建式两种。

1. 推流式曝气池

推流曝气池是水流流动形式为推流式的曝气池。一般在长方形水池内水流推流前进,进入池内的全部颗粒在池内停留时间相同,由于部分活性污泥从二次沉淀池回流入池,有些颗粒可能多次通过水池。真正有回流的推流系统污水处理效果较好,但由于水流过程中纵向扩散现象存在,很难得到真正的推流状态。活性污泥生物处理过程中的传统活性污泥法、生物吸附法等方法中均为推流式曝气池。

推流曝气池的长宽比一般为 5~10,长度可达 100 m,但以 50~70 m 为宜,受场地限制时可以采用二廊道、三廊道和四廊道。废水从一端进入,另一端流出,进水方式不限,出水多用溢流堰。

2. 完全混合式曝气池

完全混合曝气池平面可以是圆形、方形或矩形。曝气设备可采用表面曝气机,置于池的表层中心。废水从池底中部进入,废水一进入池,在表面曝气机的搅拌下,立即与全池混合均匀。完全混合曝气池可以与沉淀池分建或合建。如图 15-15 所示为与二沉池合建的完全混合式曝气池。

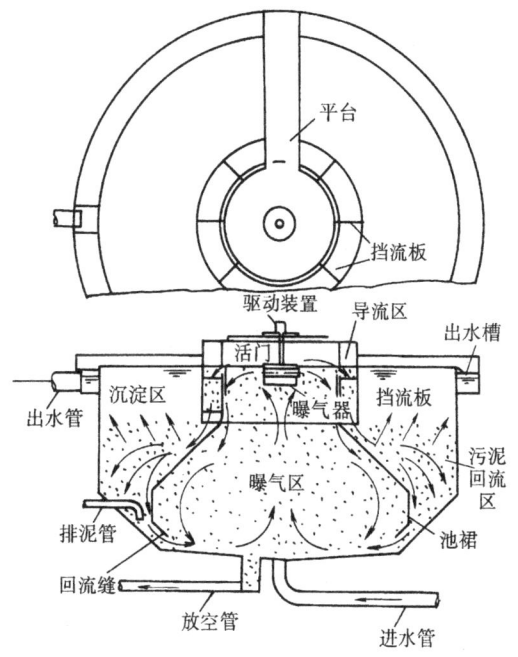

图 15-15 圆形曝气沉淀池剖面示意图

任务实施

一、传统活性污泥法曝气池运行管理

(1) 经常检查与调整曝气池配水系统和回流污泥的分配系统,确保进入各系列或各池之间的污水和污泥均匀。

(2) 经常观测曝气池混合液的静沉速度、SV 及 SVI,若活性污泥发生污泥膨胀,判断是否存在下列原因:入流污水有机质太少,曝气池内 F/M 负荷太低;入流污水氮磷营养不足;pH 值偏低不利于菌胶团细菌生长;混合液 DO 偏低;污水水温偏高等。并及时采取针对性措施控制污泥膨胀。

(3) 经常观测曝气池的泡沫发生状况,判断泡沫异常增多原因,并及时采取处理措施。

(4) 及时清除曝气池边角处飘浮的部分浮渣。

(5) 定期检查空气扩散器的充氧效率。判断空气扩散器是否堵塞,并及时清洗。

(6) 注意观察曝气池液面翻腾状况,检查是否有空气扩散器堵塞或脱落情况,并及时更换。

(7) 每班测定曝气池混合液的 DO,并及时调节曝气系统的充氧量,或设置空气供应量的自动调节系统。

(8) 注意曝气池护栏的损坏情况并及时更换或修复。

(9) 当地下水位较高时,若放空曝气池,应注意先降水再放空,以免漂池。

二、曝气池的操作

1. 开机前检查

因停电或设备检修等原因短时间停止运行,活性污泥仍具有活性的情况下重新启动应按下列步骤操作。

启动前检查内容包括:

(1) 垃圾清理:清理生化池中的浮渣杂物;清理走道上的垃圾杂物。

(2) 曝气系统检查:

若采用鼓风曝气系统,检查:

1) 曝气头无堵塞;

2) 空气管线无漏气;

3) 空气管线上阀门启闭状态。

(3) 水下搅拌器检查:安置方向与设备紧固情况完好并具备运行条件。

(4) 出口堰门检查:堰口调节装置无锈死,密闭性满足要求,出口堰门高度符合要求。

(5) 管道系统、闸门和阀门检查:外露管道无渗漏,支撑稳固、油漆和防腐良好;闸门启闭灵活,启闭状态符合设计要求。

2. 开机操作

对重新投入使用的生化池系统的操作顺序为:

(1) 启动进水闸门开始进水;

(2) 启动水下搅拌器;

(3) 曝气。

详细启动操作步骤按供应商依据实际情况进行调整和补充。

3. 巡检

生化池系统日常巡检包括以下内容:

(1) 生化池表面浮渣和泡沫的清除;

(2) 按散发的气味判断运行是否正常;

(3) 溶解氧浓度现场检测与在线仪表数据的复核;

(4) pH 现场检测与在线仪表数据的复核;

(5) MLSS 化验数据与在线仪器数据的复核;

(6) 混合液的颜色;

(7) 厌氧池混合液泥水分离情况的清澈性;

(8) 电机及变速器运行情况(噪声、振动、电流和电压等);

(9) 机械设备润滑油油位;

(10) 污泥沉降比(每班一次)。

巡检过程中应重点观察混合液的颜色、生化池现场气味、厌氧池中泥水分离的清澈性,发现异常应及时通知中心控制室进行调整。

泥水混合物颜色：运行状况良好的生化池系统中混合液颜色为黑褐到深黑褐色，若污泥浓度减小，泥水混合物的颜色则由深黑褐色变为浅黑褐色。若充氧量不够，泥水混合物将变为黑色。

气味：正常运行的生化池系统气味应有较轻微的霉烂味。若系统运行不正常则可能导致产生有刺激性气味气体。当出现臭鸡蛋味气体时，系统有可能正在发生厌氧反应。应采取的措施提高充氧量。

缺氧段混合液上层清澈性：在正常运行的生化池系统中，生化池缺氧段泥水混合物上层可以观察到 1～2 cm 深的清澈层。清澈水层的具体深度取决于生化池的流速和活性污泥的可沉淀性。

生化池表面泡沫：生化池表面有白色泡沫的产生，通常情况下是由于污泥浓度不够引起的。在系统启动的过程中生化池表面产生白色泡沫的情况比较普遍，随着污泥浓度的增加出现泡沫的现象可以逐步消失。

生化池系统的巡检线路应根据实际情况自行确定；巡检频率应每 2 h 进行一次，在交接班时应由交班人员和接班人员对系统进行一次巡视和检查，巡检频率宜可依据实际情况进行调整。

4. 停机操作

在短期进行设备检修或设备更换而停机时，停机时间不宜超过 24 h，如有可能应保持持续曝气。

停机操作的步骤为：

（1）关闭进水阀门停止进水；

（2）停止推流器工作；

（3）将相关电源断路器置于 OFF 位置；

（4）在主电源控制柜设立醒目标志确保停机期间不合闸。

详细停机操作步骤依据实际情况进行调整和补充。

5. 维护保养

生化池系统的日常维护工作主要包括以下几个方面的内容：

（1）每白班对设备及构筑物的表面进行清洁工作；

（2）检查活动堰板润滑油油位及油质；

（3）曝气器、推流器等设备的紧固；

（4）栏杆、支架等金属构件的除锈和防腐；

（5）其他设备操作维护手册要求进行的工作；

（6）操作人员在日常维护过程中应按要求填写维护记录表。

6. 安全技术

在生化池日常运行和维护过程中应注意以下安全事项：

（1）生化池周围或走道上生长有藻类物质时应及时清除，以防止滑倒；

（2）保持走道和生化池周边区域内无润滑油等油污，在油污清理的过程中只能用水和肥皂清洗，不能用汽油或其他挥发性物质进行清洗；

（3）在设备上进行工作和与废水接触中应戴上防护手套；

(4) 在晚间和光线有限的地方工作时应确保有足够的灯光;

(5) 在冬天结冰期在生化池范围内工作时应穿防滑鞋,并应将走道上的冰尽快清理掉;

(6) 在需要进行拆除扶手、盖板等防护装置进行工作时,应在工作区域设立警告标志,以防止发生人身伤害;

(7) 不要在没有防护装置的生化池池顶行走。

三、离心鼓风机的运行操作

1. 罗茨式鼓风机安全操作规程

(1) 开车前的准备工作:

1) 检查电机和风机地脚螺栓和其他机件有无松动;

2) 检查风机油箱及润滑油是否符合规定,缺油时应补足;

3) 检查设备及管路上阀门是否符合规定,并调好位置;

4) 开启风机进、出口阀,清除机器周围的障碍物;

5) 与值班电工联系,通知给风机送电。

(2) 开车操作:

1) 盘车 3~5 圈,检查机内有无异声;

2) 打开冷却水泵,注意是否有水;

3) 开启并检查油泵,检查注油情况;

4) 启动电机,检查电机和风机运转是否正常;

5) 巡视检查油泵压力,风机进、出口压力和温度;

6) 巡视检查电机电源、电压、温度及冷却水温度是否平稳正常。

(3) 停车操作:

1) 与公司调度取得联系;

2) 先停罗茨风机;

3) 3 min 后停油泵;

4) 10 min 后停冷却水;

5) 关闭风机进、出口阀门。

(4) 控制操作:

1) 开机 30 min 内不得离开机房,检查油、水是否正常;

2) 严格控制各项技术操作指标,每小时记录一次;

3) 罗茨风机进口压力应保持在 50 mm 水柱以上;

4) 风机出口温度控制在 80℃以下,排气压力应在合理范围内;

5) 风机电机温升不得超过 65℃~75℃;

6) 值班人员随时观察设备运行情况及煤气压力,并随时调整。

2. 离心鼓风机的操作

(1) 鼓风机在开机前应注意检查鼓风机是否具备开机条件。

(2) 开机时,检查油箱润滑油油位,应处于油标;检查机上控制柜,应无报警显示,如有报警,查明原因给予消除;检查各阀门、泄压阀是否处于打开位置。

(3) 经常检查各部位定位销、连接螺栓,及时将松脱的螺栓拧紧,应每年检查对中和校正。

（4）经常检查轴封装置有无漏气、漏油，系统中的阀门有无卡住或断裂，检查管道支承等。

（5）经常检测轴承温度和振动，温度不应超过 95℃，振动不应超过 4 mm/s，按时做好记录，如有异常，要及时查明原因给予排除，并向维修人员汇报，必要时可采取紧急停车的措施（谨慎使用）。

（6）严禁频繁启动鼓风机和在配电室的配电柜上启动鼓风机。

（7）严禁随意调整鼓风机的运行频率。

（8）清扫通风廊道、调换空气过滤器的滤网和滤袋时，必须在停机的情况下进行，并采取相应的防尘措施。

（9）鼓风机正常运转时，操作者不得触摸转动部位，操作人员在机器间巡视时或工作时，应远离联轴器。

（10）鼓风机运行中发现下列情况时，应立即停机、报检、报修：

1）突然发生异常声响和不明原因的冒烟现象及自动跳开关；

2）电流表的显示值过高或过低；

3）轴承温度过高。

（11）停电后，应关闭进、出气阀。

3. 鼓风机日常管理与维护

（1）鼓风机运行时，应定期检查鼓风机进、排气的压力与温度，冷却用水或油的液位、压力与温度，空气过滤器的压差等。做好日常读表记录，并进行分析对比。

（2）定期清洗检查空气过滤器，保持其正常工作。

（3）注意进气温度对鼓风机（离心式）运行工况的影响，如排气容积流量、运行负荷与功率、喘振的可能性等，及时调整进口导叶或蝶阀的节流装置，克服进气温度变化对容积流量与运行负荷的影响，使鼓风机安全稳定运行。

（4）经常注意并定期测听机组运行的声音和轴承的振动，如发现异声或振动加剧，应立即采取措施，必要时应停车检查，找出原因后，排除故障。

（5）严禁离心鼓风机机组在喘振区运行。

（6）按说明书的要求，做好电动机或齿轮箱的检查和维护。

（7）首次开车后 200 h 应换油。如果被更换的油未变质，经过滤机过滤后仍可重新使用。

首次开车后 500 h 做油样分析，以后每月做一次油样分析，发现油变质应及时换油。油号必须符合规定，严禁使用其他牌号的油。齿轮油油位不得低于油标中心线。初次运行当在 500 h 后换一次油，以后每运转 1 500 h 换一次油，或根据实际需要换油。

（8）检查油箱中的油位，不得低于最低油位线，看油压是否保持正常值。经常检查轴承出口处的油温，不应超过 60℃，并根据情况调节油冷却器的冷却水量，使进水轴承前的油温保持在 30℃～40℃之间。

（9）定期清洗滤油器。经常检查空气过滤器的阻力变化，定期进行清洗和维护，使其保持正常工作。

（10）严禁机组在喘振区运行。

（11）按电机说明书的要求，对电机进行检查和维护。

（12）电流、电压是否正常，电压不得超过额定值的±10%。

（13）根据水中溶解氧的大小调整风量大小，且只可通过调整放空阀开启度来调整气量大小，不可调节出风阀开启度来调整气量。

（14）巡视中注意观察皮带松紧情况，如皮带松弛应及时调整。

任务 15.3 二沉池的运行管理

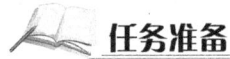

一、二次沉淀池的作用

二次沉淀池是活性污泥系统重要的组成部分，它的作用是泥水分离，使混合液澄清、浓缩和回流活性污泥。其工作效果能够直接影响活性污泥系统的出水水质和回流污泥浓度。

在原则上，用于初次沉淀池的平流式沉淀池、辐流式沉淀池和竖流式沉淀池都可以作为二次沉淀池使用。但也有某些区别，大、中型污水处理厂多采用机械吸泥的圆形辐流式沉淀池，中型污水处理厂也有采用多斗式平流沉淀池的，小型污水处理厂则比较普遍采用竖流式沉淀池。

二、二次沉淀池的特点

二次沉淀池有别于其他沉淀池，首先在作用上有其特点。它除了进行泥水分离外，还进行污泥浓缩，并由于水量、水质的变化，还要暂时贮存污泥。由于二次沉淀池需要完成污泥浓缩的作用，所需要的池面积大于只进行泥水分离所需要的池面积。

其次，进入二次沉淀池的活性污泥混合液在性质上也有其特点。活性污泥混合液的浓度高(2 000~4 000 mg/L)，具有絮凝性能，属于成层沉淀。沉淀时泥水之间有清晰的界面，絮凝体结成整体共同下沉，初期泥水界面的沉速固定不变，仅与初始浓度有关。

活性污泥的另一特点是质轻，易被出水带走，并容易产生二次流和异重流现象，使实际的过水断面远远小于设计的过水断面。因此，设计平流式二次沉淀池时，最大允许的水平流速要比初次沉淀池的小一半；它的出流堰常设在离池末端一定距离的范围内；辐流式二次沉淀池可采用周边进水的方式以提高沉淀效果；此外，出流堰的长度也要相对增加，使单位堰长的出流量不超过 5~8 $m^3/(m \cdot h)$。

由于进入二次沉淀池的混合液是泥、水、气三相混合体，因此在中心管中的下降流速不应超过 0.03 m/s，以利气、水分离，提高澄清区的分离效果。曝气沉淀池的导流区，其下降流速还要小些(0.015 m/s 左右)，这是因为其气、水分离的任务更重的缘故。

由于活性污泥质轻，易腐变质等，采用静水压力排泥的二次沉淀池，其静水头可降至 0.9 m；污泥斗底坡与水平夹角不应小于 50°，以利污泥顺利滑下和排泥通畅。

二次沉淀池污泥区应保持一定容积，使污泥在污泥区中保持一定的浓缩时间，以提高回流污泥浓度，减少回流量；但同时污泥区的容积又不能过大，以避免污泥在污泥区中停留时间过长，因缺氧使其失去活性而腐化。因此对于分建式沉淀池，一般规定污泥区的贮泥时间为 2 h。对于合建式的曝气沉淀池，由于曝气与沉淀合建在一起，污泥回流迅速，污泥中可保持一定的溶解氧，不会使污泥活性丧失。

 **任务实施**

一、二次沉淀池的运行操作

二沉池启动分为空池启动和满池启动,下列启动操作步骤均为空池启动,若为满池启动,其水下检查部分可以省略。

1. 启动前检查

在启动检修后重新投入运行的二沉池系统前,应进行启动前检查:

(1) 控制闸门启闭性能良好。

(2) 池内无砂或其他残渣。

(3) 机械设备润滑和油位合适。

(4) 动力、开关柜、控制系统、齿轮、传动齿轮、行走轮子、超载保护装置和轮道具备运行条件。

(5) 桥架刮泥机运行数圈以检查刮泥机上的橡胶刷的位置是否合适,若位置太高或太低应及时调整。同时机械的运行应稳定,匀速旋转且无颠簸或上下跳跃的现象发生,渣斗能收集浮渣。

(6) 若刮泥机系统装配有超载报警装置时,应测试机械设备在超载的情况下是否会自动报警和停机。

(7) 水面以下设备的紧固与防腐。

(8) 配水池和回流污泥管线无残渣或堵塞情况。

(9) 沉淀池结构防腐良好、无开裂和其他潜在故障。

(10) 集水堰板水平、无缺陷。

2. 启动操作

沉淀池启动操作程序为:

(1) 启动进水闸门开始进水;

(2) 启动刮泥装置;

(3) 污泥回流和剩余污泥排放。

详细启动操作步骤由供应商或依据实际情况进行调整和补充。

在启动操作阶段应测定刮泥机完成一个工作周期的各种运行参数,并与设计值和设备验收记录对照,判断是否在正常范围内。

在启动运行后要增加巡检频率,第一次间隔 30 min,第二次间隔 45 min,如果没有问题出现,系统即可转入正常巡检。

3. 巡检

二沉池日常巡检工作包括:

(1) 沉淀池出水浊度检测;

(2) 沉淀池中泥位高度;

(3) 出水堰口出水均匀情况;

(4) 刮泥机运行情况;

(5) 刮泥机驱动电机异常噪声和振动;

(6) 浮渣刮除情况;

(7) 浮渣收集口排渣情况;

(8) 二沉池巡检频率为每 2 h 进行一次，实际巡检频率应根据实际情况进行调整。

4. 停机操作

停机操作程序如下：

1) 将进水引入到其他的沉淀池并关闭该沉淀池的进水和出水控制闸门。

2) 将池中积泥清除（如长期停机）。

3) 除泥后停止刮泥机工作。

详细停机操作步骤由供应商或依据实际情况进行调整和补充。

5. 日常维护

(1) 维护内容和频率。

日常维护内容及频率如下：

1) 刮泥机及桥架、沉淀池进行清洁工作；

2) 沉淀池表面刮渣机无法刮除的浮渣清捞；

3) 机械设备润滑；

4) 机械设备紧固；

5) 系统防腐和油漆；

6) 导电碳刷检查；

7) 其他设备操作维护手册要求进行的内容。

(2) 维护记录表。

操作人员在日常维护过程中应按要求填写维护记录表。

(3) 安全技术。

1) 启动操作过程中，当在池底工作时应戴安全帽，以防止从上部掉下的物体对身体造成伤害。

2) 非操作人员未经允许不得上刮泥机，同时不准多人同时上刮泥机。

3) 设备检修中应在设备电路上设置严禁合闸标志，以防止其他人员在不知情的情况下合闸造成设备和人身伤害。

二、二次沉淀池异常问题对策

由于工艺控制不当、进水水质变化以及环境因素变化等原因会导致污泥膨胀、生物相异常、污泥上浮、生物泡沫等生物异常现象。

1. 污泥膨胀问题

(1) 发生污泥膨胀后，要进行分析研究确定污泥膨胀的种类及形成原因，分析膨胀的存在条件及成因。着重分析进水氮、磷营养物质是否足够，生化池内 F/M、pH、溶解氧是否正常，进水水质、水量是否波动太大等因素。根据分析出的种类、因素做相应调整。

(2) 由于临时原因造成的污泥膨胀问题，采取污泥助沉法或灭菌法解决。

(3) 由于工艺运行控制不当原因造成的污泥膨胀问题，根据不同因素采取相应工艺调整措施解决。

2. 泡沫问题

(1) 发生泡沫后，要进行分析研究，确定泡沫的种类及形成原因，根据分析出的种类、因素做相应调整；

(2) 化学泡沫，采取水冲或加消泡剂解决；

(3) 生物泡沫，增大排泥，降低污泥龄，预防为主。

3. 污泥上浮问题

(1) 污泥上浮广义上指污泥在二沉池内上浮，在运行管理中，专指有于污泥在二沉池内发生酸化或反硝化导致的污泥上浮；

(2) 酸化污泥上浮，采取及时排泥的控制措施；

(3) 硝化污泥上浮，采取增大剩余污泥的排放，降低污泥龄，控制硝化的控制措施。

三、回流污泥泵房运行操作

回流污泥泵房中设置回流污泥泵和剩余污泥泵。

1. 操作规程

泵的开启和停机受工艺要求控制。

剩余污泥和回流污泥量的控制，主要由中控室按检测仪表传回的信息进行自动控制，在初次投入使用时和在用其他方法校核或做进一步调试时，可用手动控制操作，调试完成后再转入自控程序。

当需要手动操作剩余污泥泵或回流污泥泵时，首先检查污泥池泥位，检查泥泵是否安装正确，紧固件无松动，电缆接线盒正常，出水闸门是否关闭(设计另有规定除外)，流量计是否正常；然后将切换开关切换至手动位置，检查三相电源电压，拟开电机温度、湿度是否正常；启动电机，监听泵机声音，监视电压、电流表，若声音正常，电流回跌后，缓慢开启出水闸阀，按工艺对流量的要求控制闸阀开启度，监视电压与电流是否处在合理幅度内，报告中控室开机时间并与中控室核对各运行参数，并可转入自控运行。若开机过程中发现有任何不正常现象不得开机，或已开机的应立即停机检查原因，排除故障后，才能重新开机。但重新开机必须在关死闸阀，电机完全停止 5 min 后才可重新启动，重复启动仍然不成功的应按设备故障报修。

当需要手动停机操作时，应通知中控室检查电机温度、湿度是否正常，关闭出水闸门，将切换开关切至手动位置，并关闭电机。

2. 巡检

污泥泵房的巡检主要应对每台工作机泵的运转声音、三相电压、电流、传感器、湿度、温度、机泵出口压力以及切换开关是否在设定的自控或手动位置。

巡检频率为 2 h 一次，最后一次与接班人共同进行，并增加卫生及消防、劳保及工具等检查内容。

3. 维护保养

(1) 维护保养的内容和频率。

吸泥池的清理应与进水泵房同步清理和检查池体有无裂缝和腐蚀情况，若结构已经稳定，积泥和腐蚀并不严重，也可与进水泵房一样延长清理周期。

清理前必须做好充分的人力、物力、照明、通风和安全的准备，关闭进泥闸门，将切换开关切换至手动，开主机，将泥位降至最低后关闭泵出口闸门，停机，切断所有主机电源，逐一起吊潜污泵，放入小型移动式潜水泵继续排空泥池，同时用高压水枪冲淤和清洗池壁。需下池作业时，必须严格按"狭小空间内的安全操作要求"进行作业，要点是进行强制通风，在最不利点检测有毒气体的浓度和亏氧量，达到要求后才可下人，同时必须继续通风，强度可以适当减弱，但不能停止，要有人监护，并做好防护措施，下池工作时间不宜超过 30 min。检查水池裂缝和腐蚀情况，检查管道、导轨和接口腐蚀及稳固情况，检查泥位检测污泥浓度计等仪表,若有问题加以处理,做出记录,清池的同时机电检修工人应对起吊的潜污泵清洗检查和维护。然后恢复机泵的安装,检验合格后可恢复生产,必要时应同时清洗与检查配泥井。

(2) 维护保养记录。

设备维护保养后应及时填写维护保养记录。

4. 安全技术

(1) 所有操作人员必须经过培训,取得上岗资质证书和经过安全教育成绩合格才能单独操作,没有取得资质证书的学员,必须在有本岗位资质证书者指导下才可进行操作,指导者承担主要安全责任。上班前不准喝酒,上岗工作时,必须按规定穿戴好劳动防护用具,严禁穿高跟鞋、裙子、留长辫子上岗。

(2) 外来人员未经同意不得入内,无关人员一律不准进入泵房。

(3) 除非设计另有规定,必须关闭出口闸门后,才能启动泥泵,待泥泵达到额定转速后,即启动电流回落后,再开启出口闸门进入正常运转;在停车前必须先缓慢关闭出口闸门,关死后再停止泥泵,防止产生水锤;应经常检查止回阀,确保其正常,以防止突然停电时泥泵倒转损坏,止回阀宜用缓闭止回阀;严禁在最低泥位下运行。

(4) 要监视电压、电流、湿度与温度传感器,并监听泵的运转声音以确保其在正常状况下运行。

(5) 应保持泵房空气流通,防止积聚有害气体,危及操作人员。

(6) 在清理吸泥池等作业中所排出的污泥、污水应纳入污水系统,防止对环境造成影响。

任务 15.4　传统活性污泥系统的运行管理

**任务准备**

在活性污泥处理系统准备投产运行时,运行管理人员不仅要熟悉处理设备的构造和功能,还要深入掌握设计内容与设计意图。对于城市污水和性质与其相类似的工业废水,投产前首先需要进行的是培养活性污泥,对于其他工业废水,除培养活性污泥外,还需要使活性污泥适应所处理废水的特点,对其进行驯化。

当活性污泥的培养和驯化结束后,还应进行以确定最佳运行条件为目的的试运行工作。

活性污泥的培养和驯化可归纳为异步培驯法,同步培驯法和接种培驯法数种。异步法即先培养后驯化;同步法则培养和驯化同时进行或交替进行;接种法系利用其他污水处理厂的剩余污泥,再进行适当培驯。对城市污水一般都采用同步培驯法。

活性污泥培驯成熟后,就开始试运行。试运行的目的是确定最佳的运行条件。在活性污泥系统的运行中,作为变数考虑的因素有混合液污泥浓度(MLSS)、空气量、污水注入的方式等,这些数值在曝气池正式运行过程中还可以进一步调控。

**任务实施**

一、活性污泥的培养与驯化

1. 第一阶段:(5~10 d)驯化阶段

向生化反应池进水并启动水下推流器。

持续进水基本达到设计有效水深,将接种污泥在生化池内匀质,采用鼓风曝气系统开始曝气,在污泥接种完成后的持续进水过程中逐步增加曝气量至曝气量达到最大,开启内回流,连续闷曝 1~2 d。

闷曝结束后,持续进水至二沉池中。当二沉池进水 1/2 后,关闭生化池内回流,启动沉淀池刮泥机和污泥回流泵,使二沉池中沉淀的活性污泥在污泥驯化初期能快速地被收集,并回流到生物处理池中。污泥回流率应通过观察回流污泥情况进行调整,一般情况下污泥回流比,应控制在 50%~100% 之间。

当二沉池达到正常运行水位,应观察活性污泥状况,控制进水,直到出现模糊不清的絮状物,这时可适当进水,换水以补充营养物。此阶段应根据实际进水量、水质的多寡和好氧需氧量的大小,调整进水水量和风机开启时长。

当二沉池开始溢流时,暂不启动后续污水处理工艺(深度处理、消毒),并超越后续处理工艺直接出水。

在生物处理池水位达到正常运行水位后应随时监控生化池中溶解氧(DO)浓度值(通过溶解氧测定仪)和悬浮物浓度(MLSS)变化,以判断曝气量是否足够,并做出相应调整。

在活性污泥驯化过程中,溶解氧的浓度应能满足以下三方面可能发生的情况:

(1) 进水和回流污泥中溶解氧浓度较低,需要较多充氧量;
(2) 进水缺氧,需要有足够的溶解氧将其快速改变成充氧环境;
(3) 当污水中营养物质丰富,需要大量的溶解氧来满足微生物的生长。

在污泥驯化的过程中,溶解氧的最低浓度应确保生化池出水口处溶解氧浓度不小于 1.0 mg/L。

在活性污泥驯化的第一阶段中,由于活性污泥的浓度较低,在曝气的过程中可能会产生大量的生化代谢泡沫,一般不采取处理措施,随细菌驯化会逐步减少消失,如必要可采用喷洒水滴等措施来去除泡沫。

2. 第二阶段:(10~20 d)增殖阶段

污泥驯化工作进入第二阶段后,监控溶解氧的同时,应开始监测活性污泥的 30 min 沉降比(SV30)和营养物质参数。

在进行监测活性污泥沉降比的过程中可以发现在此阶段的前几天泥水混合物的颜色几乎同进水的颜色相同,随着曝气时间的增加,泥水混合物的颗粒变大,沉降性能变好,并且颜色逐渐变为黑褐色。在此阶段中活性污泥沉降比可达到 5%~20%。

检测营养物质的目的是为微生物的生长提供条件,在活性污泥驯化的过程中营养物质的参数 BOD∶N∶P 应控制在 100∶5∶1 左右,若不能达到此参数应投加营养物质进行调节。

3. 第三阶段:(20~30 d)稳定阶段

活性污泥驯化工作进入第三阶段后,活性污泥驯化工作基本完成。在此阶段中,应严格按照化验提报表中所列项目,对泥水混合物的关键参数进行监测、分析和控制,并保存相关数据供系统正常运行参考。当活性污泥浓度值达到规定范围并相对稳定时,可以认为活性污泥驯化工作基本完成。污水经生化和沉淀处理后,出水 SS 应达标。在该阶段过程中应根据实际操作情况进行剩余污泥排放。

4. 第四阶段：(30 d)过渡阶段

该阶段的目的是记录运行参数，即活性污泥 30 min 沉降比(SV30)、生物镜检、污泥回流比和剩余污泥排放量等关键控制参数，为系统的正常运行提供参考。

当进水浓度较低、污泥生长情况较差的情况下应增加污泥回流比，同时当污泥膨胀等情况发生时应减小污泥回流比。在污泥驯化阶段和以后系统正常运行的过程中应严格控制污泥回流比，如果没有保证污泥回流比，可能会出现以下现象：

没有足够的活性污泥来处理污染物。这种情况通常出现在系统启动的前 1~2 周；若污泥回流比较小，导致污泥在沉淀池中停留时间较长，污泥在二沉池中发生厌氧反应，可能会出现上浮和臭味；污泥在二沉池中形成较厚的泥层，可能导致出水悬浮固体浓度较高；当有足够的溶解氧浓度的情况下，活性污泥在生物处理池中将产生硝化反应，可能会导致沉淀池中发生反硝化反应导致污泥量增加。

污泥驯化的第四阶段结束后及污泥驯化工作完成后，活性污泥各运行参数都应在设计控制范围内并相对稳定。

二、分析控制参数和计划

在污泥驯化过程有许多影响污泥驯化效果的因素，主要有进水营养物、pH 值、温度、溶解氧(DO)等，所以在污泥驯化的过程中对整个生化系统通过感官判断和化学分析等方法进行监测是必不可少的。根据监测分析的结果对影响因素进行调整，确保污泥驯化达到最佳效果。污泥驯化过程中应加以控制和分析的参数如下：

1. 温度

温度是影响污泥驯化的环境因素之一，各种微生物都在特定范围的温度内生长，污泥驯化的温度范围在 10℃~40℃，最佳温度在 20℃~30℃。

2. pH 值

pH 值也是影响因素之一。在污泥驯化和以后的正常运行过程中应将系统的进水 pH 控制在 6~9 之间。

3. 营养物质

良好的营养条件是菌群代谢、生长的前提。在污泥驯化的过程中应将营养物质的参数控制在 BOD：N：P 为 100：5：1 左右，为污泥驯化提供良好的生长条件。

4. 溶解氧量(DO)

DO 是污泥驯化过程中的主要控制指标，在污泥驯化过程中应将 DO 的范围控制在 0.5~2.0 mg/L。DO 可以通过溶解氧测定仪检测，人工检测对比，以了解 DO 在池中的变化和在线监测数据的参考性。

5. 混合液悬浮固体浓度(MLSS)

生物是污泥中有活性的部分，也是有机物代谢的主体，在生物处理工艺中起主要作用，而混合液污泥浓度 MLSS 的数值可以相对地表示生物部分的多少。活性污泥的浓度应控制在 2~4 g/L。

6. 污泥的生物相镜检

活性污泥处于不同的生长阶段，各类微生物也呈现出不同的比例。细菌承担着分解有机物的基本和基础的代谢作用，而原生动物(也包括后生动物)则吞食游离细菌。运行正常的活性污泥中含有钟虫、轮虫、纤毛虫、菌胶团等。当菌胶团片大，钟虫活跃而多，出现轮虫、线虫时,污泥成熟且性质好。

7. 污泥 30 min 沉降比(SV)

活性污泥正常运行时污泥 30 min 沉降比应控制在 15%～30% 之间。

活性污泥驯化参数分析计划参考表如表 15-6 所示。

表 15-6 活性污泥驯化参数分析计划参考表

参　数	采样地点	分析频率	适用范围
DO	生化池出水口	每 2 h 一次	0.5～2 mg/L
pH	进、出水口	每班一次	6～9
BOD∶N∶P	进水口	每班一次	100∶5∶1
MLSS	生化池出水口	每班一次	2～4 g/L
SV (30 min)	生化池出水口	每班两次	15%～30%
生物镜检	生化池出水口	每班一次	

三、传统活性污泥处理系统的运行管理

1. 日常检查和维护

（1）经常检查与调整曝气池配水系统和回流污泥的分配系统,确保进行各系列或各池之间的污水和污泥均匀。

（2）经常观测曝气池混合液的静沉速度、SV 及 SVI,若活性污泥发生污泥膨胀,判断是否存在下列原因:入流污水有机质太少,曝气池内 F/M 负荷太低,入流污水氮磷营养不足,pH 值偏低不利于菌胶团细菌生长;混合液 DO 偏低;污水水温偏高等,并及时采取针对性措施控制污泥膨胀。

（3）经常观测曝气池的泡沫发生状况,判断泡沫异常增多原因,并及时采取处理措施。

（4）及时清除曝气池边角外漂浮的部分浮渣。

（5）定期检查空气扩散器的充氧效率,判断空气扩散器是否堵塞,并及时清洗。

（6）注意观察曝气池液面翻腾状况,检查是否有空气扩散器堵塞或脱落情况,并及时更换。

（7）每班测定曝气池混合液的 DO,并及时调节曝气系统的充氧量,或设置空气供应量自动调节系统。

（8）注意曝气池护栏的损坏情况并及时更换或修复。

（9）当地下水位较高,或曝气池或二沉池放空,应注意先降水再放空,以免漂池。

（10）经常检查并调整二沉池的配水设施,使进入各池的混合液均匀。

（11）经常检查并调整出水堰板的平整度,防止出水不均和短流,及时清除挂在出水堰板的浮渣。

（12）及时检查浮渣斗排渣情况,并经常用水冲洗浮渣斗。

（13）及时清除出水槽上生物膜。

（14）经常检测出水是否带走微小污泥絮粒,造成污泥异常流失。判断污泥异常流失是否有以下原因:污泥负荷偏低且曝气过度,入流污水中有毒物浓度突然升高细菌中毒,污泥

活性降低而解絮,并采取针对措施及时解决。

(15) 经常观察二沉池液面,看是否有污泥上浮现象。若局部污泥大块上浮且污泥发黑带臭味,则二沉池存在死区;若许多污泥块状上浮又不同上述情况,则为曝气池混合液 DO 偏低,二沉池中污泥反硝化。应及时采取针对措施避免影响出水水质。

(16) 一般每年应将二沉池放空检修一次,检查水下设备、管道、池底与设备的配合等是否出现异常,并及时修复。

2. 测量与记录

做好分析测量与记录。每班应测试项目:曝气混合液的 SV 及 DO(有条件时每小时一次或在线检测 DO)。

每日应测定项目:进出污水流量 Q,曝气量或曝气机运行台数与状况,回流污泥量,排放污泥量;进出水水质指标:COD_{cr}、DOD_5、SS、pH 值;污水水温;活性污泥生物相。

每日或每周应计算确定的指标:污泥负荷 F/M,污泥回流比 R,二沉池的表面水力负荷和固体负荷,水力停留时间和污泥停留时间。

四、活性污泥处理系统运行中异常情况判别

活性污泥处理系统在运行过程中,有时会出现种种异常情况,处理效果降低,污泥流失等。下面将在运行中可能出现的几种主要的异常现象和相应采取的措施加以简要阐述。

1. 污泥膨胀

正常的活性污泥沉降性能良好,含水率在 99% 左右。当污泥变质时,污泥不易沉淀,SVI 值增高,污泥的结构松散和体积膨胀,含水率上升,澄清液稀少(但较清澈),颜色也有异变,这就是"污泥膨胀"。污泥膨胀是丝状菌大量繁殖或污泥中结合水异常增多引起的。一般污水中碳水化合物较多,缺乏氮、磷、铁等养料,溶解氧不足,水温高或 pH 值较低等都容易引起丝状菌大量繁殖,导致污泥膨胀。此外,超负荷、污泥龄过长或有机物浓度梯度小等,也会引起污泥膨胀。排泥不通畅则易引起结合水性污泥膨胀。

为防止污泥膨胀,首先应加强操作管理,经常检测污水水质、曝气池内溶解氧、污泥沉降比、污泥指数和进行显微镜观察等,如发现不正常现象,就需立即采取预防措施。一般可调整、加大空气量,及时排泥,在有可能时采取分段进水,减轻二次沉淀池的负荷等。

2. 污泥解体

处理水质浑浊,污泥絮凝体微细化,处理效果变坏等属于污泥解体现象。导致这种异常现象的原因有运行中的问题,也存可能是由于污水中混入了有毒物质。

运行不当,如曝气过量,活性污泥生物——营养的平衡遭到破坏,微生物量减少并失去活性,吸附能力降低,絮凝体缩小质密,或部分成为不易沉淀的羽毛状污泥,处理水质浑浊,SVI 值降低等。当污水中存在有毒物质时,微生物会受到抑制或伤害,净化功能下降或完全停止,从而使污泥失去活性。一般可通过显微镜观察来判别产生的原因。

3. 污泥腐化

在二次沉淀池有可能由于污泥长期滞留而产生厌气发酵生成气体,从而使大块污泥上浮的现象是污泥腐化。它与污泥脱氮上浮不同,污泥腐败,颜色变黑,产生恶臭。此时也不是全部污泥上浮,大部分污泥都是正常地排出或回流。只有沉积在死角长期滞留的污泥才腐化。

4. 污泥上浮

污泥在二次沉淀池呈块状上浮的现象,不同于污泥腐化,其上浮污泥颜色没有变黑,也

有腐化后的臭气。这是由于在曝气池内,污泥泥龄过长,硝化进行程度较高(一般硝酸盐达 5 mg/L 以上),在沉淀池底部产生反硝化,硝酸盐的氧被利用,氮即呈气体脱出附于污泥上,从而使污泥比重降低,整块上浮。发生污泥上浮应增加排泥或污泥回流量,使污泥中硝酸盐氮反硝化之前排出二沉池;或降低曝气池溶解氧,以减少硝化进行程度。

5. 泡沫问题

曝气池中产生泡沫,主要原因是,污水中存在大量合成洗涤剂或其他起泡物质。泡沫可给生产操作带来一定困难,如影响操作环境,带走大量污泥。当采用机械曝气时,还能影响叶轮的充氧能力。消除泡沫的措施有:分段注水以提高混合液浓度;进行喷水或投加除沫剂(如机油、煤油等,投加量约为 0.5~1.5 mg/L)等。此外,用风机机械消泡,也是有效措施。

6. 异常生物相

在传统活性污泥法工艺系统中,钟虫和轮虫可以作为处理系统是否稳定的指示性生物。

当溶解氧为 1~3 mg/L 时,钟虫能正常发育。当溶解氧过高或过低时,钟虫头部会突出一个空泡,此时应立即检测溶解氧并予以调整。当溶解氧太低时,钟虫将大量死亡,数量锐减。当进水中含有大量难降解物质或有毒物质时,钟虫体内将积累一些未消化的颗粒,此时应立即检测活性污泥比耗氧速率(SOUR 值)。SOUR 值指单位质量的活性污泥在单位时间内所利用氧的量,是评价污泥微生物代谢活性的一个重要指标。通过 SOUR 值可以衡量微生物活性是否正常,并检测水中是否存在有毒物质,采取必要措施。当观察到钟虫不活跃,纤毛停止摆动,此时应立即检测 pH 值,并采取必要措施。

在正常运行的活性污泥系统中,存在一定量的轮虫。当轮虫缩入甲内时,常指示进水 pH 值发生突变;当轮虫数量剧增时,则指示污泥老化,结构松散并可能解体。

生物相观察只是一种定性方法,缺乏严密性,不能作为判别运行异常的唯一方式。

项目16 生物膜法工艺运行管理

任务16.1 生物膜法的类型与特点

 **任务准备**

一、生物膜法

生物膜法废水处理属于好氧生物处理方法,主要是依靠固着于载体表面的微生物来净化有机物。生物膜法具有如下优点:生物膜对污水水质、水量的变化有较强的适应性,管理方便,不会发生污泥膨胀;微生物固着在载体表面,世代时间较长的高级微生物也能增殖,生物相更为丰富、稳定,产生的剩余污泥少;能够处理低浓度的污水。生物膜法也存在有不足之处:生物膜载体增加了系统的投资;载体材料的比表面积小,反应装置容积负荷有限、空间效率低,在处理城市污水时处理效率比活性污泥法低,因此,生物膜法主要适用于中小水量污水的处理。

二、生物膜法的分类

生物膜法废水处理工艺按生物膜与废水的接触方式不同可分成填充式和浸渍式。

(1)填充式:废水和空气沿固定生长生物膜的载体(填料或转盘)表面流过,并使它们充分接触,典型设备有生物滤池和生物转盘;

(2)浸渍式:生物膜载体完全浸没在水中,通过鼓风曝气供氧,如载体固定,则为接触氧化法,如载体流化则为生物流化床。

 **任务实施**

一、认识生物膜法的基本原理

1. 生物膜的形成

在生物膜法的构筑物中,填充着很多挂膜的固体介质(滤料或填料),当污水通过填料时填料截留了污水中的悬浮物质,并将污水中的胶体物质吸附在表面上,在供氧充足的条件下,其中的有机物质使微生物很快得到繁殖,这些微生物又进一步吸附了污水中的悬浮物、胶体和溶解状态的物质,逐渐形成生物膜。生物膜从开始形成到成熟要经历潜伏和生长两个阶段,一般的城市污水在20℃左右的条件下大致需要30 d左右的时间。

2. 生物膜净化原理

由细菌、真菌和原生动物组成的生物膜呈蓬松的絮状结构,具有很大的表面积和很强的吸附能力。栖息在生物膜中的微生物以吸附和沉积在膜上的有机物为营养,将一部分有机物合成为细胞物质,成为生物膜中新的活性物质;另一部分成为分解代谢的产物,在分解代谢过程中放出能量,供微生物繁殖生长,生物膜老化脱落后进入污水中,在二次沉淀池中沉淀下来成为污泥,澄清水后排出池外。

生物膜法中生物膜的生物相组成随有机负荷、水力负荷、废水成分、pH 值、温度、供氧情况以及其他影响因素的变化而变化。

二、认识生物膜法的主要特点

1. 微生物相方面的特征

(1) 参与净化反应微生物多样化。

生物膜处理法的各种工艺,都具有适于微生物生长栖息、繁衍的安静稳定环境,生物膜上的微生物不需要像活性污泥那样承受强烈的搅拌冲击,宜于生长增殖。生物膜固着在滤料或填料上,其生物固体平均停留时间(污泥龄)较长,因此在生物膜上能够生长世代时间较长、比增殖速度很小的微生物,如硝化菌等。在生物膜上还可能大量出现丝状菌,而且没有污泥膨胀之虞。线虫类、轮虫类以及寡毛虫类的微型动物出现的频率也较高。

在日光照射到的部位能够出现藻类,在生物滤池上,能够出现像苍蝇(滤池蝇)这样的昆虫类生物。

可见,在生物膜上生长繁育的生物,类型广泛、种属繁多,食物链长且较为复杂。

(2) 生物的食物链长。

在生物膜上生长繁育的生物中,动物性营养一类者所占比例较大,微型动物的存活率亦高。这就是说,在生物膜上能够栖息高级营养水平的生物,在捕食性纤毛虫、轮虫类、线虫类之上还栖息着寡毛类和昆虫。因此,在生物膜上形成的食物链要长于活性污泥上的食物链。正是这个原因,在生物膜处理系统内产生的污泥量也少于活性污泥处理系统。

污泥产量低,是生物膜处理法各种工艺的共同特征,并已为大量的实际数据所证实。一般说来,生物膜处理法产生的污泥量较活性污泥处理系统少 1/4 左右。

(3) 能够存活世代时间较长的微生物。

硝化菌和亚硝化菌的世代时间都比较长,比增殖速度较小。在一般生物固体平均停留时间较短的活性污泥法处理系统中,这类细菌是难以存活的。在生物膜处理法中,生物污泥的生物固体平均停留时间与污水的停留时间无关。因此,硝化菌和亚硝化菌也得以繁衍、增殖。因此,生物膜处理法的各项处理工艺都具有一定的硝化功能,采取适当的运行方式,还可能具有反硝化脱氮的功能。

(4) 分段运行与优占种属。

生物膜处理法多分段进行,在正常运行的条件下,每段都繁衍与进入本段污水水质相适应的微生物,并形成优占种属,这种现象非常有利于微生物新陈代谢功能的充分发挥和有机污染物的降解。

2. 处理工艺方面的特征

(1) 对水质、水量变动有较强的适应性。

生物膜处理法的各种工艺,对流入污水水质、水量的变化都具有较强的适应性,这种现象已为多数运行的实际设备所证实,即或有一段时间中断进水,对生物膜的净化功能也不会造成致命的影响,通水后能够较快地得到恢复。

(2) 污泥沉降性能良好,宜于固液分离。

由生物膜上脱落下来的生物污泥,所含动物成分较多,比重较大,而且污泥颗粒个体较大,沉降性能良好,宜于固液分离。但是,如果生物膜内部形成的厌氧层过厚,在其脱落后,将有大量的非活性的细小悬浮物分散于水中,使处理水的澄清度降低。

(3) 能够处理低浓度的污水。

活性污泥法处理系统,不适宜处理低浓度的污水,如原污水的 BOD 值长期低于 50~60 mg/L,将影响活性污泥絮凝体的形成和增长,净化功能降低,处理水水质低下。但是,生物膜处理法对低浓度污水,也能够取得较好的处理效果,运行正常可使 BOD_5 为 20~30 mg/L 的污水,将 BOD_5 值降至 5~10 mg/L。

(4) 易于维护运行、节能。

与活性污泥处理系统相较,生物膜处理法中的各种工艺都是比较易于维护管理的,而且像生物滤池、生物转盘等工艺,还都是节省能源的,动力费用较低,去除单位重量 BOD 的耗电量较少。

任务 16.2　生物膜法的运行管理

 任务准备

一、生物滤池的原理与分类

生物滤池是以土壤自净原理为依据,在污水灌溉的实践基础上发展起来的人工生物处理技术,是对上述过程的强化。生物滤池的基本工艺如图 16-1 所示。进入生物滤池的污水需经过预处理去除悬浮物等可能堵塞滤料的污染物,并使水质均化,在生物滤池后设二沉池,以截留污水中脱落的生物膜,保证出水水质。

图 16-1　生物膜法基本工艺流程

生物滤池的主要特征是池内滤料是固定的,废水自上而下流过滤料层。由于和不同层面微生物接触的废水水质不同,因而微生物组成也不同,使得微生物的食物链长,产生污泥量少。当负荷低时,出水水质可高度硝化。生物滤池运行简易,且依靠自然通风供氧,运行费用低,生物滤池在发展过程中,经历了几个阶段,从低负荷发展为高负荷,突破了传统采用滤料层高度;扩大了应用范围。目前使用较多的生物滤池有普通生物滤池、高负荷生物滤池和塔式生物滤池(超速滤池)三种。表 16-1 是三种生物滤池的比较。

表 16-1　普通生物滤池、高负荷生物滤池和塔式生物滤池的性能比较

项　　目	普通生物滤池	高负荷生物滤池	塔式生物滤池（超速滤池）
表面负荷[$m^3/(m^2 \cdot d)$]	0.9~3.7	9~36(包括回流)	16~97(不包括回流)
BOD 负荷[$g/(m^3 \cdot d)$]	110~370	370~1 840	高达 4 800
深度(m)	1.8~3.0	0.9~2.4	>12
回流比	无	1~4(一般)	一般无回流

续表

项　目	普通生物滤池	高负荷生物滤池	塔式生物滤池（超速滤池）
滤料	碎石、焦炭、矿渣	塑料滤料	塑料滤料
比表面积(m²/m³)	43～65	43～65	82～115
空隙率(%)	45～60	45～60	93～95
动力消耗(W/m³)	无	2～10	—
绳	多	很少	很少
生物膜剥落情况	间歇	连续	间歇
运行要求	简单	需要一些技术	
投配实践间歇	不超过5 min，一般间歇投配，也可连续投配	不超过15 s，必须连续投配	
二次污泥	黑色，高度氧化、轻的细颗粒	棕色，未充分氧化、细颗粒、易腐化	
处理水	高度硝化，进入硝酸盐阶段，BOD≤20 mg/L	未充分硝化，一般只到亚硝酸盐阶段，BOD≥30 mg/L	有限度硝化，BOD≥30 mg/L
BOD去除率(%)	85～95	75～85	65～85

二、生物滤池

生物滤池包括普通生物滤池、高负荷生物滤池和塔式生物滤池。

1. 普通生物滤池

普通生物滤池又叫滴滤池，是生物滤池早期的类型，即第一代生物滤池。由池体、滤床、布水装置和排水系统组成，如图16-2所示。

普通生物滤池池体的平面形状多为方形、矩形和圆形。池壁一般采用砖砌或混凝土建造，有的池壁上带有小孔，用以促进滤层的内部通风，为防止风吹而影响废水的均匀分布，池壁顶应高出滤层表面0.4～0.5 m，滤池壁下部通风孔总面积不应小于滤池表面积的1%。

滤床由滤料组成，滤料对生物滤池工作有很大的影响，对污水起净化作用的微生物就是生长在滤料表面上。滤料应采用强度高、耐腐蚀、质轻、颗粒均匀、比表面积大、空隙率高的材料。过去常用球状滤料，如碎石、炉渣、焦炭等。一般分成工作层和承托层两层：工作层粒径为25～40 mm，厚度为1.3～1.8 m，承托层粒径为60～100 mm，厚度为0.2 m。近年来，常采用塑料滤料，其表面积可达100～200 m²/m³，孔隙率高达80%～90%；滤料粒径的选择对滤池工作影响较大，滤料粒径小，比表面积大，但孔隙率小，增加了通风阻力，相反粒径大，比表面积小，影响污水和生物膜的接触面积，粒径的选择还应综合考虑有机负荷和水力负荷的影响，当负荷较高时采用较大的粒径。

布水装置的作用是将污水均匀分配到整个滤池表面，并应具有适应水量变化、不易堵塞和易于清通等特点。根据结构可分成固定式和活动式两种。固定喷嘴式布水装置，由馈水池、虹吸装置、配水管道和喷嘴组成，污水进入馈水池，当水位达到一定高度后，虹吸装置开始工作，污水进入布水管路。配水管设在滤料层中距滤层表面0.7～0.8 m，喷嘴的口径一般为15～

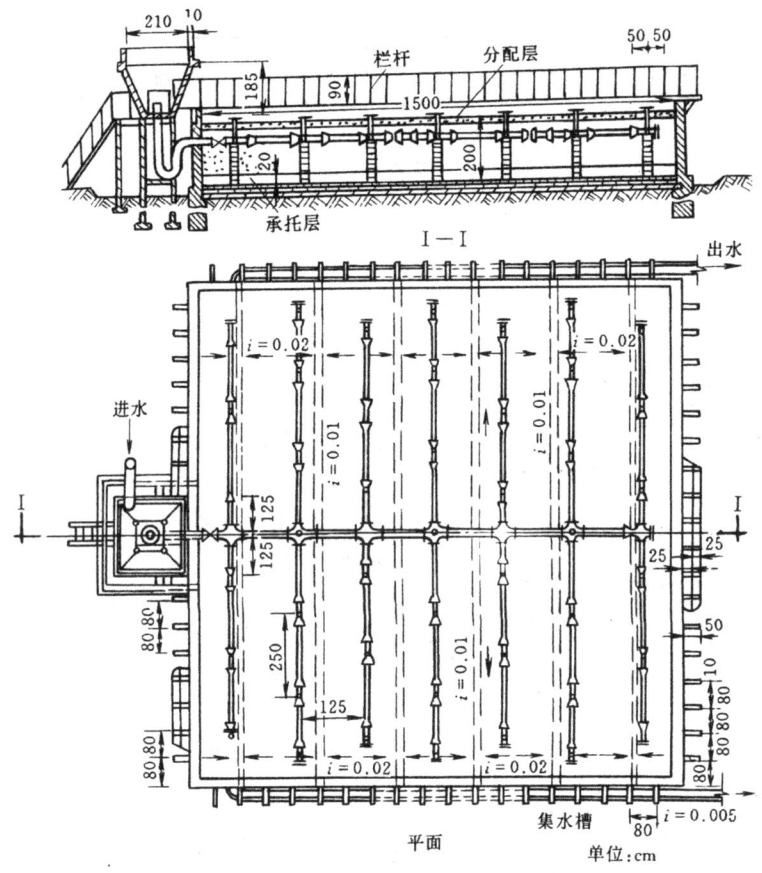

图 16-2 普通生物滤池构造

20 mm。当水从喷嘴喷出,受到喷嘴上部设有的倒锥体的阻挡,使水流向四处分散、形成水花,均匀地喷洒在滤料上。当喷水池水位降到一定程度时,虹吸被破坏、喷水停止。这种布水器的优点是受气候影响较小,缺点是布水不够均匀,需要有较大的作用压力(19.6 kPa)。

排水系统设于池体的底部,其作用为排除处理后的污水和保证滤池的良好通风。包括渗水装置、集水渠和总排水渠等。渗水装置的作用是支撑滤料、排出滤过后的污水以及进入空气。为保证滤池通风良好,渗水装置上的排水孔隙的总面积不得低于滤池总表面积的20%,渗水装置与池底的距离不得小于 0.4 m。目前常用的是混凝土板式渗水装置。

普通生物滤池的优点有:① 处理效果好,BOD_5 的去除率可达 95% 以上;② 运行稳定、易于管理、节省能源。其主要缺点是负荷低、占地面积大、处理水量小、滤池易堵塞、易产生池蝇散发臭味、卫生条件差。一般适用于处理每日污水量不高于 1 000 m³ 的小城镇污水和工业有机污水。

2. 高负荷生物滤池

高负荷生物滤池是第二代生物滤池,是为解决普通生物滤池在净化功能和运行中存在的实际负荷低、易堵塞等问题而开发出来的。高负荷生物滤池是通过限制进水 BOD_5 值和在运行上采取处理水回流等技术来提高有机负荷率和水力负荷率,分别为普通生物滤池的 6~8 倍和 10 倍。

采用处理水回流技术来保证进入的 BOD_5 值低于 200 mg/L。处理水回流后具有下列作用:① 均化与稳定进水水质;② 加大水力负荷,及时冲刷过厚和老化的生物膜,加速生物膜的更新,抑制厌氧层发育,使生物膜保持较高的活性;③ 抑制池蝇的滋长;④ 减轻臭味的散发。高负荷生物滤池工艺流程如图16-3、16-4所示。

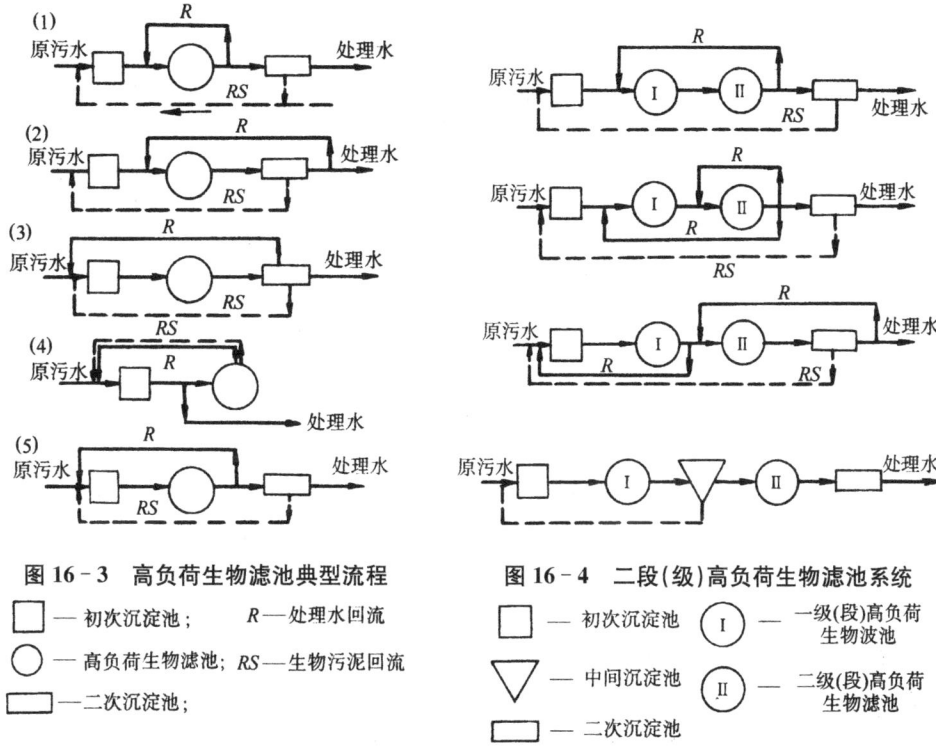

图16-3 高负荷生物滤池典型流程
☐ — 初次沉淀池;　　　　R — 处理水回流
◯ — 高负荷生物滤池;　　RS — 生物污泥回流
▭ — 二次沉淀池;

图16-4 二段(级)高负荷生物滤池系统
☐ — 初次沉淀池　　Ⅰ — 一级(段)高负荷生物滤池
▽ — 中间沉淀池　　Ⅱ — 二级(段)高负荷生物滤池
▭ — 二次沉淀池

3. 塔式生物滤池

塔式生物滤池属第三代生物滤池,其工艺特点是:① 加大滤层厚度来提高处理能力;② 提高有机负荷以促使生物膜快速生长;③ 提高水力负荷来冲刷生物膜,加速生物膜的更新,使其保持良好的活性。塔式生物滤池各层生物膜上生长的微生物种属不同,但又适应该层的水质,有利于有机物的降解,并且能承受较大的有机物和毒物的冲击负荷,常用于处理高浓度的工业废水和各种有机废水。

塔式生物滤池构造如图16-5所示。在平面上呈圆形、方形或矩形,一般高度为8～24 m,直径1～3.5 m,径高比为1∶6～1∶8。由塔身、滤料、布水系统、通风系统和排水系统组成。大、中型滤塔多采用电机驱动的旋转布水器,也可采用水力驱动的旋转布水器;小型滤塔则多采用固定喷嘴式布水系统、多孔管和溅水筛板布水器。

塔式生物滤池宜采用轻质滤料,使用比较多的是环氧树脂固化的玻璃布蜂窝滤料。这种滤料的比表面积大,结构均匀,有利于空气流通与污水的均匀配布,流量调节幅度大,不易堵塞。滤料层沿高度方向分层建造,在分层处

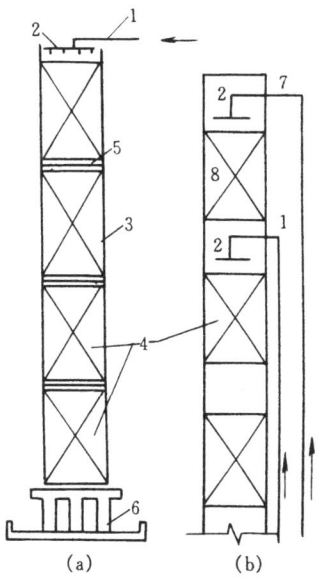

图16-5 塔式生物滤池
(a) 塔式生物滤池;
(b) 二段塔滤的吸收段示意
1—进水管;2—布水器;3—塔身;
4—滤料;5—填料支承;6—塔身底座;
7—吸收段进水管;8—吸收段填料

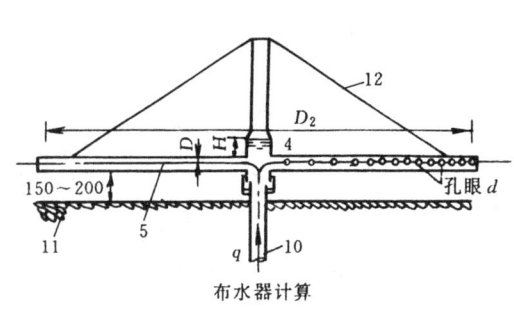
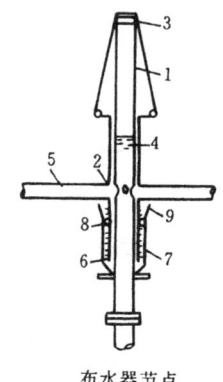

图 16-6 旋转布水器

1—固定竖管；2—出水孔；3—轴承；4—转动部分；5—布水横管；6—固定环；
7—水银；8—滚珠；9—甘油；10—进水管；11—滤料；12—拉杆

设格栅，格栅承托在塔身上，每层高度以不大于 2 m 为宜，每层都应设检修孔、测温孔和观察孔。最上层滤料应比塔顶低 0.5 m 左右，以免风吹影响污水的均匀分布。

塔式生物滤池一般采用自然通风，塔底有高度 0.4～0.6 m 的空间，周围留有通风孔，其有效面积不得小于滤池总面积的 7.5%～10%，当用塔式生物滤池处理工业废水（或吹脱有害气体）时，多采用人工机械通风。

在生物滤池的布水系统中经常采用旋转布水器，如图 16-6 所示。它由固定不动的进水竖管和可旋转的布水横管组成，布水横管一般为 2～4 根，可采用电力或水力驱动，目前常用水力驱动。旋转布水器具有布水均匀、水力冲刷作用强、所需作用压力小等优点。

旋转布水器按最大设计污水量计算，布水横管一般为 2～4 根，长度为池内径减去 200 mm，布水横管流速一般为 1.0 m/s，横管上布水小孔直径为 10～15 mm。布水小孔间距由中心向外逐渐缩小，一般从 300 mm 逐渐缩小到 40 mm，以满足布水均匀的要求，布水横管可采用钢管或塑料管，布水横管与滤床表面距离一般为 150～250 mm。

三、生物转盘

生物转盘是在生物滤池基础上发展起来的一种高效、经济的污水生物处理设备。它具有结构简单、运转安全、电耗低、抗冲击负荷能力强，不发生堵塞的优点。目前已广泛运用到我国的生活污水以及许多行业的工业废水处理中，并取得良好效果。

1. 生物转盘的结构

生物转盘污水处理装置由生物转盘、氧化槽和驱动装置组成，构造如图 16-7 所示。

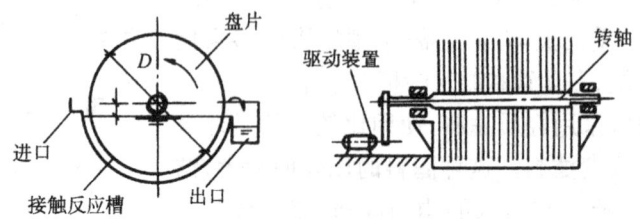

图 16-7 生物转盘构造图

生物转盘由固定在一根轴上的许多间距很小的圆盘或多角形盘片组成,盘片是生物转盘的主体,作为生物膜的载体要求具有质轻、强度高、耐腐蚀、防老化、比表面积大等特点,氧化槽位于转盘的正下方,一般采用钢板或钢筋混凝土制成与盘片外形基本吻合的半圆形,在氧化槽的两端设有进出水设备,槽底有放空管。

2. 生物转盘的净化原理

生物转盘在旋转过程中,当盘面某部分浸没在污水中时,盘上的生物膜便对污水中的有机物进行吸附;当盘片离开液面暴露在空气中时,盘上的生物膜从空气中吸收氧气对有机物行氧化。通过上述过程,氧化槽内污水中的有机物减少,污水得到净化。转盘上的生物膜也同样经历挂膜、生长、增厚和老化脱落的过程,脱落的生物膜可在二次沉淀池中去除。生物转盘系统除有效地去除有机污染物外,如运行得当可具有硝化、脱氮与除磷的功能。

根据生物转盘的转轴和盘片的布置形式,生物转盘可以是单轴单级形式,也可以组合成单轴多级或多轴多级形式。

四、生物接触氧化法

生物接触氧化污水处理技术(又称淹没式生物滤池、接触曝气法),是一介于活性污泥法与生物滤池两者之间的生物处理技术,具有两者的优点:生物量高(附着生物膜量可达 8 000~40 000 mg MLVSS/L),有机物的去除能力强;对冲击负荷的适应能力强;产生的污泥量少,污泥颗粒大,易于沉淀,不产生污泥膨胀;操作简单、运行方便、易于管理。

接触氧化池由池体、填料及支架、曝气装置、进出水装置以及排泥管道等组成,如图 16-8 所示。接触氧化池的池体在平面上多呈圆形、矩形或方形,用钢板焊接制成的设备或用钢筋混凝土建造的构筑物,各部位尺寸为:池内填料高度 3.0~3.5 m;底部布气层高 0.6~0.7 m,顶部稳定水层高 0.5~0.6 m,总高度约 4.5~5.0 m。

接触氧化池的形式按曝气装置的位置分为分流式和直流式。① 分流式:污水充氧与填料分别在不同的隔间内进行。优点是污水流过填料速度慢,有利于微生物的生长,缺点是冲刷力太小,生物膜更新慢且易堵塞。② 直流式:曝气装置在填料底部,直接向填料鼓风曝气使填料区的水流上升。优点是生物膜更新快,能经常保持较高的活性,并避免产生堵塞现象。按水流循环方式有内循环式和外循环式。

五、填料

填料是生物膜载体,是生物膜法处理工艺的关键部位,它直接影响处理效果,它的费用在生物膜法系统的基建费中占用比重较大,所以选定适宜的填料具有经济和技术的意义。

1. 填料的性能要求

在生物膜法废水处理系统中,对填料的性能要求有以下几个方面:① 水力特性:要求比表面积大、空隙率高、水流畅通、阻力小、流速均一;② 生物膜附着性:有一定的生物膜附着性能;③ 化学与生物稳定性:要求经久耐用,不溶出有害物质,不导致产生二次污染;④ 经济性:要求价格便宜、货源广,便于运输和安装。

2. 填料的分类

(1) 填料按形状可以分为:蜂窝状、束状、筒状、列管状、波纹状、板状、网状、盾状、圆环辐射状以及不规则粒状等。

(2) 按性状可以分为:硬性、软性、半软性等。

(3) 按材质可以分为:塑料、玻璃钢、纤维等。

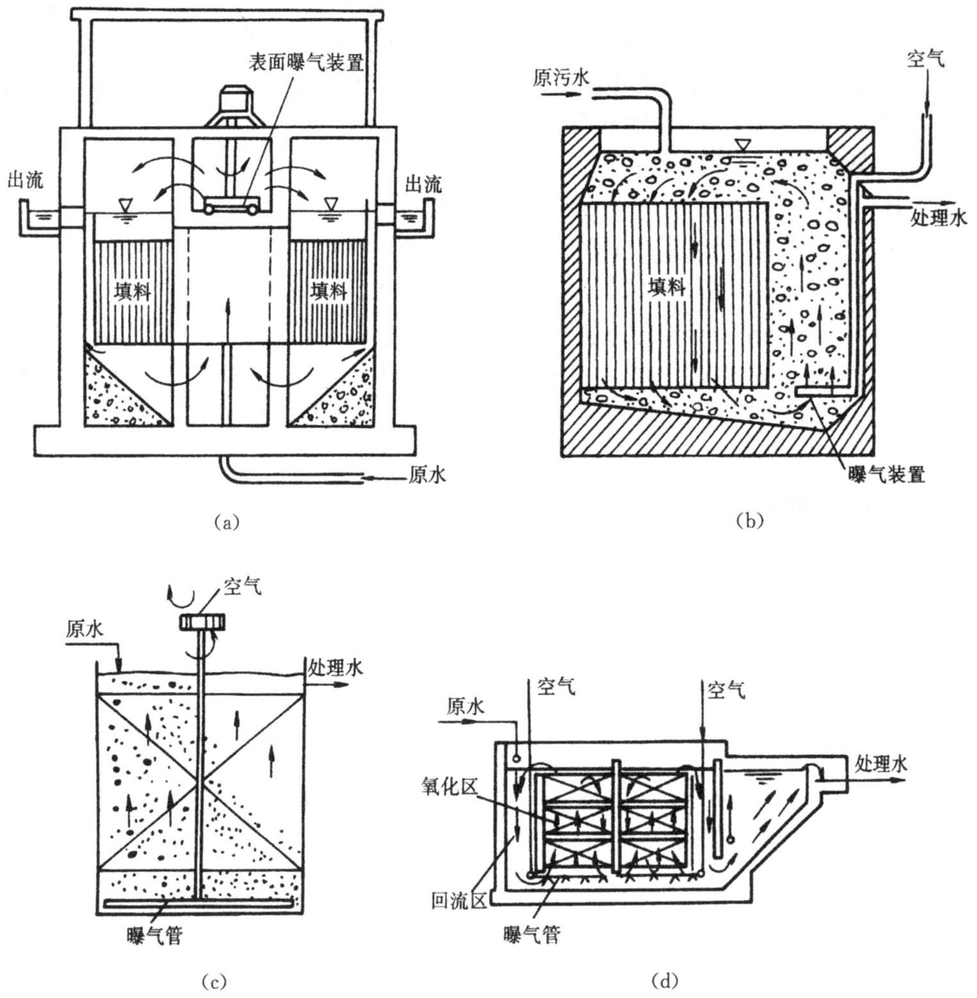

图 16-8 接触氧化池基本构造图
(a) 设表面机械曝气装置的中心曝气型接触氧化池;(b) 鼓风曝气单侧曝气式接触氧化池;
(c) 鼓风曝气直流式接触氧化池;(d) 外循环直流式接触氧化池

3. 常用填料

(1) 蜂窝状填料。

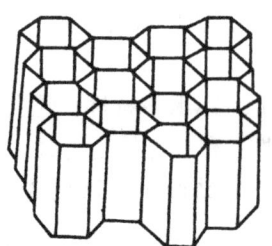

图 16-9 蜂窝状填料

如图 16-9 所示,材质为玻璃钢及塑料,这种填料的主要特性有：比表面积大,空隙率高,质轻但强度高,堆积高度可达 4～5 m;管壁无死角,衰老生物膜易于脱落等。主要缺点是：如选定的蜂窝孔径与 BOD 负荷率不相适应,生物膜的生长与脱落失去平衡,填料易于堵塞;如采用的曝气方式不适宜时,蜂窝管内的流速难以均匀。因此选定的蜂窝孔径应与 BOD 负荷率相适应,采取全面曝气方式并采取分层充填措施,在两层之间留有 200～300 mm 的间隙,每层高 1.0 m,使水流在层间再次分配,形成横流与紊流,使水流得到均匀分布,并防止中下部填料因受压而变形。

(2) 波纹板状填料。

用硬聚氯乙烯平板和波纹板相隔,粘接而成。这种填料的主要特点是孔径大,不易堵塞;结构简单,便于运输、安装、可单片保存现场黏合;质量轻、强度高,防腐蚀性能好;主要缺点是难以得到均一的流速。

(3) 改型软性填料(图16-10)。

它具有比表面积大,利用率高、空隙可变不堵塞、重量轻、强度高、性能稳定、运输方便、组装容易等优点,近年来已被广泛应用于印染、丝绸毛纺、食品、制药、石油化工、造纸、麻纺、医院、含氰等废水处理中。为了使其发挥更大的经济效益,有关科研单位对软性填料进行了改进,克服了原来出现实际表面积不大、中心绳易断、纤维束中间结团等弊病。该型的软性填料采用纺搓的纤维串联压有纤维丝均匀分布的塑料圆片,组成一定长度的单元纤维束,改变了原来的中心绳散丝打结抗拉力不均匀、运转时易断;纤维丝在水中难以横向展开、分布不均匀、偏向、生物膜结团、实际比表面积低、使用寿命短等弊病。经改型后产品已发展成第二型、第三型系列产品。

(4) 半软性填料(图16-11)。

由变性聚乙烯塑料制成具有一定的刚性和柔性,能保持一定的形状,又有一定的变性能力。它具有散热性能好,阻力小,布水、布气性能好,质量轻,耐腐蚀,不堵塞,安装、运输方便等优点。

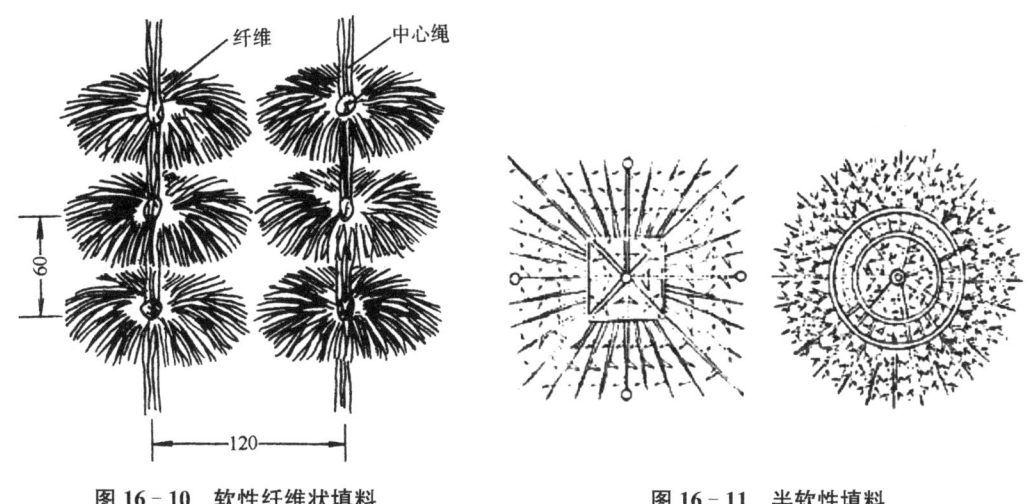

图16-10 软性纤维状填料　　图16-11 半软性填料

(5) 多孔球形悬浮填料(图16-12)。

其特点是微生物挂膜快,老化的生物膜易脱落,材质稳定,抗酸碱、耐老化,使用寿命长达15年,长期使用不需要更换,产品耐生物降解,安装方便。

(6) 组合填料。

组合填料是在软性与半软性填料基础上发展而成的,其结构如图16-13所示,由高分子聚合塑料和合成纤维长丝组成,用高密度塑料拉丝制绳而成。塑料片体经特殊加工能与纤维同时挂生物膜,且能有效地切割气体,提高氧利用率,纤维均匀分布在塑料片体周围,使纤维的有效表面积充分地利用起来,大大提高生化池有效容积内的生物污泥量,从而提高污水处理效果。它的性能优于软性和半软性填料,弥补了前两种填料的不足,使得它易于挂生物膜,老化的生物膜又容易脱落。

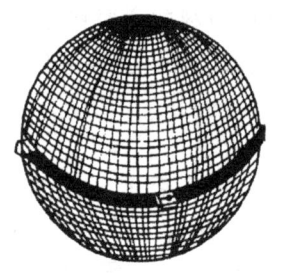 

图 16-12　多孔球形悬浮填料　　　　图 16-13　组合填料

（7）不规则粒状填料。

有砂粒、碎石、无烟煤、焦炭以及矿渣等，粒径一般由几毫米到数十毫米。这类填料的主要特点是表面粗糙、易于挂膜，截留悬浮物的能力较强，易于就地取材，价格便宜等；存在的问题是水流阻力大，易于产生堵塞现象，应根据污水处理工艺选择合适的填料及其粒径。

任务实施

一、生物膜法的运行管理

1. 生物膜的培养与驯化

生物膜的培养称为挂膜。挂膜菌种大多数采用生活粪便污水或生活污水与活性污泥的混合液接种。由于生物膜中微生物固着生长，适宜特殊菌种的生存，所以挂膜也可采用纯培养的特异菌种菌液。特异菌种可单独使用，也可与活性污泥混合使用。由于所用的特异菌种比一般自然筛选的微生物更适宜于废水环境，因此，在与活性污泥混合使用时，仍可保持特异菌种在生物相中的优势。

挂膜过程必须使微生物吸附在载体上，同时还应不断供给营养物，使附着的微生物能在载体上繁殖，不被水流冲走。接种液和营养液同时投加。注意控制培养液营养比，BOD_5：N：P＝100：5：1。当处理工业废水时，可先投配20％工业废水和80％生活污水来培养，当观察到有一定的处理效果时，可逐步加大工业废水的量，直至100％。

挂膜方法有两种。一种是闭路循环法。即将菌液和营养液从设备一端流入（或从顶部喷淋下来），从另一端流出，将流出液收集在一个水槽中，不断曝气，使菌与污泥处于悬浮状态。曝气一段时间后，沉淀分离，去掉上清液，适当添加营养物和菌种，再回流入反应器，如此形成一个闭路系统。这种方法需要菌种和污泥数量大，而且由于营养物较缺，代谢产物积累，因而成膜时间较长。另一种挂膜法是连续法，即在菌液和污泥循环1～2次后连续进水，并使进水量逐步增大，这种挂膜法由于营养物供应良好，只要控制挂膜液的流速（在转盘中控制转速），可保证微生物吸附。

挂膜时应控制较小的负荷，约为正常运行值的50％～70％。

2. 日常管理

生物膜法操作简单，一般只要控制好进水流量、浓度、温度及所需投加的营养（N、P）等，处理效果一般比较稳定，微生物生长情况良好。在水质水量变化，形成负荷冲击情况下，出水水质恶化，但当冲击消除后，很快就能恢复正常。

生物滤池的投入运行之前，先要检查各项机械设备（水泵、布水器等）和管道，然后用清水代替污水进行试运行,发现问题时需做必要的整修。

生物滤池运行中应注意检查布水装置及滤料是否堵塞。布水装置堵塞往往由于管道锈蚀或由于废水吸附物沉积所致。滤层堵塞是由于膜的增长量超过排出量。膜的厚度一般与水温、水力负荷、有机负荷和通风量有关,水力负荷应与有机负荷相配合,使老化生物膜及时冲刷下来。当发现滤池堵塞时应采用高压水表面冲洗,或停用一段时间,让其干燥脱落。有时也可加入少量氯剂(5 mg/L,数小时)杀菌。对于有水封墙和可以封住排水渠的滤池可以淹没滤池 1 d 以上。

生物转盘一般不会堵塞,可以用加大转速来控制膜厚度。生物接触氧化池可能堵塞,应降低进水中悬浮物浓度,堵塞时可增大曝气强度,或采用出水回流,以增大水流循环速度,冲刷生物膜。

在正常运转时,除了应进行有关物理、化学参数测定外,还应对不同层厚、级数的生物膜进行微生物镜检,观察生物分层及分级情况。

生物膜设备检修或停产期间,应保持膜的活性。对生物滤池,只需保持自然通风,或打开各层的观测窗(门);对生物转盘,可以将氧化槽放空,或用人工营养液循环。停产后,膜内水分大量蒸发,一旦重新开车,可能有大量膜质脱落,因此,开始恢复运转时,水量应逐步增加,防止干化生物膜脱落过多。

二、生物滤池运行中异常问题及其处理措施

在污水处理设备中,虽然生物滤池的运转故障是很少的,但仍具有产生故障的可能性。下面介绍一些常见问题及处理措施。

1. 滤池积水

滤池积水的原因有:① 滤料的粒径太小或不够均匀;② 由于温度的骤变使滤料破裂以致堵塞孔隙;③ 初级处理设备运转不正常,导致滤池进水中的悬浮物浓度过高;④ 生物膜的过度剥落堵塞了滤料间的孔隙;⑤ 滤池的有机负荷过高。

滤池积水的预防和补救措施有:① 耙松滤池表面的滤料;② 用高压水流冲洗滤料表面;③ 停止运行积水面积上的布水器,让连续的废水流将滤料上的生物膜冲走;④ 向滤池进水中投配一定量的游离氯(15 mg/L),历时数小时,隔周投配。投配时间可在晚间低流量时期,以减小氯的需要量;⑤ 停转滤池 1 d 或更长一些时间以便使积水滤干;⑥ 对于有水封墙和可以封住排水渠的滤池,可用污水淹没滤池并持续至少 1 d 的时间;⑦ 如以上方法均无效时,可以更换滤料,这样做可能比清洗旧滤料更经济。

2. 滤池蝇问题

滤池蝇是一种小型昆虫,幼虫在滤池的生物膜上滋生,成体蝇在池周围飞翔,可飞越普通的窗纱,进入人体的眼、耳、口、鼻等处,它的飞翔能力仅为方圆数百米,但可随风飞得更远。滤池蝇的生长周期随气温的上升而缩短,从 15 ℃的 22 d 到 29 ℃的 7 d 不等。在环境干湿交替条件下发生最频。滤池蝇的危害主要是影响环境卫生。

防治滤池蝇的方法有:① 使滤池连续进水不可间断;② 按照与减少积水相类似方法减少过量的生物膜;③ 每周或隔周用污水淹没滤池 1 d;④ 彻底冲淋滤池暴露部分的内壁,如尽可能延长布水横管,使废水能洒布于壁上。若池壁保持潮湿,则滤池蝇不能生存;⑤ 在厂区内消除滤池蝇的避难所;⑥ 在进水中加氯,使余氯为 0.5~1 mg/L,加药周期为 1~2 周,以避免滤池蝇完成生命周期;⑦ 在滤池壁表面施杀虫剂,以杀灭欲进入滤池的成蝇,施药周

期约 4～6 周，即可控制滤池蝇。但在施药前应考虑杀虫剂对受纳水体的影响。

3. 臭味

滤池是好氧的，一般不会有严重的臭味，若有臭皮蛋味，则表明有厌氧条件。

臭味的防治措施有：① 维护所有的设备（包括沉淀池和废水系统）均为好氧状态；② 降低污泥和生物膜的累积量；③ 当流量低时向滤池进水中短期加氯；④ 出水回流；⑤ 保持整个污水处理厂孔隙率的清洁；⑥ 清洗出现堵塞的下水系统；⑦ 清洗所有滤池通风孔；⑧ 将空气压入滤池的排水系统以加大通风量；⑨ 避免高负荷冲击，如避免牛奶加工厂、罐头厂高浓度废水的进入，以免引起污泥的积累；⑩ 在滤池上加盖并对排放气体除臭。此外，美国还曾经用加过氧化氢到初级塑料滤池出水，丹麦还曾用塑料球浮盖在滤池表面上除臭等方法。

4. 滤池表面结冰问题

滤池在冬天不仅处理效率低，有时还可能结冰，使其完全失效。

防止滤池结冰的措施有：① 减少出水回流倍数，有时可完全不回流，直到天气暖和为止；② 调节喷嘴，使之布水均匀；③ 在上风向设置挡风屏；④ 及时清除滤池表面出现的冰块；⑤ 当采用两级滤池时，可使其并联运行，减少回流量或不回流，直到气候转暖。

5. 布水管及喷嘴的堵塞问题

布水管及喷嘴的堵塞使废水在滤料表面上分布不均，结果进水面积减少，处理效率降低，严重时大部分喷嘴堵塞，会使布水器内压力增高而爆裂。

布水管及喷嘴堵塞的防治措施有：清洗所有孔口，提高初次沉淀池对油脂和悬浮物的去除率，维持滤池适当的水力负荷以及按规定对布水器进行涂油润滑等。

6. 蜗牛、苔藓和蟑螂问题

蜗牛、苔藓及蟑螂等动物常见于南方地区，可引起滤池积水或其他问题。蜗牛本身无害，但其繁殖快，可在短期内迅速增多，死亡后，其壳可能导致某些设备堵塞。其防治措施有：① 在进水中加氯，剂量以维持滤池出水中余氯量 $0.5\sim1.0$ mg/L，数小时为限；② 用最大回流量冲洗滤池。

7. 生物膜过厚问题

生物膜内部厌氧层的异常增厚，可发生硫酸盐还原，污泥发黑发臭，可导致生物膜活性低下，大块脱落，使滤池局部堵塞，造成布水不均，不堵的部位流量及负荷偏高，出水水质下降。

防止生物膜过厚的措施有：① 加大回流量，借助水力冲脱过厚的生物膜；② 采用两级滤池串联，交替进水；③ 低频进水，使布水器的转速减慢，从而使生物量下降。

项目 17　认识污水生物脱氮除磷工艺

任务 17.1　认识生物脱氮工艺(A/O 法)

📖 任务准备

一、生物脱氮的化学过程

污水中氮主要以氨氮(NH_3, NH_4^+)和有机氮(蛋白质、氨基酸、尿素、胺类化合物、硝基化合物)形式存在,生物脱氮主要是利用一些专性细菌实现氮形式的转化,最终转化为氮气。在生物脱氮工艺中,含氮化合物在微生物的作用下相继进行下列反应：

(1) 氨化反应。有机氮化合物,在氨化菌作用下,分解、转化为氨态氮。

(2) 硝化反应。即硝化菌把氨氮转化成硝酸盐的过程,该过程分两步进行,分别利用两类微生物,即亚硝酸盐菌和硝酸盐菌。

(3) 反硝化。即在反硝化菌的作用下将硝酸盐转化成氮气。

二、生物脱氮过程的环境条件

1. 硝化过程的主要环境条件

(1) 好氧条件。根据计算,1 g 氮完成硝化需氧 4.57 g,要求溶解氧不低于 1 mg/L。溶解氧含量不得低于 1 mg/L。

(2) 有机物。混合液中的有机物含量不应过高,BOD 应在 20 mg/L 以下。

(3) 温度。适宜温度为 20℃～30℃,15℃以下时,硝化速率下降,5℃时完全停止。

(4) pH 值。最佳范围是 8.0～8.4。

(5) 碱度。1 g 氨态氮(以 N 计)完全硝化,需碱度(以 $CaCO_3$ 计)7.1 g。

(6) 污泥龄。至少为硝化细菌最小世代时间的 2 倍。

(7) 有害物质。有害物质有重金属、高浓度的氨态氮、硝态氮、有机底物以及络合阳离子等。

2. 反硝化过程的主要环境条件

(1) 碳源。反硝化菌碳源的来源有废水中的碳源和外加碳源,要求 BOD_5/TKN>3～5。

(2) pH 值。最适宜值是 6.5～7.5。

(3) 溶解氧。反硝化菌是异养兼性厌氧菌,溶解氧应控制在 0.5 mg/L 以下。

(4) 温度。最适宜温度范围是 20℃～40℃。

📖 任务实施

认识缺氧-好氧生物脱氮工艺(A/O 法)

1. 缺氧-好氧生物脱氮工艺(A/O 法)流程与特点

缺氧-好氧生物脱氮工艺又称 A/O 法脱氮工艺,主要特点是将反硝化反应器放置在系统之首,故又称为前置反硝化生物脱氮系统,这是目前采用比较广泛的一种脱氮工艺。

图 17-1 所示为分建式缺氧-好氧活性污泥脱氮系统,即反硝化、硝化与 BOD 去除分别在两座不同的反应器内进行。

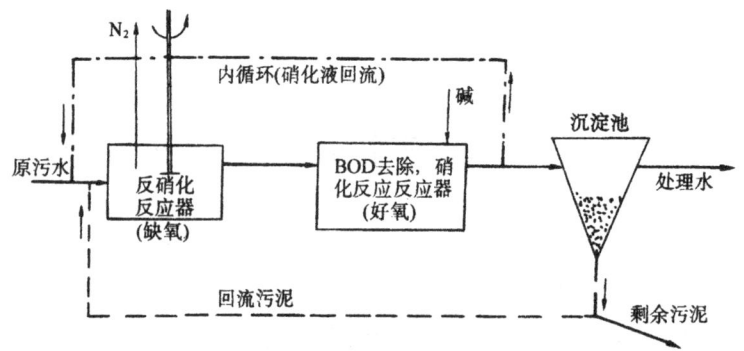

图 17-1　分建式缺氧-好氧活性污泥脱氮系统

硝化反应器内的已进行充分反应的硝化液的一部分回流反硝化反应器,而反硝化反应器内的脱氮菌以原污水中的有机物作为碳源,将回流液中硝态氮还原为气态氮(N_2),不需外加碳源(如甲醇)。该工艺系统设内循环系统,向前置的反硝化池回流硝化液是本工艺系统的一项特征。

在缺氧池内的反硝化过程中,还原 1 g 硝态氮产生 3.75 g 碱度,大概能补偿好氧池内硝化所需碱度的一半,因此,对含氮浓度不高的废水(如生活污水、城市污水)可不必另行投加碱以调节 pH 值。该系统硝化曝气池在后,使反硝化残留的有机污染物得以进一步去除,提高了处理水水质,不需增建后曝气池。

该工艺还可以建成合建式装置,如图 17-2 所示。反硝化反应及硝化反应、BOD 去除都在一座反应器内实施,但中间隔以挡板。合建式可以用于对现有推流式工艺的改造。

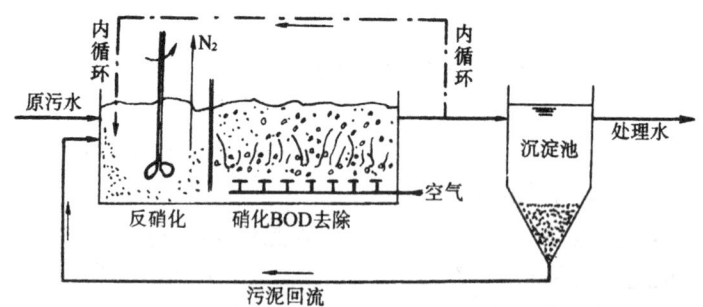

图 17-2　合建式缺氧-好氧活性污泥法脱氮系统

该工艺主要不足之处是该流程的处理出水是来自硝化反应器,因此,在处理水中含有一定浓度的硝酸盐,如果沉淀池运行不当,在沉淀池内也会发生反硝化反应,使污泥上浮,使处理水水质恶化。此外,如欲提高脱氮率,必须加大内循环比 R_N,势必使运行费用增高,此外,内循环液来自曝气池(硝化池)含有一定的溶解氧,使反硝化段难以保持理想的缺氧状态,影响反硝化进程,一般脱氮率很难达到 90%。

2. 影响因素与主要参数

(1) 水力停留时间。

硝化反应与反硝化反应进行的时间对脱氮效果有一定的影响。为了取得70%~80%的脱氮率,硝化反应需时较长,一般不应低于6 h,而反硝化反应所需时间则较短,在2 h之内即可完成。硝化与反硝化的水力停留时间比以3:1为宜。

(2) 内循环比(R_N)。

在该工艺系统中,内循环回流的作用是向反硝化反应器提供硝态氮,从而达到脱氮的目的。内循环回流比不仅影响脱氮效果,而且也影响系统的动力消耗,是一项非常重要的参数。

内循环比的取值与要求达到的处理效果以及反应器类型有关,应当说,适宜的循环比,应通过试验或对运行数据的分析确定。运行数据表明,循环比在50%以下,脱氮率很低,循环比在200%以下,脱氮率随循环比增高而显著上升。循环比高于200%以后,脱氮率提高就比较缓慢了,一般循环比取值不宜低于200%。对活性污泥系统最高取值可达600%,而对流化床,为了使载体流化,要求更高的循环比。

(3) MLSS值。

反应器内的MLSS值,一般应在3 000 mg/L以上,低于此值,脱氮效果将显著降低。

(4) 污泥龄(生物固体平均停留时间)。

应保证在硝化反应器内保持足够数量的硝化菌,因此采取较长的污泥龄,一般取值在30 d以上。

(5) 污泥氮负荷率(N/MLSS)。

污泥氮负荷率应低于0.03 g N/(g MLSS·d),高于此值脱氮效果将急剧下降。

(6) 进水总氮浓度。

应在30 mg/L以下,否则脱氮率将下降到50%以下。

任务17.2 认识生物脱氮除磷工艺(A^2/O法)

任务准备

一、污水除磷方法

磷不同于氮,不能形成氧化体或还原体,向大气释放,但具有以固体形态和溶解形态互相循环转化的性能。污水除磷技术就是以磷的这种性能为基础而开发的。污水除磷技术有:使磷成为不溶性的固体沉淀物,从污水中分离出去的化学除磷法和使磷以溶解态为微生物所摄取,与微生物成为一体,然后随同微生物从污水中分离出来的生物除磷法。

二、化学除磷法简介

混凝沉淀法是广泛使用的化学除磷方法。通过混凝剂的投加,使溶解态的磷酸盐转化为可以沉淀分离的固体状态,从而从系统中去除。常用的混凝剂主要有:铝盐,如硫酸铝、聚氯化铝、铝酸钠等;铁盐,如氯化亚铁、硫酸亚铁、氯化铁、硫酸铁等;石灰。

pH值是混凝沉淀法除磷的重要参数,应控制其在合适的范围内。

三、生物除磷法原理

生物除磷是利用聚磷菌具有在厌氧条件下释放磷,在好氧条件下能够过量地,在数量上超过其生理需要、从外部环境摄取磷的功能,形成高磷污泥,然后通过剩余污泥的排放,排出系统外,达到污水除磷的效果。

一、认识厌氧-好氧生物除磷工艺(A_n/O法)

厌氧-好氧生物除磷工艺也称 A_n/O 法,如图 17-3 所示。

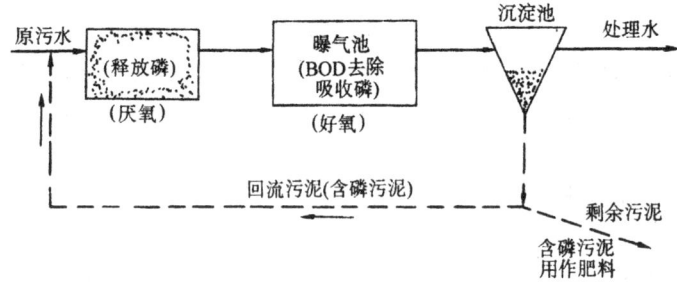

图 17-3 厌氧-好氧除磷工艺流程(A_n/O法)

在该工艺中,污水在厌氧池内与回流的含磷污泥混合,释磷菌在厌氧池内释放磷。然后在好氧池内过量吸收磷,同时 BOD 也得到降解。吸收了磷的聚磷菌在二沉池内沉淀分离,通过剩余污泥排放,将磷从污水中去除。

该工艺流程简单,既不投药,也无须考虑内循环,因此,建设费用及运行费用都较低,而且出于无内循环的影响,厌氧反应器能够保持良好的厌氧(或缺氧)状态。

该工艺的特征主要有:

(1) 在反应器内的停留时间一般从 3 h 到 6 h,是比较短的。

(2) 反应器(曝气池)内污泥浓度一般在 2 700～3 000 mg/L 之间。

(3) BOD 的去除率大致与一般的活性污泥系统相同。磷的去除率较好,处理水中磷含量一般都低于 1.0 mg/L,去除率大致在 76% 左右。

(4) 沉淀污泥含磷率约为 4%,污泥的肥效好。

(5) 混合液的 SVI 值<100,易沉淀,不膨胀。

同时,经试验与运行实际还发现本工艺具有如下问题:

(1) 除磷率难以进一步提高,因为微生物对磷的吸收,即使是过量吸收,也是有一定限度的,特别是当进水 BOD 值不高或废水中含磷量高时,即 P/BOD 值高时,由于污泥的产量低,将更是这样。

(2) 在沉淀池内容易产生磷释放的现象,特别是当污泥在沉淀池内停留时间较长时更是如此,应注意及时排泥和回流。

二、认识厌氧-缺氧-好氧生物同步脱氮除磷工艺(A^2/O法)

1. 厌氧-缺氧-好氧生物同步脱氮除磷工艺流程

厌氧-缺氧-好氧生物同步脱氮除磷工艺也称 A^2/O 法脱氮除磷工艺。它是在 A/O 法生物脱氮工艺基础上发展起来的。该工艺流程如图 17-4 所示。

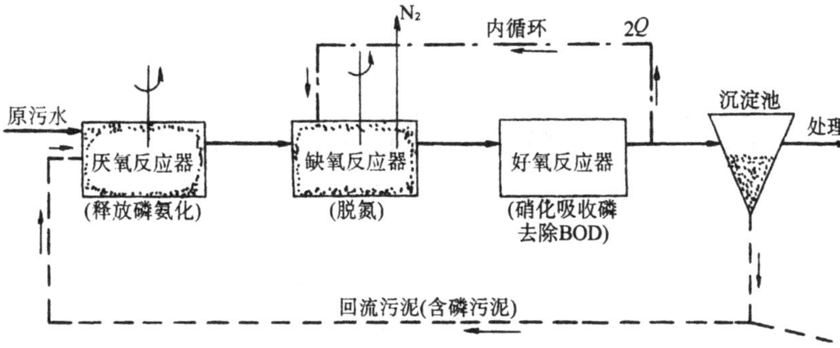

图 17-4 A^2/O 法同步脱氮除磷工艺流程

2. 各反应器单元功能与工艺特征

（1）厌氧反应器，原污水进入，同步进入的还有从沉淀池排出的含磷回流污泥，此反应器的主要功能是释放磷，同时部分有机物进行氨化。

（2）污水经过第一厌氧反应器进入缺氧反应器，此反应器的首要功能是脱氮，硝态氮是通过内循环由好氧反应器送来的，循环的混合液量较大，一般为 $2Q$（Q——原污水流量）。

（3）混合液从缺氧反应器进入好氧反应器——曝气池，这一反应器单元是多功能的，去除 BOD，硝化和吸收磷等反应都在此反应器内进行。这三个反应都是重要的，混合液中含有 NO_3^--N，污泥中含有过剩的磷，而污水中的 BOD（或 COD）则得到去除。流量为 $2Q$ 的混合液从这里回流缺氧反应器。

（4）沉淀池的功能是泥水分离，污泥的一部分回流厌氧反应器，上清液作为处理水排放，含磷剩余污泥排出系统。

本工艺具有以下各项特点：

（1）本工艺在系统上可以称为最简单的同步脱氮除磷工艺，总的水力停留时间少于其他同类工艺。

（2）在厌氧（缺氧）、好氧交替运行条件下，丝状菌不能大量增殖，无污泥膨胀之虞，SVI 值一般均小于 100。

（3）污泥中含磷浓度高，具有很高的肥效。

（4）运行中无须投药，两个 A 段只用轻缓搅拌，以不增加溶解氧为度，运行费用低。

本法也存在如下各项的待解决问题：

（1）除磷效果难以进一步提高，污泥增长有一定的限度，不易提高，特别是当 P/BOD 值高时更是如此。

（2）脱氮效果也难以进一步提高，内循环量一般以 $2Q$ 为限，不宜太高。

（3）进入沉淀池的处理水要保持一定浓度的溶解氧，减少停留时间，防止产生厌氧状态和污泥释放磷的现象出现，但溶解氧浓度也不宜过高，以防内循环混合液对缺氧反应器造成干扰。

项目 18　污泥处理工艺运行管理

任务 18.1　污泥浓缩池的运行管理

**任务准备**

一、污泥的来源与特性

1. 污泥的来源与特性

在污水处理过程中产生的沉淀物按其主要成分的不同分为污泥和沉渣。污泥以有机物为主要成分,其特点是:有机物含量高,易腐化发臭;颗粒密度小(接近水的密度),含水率高且不易脱水,便于管道输送。沉渣以无机物为主要成分,其特点是:颗粒较粗,密度大,流动性差,不易用管道输送;含水率不高易于脱水;化学稳定性好。

污泥按其产生的来源可以分为:① 初沉池污泥;② 剩余污泥(来自生物膜和活性污泥法的二次沉淀池);③ 熟污泥(经消化处理后的初沉池污泥和剩余污泥);④ 化学污泥(化学法发生的污泥)。

污泥的含水率很高,污泥中所含水分有四类:颗粒间的空隙水约占 70%;毛细管水约占 20%;颗粒表面的吸附水与微生物内部水两者约占 10%。

2. 污泥指标

(1) 污泥含水率:单位质量污泥中所含水分质量的百分数。污泥的含水率一般都很高,常见城市污泥的含水率如表 18-1 所示。

表 18-1　城市污泥含水率(%)

含水率	初沉池	高负荷生物滤池	高负荷滤池和初沉池	活性污泥	活性污泥和初沉池	化学凝聚污泥
原污泥	95~97.5	90~95	94~97	99~99.5	95~96	90~95
浓缩污泥	90~92		91~93	97~97.5	90~95	
消化污泥	85~90	90~93	90	97~98	92~94	90~93

(2) 沉渣湿度:单位体积沉渣中所含水的体积百分比。

(3) 污泥或沉渣的挥发性物质及灰分物质。挥发性物质能够近似表示污泥中的有机物含量;灰分能够近似表示无机物含量。

(4) 污泥密度。污泥密度等于污泥质量与同体积水的质量的比值。

(5) 污泥的可消化程度。污泥中的有机物是消化处理的对象,可用消化程度表示污泥中可被消化降解的有机物数量,可用下式计算:

$$R_\mathrm{d} = \left[1 - \frac{p_{v2} p_{s1}}{p_{s2} p_{v1}}\right] \times 100\%$$

式中，R_d——可消化程度，%；

p_{s1}，p_{s2}——分别表示生污泥及消化污泥的无机物含量，%；

p_{v1}，p_{v2}——分别表示生污泥及消化污泥的有机物含量，%。

3. 初沉池污泥量

初沉池的污泥量可以根据污水中悬浮物的浓度、污水流量、沉淀效率及含水率计算：

$$V = \frac{100 C_0 \eta Q}{(100-p)\rho} \times 10^{-3}$$

式中，V——沉淀污泥量，m^3/d；

Q——污水流量，m^3/d；

C_0——进水悬浮物浓度，mg/L；

η——去除率，%；

ρ——污泥密度，1 000 kg/m^3。

4. 污泥的水力特性

当污泥的含水率大于99%时，污泥的流动情况与水类似；当含水率较低时，污泥在管道内的水力特性与流动状态，在层流状态时流动阻力比水流层流时的阻力大；在紊流时流动阻力反比层流时小，因此在设计污泥输送管道时应采用较大的流速使之处于紊流状态，以减少阻力。污水输泥管的最小直径不应小于200 mm；当采用重力输泥管时，一般采用0.01～0.02坡度，采用压力管，设计最小流速见表18-2。污泥压力管宜采用坡度0.001～0.002，坡向污泥泵站方向，以利于冲洗及放空。

表 18-2　压力输泥管最小设计流速(m/s)

污泥含水率(%)	90	91	92	93	94	95	96	97	98
管径 150～250 mm	1.5	1.4	1.3	1.2	1.1	1.0	0.9	0.8	0.7
管径 300～400 mm	1.6	1.5	1.4	1.3	1.2	1.1	1.0	0.9	0.8

二、污泥处理与处置的目的与基本流程

1. 污泥处理的目的和方法

污泥处理的目的是：① 降低水分，减少体积；② 卫生化、稳定化；③ 改善污泥的成分和某种性质，以利于应用并达到回收能源和资源的目的。

常用的污泥处理方法有浓缩、消化、脱水、干燥、固化及最终处置；污泥最终处置方法有：地面弃置、填埋、排海、地下深埋以及固化后再进行地面或海洋处置。

2. 污泥处理处置的基本流程

污泥的处理和处置应根据污水处理厂的规模以及周围环境综合考虑解决，常见流程有：

(1) 浓缩→机械脱水→处置脱水滤饼；

(2) 浓缩→机械脱水→焚烧→处置灰分；

(3) 浓缩→消化→机械脱水→处置脱水滤饼；

(4) 浓缩→消化→机械脱水→焚烧→处置灰分。

从上述的各种流程可以看出，污泥的浓缩、消化及脱水是主要处理单元。

3. 污泥的调理

污泥调理的目的是为了提高污泥浓缩和脱水效率,影响污泥的浓缩和脱水性能的因素有颗粒的大小、表面电荷水合的程度以及颗粒间的相互作用,其中颗粒大小是主要因素。污泥调理的主要途径是:① 在污泥中加入合成有机聚合物、无机盐等混凝剂改变污泥颗粒的表面性质,使其脱稳并凝聚起来;② 改善污泥颗粒间的结构,减少过滤阻力。其方法主要有:

(1) 洗涤。用于消化污泥的预处理,目的在于节省加药用量、降低机械脱水的运行费用。洗涤水可用二沉池出水或河水,污泥洗涤过程包括稀释、搅拌、沉淀分离以及撇除上清液,工艺可分为单级、两级或多级串联洗涤以及逆流洗涤等多种形式。

(2) 化学调理。其实质是向污泥加入助凝剂、混凝剂等化学药剂,促使污泥颗粒絮凝。助凝剂主要有硅藻土、酸性白土、石灰等物质;混凝剂包括无机混凝剂和高分子混凝剂两大类,主要有铝盐、铁盐、聚丙烯酰胺、聚合氯化铝等。

(3) 热调理。使污泥在一定压力下短时间加热,使部分有机物分解及亲水性有机胶体物质水解,同时污泥中细胞膜被分解破坏,细胞膜中的水游离出来,故可提高污泥的浓缩和脱水性能。热调理方法有高温加压处理法与低温加压处理法。

任务实施

一、认识污泥的浓缩

污泥浓缩的脱水对象是间隙水,经浓缩后活性污泥的含水率可降至97%~98%;初沉池污泥的含水可降至85%~90%。常用的污泥浓缩方法有:重力浓缩、气浮浓缩、离心机浓缩、微孔滤机浓缩以及生物浮选浓缩。

1. 污泥重力浓缩

浓缩是减少污泥体积最经济有效的方法,其中利用自然的重力作用是使用最广泛和最简单的浓缩方法,重力浓缩的原理是在重力作用下将污泥中的孔隙水挤出,从而使污泥得到浓缩,属于压缩沉淀类型,该方法适用于密度较大的污泥和沉渣。污泥的沉降特性与固体浓度、性质及来源有密切关系。设计重力浓缩池时,应先进行污泥浓缩试验,掌握沉降特性,得出设计参数,然后计算出浓缩池的表面积、有效容积及深度等参数。

重力浓缩池按工作方式可以分成间歇式和连续式,前者适用于小型污水处理厂,后者适用于大、中型污水处理厂。连续式浓缩池一般采用辐流式浓缩池,结构类似于辐射式沉淀池,可分为有刮泥机与污泥搅动装置、不带刮泥机以及多层浓缩池(带刮泥机)等形式。图18-1为连续流浓缩池结构;当浓缩池较小时可采用间歇式浓缩池,结构如图18-2所示。

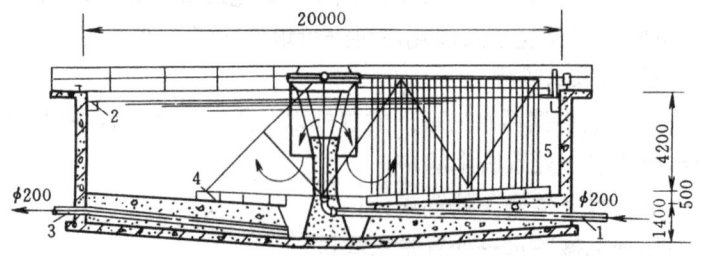

图18-1 连续流重力浓缩池基本构造图

1—中心进泥管;2—上清液溢流堰;3—排泥管;4—刮泥机;5—搅动栅

重力浓缩池设计运行参数如下：固体通量 30~60 kg/(m²·d)，有效深度 4 m，浓缩时间不宜小于 12 h，刮泥机外缘线速度为 1~2 m/L，池底坡度不宜小 0.05，竖流式浓缩池沉淀区上升流速不大于 0.1 mm/s。辐流式浓缩池，当活性污泥浓度为 2 000~3 000 mg/L 时，表面负荷为 0.5 m³/(m²·h)，当活性污泥浓度为 5 000~8 000 mg/L 时，表面负荷为 0.3 m³/(m²·h)。

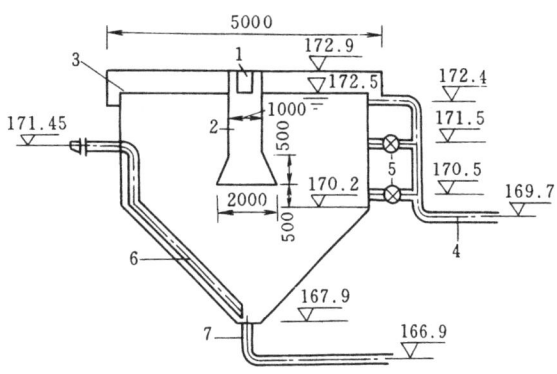

图 18-2 带中心管间歇式浓缩地
1—污泥入流槽；2—中心筒；3—上清液溢流管；
4—上清液排出管；5—闸门；6—污泥泵吸泥管；7—排泥管

2. 污泥其他浓缩方法

气浮浓缩依靠大量的微小气泡附在污泥颗粒表面上，通过减小颗粒的密度使污泥上浮，该法适用于浓缩密度接近于水的污泥。

离心浓缩的原理是利用污泥中固体、液体的密度及惯性差，在离心力场因受离心力的不同而被分离，其优点是效率高、时间短、占地少，缺点是运行费和机械维修费高，因此较少用于污泥的浓缩。常用的离心机有转盘式、转鼓式、筐式（三足式）等。

二、污泥浓缩池运行管理

（1）经常观察污泥浓缩池的进泥量、进泥含固率、排泥量及排泥含固率，以保证浓缩池按合适的固体负荷和排泥浓度运行。否则应对进泥量、排泥量予以调整。

进泥量太大时，使浓缩池表面固体负荷太大，超过了浓缩池的浓缩能力，将导致出水悬浮物增多，污泥流失。

进泥量太小时，污泥在池内停留时间太长，导致污泥厌氧上浮。此时应调整进泥量或浓缩池投运数目，缩短停留时间。

排泥量太大或一次性排泥太多时，排泥速率会超过浓缩速率，导致排泥中含有一些未完成浓缩的污泥。

排泥量太小或一次性排泥历时太短，会导致污泥因停留时间太长发生厌氧，最终导致污泥上浮。此时应增大排泥量或排泥时间。

（2）经常观测活性污泥沉降状况，若活性污泥发生污泥膨胀现象，应及时采取措施解决。否则污泥进入浓缩池，继续处于膨胀状态，致使无法进行浓缩。采取措施包括向污泥中投入 Cl_2 等灭菌剂，抑制丝状菌的活动，保证浓缩效果。

（3）注意观察初沉污泥与活性污泥的混合状况，应使两种污泥混合均匀，否则进入浓缩池会由于密度流扰动污泥层，降低浓缩效果。

（4）注意观察浓缩池的溢流堰板是否有不平整堵塞情况，若有则会导致池内出现短流问题；入流挡板或导流筒是否有变形或脱落情况，若有应予以清理或修复。

（5）注意浮渣挡板的状况，浮渣刮板的运行情况，确保浮渣顺利刮至浮渣槽内，避免浮渣长期不排除会随水流失。并应及时清除浮渣槽内的浮渣。

（6）浓缩池是恶臭很严重的一个处理单元，因而应对池壁、浮渣槽、出水堰等部位定期清刷，尽量使恶臭降低。

（7）在浓缩池入流污泥中加入部分二沉池出水，可以防止污泥厌氧上浮，提高浓缩效果,同时还能适当降低恶臭程度。

(8) 定期(每隔半年)排空彻底检查是否积泥或积砂,并对水下部件予以防腐处理。

(9) 浓缩池较长时间没有排泥时,应先排空清池,严禁直接开启污泥浓缩机。

(10) 由于污泥浓缩池容积小,热容量小,在寒冷地区的冬季浓缩池液面会出现结冰现象。此时应先破冰并使之融化后,再开启污泥浓缩机。

(11) 做好分析测量与记录。每班应分析测定的项目:浓缩池进泥和排泥的含水率(或含固率),浓缩池溢流上清液的SS。每天应分析测定的项目:进泥量与排泥量,浓缩池溢流上清液的COD或BOD_5、TP等,进泥及池内污泥的温度。应定期计算的项目:污泥浓缩池表面固体负荷、水力停留时间等。

任务 18.2 污泥脱水机的运行管理

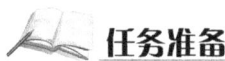任务准备

一、污泥脱水的方法

污泥经浓缩处理后,含水率(95%~97%左右)仍很高,需进一步降低含水率,将污泥的含水率降低至85%以下的过程称为脱水干化。污泥脱水干化有自然干化与机械脱水,其本质都属于过滤脱水范畴。过滤是给多孔介质(滤材)两侧施加压力差,将悬浮液过滤分成滤饼、澄清液两部分的固液分离操作,通过介质孔道的液体称为滤液,被截留的物质称为滤饼或泥饼;产生压力差(过滤的推动力)的方法有四种:① 依靠污泥本身厚度的静压力(自然干化床);② 在过滤介质的一面造成负压(真空过滤);③ 加压污泥将水分压过过滤介质(压滤);④ 离心力(离心脱水)。压滤应用较广泛,真空过滤已经很少采用。各种脱水干化方法效果见表18-3。

表18-3 各种脱水方法效果比较表

脱水方法	自然干化	机 械 脱 水				干燥法	焚烧法
		真空过滤法	压滤法	滚压带法	离心法		
脱水装置	自然干化场	真空转鼓 真空转盘	板框 压滤机	滚压带式 压滤机	离心机	干燥设备	焚烧设备
脱水后含水率(%)	70~80	60~80	45~80	78~86	80~85	10~40	0~10
脱水后状态	泥饼状	泥饼状	泥饼状	泥饼状	泥饼状	粉状、粒状	灰状

二、污泥的压滤

压滤是通过对污泥加压,将污泥中的水分挤出,作用于泥饼两侧压力差较大,能取得含水率较低的干污泥。间歇式加压过滤机有板框压滤机和凹板压滤机两类,连续式加压过滤机有旋转式和滚压带式两大类。

1. 污泥板框压滤机

压滤脱水采用板框压滤机。它的构造较简单,过滤推动力大,适用于各种污泥。但不能连续运行。板框压滤机由板与框相间排列而成,在滤板的两侧覆有滤布,用压紧装置把板与

框压紧,即在板与框之间构成压滤室,在板与框的上端中间相同部位开有小孔,压紧后成为一条通道,加压到 0.2～0.4 MPa(2～4 kg/cm²)的污泥,由该通道进入压滤室,滤板的表面刻有沟槽,下端钻有供滤液排出的孔道,滤液在压力下,通过滤布、沿沟槽与孔道排出滤机,为污泥脱水。

板框压滤机可分为人工板框压滤机和自动板框压滤机两种。人工板框压滤机,需一块一块地卸下,剥离泥饼并清洗滤布后,再逐块装上,劳动强度大,效率低。自动板框压滤机,上述过程都是自动的,效率较高,劳动强度低。自动板框压滤机有垂直式与水平式两种,见图 18-3。

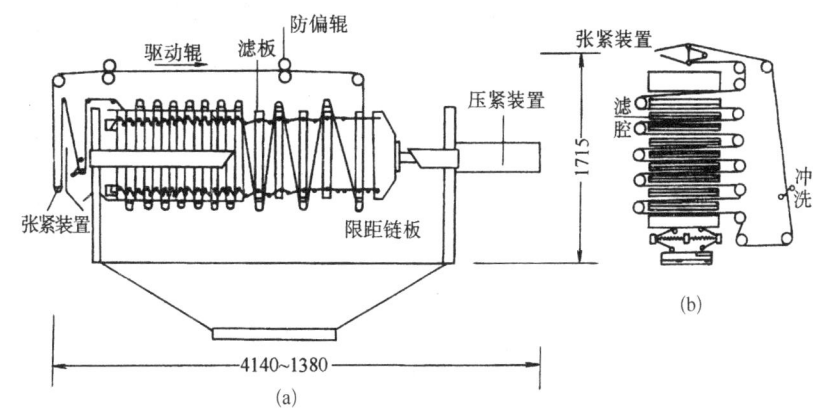

图 18-3　自动板框压滤机
(a) 水平式；(b) 垂直式

2. 污泥滚压带式压滤机

用于污泥滚压脱水的设备是带式压滤机。其主要特点是把压力施加在滤布上,用滤布的压力和张力使污泥脱水,而不需要真空或加压设备,动力消耗少,可以连续生产。这种脱水方法,目前应用广泛。带式压滤机基本构造见图 18-4。

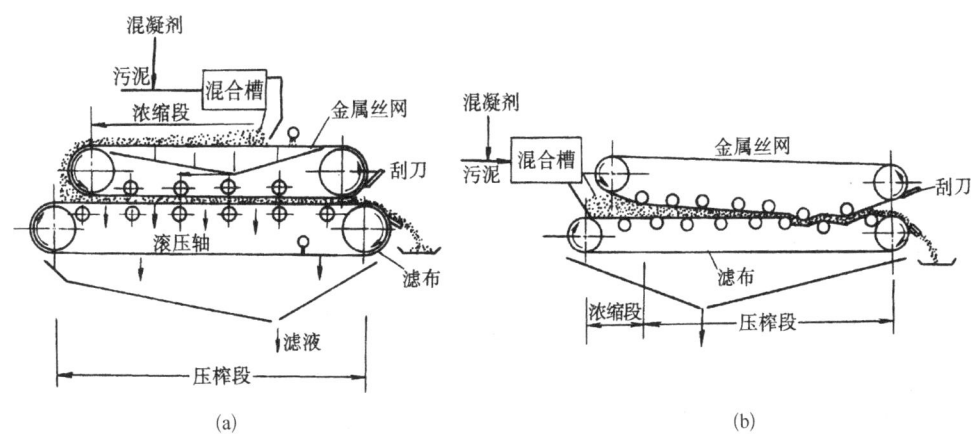

图 18-4　带式压滤机

带式压滤机由滚压轴及滤布带组成。污泥先经过浓缩段(主要依靠重力过滤),使污泥失去流动性,以免在压榨段被挤出滤饼,浓缩段的停留时间 10～20 s。然后进入压榨段,压榨时间 1～5 min。污泥的含水率可降至 80% 以下。

3. 污泥离心脱水

污泥浓缩脱水是依靠污泥颗粒的重力,作为脱水的推动力,推动的对象是污泥的固相。真空过滤或压滤脱水,脱水的推动力是外加的真空度或压力,推动的对象是液相。外加力(真空度或压力)对液相的推动力,远较重力对固相的推动力为大,因此脱水的效果也好。离心脱水,脱水的推动力是离心力,推动的对象是固相,离心力的大小可控制,比重力大几百倍甚至几万倍,因此脱水的效果也比浓缩好。离心脱水由于是全封闭式工作,臭气少,工作环境卫生条件好,现在在发达地区应用较多。

离心机的分类:离心力与重力的比值称为分离因素。按分离因数 α 的大小,可分为高速离心机($\alpha > 3\,000$)、中速离心机($\alpha = 1\,500 \sim 3\,000$)、低速离心机($\alpha = 1\,000 \sim 1\,500$)。按几何形状不同可分为转筒式离心机(包括圆锥形、圆筒形、锥筒形三种)、盘式离心机、板式离心机等。

污泥脱水常用的是低速锥筒式离心机,构造示意图见图 18-5。

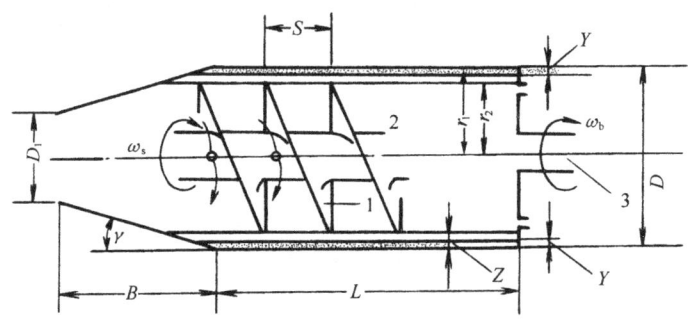

图 18-5 锥筒式离心机构造示意图
L—转筒长度;B—锥长(也称岸区长);Z—水池深度;S—螺矩;γ—锥角;
ω_b—转筒旋转角速度;ω_s—螺旋输送器旋转角速度;Y—泥饼厚度;
D—转筒直径;r_2—水池表面半径;r_1—转筒半径;D_1—锥口直径

主要组成部分为螺旋输送器 1,锥筒 2,空心转轴 3。螺旋输送器固定在空心转轴上。空心转轴与锥筒由驱动装置传动,同向转动,但两者之间有速差,前者稍慢后者稍快。依靠速差将泥饼从锥口推出。速差越大离心机的产率越大,泥饼在离心机中停留时间也越短,泥饼含水率越高,固体回收率越低。

4. 污泥浓缩一体机

污泥浓缩一体机是在带式压滤机的基础上,吸取了国外最新机械浓缩、压滤脱水的原理和技术,开发出的带式浓缩压榨过滤一体机,具有浓缩、压滤脱水的功能,可以将进入的含水率99%以上的污泥降至含水率80%以下(如图 18-6 所示)。

污泥经投加混凝剂后进行充分混合反应流入浓缩段的进料分配器,将污泥均布到倾斜式的浓缩段上,并在泥耙的双向导疏和

图 18-6 污泥浓缩一体机

重力作用下,污泥随着滤布的移动,迅速脱去污泥的游离水。重力脱水后浓缩污泥反转机构将污泥输送至带式压滤机的重力脱水段进一步脱水。然后喂入"S"形压榨段,在"S"形压榨段中,污泥被夹在上、下两层滤布中间,经若干个不同直径辊筒反复压榨,促使泥饼再一次脱水,最后通过刮刀将泥饼刮落,而上下网带在运行过程中不断地被自动清洗。

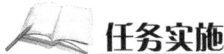 **任务实施**

一、全自动絮凝装置操作

全自动加药装置用于PAM(聚丙烯酰胺)的投加,实现投料、溶解、加药一体化。安装于污泥脱水机房,增加污泥的絮凝形,帮助污泥浓缩。

1. 开机准备

(1) 加药泵开机前,先检查系统管路是否正确,进水压力泵保证0.3～0.4 MPa。

(2) 进水采用自来水,不能用回用水或带杂质的水。

(3) 加药装置开机前,将电器控制上的按钮拨在自动上,此时设备将按照预先设定的程序进行。打开电磁阀进水,调节进入旋流器的水量,以免水花飞溅出来。干粉投加通过变频调节其投加量,从而控制药剂的浓度。

(4) 当电磁阀损坏后,可以通过阀门的切换,保持继续进水使用。

(5) 保证干粉投加器不受潮湿。

2. 启动程序

(1) 开启自来水进水,调整进水流量,使进水压力处于0.3～0.4 MPa;

(2) 将加药装置调至自动挡,设备会依据预先设定的程序一次开启干粉加料机、搅拌机、加药泵。

3. 运行过程

(1) 观察旋流器中的水位和水量,通过电磁阀调节进水量;

(2) 通过变频调节控制投粉量;

(3) 观察泵机和设备的运行是否异常。

4. 停机程序

(1) 将电器控制上的按钮调至停止挡,停加药机;

(2) 关闭自来水进水阀门;

(3) 填写运行记录。

5. 维护保养

(1) 检查干粉供给装置和湿锥体,注意检查螺旋弹簧锁片能否正确开合,定期清理在上面的干粉块,以保证干粉顺利通过;检查驱动轴的密封环是否需要更换;

(2) 定期清理减压阀的过滤芯;

(3) 打开和清理电磁叶轮计数器;

(4) 定期清理箱体;

(5) 定期给轴承、电机等润滑加油。

二、污泥浓缩一体机操作

污泥浓缩一体机,集污泥浓缩装置和污泥脱水装置于一体,直接进行浓缩和脱水。自动控制,连续运行,浓缩脱水效率高,泥饼含固率高。

1. 准备工作

(1) 检查管路是否正确,相应闸阀开关状态是否正确;

(2) 检查电源指示灯是否亮,机械处于待机状态;

(3) 开启空压机,要求气压达到 0.4 MPa,使脱水机滤带张紧。

2. 启动程序

(1) 开空压机 3 min,确保空气压力达到 0.4 MPa;

(2) 开启浓缩机;

(3) 开启主机;

(4) 开 PAM 加药泵;

(5) 开启污泥泵,运转 2 min 后开清洗泵。

3. 运行过程

(1) 观察设备运转方向;

(2) 观察压力表压力,工作温度;

(3) 检查履带是否跑偏。

4. 停机过程

(1) 关闭污泥泵;

(2) 关闭 PAM 加药泵,浓缩机及主机继续运行 5 min,清洗泵同样运行 5 min;

(3) 5 min 后,关闭浓缩机、主机、清洗泵、空压机;

(4) 将脱水机表面及滤袋表面清洗干净(脱水机反冲洗水压 0.5~0.6 MPa)。

5. 维护保养

(1) 每月定期检查减速机、变频器牵引油油位;

(2) 3 个月左右更换一次润滑油;

(3) 传动齿轮、链轮、张紧调偏滑块定期上润滑脂;

(4) 定期清理清洗装置喷嘴,防止阻塞。

如出现其他异常声响和严重损坏等应及时通知维修。

三、皮带输送机操作

皮带输送机不仅用于栅渣的输送,同时还与污泥浓缩一体机配套使用,对脱水后的污泥进行输送。

1. 准备工作

(1) 检查驱动滚筒、槽型托辊和回城托辊,有无泥块附着或脱落松动;

(2) 观察输送带是否跑偏;

(3) 检查设备是否正常供电,处于待机状态。

2. 启动程序

待输送带上承载一定的污泥时,按下启动按钮启动输送机。

3. 运行过程

(1) 运行中全程监控,保证输送带不跑偏;

(2) 输送带跑偏或松弛,及时调整螺杆式调节装置,保证输送带的正常运行;

4. 停机程序

(1) 待输送带上的污泥全部输送到污泥车上时,方可停输送机;

(2) 按下停机按钮,停输送机;
(3) 定期拖运处理后的污泥。

5. 维护与保养

(1) 定期给螺杆式张紧装置加油;
(2) 定期调整输送带的松弛度;
(3) 定期清除驱动滚筒、槽型托辊和回程托辊上附着的泥块;
(4) 每6个月更换油冷式电动滚筒内的机油。

四、单螺杆泵操作

单螺杆泵是一种内啮合回转式容积泵,适合于高黏度介质、含固体颗粒或纤维的介质的输送。在污水处理厂中,单螺杆泵常用作投药泵和污泥泵。

1. 准备工作

(1) 检查皮带罩壳、管道是否通畅,相应阀门的开启情况;
(2) 开机前必先确定运转方向,不得反转;
(3) 确认输送介质液位,禁止空转。

2. 启动程序

(1) 打开进、出口阀门;
(2) 一切正常后启动开机按键。

3. 运行情况

(1) 每日巡查螺栓是否松动,机泵与管线的振动是否超标,填料部位滴水是否在正常范围内,轴承温度及减速机温度是否过高,管道有无堵塞现象,如有,及时停泵疏通后再启动;
(2) 注意设备各转动部位有无异常响声;
(3) 注意泵体机组的温度;
(4) 不允许泵空转。

4. 停机程序

(1) 按"关闭"按钮,运行指示灯灭,泵停止运行;
(2) 关闭进、出口阀门。

5. 维护保养

(1) 严禁空转;
(2) 新安装或停机数天后的泵,不能立即启动,应先向泵体内注入适量润滑剂或所输送的介质,再用管子钳扳动几转才可启动;
(3) 输送高黏度或含颗粒及腐蚀性介质后,应用水或溶剂进行冲洗,防止堵塞,以免下次启动困难;
(4) 使用过程中轴承箱内应定量加润滑油,发现轴端有渗流时,要及时处理或调换油封;
(5) 在运行过程中发生异常情况,应立即停车检查原因,排除故障。

五、污泥带式压滤机操作

1. 准备工作

(1) 混凝剂投加系统(包括计量泵、混凝剂配置情况、液位控制系统、管道系统和溶药罐等)具备工作条件;

(2) 带式压滤机(包括滤带、滤带纠偏装置、驱动装置、反冲洗系统、污泥投加装置、皮带运输机、运泥车辆及排水系统等)具备工作条件,启动带式压滤机空转数分钟,确定无故障;

(3) 污泥配料泵具备工作条件;

(4) 动力和自动控制系统具备运行条件。

2. 启动程序

(1) 根据储泥池泥量或根据剩余污泥排放量进行污泥脱水操作;

(2) 混凝剂投加;

(3) 启动带式压滤机(包括反冲洗系统、皮带输送机和调配污泥运输车辆);

(4) 启动污泥投配泵,观察脱水机运行情况和调整投配污泥量,相应调节混凝剂投加量,直到出口污泥达到含水率标准。

3. 运行情况

日常巡检工作包括:

(1) 检测出水污泥含水率;

(2) 根据污泥含水率调整加药量和带机运行参数;

(3) 计量泵振动和噪声;

(4) 投加管线泄漏情况;

(5) 混凝剂溶液液位,并根据需要配制混凝剂溶液;

(6) 带式压滤机振动和噪声;

(7) 反冲洗装置运行状况,反冲洗水若需要加压,则应检查加压泵的工作状况;

(8) 滤带纠偏装置工作状况,若用压缩空气进行纠偏,则应检查空压机的工作状况;

(9) 污泥投加泵出口压力、振动和噪声;

(10) 污泥投加情况(是否有污泥投加等情况);

(11) 皮带运输机工作状况;

(12) 脱水后污泥装车情况;

(13) 机械设备润滑油及润滑油油位;

(14) 其他巡检工作。

污泥脱水系统日常巡检路线应根据实际情况确定。巡检频率为每 2 h 进行一次,出口污泥含水率不稳定或设备不太正常以及设备检修后应增加巡检频率直到正常为止。

4. 停机操作

污泥脱水装置停机操作顺序为:

(1) 停止污泥投配泵运行;

(2) 停止混凝剂投加;

(3) 停止带式压滤机运行(包括反冲洗系统和皮带运输机);

(4) 用清水将压滤机、皮带运输机和滤布等冲洗干净;

(5) 若停机时间较长,则应将计量泵和加药管线、污泥泵和污泥管线用清水冲洗干净。

5. 维护保养

日常维护内容及频率如下:

(1) 每日班对计量泵、加药间、药室、机械设备和污泥脱水间及污泥堆积场进行清洁工作;

(2) 药剂溶解搅拌机维护工作；
(3) 计量泵维护和校准工作；
(4) 皮带输送机维护工作；
(5) 压滤机机械设备润滑油投加；
(6) 压滤机机械设备和管道支撑等的紧固；
(7) 系统防腐和油漆。

六、污泥脱水机房运行管理

(1) 经常检测脱水机的脱水效果，若发现分离液（或滤液）混浊，固体回收率下降，应及时分析原因，采取针对措施予以解决。

对于带式压榨脱水机，可能是由于滤带张力太大或带速太大，导致挤压区跑料，此时应减小滤带的张力或带速；也可能是由于滤带接缝不合理或损坏，滤带老化等原因造成，此时应及时修补或更换滤带。

对于离心脱水机，则有可能是因为：进泥量太大、入流固体负荷超标、转速差太大、转鼓转速太低、液环层厚度太薄和螺旋输送器磨损严重等原因，应针对具体情况予以调整解决。

(2) 经常观测污泥脱水效果，若泥饼含固量下降，应分析情况采取针对措施解决。

对于带式脱水机，可能是因为以下原因，按相应办法解决：带速太大，污泥挤压时间不够，泥饼变薄，导致含固量下降，应及时降低带速；由于污泥性质或污泥量发生变化，使投药量种类或投药量不适合，导致污泥脱水性能下降，此时应重新试验，确定出合适的干污泥投存量；滤带张力太小，不能保证足够的压榨力和剪切力，使含固量降低，此时应适当增大滤带张力；滤带堵塞，水分无法滤出，使含固量降低，应停止运行，冲洗滤带。

对于离心脱水机，泥饼含固量下降的原因一般与固体收回率下降的原因相似，主要是因为：投药调质效果不好、进泥量太大、转速差太大、转鼓转速太低、液环层厚度太大等原因造成分离效果不好所致，应针对以上情况，予以调整解决。

(3) 经常观察污泥脱水装置的运行状况，针对不正常现象，采取纠偏措施，保证正常运行。例如，带式脱水机可能由于进泥超负荷、滤带张力太小、辊压筒损坏等原因造成滤带打滑，此时应分别采取降低进泥量、增大滤带张力、修复或更换辊压筒等措施予以解决；又可能因为：冲洗不彻底、滤带张力太大、进泥中细砂含量太大、加药过量污泥黏度大增等原因造成滤带发生严重堵塞，可采取增强冲洗、调整带速、加强污泥预处理、降低投药量的办法予以解决；滤带也会因为：进泥不均匀、辊压筒位置不对、辊压筒局部磨损、纠偏装置不灵敏而发生跑偏。其解决办法分别是：调控进泥口或进泥装置、检查调整辊压筒位置、检查更换辊压筒、检查修复纠偏装置。

而对于离心脱水机，也会发生离心机转轴扭矩太大，离心机过度震动等故障。前者的原因可能是：进泥量太大、入流固体量太大、浮渣或砂进入离心机、转速差太小、齿轮箱出故障。后者的原因可能是：有浮渣进入机内且缠绕在螺旋输送器上而造成转动失衡、润滑系统出故障、机座松动。故障出现，应及时分析原因，采取针对措施予以解决。

(4) 每天应保证脱水机的足够冲洗时间，当脱水机停机时，机器内部及周身冲洗干净彻底，保证清洁，降低恶臭。否则积泥干后冲洗非常困难。

(5) 按照脱水机的要求，经常做好观测项目的观测和机器的检查维护。例如：离心脱水机的油箱油位、轴承的油流量、冷却水及油的温度、设备的震动情况、电流表读数等；带式压榨脱水机的水压表、泥压表、油表、张力表等运行控制仪表。

（6）经常注意检查脱水机易磨损件的磨损情况，必要时予以更换。例如：带式压榨脱水机构转辊、滤布；离心脱水机的螺旋输送器。

（7）及时发现脱水机进泥中砂粒对滤带、转鼓或螺旋输送器的影响或破坏情况，损坏严重时应及时更换。

（8）由于污泥脱水机的泥水分离效果受污泥温度的影响，尤其是离心机冬季泥饼含固量一般可比夏季低2‰~3‰，因此在冬季应加强保温或增加污泥投药量。

（9）做好分析测量与记录。

污泥脱水岗位每班应检测的项目：进泥的流量及含固量，泥饼的产量及含固量、滤液的SS、絮凝剂的投加量、冲洗介质或水的使用量、冲洗次数和冲洗历时。

污泥脱水机房每天应测试的项目：滤液的产量、滤液的水质（BOD_5或COD_{Cr}、TN、TP）、电能消耗。

污泥脱水机房应定期测试或计算的项目：转速或转速差、滤带张力、固体回收率、干污泥投药量、进泥固体负荷或最大入流固体流量。

项目 19　常见机械设备与电气设备的运行操作与维护

任务 19.1　污水厂常用机械设备运行管理

 **任务准备**

一、污水处理厂的设备

污水处理厂想取得良好的处理效果,必须使各类设备经常处于良好的工作状况和保持应有的技术性能,正确操作、保养、维修设备是污水处理厂正常运转的先决条件。

城市污水厂使用的设备主要有:

1. 专用设备

表面曝气机、潜水推进器、格栅清污机、刮砂机、刮泥机、刮泥吸泥机、污泥浓缩刮泥机、消化池污泥搅拌设备、沼气锅炉、热交换器、药液搅拌机和污泥脱水机等。

2. 通用设备

各类污水泵、污泥泵、计量泵、螺旋泵、空气压缩机、罗茨鼓风机、离心鼓风机、电动葫芦、桥式起重机、各种手动及电动闸阀、蝶阀、闸门启闭机和止回阀等。

3. 电器设备

交直流电动机、变速电机、启动开关设备、照明设备、避雷设备、变配电设备。

4. 仪器仪表设备

各种天平、化验室各种分析仪器、电磁流量计、液位计、空气流量计和溶解氧测定仪等。

二、设备管理内容

污水处理厂的所有设备都有它的运行、操作、保养、维修规律,只有按照规定的工况和运转规律,正确地操作和维修保养,才能使设备处于良好的技术状态。同时,机械设备在长期运行过程中,因摩擦、高温、潮湿和各种化学效应的作用,不可避免地造成零部件的磨损、配合失调、技术状态逐渐恶化、作业效果逐渐下降,因此还必须准确、及时、快速、高质量地拆修,以使设备恢复性能,处于良好的工作状态。总之,对污水厂来说,设备管理应注意以下几个方面:

1. 使用好设备

各种设备都要有操作规程,规定操作步骤。设备操作规程主要根据设备制造厂的说明书和现场情况相结合而制定。操作人员必须严格按照操作规程进行操作。设备使用过程中要做工况记录。

2. 保养好设备

各种设备都应制订保养条例,保养条例根据设备制造厂的说明书和现场情况结合而制定,也可把保养条例和操作规程一起制定。保养条例中包括进行清洁、调整、紧固、润滑和防腐等内容。保养工作同样应做记录。保养工作可分为:例行保养、定期保养、停放保养、换季保养。

3. 检修好设备

对主要设备应制订设备检修标准,通过检修,恢复技术性能。有些设备,要明确大、中、小修界限,分工落实。对主要设备必须明确检修周期,实行定期检修。对常规修理,应制订检修工料定额,以降低检修成本。每次检修都应做详细记录。

4. 管好设备

管好设备是指从设备购置、安装、调试、验收、使用、保养、检修直到报废以及更新全过程的管理工作。其中包括设备的资金管理对每一环节都应有制度规定。

三、设备的完好标准和修理周期

污水处理厂设备的完好程度是衡量污水处理厂管理水平的重要方面。设备完好程度可用设备完好率来统计,它是指一个污水厂拥有生产设备中的完好台数占全部生产设备台数的百分比。

$$设备完好率 = (完好设备台数 / 设备总台数) \times 100\%$$

什么设备才算完好,各单位要求不同,可以下列标准作为完好标准:

(1) 设备性能良好,各主要技术性能达到原设计或最低限度应满足污水处理生产工艺要求。
(2) 操作控制的安全系统装置齐全、动作灵敏可靠。
(3) 运行稳定,无异常振动和噪声。
(4) 电器设备的绝缘程度和安全防护装置应符合电器安全规程。
(5) 设备的通风、散热和冷却、隔音系统齐全完整,效果良好,温升在额定范围内。
(6) 设备内外整洁,润滑良好,无泄露。
(7) 运转记录、技术资料齐全。

设备使用了一段时间以后,必须进行小修、中修或大修。有些设备,制造厂明确规定了它的小修、大修期限;有的设备没有明确规定,那就必须根据设备的复杂性、易损零部件的耐用度以及处理厂实际保养条件确定修理周期。修理周期是指设备的两次修理之间的工作时间,污水处理厂设备的大修周期应根据具体设备使用手册决定。某些常用设备大修周期如表19-1所示,仅供参考。

表 19-1 常用设备大修周期

序号	设 备 名 称	保修间隔期(h)	
		大修	定检保养
1	离心式污水泵(<600 r/min)	40 000	500
2	离心式污水泵(<800 r/min)	30 000	500
3	离心式污水泵(<1 000 r/min)	20 000	500
4	离心式污水泵(>1 000 r/min)	10 000	500

续 表

序号	设 备 名 称	保修间隔期(h)	
		大修	定检保养
5	污泥泵(>1 000 r/min)	8 000	500
6	污泥泵(<1 000 r/min)	10 000	500
7	气提泵(空气提升器)	8 年	1 年
8	螺旋泵	20 000	500
9	离心风机	15 000	500
10	刮砂机	10 000	500
11	罗茨鼓风机	15 000	500
12	格栅除污机	10 000	250
13	单向阀	6 年	500
14	手动截止阀	4 年	500
15	电动截止阀(蝶阀)	2 年	500
16	阀门启闭机	3 年	500

四、建立完善的设备档案

设备档案包括技术资料、运行记录、维修记录三个部分。

第一部分档案是设备的说明书、图纸资料、出厂合格证明、安装记录、安装及试运行阶段的修改洽谈记录、验收记录等。这些资料是运行及维护人员了解设备的基础。

第二部分档案是对设备每日运行状况的记录,由运行操作人员填写。如每台设备的每日运行时间、运行状况、累计运行时间,每次加油的时间,加油部位、品种、数量,故障发生的时间及详细情况,易损件的更换情况等。

第三部分是设备维修档案,包括大、中修的时间,维修中发现的问题、处理方法等。这将由维修人员及设备管理技术人员填写。设备使用了一段时间以后,必须进行小修、中修或大修。

根据以上三部分档案,设备管理技术人员可对设备运行状况和事故进行综合分析,据此对下一步维修保养提出要求,可以此为依据制定出设备维修计划或设备更新计划。如果与生产厂家或安装单位发生技术争执或法律纠纷,完整的技术档案与运行记录将使处理厂处于有利的地位。

📖 任务实施

污水处理厂设备的运行管理与维护

在污水处理厂,格栅除污机、除砂设备、刮泥机、污泥浓缩机、表面曝气机、潜水推进器等为运行工艺上重要的大型设备。每一种设备都有很多品种和规格,只有保证这些设备安全、正常运行,充分发挥这些设备的工作能力,才能使整个污水处理厂正常运转。这是污水处理及一线设备维修保养人员的一项重要任务。

1. 熟悉所管理的设备

要使用好设备,首先要熟悉设备。仔细地阅读产品的出厂说明书是第一步,一般来说,说明书上都注明设备的品种、型号、规格及工作特点;操作要领、注意事项、安全规程及加油的部位、所加油脂的品种、每次换油的间隔等。有的说明书上还注明故障的原因及排除方法、维修时间、应注意事项等。要对照设备逐项将说明书上的内容搞懂。有的设备说明书比较简单,操作人员可向设备管理技术人员及生产厂家的现场服务技术人员学习、咨询。应注意的一点是,设备生产厂家的产品说明书上很少介绍自己产品的缺点。然而每种产品都或多或少有其不足之处。操作人员可通过长期的操作、观察,积累一部分经验,逐步了解设备的缺点,并摸索出相应的解决措施。

2. 确定设备运行最佳方案

任何一种机械设备及其零部件都有一定的运行寿命。要使设备在良好的工作状态下运行,保证其正常使用寿命的同时,在保证完成水处理任务的前提下,尽量减少设备的无效运转及低效运转,保证大部分设备的满足负荷运行,也能起到延长设备实际寿命的作用。

3. 做好设备的巡回检查

污水处理厂的大型工艺设备分布分散,且大部分处于露天或者半露天位置,因此建立并严格地执行巡回检查制度就显得格外重要。

大中型污水处理厂里一般都有中心控制室,它可以对这些设备实现远距离监控。这些监控必须在 24 h 内不间断地进行,这样一旦发生故障可以及时远控停机并马上到现场处理。除此以外,针对设备运行状况到现场巡回检查仍是必不可少的。一般来说,对 24 h 不间断运行的设备,每天应每 2~3 h 检查一次,夜间也至少安排 2~3 次检查。对于无远距离监控的污水处理厂,对设备巡回检查的密度还应适当加大。在巡查中如发现设备有异常情况,如卡死、异常声响、堵塞、异常发热等,应及时停机采取措施。

操作人员应了解每天的天气预报,这除了对水处理工艺有用以外,对工艺设备的安全运行也有不可忽视的意义。我们应对可能出现的灾害性天气及时采取预防措施。如雨雪即将来临时,应着重检查设备的防雨措施,特别是电器、油箱、齿轮箱是否可能进水;寒潮即将来临时,应检查防冻措施。雨后应及时清除设备上及行走路线上的积水,配电箱、集电环条、变速箱、控制箱、液压油箱内如不慎进水应及时采取措施,雪后应及时清除设备及设备行走路线的积雪。

4. 保持设备良好的润滑状态

要使设备保持长期、稳定、正常的运行,就要时刻保持各运转部位良好的润滑状态。润滑油脂除了使设备在运转中减少摩擦、磨损之外,还有防腐、防漏及降温等功能。一般设备在出厂之前就规定了其加油的部位、加油量、每次加换油脂间隔的时间以及在什么样的温度条件下加什么油脂。但各个污水厂的设备工作条件不同,因此还应由本单位的专业技术人员根据本单位的条件定出各个设备的加油规章。对购买来的油脂应贴上标签,分类保管,严防错用、污染、混合或进水。

一般情况下,设备运转的初期称为"磨合期"。在此期间,会有较多的金属碎屑从齿轮、轴承及其他部位被磨下而进入润滑油中,特别是减速箱、变速箱这类情况就十分明显。所以,应在设备运转的 200~500 h 将油箱中的脏油排出,并用柴油清洗后加入干净的油。设备进入正常的磨损后,可按有关的规章加油加换油脂。在北方地区,室外气温随季节不同会有很大的变化,一些油脂遇严寒会变得黏稠,甚至凝固,而夏季又会因油脂黏度过低降低润滑效果,有时造成漏油。因此在室外运行的设备应根据季节不同更换合适的油脂。

对一些开放式传动的部位,如齿轮轴、螺杆、蜗轮蜗杆及链条等,表面的润滑油脂会粘上风吹来的沙尘及水中的污物,影响润滑效果和加速磨损,应根据运转条件的不同定期清洗,更换油脂。

5. 做好设备的日常维护与保养

设备在运行中会出现一些这样或那样的小毛病,或许当时并不影响运行,但如不及时处理,则会引发大的故障而造成停机,严重时会酿成事故。

例如,螺栓松动脱落是在运行和震动较大的部位常见的现象,应随时发现紧固。如不及时发现和处理,轻者会造成设备较大损失,重者还可能造成人员伤亡。在重要的连接部位,例如联轴器、法兰、电机的基座、桥式设备的钢轨、各种行走轮支架等,应定期用扳手检查其螺栓,如有松动时及时上紧。如果有些部位螺栓经常松动,为保证安全,应增加防松措施,如用防松垫圈或加防胶等。如果一颗小小的螺栓、螺母等落入池水中,它可能随水或泥进入破碎机或螺杆泵等设备,造成连锁故障。

这里应提醒操作人员及现场维修人员,工艺设备很多是在水面上运行,在维修设备及操作机器时,零件都可能落入水中。有些零件一旦丢失极难购买。因此,在拆修设备时一定要采取措施严防落水。在使用工具时,最好准备一块强力磁铁,并用绳子拴好;如不慎将钢铁工具及零件落水,可用磁铁从水底找回来。可以想象,一把钳子、扳手随泥进入破碎机可能会发生什么情况!

在设备上有很多零部件是对设备和人身起保护作用的。如漏电保护器、空气开关、熔断器、限位开关、过扭矩传感器、紧急停止开关、电磁鼓保护开关、液压系统的溢流阀门、滤清器报警装置,一些连接机构的剪断销、安全销、摩擦片、摩擦块等都有这一功能。保持这些设施的正常工作状态就可以避免很多重大事故的发生。如果这些部位发生故障,应及时维修及更换,如当时无法解决应果断停机,切不可侥幸,违章操作,搞一些临时措施,比如用铜丝代替保险丝、短接空气开关或以大电流空气开关换小电流空气开关、随意甩某个行程开关或保护开关等。摩擦联轴器上的弹簧压力不可随意调紧,超过其许用预紧力;尼龙销不可换成钢铁的,等等,如果违章都会造成保护功能的丧失。安装剪断销的部位要经常加油,以防锈死失去功能。

漏油、漏水与漏气也是常见的故障,发现后应及时采取措施,比如紧固螺栓、更换油封、水封、O 型圈及盘根等。

这里应强调,一些电器设施如电机的接线盒、集电环箱、行程开关、控制箱及配电箱等的防雨、防水是格外重要的。特别是在雨季,电器进水可能造成短路、烧毁电机、烧毁接触器、烧毁控制室的模板,严重时还可能造成触电等人身事故。

污水厂的大型工艺设备中广泛使用了钢丝绳及拉链作为承重件。这些承重件经过一段时间的使用,会发生磨损、断线及锈蚀等,如不及时采取措施,会造成突然断裂等事故,造成重大损失,甚至人身事故。因此,操作人员及维修人员应定期检查设备上的钢丝绳、拉链,并针对所发生的情况采取相应措施。

由于特殊的环境,污水处理行业的钢丝绳的锈蚀现象是非常严重的,特别是经常浸没在污水、污泥中的钢丝绳及链条更是如此。钢丝绳一旦发生外部或内部锈蚀,弯曲时更易发生疲劳断裂。对它一方面要加强日常的防腐保养，如及时清除表面污泥和定期涂油，另一方面应定期用专用工具撬开钢丝绳，检查内部的腐蚀情况，必要时请专业人员用磁力探伤等方法测定内部情况。发生较严重锈蚀的钢丝绳应及时更换。

设备各部件的防腐，在污水处理行业中是设备管理中的一项重要工作。污水里的有害物质会造成钢铁的严重锈蚀，因此污水处理设备的钢铁结构件表面都有防锈涂料。经过一段时间使用，这些涂料会逐渐磨损、老化、脱落，污水侵入，加速腐蚀。为此，污水处理厂应经常检查这些涂层的情况，并随时修补。每次大修时应将失效的涂料及生锈的钢铁表面全部清理干净，涂以新的涂料。浸水部分常用的涂料有环氧沥青，其余部分有各种防锈漆。近年来各种新型涂料层出不穷，可根据实际需要及经济条件选用适当的防腐方法。

任务 19.2 污水处理厂电气设备运行管理

任务准备

电气设备的四种状态

1. "运行状态"设备

指设备的闸门及开关都在合上位置，与受电端间的电路接通（包括辅助设备如电压互感器、避雷器等）。

2. "热备用状态"的设备

指设备靠开关断开而闸刀仍在合上位置。

3. "冷备用状态"的设备

指设备的开关及闸刀（如接线方式中有的话）都在断开位置。"开关冷备用"或"线路冷备用"时，接在开关或线路上的电压互感器高低压熔丝一律取下，高压闸刀拉下。电压互感器与避雷器当用闸刀隔离后，若无高压闸刀的电压互感器，当低压熔丝取下后，即处"冷备用状态"。

4. "检修状态"的设备

指设备的所有开关、闸刀均断开，挂好保护接地线或合上接地闸刀，并挂好工作牌，装好临时遮拦时，即作为"检修状态"。开关检修：是指开关及两侧闸刀均拉开，开关与线路闸刀间有压变者，则该压变的闸刀需要拉开，或高低压熔丝取下，在开关两侧挂上接地线（或合上接地闸刀）做好安全措施。线路检修：是指线路的开关及其线路侧、母线侧闸刀拉开，如有线路压变者，应将其闸刀拉开或高低压熔丝取下，并在线路出线端挂好接地线（或合上接地闸刀）。

任务实施

电气设备的运行维护应由电工专业人员进行。

一、高压配电装置的运行管理与维护

高压配电装置是指 1 kV 以上的电气设备，按一定的接线方案，将有关一、二次设备组合起来，用来控制发电电机、电力变压器和电力线路，也可用来起动和保护大型交流高压电动机。高压配电装置是接受和分配电能的电气设备，由开关设备、监察测量仪表、保护电器、连接母线和其他辅助设备等组成。

高压配电装置运行前应做相应的检修,运行中对电气开断元件及机械传动、机械连锁等部位要进行定期或不定期的检修。而正确的检修方法是保证装置的安全运行及延长使用寿命的重要条件,必须按照规定的程序进行操作,维修人员才能进入断路器室等进行检修,这样方能确保维修人员的人身安全。

1. 运行前检查

高压配电装置运行前应做相应的检查:
(1) 检查柜内是否清洁;
(2) 检查一、二次配线,接线有无脱落,所有紧固螺钉和销钉有无松动;
(3) 检查各电气元件的整定值有无变动,并进行相应的调整;
(4) 检查所有电气元件安装是否牢固,操作机构是否正确、可靠,各程序性动作是否准确无误;
(5) 对断路器、隔离开关等主要电器及操作机构,按其操作方式试验5次;
(6) 各继电器、指示仪表等二次元件的动作是否正确;
(7) 检查保护接地系统是否符合技术要求,检验绝缘电阻是否符合要求;

待所有检验没有异常现象后,才能投入运行;

对于手车式高压配电装置应将手车推到试验位置并锁紧,断路器手车可进行试验,试验无异常现象,可使断路器断开,解除锁紧,用蜗轮蜗杆将手车推进至工作位置并锁紧。

2. 巡检

高压配电装置日常巡检的主要方面包括:
(1) 高压开关柜的各项参数(电压、电流、断流容量)应在额定允许范围之内;
(2) 各连接点温度不超过70℃;
(3) 各元件声音正常,瓷件无闪络放电现象;
(4) 仪表和信号指示准确无误。

3. 维护

日常维护事项主要包括:
(1) 保持柜内清洁;
(2) 全部紧固螺钉和销钉紧固;
(3) 端子及其他部位紧固,确认无脱落现象;
(4) 检查柜中的电气开断元件等是否有温升过高烧伤接触面,并予以更换;
(5) 调整油断路器主、副油筒中油标油面,高于或低于界线都将降低油断路器的开断能力;
(6) 所有开断元件的触点弹簧长期使用后,弹力可能减少,应定期的检查和维护,调整其压缩量,使其处于最佳工作状态。

二、电机控制柜运行维护

电机控制柜是指将接于交流低压回路的电动机全套控制和保护设备(如自动开关、接触器、热继电器、按钮、信号灯等),按一定规格系统装配成标准化的单元组件。结构一般做成可抽出的抽屉形式,每台组件控制相应规格的一台电动机,将此标准的单元组件装成柜体,组成多回路电动机控制,可实现多台电动机的集中控制。

1. 运行前检查

电机控制中心运行前的检查和试验应包括以下内容：

（1）检查屏内是否清洁、无垢；

（2）用手操作刀开关、组合开关、短路器等，不应有卡住或操作用力过大现象；

（3）刀开关、短路器、熔断器等各部分应接触良好；

（4）电器的辅助触点的通断是否符合要求；

（5）短路器等主要电器的通断是否符合要求；

（6）二次回路的接线牢固、整齐；

（7）仪表与互感器的变比及接线极性是否正确；

（8）母线连接是否良好，其支持绝缘子、夹持件等附件是否安装牢固可靠；

（9）保护电器的整定值是否符合要求，熔断器的熔体规格是否正确，辅助电路各元件的接点是否符合要求；

（10）保护接地系统是否符合技术要求，并应有明显标记。表计和继电器等二次元件的动作是否准确无误；

（11）用兆欧表测量绝缘电阻值是否符合要求，并按要求做耐压试验；

（12）检查抽屉式结构的主开关，其机械联锁是否有效，电气联锁是否可靠。

2. 巡检

日常巡检工作应特别注意柜的开断元件及母线等是否有温升过高或过烫、冒烟、异常的声响及不应有的放电等不正常现象。记录运行中的电压、电流、温度、湿度等运行参数。

3. 维护

日常维护应着重于经常发生事故的部位，如绝缘破坏或老化、接触部分的烧损及导线连接处过热和线圈温升过高、控制回路接触不良或动作不准确、保护装置的特性不良、机械运动部分和操作机构的磨损和断裂。

日常维护工作应包括以下内容：

（1）保持柜内电器元件的干燥、清洁，防腐和油压；

（2）清除尘埃和污物，包括导体、绝缘体；

（3）对断开、闭合次数较多的断路器，应定期检查其主触点表面的烧损情况，并进行维修；断路器每经过一次短路电流，应及时对其触点等部位进行检修；

（4）对于主接触器，特别是动作频繁的系统，应经常检查主触点表面，当发现触点严重烧损时，应及时更换，不能使用；

（5）经常检查按钮是否操作灵活，其接点接触是否良好；

（6）对于抽屉的一、二次接插件是否插接可靠，抽屉式功能单元的抽出和插入是否灵活，有无卡住现象；

（7）抽屉拉出时，应使接触器、断路器等断开，将抽屉退到试验位置，拔下二次插头，再将抽屉拉出柜外。

三、电动机运行使用的监视与维护

电动机运行使用过程中监视与维护应包括以下内容：

（1）电压波动不得太大。因为电动机的转矩与电压的平方成正比，所以电压波动对转矩的影响很大。一般情况下，电压波动不得超过±5%的范围。

(2) 三相电压不平衡不得太大。三相电压不平衡会引起电动机额外的发热。一般要求三相电压中任何一相电压与三相电压平均值之差不超过三相电压平均值的 5%。

(3) 三相电流不平衡不得太大。当各相电流均未超过额定电流时,三相电流中任何一相与三相电流平均值偏差不得大于三相电流平均值的 10%。

(4) 对电动机的轴承润滑一般每 6 个月加油一次(连续运转)。在巡视时,应观察有无油脂外溢,并注意观察其颜色的变化。

(5) 监视电机的温度,检查冷却空气是否畅通。

电动机温度过高不一定是由于负载过重或周围环境温度过高造成的,三相电动机两相运行,电动机内部绕组或铁芯短路,装配或安装不合格等因素都可能造成电动机过热。

(6) 电动机(除潜水电机外)运行允许的振动值(双振幅)应不超过规定值。

(7) 三相电动机不得两相运行。电动机一相断电,造成非全相运行,容易因过热而损坏绝缘,应当立即切断电源,检查非全相的原因。

四、变频器的运行操作

1. 通电前的检查

(1) 变频器型号规格是否有误。

(2) 安装环境是否有问题。

(3) 整机连接件有无松动,接插件是否可靠插入,有无脱落和损坏。

(4) 电缆是否符合要求。

(5) 主电路、控制电路的电气连接有无松动,接地是否可靠。

(6) 各接地端子的外接线路有无接错,屏蔽线连接是否符合要求。

(7) 全部外部端子与接地端子间用 500 V 兆欧表测量,电阻应在 10 MΩ 以上。

(8) 主电路电源电压是否符合规定值。

(9) 箱内有无金属或电缆线头等异物遗留,必要时进行清扫。

2. 不接电动机,变频器单独调试

(1) 先将所有的操作开关断开。

(2) 将频率设定(即速度设定),电位器调到最小值。

(3) 接通主线路电源开关(一般内部冷却风扇、面板等控制电路、程序电路等都同时通电),稍等一会,检查各电路有无发热、异味、冒烟等现象,各指示灯是否正常。

(4) 查变频器所设定的参数,可根据实际要求修改或重新设定数据。

(5) 给出正转或反转指令,由旋转频率给定位器,观察频率指示是否正确。

(6) 如频率显示不是数字式,必要时还要校正频率表。

3. 变频器带电动机空载运行

(1) 先将所有操作开关断开。

(2) 将频率设置电位器调至最小值。

(3) 接通主电源开关(风扇、面板等控制电路、程序电路同时通电)。

(4) 给正转或反转指令,首先在几赫运行,观察电动机的旋转方向是否正确。一般正转指令,是指电动机旋转为逆时针方向(指轴端)。

(5) 电动机旋转方向反了,不必颠倒主电路的相序,可通过调换控制端子的接线,即可改变旋转方向。

(6)逐渐加大设定值,观察频率升高到最大值时电动机运行情况,测量转速、输出电压。

(7)停机后,检查频率设定电位器的位置,再观察加速运行和减速运行是否平滑稳定。

4. 变频器带电动机负载运行

(1)接通主电源开关。

(2)根据负载实际要求,变更参数设定。

(3)在正转指令下,逐渐顺时针调节频率给定电位器,电动机转速逐渐上升,同时观察机械的旋转方向是否正确,如有误要更改接线。当电位器右旋到底时,要对应最高频率和转速。在加速期间,要观察机械有无拍频、振动等现象。然后再将电位器反时针(左旋),而电动机转速也随之逐渐降低,直至停止。注意当给定频率在起动频率之下时,电动机应不转动。

(4)保持给定最高频率(对应最高转速)时,接入正转指令,电动机转速从给定加速时间升速,直至最高转速稳定运行。如在加速过程中,有过载现象则可能设定加速时间过短,应进行调整。

(5)在电动机满载运行时,关断正转指令信号则电动机按设定减速时间减速直至停止。

(6)在反转指令下,重复(3)、(4)和(5)项调试。

(7)在运行中,有些设定参数可以改变,有些则不允许改变,应根据不同型号的变频器操作说明进行。

五、二次设备的操作与维护

在高压配电柜和电机控制中心中,对主设备进行监视、测量、控制和保护的设备称为二次设备。二次设备对主设备的安全运行是必不可少的,二次设备根据用途可分为测量仪表、继电保护装置、信号装置、自动装置和操作电源。

1. 操作电源的使用与维护

为保证配电系统在出现故障时保护装置能准确可靠地动作,操作电源要求必须非常可靠。目前常见操作电源有三种:由蓄电池供电的直流电源、整流电源及交流电源。

(1)蓄电池电源的维护。

蓄电池电源的电压与被保护电路无关联,在主回路出现故障时,仍能供电,是一种独立的电源。

(2)二次回路的绝缘检查。

运行中的二次回路一般每年检查一次绝缘性能。检查前要清除设备导线上的脏物,保证各种设备导线的清洁干燥。

2. 仪表的使用与维护

在高压配电和电机控制中心中都需要电气仪表对各种参数进行测量,用以保证电气设备和工艺设备的安全经济地运行。正确地使用仪表及精心维护可以有效地延长仪表的使用寿命,仪表的使用与维护应注意以下几方面:

检查被测量值是否在仪表的最大量程内,精度等级是否适宜。检查仪表外壳、玻璃有无损伤,各种标志、极性是否清楚。

检查端钮、刻度盘、调整器有无损伤,指针是否有弯曲变形及被卡住的现象。若指针弯曲变形,应拆开修理,不能通过调零纠正。指针转动不灵时,禁止摇摆敲击仪表,应送交专门人员修理。

仪表出现故障后从装置拆卸下来时,应注意安全,在确信切断电源后再拆卸。

装设仪表的地方空气应清洁干燥,无腐蚀性气体。环境温度适宜,无影响仪表精度的振动及干扰磁场。

维护中还应注意检查仪表接线是否良好可靠,接线方式是否正确,确保仪表对配电系统的可靠监测。

仪表应按规定做定期测试和调整,出现故障的仪表应及时修理或更换。

任务 19.3 污水厂在线监测仪表与自动化系统日常运行管理

任务准备

一、污水处理厂运行工艺参数的在线测量

随着科学技术的发展和污水处理工艺的要求,污水处理过程自动化控制也越来越多,也就需要大量的现场在线测量仪表的应用。采用活性污泥处理工艺的城市污水处理厂通常需要在线检测的工艺参数,配置在线测量仪表,常见在线测量仪表如表 19-2 所示。

表 19-2 在线测量工艺参数的分类以及选配的测量仪表

工艺参数	测量介质	测量部位	选用仪表
流 量	污水	进、出水管道	电磁流量计、超声波流量计、涡街流量计
		明渠	超声波明渠流量计
	污泥	回流污泥管道	电磁流量计、超声波流量计、涡街流量计
		剩余污泥管道	电磁流量计
		消化污泥管道	电磁流量计
	沼气	消化池沼气管路	孔板流量计、标准喷嘴型流量计、质量流量计
	空气	采用微孔曝气法压缩空气主管路	孔板流量计、标准喷嘴型流量计、质量流量计
温 度	污水	进水	Pt100 热电阻型温度仪
	中水	出水	Pt100 热电阻型温度仪
	污泥	消化池	Pt100 热电阻型温度仪
压 力	污水	泵站出口管路上	弹簧管式压力表、压力变送器
	污泥	泵站出口管路上	弹簧管式压力表、压力变送器
	空气	鼓风机出口管路上	弹簧管式压力表、压力变送器
	沼气	消化池	压力变送器(微压)
		沼气柜	压力变送器(微压)

续 表

工艺参数	测量介质	测量部位	选用仪表
液 位	污水	进水泵站集水池	超声波液位计、沉入式液位计
		格栅前、后液位差	超声波液位计、沉入式液位计
	污泥	回流泵站集水池	超声波液位计、沉入式液位计
		氧化沟工艺曝气池水位	超声波液位计、沉入式液位计
		消化池	超声波液位计、沉入式液位计
		浓缩池	超声波液位计
pH	污水	进、出水管路	pH仪
		曝气池内	pH仪
氧化还原电位	污水	厌氧池内	氧化还原电位计(ORP)
		氧化沟厌氧段后侧	氧化还原电位计(ORP)
浊度	污水	进水浊度	用穿透光浊度计
		出水浊度	用散射光浊度计
污泥浓度	污泥	曝气池、回流污泥管路、剩余污泥管路	污泥浓度计
溶解氧	污水	曝气池	溶解氧测定仪
污泥界面	污水、污泥	二沉池	污泥界面计(超声波式)
COD	污水	进/出水	COD在线测量仪
BOD	污水	进/出水	BOD在线测量仪
氯	污水	接触池出水	余氯测量仪
水质水样	污水	进/出水管路	自动取样器(真空型)

在污水处理工艺中所使用的在线测量仪表主要有两大类：一类适用于测量流量、液位、压力、温度四大参数的热工类仪表；另一类为测量污水成分的水质成分分析仪表。

1. 压力测量仪表

压力是城市污水处理工艺过程中常要测量的参数之一，主要在泵站管网系统、鼓风机出口管道，以及具有消化、沼气柜等容器内压力测量等。对于不太重要的部位，一般使用普通的弹簧管式压力表进行一般性测量指示。对于一些重要部位的压力，比如参与控制的泵、阀启闭的泵出口压力或管道压力必须采用信号能远传的压力测量仪，如压力变送器，它最大的特点就是能把压力信号转换成标准的 4~20 mA(或 1~5 V)远传电信号。

2. 流量测量仪表

在城市污水处理工艺过程中，热工四大参数测量之一的流量仪表应该说是应用最多的。例如进、出水水量，回流污泥量，剩余污泥量，采用微孔曝气的压缩空气量，有消化工艺的消化池所产沼气量。在污水处理过程中，使用的流量计主要有差压式流量计、电磁流量计、涡街式流量计、超声波流量计。电磁流量计和超声波流量计应用较多。

电磁流量计采用电磁感应原理测量流量,不受流体和夹带的固体颗粒的影响,广泛用于污水处理厂污水、污泥的流量计量。为了确保电磁流量计安装后正常使用,安装时必须考虑应符合以下条件:

(1) 被测流体必须是可导电的介质;
(2) 被测流体必须是满管流;
(3) 电磁流量计的防护等级必须符合所使用的环境;
(4) 从日常维护管理方面考虑,电磁流量计安装位置必须方便维护;
(5) 电磁流量计安装在管道上,前后直管段长度应满足其最小要求;
(6) 电磁流量计应根据被测对象的腐蚀情况,合理地选择衬里材料和相应的电极材料。

超声波流量计也属于非接触式流量测量仪表,分为两种形式:管道式和明渠式。

明渠式超声波流量计:所谓明渠,就是指非满流状态的自然水流所流经具有一定形状的开口渠道。污水处理厂中常用的明渠由巴歇尔槽、三角堰、梯形槽、矩形槽等组成。在一定形状的明渠中,流量系数、槽宽、边坡都是一定的,因此只要测量液位就可以计算出通过该水槽的流量。利用超声波探头测出该液位,从而就可换算出流量。

管道式超声波流量计的作用原理有两种:一种是测量在顺流和逆流方向传递超声波的时间差;另一种是测量顺流或逆流时超声波重复频率的频率差。由于此种流量计探头可直接夹紧在管道外壁上,所以安装时可以不用断开管路,也不需要安装旁通管路和阀门,测量管径可从几十毫米到几米,维护方便,可在对流体无任何影响下来进行流量测量。

超声波流量计安装应注意的事项:

(1) 对上游直管段的要求应符合该仪表的技术要求,即安装在泵后时,应大于或等于15~20D;安装在常开的阀门后时,应大于或等于15D;安装于多于一个弯头后面时,应大于10D。
(2) 对下游直管段,应大于5D。
(3) 不要将超声波传感器安装在管道的焊缝处。
(4) 两探头应安装在管道两侧或同侧,距离应严格按仪表计算值调整。
(5) 探头与管道表面应紧密接触,接触面之间不应有其他杂质、空隙、油脂等影响超声波传递的因素。

3. 液位计

在城市污水处理过程中,液位是一个比较重要的参与控制的实时参数,无论是格栅的控制,还是泵的控制,都与液位测量有关。

液位测量仪表的种类很多,表 19-3 列出了在污水厂中常见的液位计及其一般使用部位和特点。

表 19-3 污水处理厂常见的液位计及其一般使用部位和特点

液位计名称	工作原理	特点	常用部位
玻璃液位计	连通器原理	结构简单、价格低廉,但容易损坏,读数不明显,不能远传	锅炉房水箱、鼓风机房水箱等
浮标(子)液位计	浮子浮于液面上,随液位变化而升降	结构简单,价格低廉	集水井

续　表

液位计名称	工作原理	特　点	常用部位
差压液位计	基于液位升降的液标差原理	敞口容器或封闭容器液位信号可远传,但在使用中应注意"零点"问题	锅炉气泡液位、消化池液位
沉入式液位计	利用半导体敏感元件扩散硅来感知容器底部的压力	无机械传动部件,测量准确、信号可远传	集水井、集泥井、曝气池等开口容器
超声波液位计	利用测量超声波在空气中传播遇液面而反射回来的时间来测量液位变化	为非接触式,精度高,迅速,信号可远传	格栅间、集水井、集泥井、消化池等

随着液位测量技术的不断发展以及污水处理过程自动化程度的不断提高,老式的液位计如玻璃管、浮子式将逐渐被淘汰,而测量迅速、可靠,信号可以远传的液位计如差压式液位计、沉入(投入)式液位计、超声波液位计将得到广泛使用。特别是超声波液位计与被测介质不接触的优点,更得到使用者的青睐,因此在污水处理过程中使用越来越多,现已占主导地位。

超声波液位计的工作原理：首先传感器(FDU)在电能的激励下向池中液面方向发射超声波,当超声波穿过空气介质,在遇到液面时被沿原路径反射回来,并被传感器(FDU)接收。测量出超声脉冲从发射到接收所需要的时间,根据超声波在空气介质中的传播速度(即声速),就能算出从传感探头(换能器)到液面之间的距离,从而来确定液位。

使用超声波液位计应注意：
(1) 探头的型号应满足测量范围最大化的需要(即空罐或空池高度)；
(2) 安装时应确保被测液位最大高度不得进入探头的盲区；
(3) 安装环境应满足仪表技术要求,即液面是否平稳,有无泡沫或大量漂浮物堆积形成的凹凸不平的虚假液面；
(4) 安装环境温度是否有较大急骤变化,如有或安装在室外,应考虑购买带温度补偿的超声探头；
(5) 安装时探头至池壁距离须满足不产生干扰波的要求。

二、污水处理厂自动化基本知识

1. 污水处理过程特点与自动化要求

污水处理自动化,是污水处理厂的污水污泥处理、介质或药剂等生产过程实现自动化的简称。污水处理厂的生产过程的特点是：各种物料在管道、构筑物、设备、容器中不停地进行着物理、化学或生物化学的反应,各种工艺参数时刻在发生变化。为了保证污水处理的运行效率高,人们常利用自动化装置进行检测和调节。另外,污水处理厂生产过程涉及臭味、腐蚀、高温或寒冷、易燃易爆等,为改善劳动条件,保证安全生产,也应实现自动化。

污水处理工艺过程中要用到大量的阀门、泵、风机及吸、刮泥机等机械设备,它们常常要根据一定的程序、时间和逻辑关系定时开、停。例如,在采用氧化沟处理工艺的污水处理厂,氧化沟中的转刷要根据时间、溶解氧浓度等条件定时启动或停止；在采用SBR工艺的污水处理厂，曝气、搅拌、沉淀、滗水和排泥应按照预定的时间程序周期运行；在采用活性污泥法的污水处理厂，初沉池的排泥，消化池的进、排泥也要根据一定的时间顺序进行。在自动调节系统中，这种调节、控制方式称为程序调节，又常常称其为顺序逻辑控制。另外，污水处理的工艺过程同其他工艺过程类似，也要在一定的温度、压力、流量、液位、浓度等工艺条件下进行。但是，由于种种原因，这些数值总会发生一些变化，与工艺设定值发生偏差。为了保持参数设定值，就必须对工艺过程施加一个作用以消除这种偏差而使参数回到设定值上来。例如，消化池内的污泥温度需要控制在一定的范围内，鼓风机的出口压力需要控制在一个定值，曝气池内的溶解氧浓度要根据工艺要求控制在一定的范围内，等等，类似这样的控制方式在自动调节系统中称为定值调节，又常常称之为闭环回路控制。

2. 自动化系统的类型

自动化装置可以分为四种类型：

（1）自动检测装置和报警装置。指用声光等信号自动地反映生产过程的情况及机器设备运转是否正常的情形。

（2）自动保护装置。当生产操作不正常，有可能发生事故时，自动保护装置能自动地采取措施（联锁），防止事故的发生和扩大，保护人身和设备的安全。实际上自动保护装置和自动报警装置往往是配合使用的。

（3）自动操作装置。利用自动操作装置可以根据工艺条件和要求，自动地启动或停运某台设备，进行交替动作。如在污水处理工艺过程控制中利用自动操作装置定时地对初沉池进行排泥，则需要定时自动启动排泥泵前阀门、排泥泵等设备。

（4）自动调节装置。在工业过程控制中，有些工艺参数需要保持在规定的范围内，如污水处理过程中，曝气池内溶解氧含量需保持在 2 mg/L 左右。当某种干扰使工艺参数发生变化时，就由自动调节装置对生产过程施加影响，使工艺参数回复到原来的规定值上。

上述四类自动化装置，在采用可编程控制器和计算机系统的现代污水处理过程控制中，类别界限已经不很明显，如自动报警、自动保护、自动操作和自动调节的功能都可以在可编程控制器和计算机系统中完成。因此，测量仪表、计算机监控系统和被控设备，即组成了现代污水处理厂的自动化系统。

3. 可编程控制器简介

可编程控制器（简称PLC）的出现使自动化控制进入了一个新时代。它可以取代常规的继电器逻辑等这样硬接线的逻辑控制电路，实现了生产的自动控制，由于可编程控制器的灵活性和可扩展性，它很快被其他行业采用。随着微电子技术和计算机技术的发展，微处理器被应用到PLC中，使它更多地具有计算机的功能。现在，PLC已作为通用的自动控制设备，可以应用于单一机电设备的控制，也可以用于工艺过程的控制，而且控制的精度和可靠性都相当高，使用方便。在工业发达国家，可编程控制器的应用已经相当广泛。近些年来，我国污水处理厂已大量应用可编程控制系统。

可编程控制器大都采用模块式结构，它由中央处理器模板（CPU）、电源模板、输入/输出模板及其他用途的特殊模板组成，它们通常被安装在一个机架中。

尽管不同的PLC系统的编程语言各不相同，但是一般可以分成这样几种：梯形逻辑图

(类继电器语言)、逻辑功能块图和指令式语言。美国的 PLC 基本都采用梯形图语言编程，并提供诸如逻辑功能块图方式编程。由于梯形逻辑图是类继电器语言，许多原来熟悉继电器逻辑电路的电气技术人员使用起来得心应手，很受电气技术人员的欢迎。PLC 的编程工具目前可以有两种，即手持式或简易编程器和个人计算机(包括便携式计算机)，既可以在线编程，又可以离线编程。

4. 自动调节系统概述

(1) 自动调节系统的分类。

按系统调节对象所要求调节指标的不同情况可以把自动调节系统分为以下三类：

1) 顺序调节系统。又称程序调节系统，或顺序逻辑控制。这类系统的给定值是变化的，但它是一个已知的时间函数，即工艺运行过程需按一定的时间程序来变化。例如：泵站水位控制、SBR 工艺运行控制均为顺序逻辑调节形式。

2) 定值调节系统。又称闭环回路系统。所谓定值，就是工艺运行中要求调节对象的某一被调节参数保持在一个恒定的指标上不变。但是，由于多方面原因，这些数值总会发生一定变化，与要求的恒定值产生偏差。为了保证被调参数近于恒定值，就需要对工艺过程加以控制，只消除偏差，使数值回到恒定值，即定值调节。

3) 随动调节系统。又称自动跟踪系统。这类系统的特征是：调节对象的某一参数不断发生变化，并要求系统的调节机构也不断做出相应的变化。例如，污水或污泥处理的自动投药系统，当污水或污泥种类、浓度发生变化时，系统能随时测定、调节投药量。

(2) 自动调节系统的组成。

自动调节系统由四个部分组成：

1) 调节对象。指生产工艺过程的装置。这些装置需要调节的工艺参数称为被调参数，该工艺参数的设定值，称为给定值。例如管道及其闸阀、曝气池为调节对象，流量和曝气池溶解氧为被调参数。

2) 测量元件和仪表。用来测定工艺参数，并能以某一特定信号表示和传送这一参数的测量元件和变送器。例如电磁流量计、溶解氧在线测定仪。

3) 自动调节器。是指根据变送器传来的信号，与工艺上需要的给定值加以比较，按比较结果(偏差)以设计好的运算规律得出结果，然后将此结果用特定的信号送至执行机构。在 PLC 中，可以用 PID 指令实现调节器的功能。

4) 调节阀。又称执行机构或机器。它能根据调节器送来的信号自动改变阀门的开启度。调节阀按动力形式可以分为：电动调节阀、气动调节阀和液动调节阀。污水厂中一般以电动和气动调节阀应用较多。

任务实施

一、自动化系统投入运行

1. 投运前的准备工作

(1) 技术准备工作。指了解掌握工艺过程、控制方案、系统仪表与设备等。

(2) 组织准备工作。成立领导和技术工作组，制订切实可行的计划方案，分工协作，全面落实各项工作。

(3) 物质准备工作。准备投运所需的备品、备件、零件及材料等。

2. 电气线路的检查

(1) 电源检查：接线是否正确，熔丝是否合乎规定，有否接入等。

(2) 线路查错：一是查标号是否正确，二是检查是否按接线图接在相应的端子上。

(3) 绝缘电阻检查：主要是检查对地电阻是否符合设计。

(4) 接触检查：主要检查测量系统等导线接头是否优质可靠。

3. 仪表和调节阀等的现场检查

(1) 测量元件和仪表的检查。在变送器或测量仪表的输入端人为地施加信号，观察输出端的变化。一般来讲，检查三点(零点、满刻度及工作点)。若一个变送器联接几个仪表，那么应将各表的指示数值比较，是否符合精度要求。

(2) 调节器的现场查校。检查动力管线是否稳定可靠，偏差指示表能否正常工作，正、反作用和内、外给定开关是否放在正确位置，手动遥控旋钮能否匀滑工作。自动跟踪情况是否良好，手动-自动切换是否匀滑可靠。

(3) 调节阀的检查。检查阀杆能否在规定的数值起动，能否全程工作，有否变差和呆滞现象，阀杆位移与调节器输出是否保持线性关系，阀杆不应卡住和有松动空隙。

(4) 继电线路的检查。对自动报警的线路，参数超过预定的上下限时，应该发声、光信号。消除与自动解除按钮也要检查。

4. 仪表的投运及调节器的手动操作

完成相关内容检查后，在工程投运同时应完成检测仪表的投运，要保证仪表能安全运行，能准确测出参数。然后手动操作调节器，控制工艺过程，检查调节器是否能正常手功操作，仪表是否准确指示。

5. 手动和自动切换

在手动操控达到稳定工况后，由手动切入自动，进行自动操作。遇到被调参数控制不稳，工艺上有特大扰动，或调节器发生故障时，不得不自动切入手动，进行手动操控。手动和自动间的切换，基本要求是平稳而迅速：

平稳：切换前后调节器的输出应保持不变；

迅速：在切换过程中，如有中间切换位置，不应逗留过久。

二、自动控制系统的日常维护和管理

自动化应用于污水处理领域相比于其他生产领域，如石油化工、冶金等要晚得多，从设计、施工、安装到日常维护管理及仪表人员的操作，维修维护水平也有待进一步提高。许多仪表在其他领域中应用得很好，但在污水厂应用得却不好；在国外污水厂应用得很好，但引进后应用效果却不好；同一仪表在这个厂应用得很好，而在那厂应用得却不好。这里的原因是多方面的，如被测介质的不同，设计、安装方面存在的问题，等等，而日常维护与管理也是一个主要原因之一。许多污水厂在自动化仪表工程交工后不久，即停止了使用，有时仅仅是因为一些小故障不能排除，或者是不能定期维护、校验，或者是没有专业化的维修人员等而停止使用的。因此，对污水处理自动化仪表的日常维护、保养、定期检查、标定调整，是保证其正常运行的重要条件。由前面介绍可以看到，在污水处理厂中应用的仪表种类很多，而每种仪表的工作原理以及调、校方法各不相同，因此对于每种具体的仪表，首先应详细认真阅读其使用维护操作手册，并按各自说明要求进行操作，这里不再具体介绍。下面仅就一般维护、管理方法及内容加以介绍。

1. 仪表档案、资料管理

一台仪表的资料、档案是否齐全,对于日常维护、故障等判断及处理都有重要意义。对于每一台仪表,都要建立一本履历书作为档案。履历书内容如下:

(1) 仪表位号;

(2) 仪表名称、规格型号;

(3) 精度等级;

(4) 生产厂家;

(5) 安装位置、用途;

(6) 测量范围;

(7) 投入运营日期;

(8) 校验、标定记录(标定日期、方法、精度校验记录);

(9) 维修记录(包括维修日期,故障现象及处理方法,更换部件记录);

(10) 日常维护记录(零点检查、量程调整、检查,外观检查,定期清洗等);

(11) 原始资料(应包括设计、安装等资料,线缆的走向,信号的传递,以及厂家提供的合格证、检验记录、设计参数、使用、维护说明书)。

2. 日常维护、保养及检修

对于每台在线仪表,日常维护、保养、检修应遵循生产厂家提供的相关资料来进行。一般来说,日常维护工作分为四个部分,即:每日巡视检查,定期的清扫与清洗,校验与标定,有故障时对故障现象的分析与部件更换以及检修后校验情况等。

(1) 巡视检查。

检查内容主要是看仪表引压管道有无泄漏。用肥皂水检查气动仪表接头有无泄漏,就地显示值是否异常。怀疑某台仪表指示异常时,可用便携式仪表测量与其对照,或根据实际工艺情况判断。冬季检查时,应检查仪表保温拌热情况是否良好,冷凝水是否应该排放,接线是否松动,供电电源是否稳定等。

(2) 清洗与清扫。

对于某些仪表,如溶解氧分析仪、浓度计、pH计等,探头部分的清洗工作是十分重要的。对于需要定期清洗的仪表,应列出清洗计划,定期按照要求进行清洗。清扫应包括对仪表本体部分进行的清扫、擦除尘土、清扫仪表保温箱内的杂物。

(3) 校验与标定。

测量仪表都应该定期对其零点、量程进行检查、校验。根据检查情况,对仪表进行零点量程的调整。调整时,应严格按照产品说明书的要求进行接线,所使用的标准仪表的精度应高于被测仪表二至三个等级。如对于1.5级的被测仪表,应选择至少精度为3.5级的标准仪表来对它进行检验。

对于水质分析仪表的标定、校验,应按照其说明书要求,配制相应的溶液或试剂,按照其要求的方法进行校验工作。

校准、校验周期随仪表厂家类型的不同而不同。对于热工测量(如温度、压力、液位、流量)仪表至少应半年做一次零点回零检查,一年做一次量程检查。在每次校验调整后,都应填写校验记录,并存档。

(4) 故障维修及部件更换。

故障维修工作是一项技术性较强的工作,应由专业人员来进行。进行故障分析时,首先应弄懂其工作原理,看懂仪表电路图,分析故障原因,确定故障部位后再做处理。切忌没搞清问题所在,又没看或没看懂图纸,盲目调整及更换部件,从而造成故障扩大,以致报废整台仪表。应该指出的是,由于污水厂内条件限制、技术等原因,某些仪表应请生产厂家专业人员进行修理或返回其生产厂修理。

3. 仪表设备的防护

污水处理过程具有易沉淀堵塞、高温易腐蚀和易燃易爆等特点,自动化仪表设备在这样的环境条件下运行,就必须采取相应措施,做好防护。

(1) 防尘与防堵塞。

对于外部的防尘问题是比较容易解决的,通常把仪表和设备加上防护罩或密封箱,即可达到目的。

用于被测介质中,防止杂质与污泥附着、淤积是比较困难的,除按照使用手册要求加强清洗以外,亦可采用以下办法:① 加粗取样管;② 加设专用清洗装置;③ 加装吹气或液气(固)分离装置或杂物清理装置;④ 加装保护屏。

(2) 防腐蚀。

仪表的一次元件要与污水、污泥或药液等介质接触,应考虑一次元件的防腐蚀问题。首先是选择耐腐蚀的材料。其次可以采用以下方法:① 涂装保护屏;② 应用保护管(测温度时)。

(3) 防热及防冻。

污水处理厂的蒸汽管道、鼓风机出风管以及室外仪表,都涉及防热问题。高温会降低一些仪表设备零部件的机械强度,并会使弹性元件发生变形。当周围介质有腐蚀性时,温度越高,腐蚀越快。为防止高温的影响,可加设隔热罩,或加长取样(或引压)管路。

仪表或测量引线内的介质一般是不流动的,遇寒冷天气,就要产生结冰。因此须采用保温和伴热措施。伴热常用蒸汽管线伴热和电伴热两种方式。

(4) 防(震)振。

自动化仪表和设备的振动来自两方面。其一,是内部的振动,表现为被测介质的脉动,影响测量的精度,促进仪表磨损。其二,是外部的振动,比较普遍存在,主要是动力机械的振动。采用的减振方法一般为:① 加设橡皮减振器;② 加弹簧减振器;③ 增设缓冲器或节流器。

(5) 防爆。

污水处理厂的一些介质具有易燃性和易爆性。例如,当管道或设备中沼气外溢,且与空气中氧气混合到一定比例时,遇火即会爆炸。防爆总是涉及生产与人身安全,应在专业设计中解决。常用的防爆措施有:① 选择防爆型仪表设备;② 选择防爆型电气设备;③ 选用合适的通风方法和设备。

(6) 抗干扰。

污水处理厂对自动化系统产生的干扰主要来自三方面:空间电磁场干扰、电源上叠加的瞬态脉冲和接地网络中的地电流共阻抗耦合干扰。此外,漏电流、接触电阻、雷电等也会对污水处理厂自控系统产生一定的干扰。为解决电磁干扰问题,除设计上优化系统和电缆布置、合理设置接地外,还可以采用以下抗干扰措施:① 电磁屏蔽,例如屏蔽双绞线、同轴屏蔽电线、单独穿金属管专用敷设、采用强模拟信号或设置重发器等;② 减少电源干扰和漏电流干扰。例如,大功率或变频设备及其电缆远离 PLC 自控装置和线路。往返式或旋转式电刷供电(集电环),在长期使用或阴雨潮湿条件下可能产生较严重漏电,干扰信号线的运行,应及时测试集电环的绝缘性能,定期检修电源线与信号线间的绝缘电阻。

项目20 污水处理厂安全生产

任务20.1 污水处理厂安全生产

**任务准备**

一、污水处理厂生产过程常见事故和危害

(1) 污水处理过程主要能耗是电,配置的电器设备多,如不注意安全用电可能会出现触电事故。

(2) 污泥消化过程产生的大量沼气,如不采取预防措施,极可能引起爆炸事故。

(3) 污水池、检查井内易产生和积累硫化氢(H_2S)等有毒有害气体,清理污水池、下井清淤一定要有防范措施,否则,造成中毒乃至死亡的事故,时有发生。

(4) 未按操作规定和设备检修程序而进行生产巡查、设备检修时,易发生设备、人身事故。

(5) 污水处理工作者因长期接触污水、污泥等污染物,应注意卫生措施,污染物中的各种病菌和寄生虫卵都有可能产生疾病,影响身体健康等。

(6) 机械设备的运转,产生大量的噪声污染,应采取防噪减震措施,尽可能降低对人体的危害。

二、安全防范的主要内容和措施

1. 防毒气危害的措施

在城市下水道中污水处理厂各种池下和井下,都有可能存在有毒有害气体。这些有毒有害气体种类繁多、成分复杂,根据危害方式的不同,可将它们分为有毒有害气体和易燃易爆气体两大类。有毒有害气体,主要通过人的呼吸器官在人体内部直接造成危害,如硫化氢、氰化氢、一氧化碳等气体。这些气体在人体内部一般起的作用是抑制人体内部组织或细胞的换氧能力,引起肌体组织缺氧而发生窒息。而易燃易爆气体,则是通过各种外因,如接触未熄灭的火柴棍、烟蒂等火种引起燃烧甚至爆炸而造成危害,如甲烷(沼气)、石油气、煤气等均属于这一类。

下水道和污水池中危害性最大的气体是硫化氢和氰化氢,尤其是硫化氢,不论哪个污水厂都存在。

硫化氢的第一个主要来源是城市的石油、化工、皮革、皮毛、纺织、印染、采矿冶金等多种工厂或车间的废水所携带的硫化物进入下水道后,遇到酸性废水起反应,生成毒性硫化氢气体。硫化氢的第二个来源是城市生活污水、污泥等,在下水道或污水池中长期缺氧,发生厌氧分解而生成。

硫化氢分子式由一个硫原子和两个氢原子组成(H_2S)。它是一种无色气体,相对密度为 1.19，比空气略重。当它在空气中的含量为 0.012～0.03 mg/m³ 时，就可以闻到它那特殊的腐蛋臭味；当空气中含量达到 0.01% 时，接触 2～5 min 就削弱嗅觉；当含量达到 0.07%～0.1% 时，快速引起急性中毒，呼吸中枢麻痹；在含量达到 0.2% 时，数分钟内能致人死亡。有些书籍认为：硫化氢的 60 min 接触安全含量为 0.02%～0.03%（在空气中的体积比），8 h 接触安全含量为 0.001%。硫化氢气体在空气中的爆炸界限为 4.3%～4.6%。

鉴于在下水道、集水井和泵站内均有硫化氢出现的可能性，鉴于历史上的一系列惨痛教训，污水处理厂必须采取一系列安全措施来预防硫化氢中毒。

(1) 掌握污水性质，弄清硫化物污染来源：每个泵站和污水厂，应对进水的硫化物浓度做分析。1 L 生活污水一般只含零点几到十几毫克的硫化物（视腐败程度而异）。工业污水排入下水道的硫化物浓度要求低于 1 mg/L，但目前许多工厂做不到。工业硫化物和酸性废水的滥排滥放是造成下水道、泵站、污水厂内硫化氢超标的主要根源，对超标排放硫化物和酸性废水的工厂应采取严厉的监督措施。严重威胁排水工人生命安全的，应向上级有关领导部门申报，封工厂污水的排放口。

(2) 经常检测工作环境，泵站集水井、敞口出水井、处理构筑物的硫化氢浓度；下池下井工作时，必须连续监测池内、井内的硫化氢浓度。

(3) 用通风机鼓风是预防硫化氢中毒的有效措施：通风能吹散硫化氢，降低其浓度，下池下井必须用通风机通风，并必须注意由于硫化氢相对密度大、不易被吹出的情况。在管道通风时，必须把相邻窨井盖打开，让风一边进，一边出。泵站中通风宜将风机安装在泵站底层，把毒气抽出。

(4) 配备必要的防硫化氢用具：防毒面具能够防硫化氢中毒，但必须选用针对性的滤罐。芜湖潜水装备厂出品的 GF-H 型通风面罩配有空压机、对讲机等，是下井、下池操作安全的防护用具。人体呼吸地面上送入的空气，而与环境毒气隔绝，上海排水处已广泛使用，并规定下井、下池必须使用该型通风面罩，目前使用效果尚佳。

(5) 建立下池、下井操作票制度：进入污水集水池底部清理垃圾，进入下水道窨井封拆头子或其他下池、下井操作，都属于危险作业，应该预先填写下池、下井操作票，经过安全技术员会签并经基层领导批准后才能进行。建立这一管理制度能够有效控制下池下井次数，避免盲目操作，并能督促职工重视安全操作，避免事故的发生。

(6) 必须对职工进行防硫化氢中毒的安全教育：下水道、泵站、处理厂内既然存在硫化氢，那么必须使职工认识硫化氢的性质、特征、中毒护理及预防措施；用硫化氢中毒事故的血的教训教育职工更是必不可少的。上海几起硫化氢中毒死亡事故中，如果职工都有充足的知识至少不会在一起事故中出现两人以上死亡，也不会多起事故频发。

2. 安全用电的措施

污水处理厂经常要操作机械设备，如刮砂机、刮泥机及其他有关机械，而这些机械几乎都是用电驱动的，因此用电安全知识是污水处理厂职工必须掌握的。

对电气设备要经常进行安全检查，检查包括：电气设备绝缘有无破损，绝缘电阻是否合格，设备裸露带电部分是否有防护，保护接零或接地是否正确、可靠，保护装置是否符合要求，手提式灯和局部照明灯电压是否为安全电压，安全用具和电器灭火器材是否齐全，电气连接部位是否完好等。

对污水处理厂职工来说，必须遵守十点安全用电要求：

(1) 不是电工不能拆装电气设备。
(2) 损坏的电气设备应请电工及时修复。
(3) 电气设备金属外壳应有有效的接地线。
(4) 移动电具要用三眼（四眼）插座，要用三芯（四芯）坚韧橡皮线或塑料护套线，室外移动性闸刀开关和插座等要装在安全电箱内。
(5) 手提式灯必须采用 36 V 以下的电压，特别潮湿的地方（如沟槽内）不得超过 12 V。
(6) 各种临时线必须限期拆除，不能私自乱接。
(7) 注意使电器设备在额定容量范围内使用。
(8) 电器设备要有适当的防护装置或警告牌。
(9) 要遵守安全用电操作规程，特别是遵守保养和检修电器的工作票制度及操作时使用必要的绝缘用具。
(10) 要经常进行安全活动，学习安全用电知识。发现有人触电首要的是尽快使触电人脱离电源。当触电人脱离电源后应迅速根据具体情况做对症救治，同时向医务部门呼救。

污水处理厂职工除了具备安全用电和触电急救知识外，还应懂得电器灭火知识。由于设备损坏或违章操作会造成线路短路，导线或设备过负荷，使局部接触电阻过大，从而产生大量的热量，引起火灾。当发生电器火灾时，首先应切断电源，然后用不导电的灭火机灭火。不导电的灭火机指干粉灭火器、二氧化碳灭火器等，这些灭火器绝缘性能好，但射程不远，所以灭火时，不能站得太远，应站在上风为宜。

3. 防溺水和高空坠落的措施

污水处理厂职工常在污水池上工作，防溺水事故极其重要，为此：
(1) 污水池必须有栏杆，栏杆高度 1.2 m。
(2) 污水池管理工不准随便越栏工作，越栏工作必须穿好救生衣并有人监护。
(3) 在没有栏杆的污水池上工作时，必须穿救生衣。
(4) 污水池区域必须设置若干救生圈，以备不测之需。
(5) 池上走道不能太光滑，也不能高低不平。
(6) 铁栅、油盖、井盖如有腐蚀损坏，需及时调换。

此外，污水处理工还应懂得溺水急救方法。

污水处理厂职工有时需登高作业。例如调换杆上电灯泡，放空污水池后在池上工作。登高作业应牢记：登高作业"三件宝"（安全帽、安全带、安全网），并遵守登高作业的一系列规定。

4. 化验室安全措施

污水处理厂一般都有水质分析化验室，化验室工作应遵守以下几点安全规则：
(1) 加热挥发性或易燃性有机溶剂时，禁止用火焰或电炉直接加热，必须在水浴锅或电热板上缓慢进行。
(2) 可燃物质如汽油、酒精、煤油等物，不可放在煤气灯、电炉或其他火源附近。
(3) 在加热蒸馏及有关用火或电热工作中，至少要有一人负责管理。高温电热炉操作时要带好手套。
(4) 电热设备所用电线应经常检查是否完整无损。电热器械应有合适垫板。
(5) 电源总开关应安装坚固的外罩，开关电闸时，绝不可用湿手并应注意力集中。

(6) 剧毒药品必须制订保管、使用制度,应设专柜并双人双锁保管。

(7) 强酸与氨水分开存放。

(8) 稀释硫酸时必须仔细缓慢地将硫酸加到水中,而不能将水加到硫酸中。

(9) 用移液管吸取酸、碱和有害性溶液时,不能用口吸而必须用橡皮球吸取。

(10) 倒、用硝酸、氨水和氢氟酸等必须带好橡皮手套。开启乙醚和氨水等易挥发的试剂瓶时,绝不可使瓶口对着自己或他人,尤其在夏季开启时气体极易大量冲出,如不小心,会引起严重伤害事故。

(11) 产生有害气体的操作,必须在通风柜内进行。

(12) 操作离心机时,必须在完全停止转动后才能开盖。

(13) 压力容器如氢气钢瓶等必须远离热源,并停放稳定。

(14) 接触污水和药品后,应注意洗手,手上有伤口时不可接触污水和药品。

(15) 化验室应备有消防设备,如黄沙桶和四氯化碳灭火机等,黄沙桶内的黄沙应保持干燥,不可浸水。

(16) 化验室内应保持空气流通,环境整洁,每天工作结束,应进行水、电等安全检查。在冬季,下班前应进行防冻措施检查。

任务实施

一、安全生产教育和目标管理

1. 安全生产目标管理

所谓目标管理,就是根据事先设定的目标进行管理。目标管理是指单位内部各个部门以至每个人,围绕总目标制定各自的具体目标、行动方针、保证措施和工作进度,有效地组织实施,并对实施过程实行"自我控制",对实施结果进行严格考核,从而确保目标实现的一种管理制度。

安全生产目标管理,是以目标管理的原理、方法为指导,根据各单位生产经营总目标和上级对安全生产的要求,确定各自的安全生产总目标,并发动和组织单位内部各个部门和每个职工,层层制定和实施各自安全目标的管理方法。安全生产目标管理的基本思想是:一切安全活动的开始是确定目标,安全活动的进行以实现安全目标为指针,安全活动的结果以完成安全目标程序来评价,安全活动的奖惩以实现安全目标情况为依据。通过安全目标管理,依靠全体职工自下而上的努力,保证各自目标的实现,从而最终保证企业安全生产总目标的实现。

2. 安全生产教育

安全生产教育是指向单位内外全体有关人员进行的安全思想(态度)、安全知识(应知)、安全技能(应会)的宣传、教育和训练。它在污水处理厂(站)的建设和运行管理中占有重要的地位。

可靠的系统需由安全生产来保证。其中人是生产的主体,具有能动的创造力,机器,为人所驾驭或改造。但人的自由度比较大,尽管在主观上不会愿意伤害自己,可是由于生理、心理、经济、社会等多种因素的影响,人发生行为的失误是难以完全避免的。人对于机器的驾驭和对环境的适应,也不是天生的,而必须经过长期的培训和练习。现代工业生产是集体劳动,在作业过程配合中的协调配合也至关重要。一个人的失误可能使周围设施和他人受到伤害或破坏。要保证生产作业中的协调，也要经过严格培训，并且要靠规程和纪律的约束。现在企业中发生的工伤事故，70%左右或多或少与人的失误（无知、误动作或违章）有关。由此可见，加强安全教育是十分重要而又异常艰巨的任务。

安全生产教育是污水厂管理工作的一项重要内容，也是搞好污水厂安全生产的重要措施。

(1) 必须树立"安全第一"的管理思想。

污水厂要对安全教育工作的重要性、紧迫性、艰巨性给予充分的认识。过去在安全教育方面只停留在"务虚"上，纵观历年来发生的各类事故的原因，总有安全教育不够或不力的问题，所以必须转变思想观念，树立"安全第一"的管理思想，彻底改变安全教育工作提起来重要、干起来次要、忙起来不要的现状。也只有这样，才能自觉地、切实地搞好安全教育工作。

(2) 加强安全活动日管理，提高安全学习质量。

开展污水厂安全日活动是提高广大职工安全思想的有效途径之一，是进行安全教育的主课堂。安全活动的质量与人身安全、设备安全、检修质量有着密切的关系，所以污水厂的安全活动不能流于形式和搞突击，而应形成制度，在安全日活动中要针对三个方面加大力度进行学习：一是要联系生产实际分析事故案例，通过对事故的分析谈出自己的体会、讲出存在的问题，逐步培养自己从技术角度分析事故或异常，并制定防范措施的能力。二是要认真抓好安全知识、安全规定的学习。在学习时应结合实际进行讲解，学以致用。三是要注意动手能力的训练，要让全体职工学会各类现场急救的方法、现场安全措施的设置方法和安全工器具的使用方法，不断提高自我保护能力。另外，安全活动方式要多样化，如搞一些安全技术问答、安全知识竞赛、安全培训、技术比赛、模拟现场安全措施、安全分析、事故预想和反事故演习等，使水厂员工感到安全活动内容丰富、生动活泼，从而提高职工参加安全活动的积极性，最终达到提高安全学习质量的目的。

(3) 建立"班组安全流动岗"制度，增强职工的安全责任感。

实践证明，建立"班组安全流动岗"是进行安全教育的一种行之有效的方式，同时它还可以大大降低班组成员的习惯性违章行为。流动岗每周轮换一次，负责监督全班职工的各项工作。在安全学习会上流动安全监督员将一周来发现的班组成员中的习惯性违章、违规等不安全现象提出来让大家分析总结，以引起大家的注意。这样可以起到以高带低、互相促进、全员参与的作用，并且能够及时发现危险环境、危险行为等，将事故消除在萌芽状态。

(4) 充分利用班前班后会，实现安全教育经常化。

班前班后会是班组管理中的一项主要内容，充分利用班前班后会进行安全教育的督导有助于班组及时总结经验教训，举一反三，不断规范工作行为，从而提高班组的安全水平。在"班前碰头会"上，在布置一天的工作任务的同时，应向大家讲明当天作业的安全注意事项、应采取的安全措施、使用的安全器具等，提醒大家严格按《安规》办事，并将可能发生的问题做好事故预想，以便采取相应的对策。在"班后碰头会"上，应对一天的工作给予必要的总结，分析一下大家在工作中存在的一些问题，使大家今后在处理同样问题时避免类似错误的发生。这样通过班前班后会有意识地灌输各种安全思想，把班组安全教育融入日常的工作中，潜移默化地提高每个职工的安全意识和安全知识水平。

(5) 定期开展反事故演习，紧密联系实际搞好安全教育。

学安全、讲安全，最终还是为了保安全。在实际工作中我们发现反事故演习的方法对安全教育工作有很好的促进作用。班组应定期组织职工分析安全形势,测试设备健康状况,有针对性地开展反事故演习活动,让职工在模拟事故处理过程中得到锻炼,提高职工的应变能力和实践水平,加深对安全知识的理解,同时培养职工临危不惧、遇事不惊、沉着冷静的心态和提高职工的防范能力。

总之,污水厂只有建立良好的安全教育体系,才能使安全学习活动达到预期的效果,才能提高污水厂防止设备事故和人身伤亡的能力,从而提高污水厂的安全管理水平。

3. 安全生产教育制度

安全生产教育制度,是单位管理人员安全教育、新工人三级安全教育、特种作业人员培训、"四新"和变换工程安全教育、全员性的经常教育等多种教育制度和教育活动所组成的体系。

4. 安全技术管理

安全技术是辨识和控制生产运行和工程建设过程中的危险因素,防止职工伤亡事故的工程技术和组织措施的总称。其内容是研究生产过程中物理的、化学的、生物的以及人的行为方面的危险因素及其导致伤亡事故的规律,从工程、技术、管理等方面采取措施,以创造合乎安全要求的劳动条件,防止工作事故的发生。

保障劳动安全,促进生产发展。其基本任务是:

(1)分析生产运行和工程建设过程中多种不安全因素及其导致伤亡事故的条件、机制和过程;

(2)辨认和评价危险源,采取必要的工程技术措施,改变不安全的工艺、设备和劳动环境,消除和控制危险源;

(3)掌握与积累资料,制定安全技术规程、标准和工程安全操作规程;

(4)编写对职工进行安全技术教育的资料;

(5)研究制订分析伤亡事故的办法,参与伤亡事故的调查分析。

5. 安全技术管理的基本内容

安全技术管理是对安全技术工作进行的组织、计划和控制活动。主要包括:对工艺和设备的管理;对生产环境安全的管理;组织制定和实施安全技术操作规程;加强个人防护用品的管理;组织制定安全技术标准。

(1)对工艺和设备的管理。

生产工艺过程产生的危险因素,是导致事故发生、造成人员伤亡和财物损失的主要危险源。加强生产工艺过程安全技术管理,是防止发生事故,避免或减少损失的主要环节。生产工艺过程安全技术管理主要包括工艺安全管理和设备安全管理。

(2)对生产环境的安全管理。

企事业单位的环境安全,是保障生产者安全与健康的基本条件。国务院颁布了《工厂安全卫生规程》,其中有厂院、道路、坑、壕,原材料、成品、半成品和废料的堆放,及建筑物、电网等的安全卫生要求;工作场所总体布置、危险护栏、地面、墙壁、天花板、采光、降温、防寒、供水等一般安全卫生要求;特殊环境(如气体、粉尘和危险品)的劳动条件和安全卫生要求。此外厂房设计、防火单蹄、仓库堆场安全、电气线路安全等也才有专门规定或标准。安全技术管理人员要认真组织实施有益生产环境安全的规程、标准。

(3)组织制定和实施安全技术操作规程。

安全技术操作规程是规定工人操作机器仪表的程序和注意事项的技术文件。制定安全操作规程要根据生产工艺、机械设备、仪器仪表的特性,参考安全操作经验和事故教训。安全操作规程的主要内容要合乎生产操作步骤和程序,有安全技术知识、注意事项、正确使用个人防护用品的方法、预防事故的紧急措施和设备维修保养事项等。这些都是从控制人的操作行为上预防工作事故的有效方法。企事业单位应当根据国家的主管部门颁发的安全技术操作规程和各工程、各岗位的实际需要定出安全操作的详细要求,以进一步实施这些规程,确保操作安全。

(4) 加强个人防护用品的管理。

个人防护是为了保护劳动者在生产过程中的生命安全和身体健康,预防工作事故和各种职业毒害而采取的一种防护性辅助措施。企事业单位应当根据职工工作性质和劳动条件,配备符合安全卫生要求的劳动防护用品、用具(污水处理企业除了配备一般的个人防护用品,如:防护服、防护手套、防护鞋、防护眼镜等以外,还应配备防毒面具、救生衣、救生圈等),全面指导工人正确使用。

二、防火防爆与压力宣传品管理

1. 火灾与爆炸

凡是超出有效范围的燃烧都称为火灾。其中造成人身和财产的一定损失的即为火灾,否则称为火警。

爆炸是指物质由一种状态迅速地变为另一种状态,并在瞬间释放出巨大能量,同时产生声响的现象,可分为物理性爆炸和化学性爆炸两类。物理性爆炸,是指物质因状态或压力突变(如温度、体积和压力)等物理性因素形成的爆炸,在爆炸的前后,爆炸物质的性质和化学成分均不变。而化学性爆炸,是指物质在短时间内完成化学反应,形成其他物质,并同时产生大量气体和能量的现象。

火灾是超出有效范围的燃烧。而燃烧的形成必须同时具备三个基本条件,即:有可燃物质;有助燃物质;有能导致燃烧的能源(也就是火源)。此"三要素"互相结合、互相作用,燃烧都才能形成。缺少其中任何一个条件都不会发生燃烧。而灭火的基本原理就是消除其中任一条件。

火灾与爆炸是相辅相成的,燃烧的三个要素一般也是发生化学性爆炸的必要条件。而且可燃物质与助燃物质必须预先均匀混合,并以一定的浓度比例组成爆炸性混合物,遇着火源才会爆炸。这个浓度范围叫做爆炸极限。爆炸性混合物能发生爆炸的浓度称为爆炸下限,反之为爆炸上限。物理爆炸的必要条件:压力超过一定空间或容器所能承受的极限强度。而防爆的基本原理,同样也是消除其中任一必要条件。

2. 防火防爆的管理

污水处理厂及泵站防火防爆的管理,主要应注意以下几点:

(1) 全厂(站)上下必须牢固树立"安全第一,预防为主"的思想,认真贯彻执行有关法律、法规和标准。加强组织领导,落实职责。

(2) 学习掌握有关法规、安全技术知识、操作技能,严格训练、提高能力、持证上岗。

(3) 经常定期或不定期的进行安全检查,及时发现并消除安全隐患。

(4) 配备专用有效的消防器材、安全保险装置和设施,专人负责,确保其时刻保持良好状态。

(5) 消除火源。易燃易爆区域严禁吸烟。维修动火实行危险作业动火票制度。易产生电气火花、静电火花、雷击火花、摩擦和撞击火花处应视工作区域采取相应防护措施。

(6) 控制易燃、助燃物。少用或不用易燃、助燃物。加强密封,防止泄漏可燃、助燃物。加强排风,降低泄漏可燃、助燃物浓度,使之达不到爆炸极限。

三、事故报告制和调查

国务院最新规定:为了保障安全生产,维护国家财产和人民生命安全,特规定了事故报告制和调查程序规定,以加强事故的管理和防范。

1. 人员伤亡事故的报告制和调查程序

职工伤亡事故是指职工在劳动过程中发生的伤害、急性中毒事故。即指职工在本岗位劳动或虽不在本岗位劳动,但由于单位的设施不安全,劳动条件和作业环境不良,所发生的轻伤、重伤、死亡事故。

职工伤亡大体分成两类:一类是因工伤亡,即因生产或工伤而发生的伤亡;另一类是非因工伤亡。职工伤亡事故管理的对象是因工伤亡事故。

这里说的职工包括固定工、临时工和其他各种开工的用工。

2. 职工伤亡事故的分类

按严重程度分为轻伤、重伤、死亡三类。

(1) 轻伤,指职工负伤后休工一个工伤日以上,未构成重伤的事故。

(2) 重伤,指一次事故只有重伤而没有死亡的事故。

(3) 死亡,指一次死亡 1~2 人的事故。

(4) 重大死亡,指一次死亡 3 人以上(含 3 人)的事故。

另有按《企业职工伤亡事故报告制度》中指明的造成事故的原因进行分类和事故原因、类型等进行分类的方法。

3. 伤亡事故管理的主要原则

(1) 及时性和准确性。要求单位领导应对事故报告、统计的及时性和准确性负责。

(2) 实事求是、尊重科学。要求:"必须查明事故发生的原因、过程和人员伤亡、经济损失情况,确定事故责任者。"

(3) "三不放过"。要求:事故原因不清不放过;事故责任者和群众没有受到教育不放过;没有落实防范措施不放过。这是事故调查处理工作的指导原则,也是评价事故调查处理工作好坏的标准。

(4) 追究领导责任。单位法人代表是安全生产第一责任者,发生事故,首先要追究其责任。对因严重官僚主义和忽视安全生产造成重大事故的,要从重处理,不得姑息。

主要参考文献

[1] 严煦世,范瑾初.给水工程(第4版).北京:中国建筑工业出版社,1999.
[2] 张自杰.排水工程(第4版).北京:中国建筑工业出版社,2000.
[3] 唐受印,戴友芝,等.水处理工程师手册.北京:化学工业出版社,2000.
[4] 洪觉民,等.中小型自来水厂管理维护手册.北京:中国建筑工业出版社,1990.
[5] 洪觉民,等.现代化净水厂技术手册.北京:中国建筑工业出版社,2013.
[6] 卜秋平,等.城镇污水处理厂的建设与管理.北京:化学工业出版社,2002.
[7] 李胜海.城镇污水处理工程建设与运行.合肥:安徽科学技术出版社,2001.
[8] 李亚峰,等.城镇污水处理厂运行管理(第2版).北京:化学工业出版社,2010.
[9] 金必慧,黄南平.城镇污水处理厂运行管理.北京:中国建筑工业出版社,2012.
[10] 李圭白,等.水质工程学(上、下).北京:中国建筑工业出版社,2013.
[11] 上海市职业培训研究发展中心.废水处理工(五级).北京:中国劳动社会保障出版社,2009.
[12] 上海市职业培训研究发展中心.废水处理工(四级).北京:中国劳动社会保障出版社,2009.
[13] 中国城镇供水协会.净水工.北京:中国建材工业出版社,2005.
[14] 中华人民共和国住房和城乡建设部.城镇供水厂运行、维护及安全技术规程(CJJ 58—2009).北京:中国建筑工业出版社,2009.
[15] 中华人民共和国住房和城乡建设部.城镇污水处理厂运行、维护及安全技术规程(CJJ 60—2011).北京:中国建筑工业出版社,2011.
[16] 中华人民共和国住房和城乡建设部.室外给水设计规范(GB 50013—2006).北京:中国建筑工业出版社,2006.
[17] 中华人民共和国住房和城乡建设部.室外排水设计规范(GB 50014—2006)(2014年版).北京:中国建筑工业出版社,2014.
[18] 中华人民共和国国家质量监督检验检疫总局.工业用液氯(GB 5138—2006).北京:中国标准出版社,2006.